工业和信息化普通高等教育“十三五”规划教材
21世纪高等教育计算机规划教材

COMPUTER

数字图像处理与应用（MATLAB版）

Digital Image Processing and Application Using MATLAB

王慧琴 王燕妮 编著

人民邮电出版社
北京

图书在版编目（CIP）数据

数字图像处理与应用 : MATLAB版 / 王慧琴, 王燕妮编著. -- 北京 : 人民邮电出版社, 2019.11
21世纪高等教育计算机规划教材
ISBN 978-7-115-50070-0

Ⅰ. ①数… Ⅱ. ①王… ②王… Ⅲ. ①数字图象处理－Matlab软件－高等学校－教材 Ⅳ. ①TN911.73

中国版本图书馆CIP数据核字(2018)第264476号

内容提要

本书重点介绍了数字图像处理的基本概念、基本理论、实用技术以及运用 MATLAB 进行图像处理、编程的方法。本书选材新颖，理论与实践并重，简化数学推导，使用 MATLAB 作为实验平台，加入了丰富的实验案例，并且配有大量的实验结果图片。此外，本书还提供了电子课件、完整的程序代码和编译后的演示程序等资料，读者可登录人邮教育社区（www.ryjiaoyu.com）进行下载。

本书可作为电子通信类、计算机类及其相关专业本科生、研究生的教材，也可作为图像处理、图像通信、多媒体通信、数字电视等领域的工程技术人员的参考书。

◆ 编　　著　王慧琴　王燕妮
责任编辑　李　召
责任印制　陈　犇

◆ 人民邮电出版社出版发行　　北京市丰台区成寿寺路 11 号
邮编　100164　　电子邮件　315@ptpress.com.cn
网址　http://www.ptpress.com.cn
固安县铭成印刷有限公司印刷

◆ 开本：787×1092　1/16
印张：16.5　　　　2019 年 11 月第 1 版
字数：432 千字　　2024 年 7 月河北第 8 次印刷

定价：59.80 元

读者服务热线：(010)81055256　印装质量热线：(010)81055316
反盗版热线：(010)81055315
广告经营许可证：京东市监广登字20170147号

前　言

数字图像处理是一个跨学科的前沿科技领域，在工程学、计算机科学、信息学、统计学、物理、化学、遥感、生物医学、地质、海洋、气象、农业、冶金等许多学科中得到了广泛的应用，并显示出广阔的前景，是计算机科学、信息科学、生物学、医学等学科研究的热点。

全书共 9 章，主要内容包括：绪论、MATLAB 图像处理工具箱、图像的变换、图像的增强、图像形态学、图像的分割、图像的复原、图像编码与压缩技术、数字图像的应用与发展。本书将基本理论、基本技术、经典算法、典型案例以及 MATLAB 平台有机结合，降低理论分析的难度，便于初学者理解。同时，在每一部分的理论讲解后都附有 MATLAB 函数功能和实现方法，并且加入了大量的实验案例，以及实验结果图片，对读者的理解有很大的帮助。全书深入浅出、图文并茂，文字描述力求简单易懂，也反映了近年来数字图像处理领域的最新发展情况。

本书在编写过程中，参考了国内外出版的大量的书籍、专业文献以及网站资料，编者对本书所引用的书籍和论文的作者深表感谢。这些资料在本书的参考文献中已尽量列出，若有遗漏深表歉意。本书的内容也融入了编者所在课题组在数字图像处理教学和科研中的成果和经验，也对课题组的同事表示感谢。西安建筑科技大学的屈川茜同学参与了本书部分程序的调试工作，周军妮、张茜等老师参与了教学视频的录制工作，在此表示衷心的感谢。此外，读者可登录人邮教育社区（www.ryjiaoyu.com）下载本书教学资料。

编者

2019 年 9 月

目 录

第 1 章 绪论

随着人类社会的进步，科学技术的发展，人们对信息处理和信息交流的要求越来越高。图像信息是人类感知世界的视觉基础，具有直观、形象、易懂和信息量大的特点，是人类获取、表达和传递信息的重要手段。

人类传递信息的主要媒介是语音和图像。我们接受的信息中，听觉信息占 20%，视觉信息占 60%，其他如味觉、触觉、嗅觉信息总的加起来不超过 20%。图像信息处理是人类视觉延续的重要手段。人的眼睛只能看到可见光部分，光的波长为 380～780nm，而迄今为止人类发现可成像的射线已有多种，如 γ 射线、紫外线、红外线、微波，它们扩大了人类认识客观世界的能力。

数字图像处理是一个跨学科的研究领域，在诸如工程学、计算机科学、信息学、统计学、物理、化学、遥感、生物医学、地质、海洋、气象、农业、冶金等许多学科中的应用取得了巨大的成功和显著的经济效益。

1.1 图像的概念

图像是光辐射能量照在物体上，经过它的反射或透射，或由发光物体本身发出的光能量，在人的视觉器官中所重现出的物体的视觉信息。图像（image）是视觉景物的某种形式的表示和记录。通俗地说，图像是指利用技术手段把目标原封不动地再现。由于图像感知的主体是人类，因此不能忽略人的心理因素对图像接收和理解所产生的影响。

与图像密切相关的两个基本概念是图片（picture）和图形（graphics）。一般认为，图片是图像的一种类型，在一些教科书中将图片定义为“经过合适的光照后可见物体的分布”，图片强调现实世界中的可见物体。图形是指人为的图形，如图画、动画等人造的二维或三维图形，它强调应用一定的数学模型来生成图形。图形与图像的数据结构不同，图形采用矢量结构，而图像则采用栅格结构。图形学（主要指计算机图形学）是研究应用计算机生成、处理和显示图形的一门科学。它涉及利用计算机对由概念或数学描述所表示的物体（而不是实物）图像进行处理和显示的过程，侧重点在于根据给定的物体描述数学模型、光照及想象中的摄像机的成像几何，生成一幅图像的过程。

而图像处理进行的却是与此相反的过程，它是基于画面进行二维或三维物体模型的重建，这在很多场合是十分重要的。如高空监视摄影，宇航探测器收集到的月球或行星的慢速扫描电视图像。从工业机器人的“眼”中测到的电视图像、染色体扫描、X 射线断层成像、指纹分析等，都需要图像处理技术。图像处理包括图像增强、模式识别、景物分析和计算机视觉模型等领域。虽然计算机图形学和图像处理目前仍然是两个相对独立的学科分支，但它们的重叠之处越来越多。例如，它们都是用计算机进行点、面处理，都使用光栅显示器等。在图像处理中，需要用计算机图形学中的交互技术和手段输入图形、图像和控制相应的过程。在计算机图形学中，也经常采用图像处理操作来帮助合成模型的图像。图形和图像处理算法的结合是促进计算机图形学和图像处理技术发展的重要趋势之一。

1.2 图像的分类

视觉是人类最重要的感觉，也是人类获取信息的主要来源。图像与其他的信息形式相比，具有直观、具体、生动等诸多显著的优点，可以按照图像的表现形式、生成方法等对其做出不同的划分。

图像按存在形式分类，可分为实际图像与抽象图像。

实际图像：通常为二维分布，又可分为可见图像和不可见图像。可见图像指人眼能够看到并能接受的图像，包括图片、照片等。不可见图像如温度、压力、高度和人口密度分布图等。

抽象图像：如数学函数图像，包括连续函数和离散函数。

图像按照亮度等级分类，可分为二值图像和灰度图像。

二值图像：只有黑白两种亮度等级的图像。

灰度图像：有多重亮度等级的图像。

图像按照光谱特性分类，可分为彩色图像和黑白图像。

彩色图像：图像上的每个点有多于一个的局部特性，如在彩色摄影和彩色电视中重现的所谓三基色（红、绿、蓝）图像，每个像点就有分别对应三个基色的三个亮度值。

黑白图像：每个像点只有一个亮度值分量，如黑白照片、黑白电视画面等。

图像按照是否随时间变化分类，可分为静止图像与活动图像。

静止图像：不随时间而变化的图像，如各类图片等。

活动图像：随时间而变化的图像，如电影和电视画面等。

图像按照所占空间和维数分类，可分为二维图像和三维图像。

二维图像：平面图像，如照片等。

三维图像：空间分布的图像，一般使用两个或者多个摄像头完成。

1.3 图像的表示

1.3.1 图像信号的表示

图像的亮度一般可以用多变量函数表示为

$$I = f(x, y, z, \lambda, t) \tag{1.3-1}$$

其中，x, y, z 为空间某个点的坐标；t 为时间；λ 为光的波长。$z = z_0$（常数）表示二维图像。$t = t_0$ 表示静态图像。$\lambda = \lambda_0$ 表示单色图像。

由于 I 表示的是物体的反射、投射或辐射能量，因此它是正的、有界的，即

$$0 \leqslant I \leqslant I_{\max} \tag{1.3-2}$$

其中，$I_{\max}$ 为 I 的最大值，$I=0$ 表示绝对黑色。

式（1.3-1）是一个多变量的函数，它不易分析，需要采用一些有效的方法进行降维。

由三基色原理知，I 可表示为三个基色分量的和，即

$$I = I_R + I_G + I_B \tag{1.3-3}$$

式中，

$$\begin{cases} I_R = f_R(x,y,z,\lambda_R,\ t) \\ I_G = f_G(x,y,z,\lambda_G,\ t) \\ I_B = f_B(x,y,z,\lambda_B,\ t) \end{cases} \tag{1.3-4}$$

其中，$\lambda_R,\lambda_G,\lambda_B$ 为三个基色波长。t 设为一个固定的值，即为一幅静止图像。

由于式（1.3-4）中的每个彩色分量都可以看作是一幅黑白图像，所以，所有对于黑白图像的理论和方法都适于彩色图像的每个分量。

1.3.2　数字图像的表示

一幅 m 像素 $\times$ n 像素的数字图像可用矩阵表示为

$$\boldsymbol{F} = \begin{bmatrix} f(0,0) & f(0,1) & \ldots & f(0,n-1) \\ f(1,0) & f(1,1) & \ldots & f(1,n-1) \\ \ldots & \ldots & & \ldots \\ f(m-1,0) & f(m-1,1) & \ldots & f(m-1,n-1) \end{bmatrix} \tag{1.3-5}$$

数字图像中的每一个像素对应于矩阵中相应的元素。把数字图像表示成矩阵的优点在于能应用矩阵理论对图像进行分析处理。在表示数字图像的能量、相关等特性时，采用图像的矢量（向量）表示比用矩阵表示方便。若按行的顺序排列像素，使该图像后一行第一个像素紧接前一行最后一个像素，可以将该幅图像表示成$1\times mn$的列向量 $\boldsymbol{f}$ 。

$$\boldsymbol{f} = [\boldsymbol{f}_0, \boldsymbol{f}_1, \cdots, \boldsymbol{f}_{m-1}]^{\mathrm{T}} \tag{1.3-6}$$

式中，$\boldsymbol{f}_i = [f(i,0), f(i,1), \cdots, f(i,n-1)]^{\mathrm{T}}$ ，$i = 0,1,\cdots,m-1$ 。这种表示方法的优点在于：对图像进行处理时，可以直接利用向量分析的有关理论和方法。构成向量时，既可以按行的顺序，也可以按列的顺序。选定一种顺序以后，后面的处理都要与之保持一致。

灰度图像是指每个像素由一个量化灰度来描述的图像，没有彩色信息，如图 1.3-1 和图 1.3-4 所示。若图像像素灰度只有两级［通常取 0（白色）或 1（黑色）]，这样的图像称二值图像，如图 1.3-2 和图 1.3-3 所示。

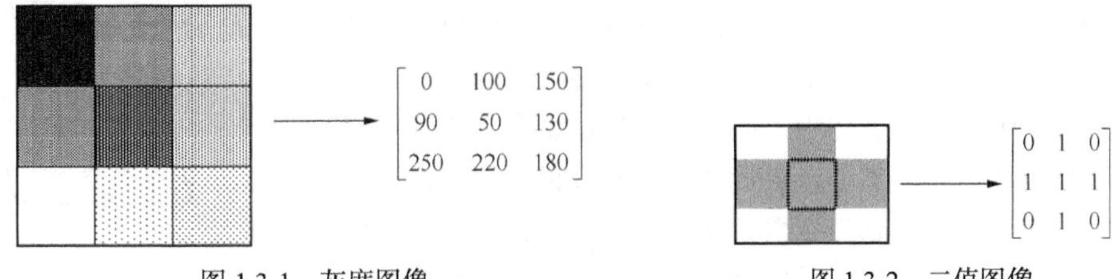

图 1.3-1　灰度图像　　　　图 1.3-2　二值图像

彩色图像的数据不仅包含亮度信息，还包含有颜色信息。颜色的表示方法是多样化的，最常见的是三基色模型，如 RGB（Red/Green/Blue，红绿蓝）三基色模型，通过调整 RGB 三基色的比例可以合成很多种颜色。因此，RGB 模型在各种彩色成像设备和彩色显示设备中被使用，常规的

彩色图像也都是用 RGB 三基色来表示的，每个像素包括红绿蓝三种颜色的数据，每个数据用 1 个字节（8 位二进制位）表示，则每个像素的数据为 3 个字节（即 24 位二进制位），这就是常说的 24 位真彩色。

图 1.3-3 二值图像

图 1.3-4 灰度图像

表 1.3-1 给出了各类图像的表示形式。

表 1.3-1 图像的类别

类别	形式	备注
二值图像	$f(x,y)=0,1$	文字、线图形、指纹等
灰度图像	$0\leqslant f(x,y)\leqslant 2^n-1$	普通照片，n=6～8
彩色图像	$\{f_i(x,y)\},i=$ R、G、B	用彩色三基色表示
多光谱图像	$\{f_i(x,y)\},i=1,\cdots,m$	用于遥感
立体图像	$f_{\mathrm{L}},f_{\mathrm{R}}$	用于摄影测量，计算机视觉
运动图像	$f_t(x,y),t=t_1,\cdots,t_n$	动态分析，视频影像制作

1.3.3 颜色模型

为了科学地定量描述和使用颜色，人们提出了各种颜色模型。目前常用的颜色模型按用途可分为两类，一类面向诸如视频监视器、彩色摄像机或打印机之类的硬件设备，另一类面向以彩色处理为目的的应用，如动画中的彩色图形。面向硬件设备的最常用颜色模型是 RGB 模型，而面向彩色处理的最常用的模型是 HSI 模型。另外，在印刷工业和电视信号传输中，经常使用 CMYK、YUV 和 YIQ 等颜色模型。

1. RGB 模型

RGB 模型用三维空间中的一个点来表示某一种颜色，如图 1.3-5 所示。每个点有三个分量，分别代表该点颜色的红、绿、蓝亮度值。在 RGB 模型立方体中，原点所对应的颜色为黑色，它的三个分量值都为 0。距离原点最远的顶点对应的颜色为白色，它的三个分量值都为 1。从黑到白的灰度值分布在从原点到离原点最远的顶点的连线上。在立方体内其余各点对应不同的颜色，可用从原点到该点的矢量表示。

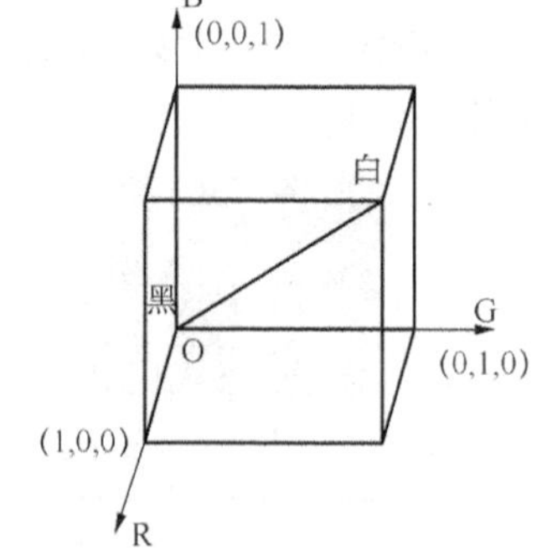

图 1.3-5 RGB 彩色立方体

2. HSI 模型

RGB 模型是从物理和光学的角度描述颜色的，而 HIS 模型则是根据人类视觉主观感觉对颜色进行描述的。HSI 模型是芒赛尔（Munsel）提出的，它反映了人类的视觉系统观察彩色的方式，在艺术上经常使用 HSI 模型。在 HSI 模型中，H 表示色度（Hue），S 表示饱和度（Saturation），I 表示亮度（Intensity）。这个模型有两个特点：分量 I 与图像的彩色信息无关；分量 H 和 S 与人感受的方式紧密相连。这两个特点使得 HSI 模型非常适合于借助人的视觉系统来感知彩色特性的图像处理算法。

图 1.3-6 的色相环描述了色相和饱和度两个参数。色度反映了该彩色最接近什么样的光谱波长。一般情况下，0° 所表示的颜色为红色，120° 表示的颜色为绿色，240° 表示的颜色为蓝色。0° ～ 240° 的色相覆盖了所有可见光谱的颜色，240° ～300° 为人眼可见的非光谱色（紫色）。

饱和度是指一个颜色的鲜艳程度，饱和度越高，颜色越深，如深红、深绿。饱和度参数是色相环的圆心到彩色点的半径的长度。由色相环可以看出，环的边界上是纯的或饱和的颜色，其饱和度值为 1；中心是中性（灰色）阴影，饱和度为 0。亮度是指光波作用于感受器所发生的效应，其大小由物体的反射系数决定，反射系数越大，物体的亮度越大，反之越小。

HSI 模型的三个属性定义了一个三维柱形空间，如图 1.3-7 所示。灰度阴影沿着轴线从底部的黑变到顶部的白，具有最高的亮度。最大饱和度的颜色位于圆柱上顶面的圆周上。

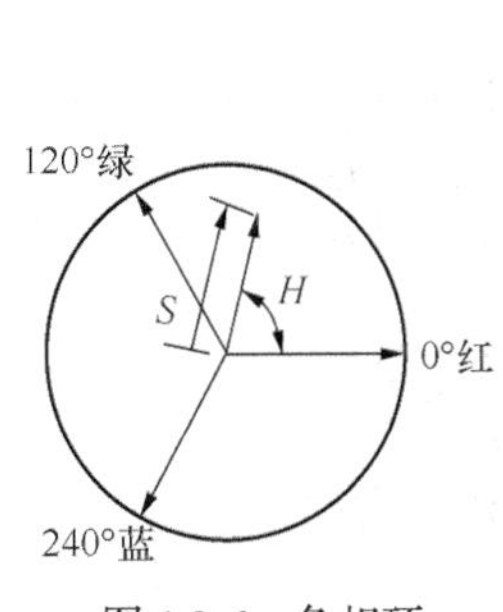

图 1.3-6　色相环

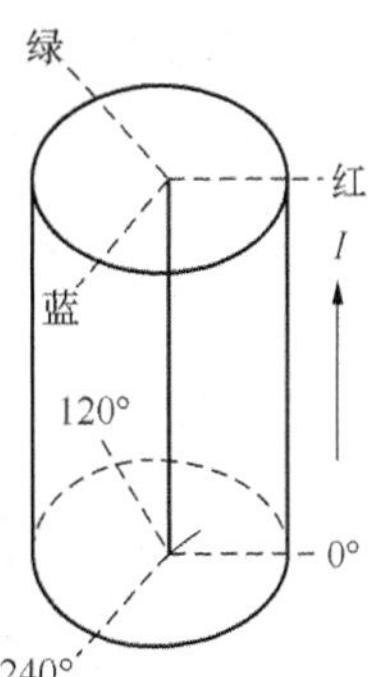

图 1.3-7　柱形彩色空间

由 RGB 到 HSI 的转换公式为

$$\begin{cases} I = \dfrac{1}{3}(I_{\mathrm{R}} + I_{\mathrm{G}} + I_{\mathrm{B}}) \\ S = I - \dfrac{3}{I_{\mathrm{R}} + I_{\mathrm{G}} + I_{\mathrm{B}}}[\min(I_{\mathrm{R}}, I_{\mathrm{G}}, I_{\mathrm{B}})] \\ H = \arccos\left(\dfrac{[(I_{\mathrm{R}} - I_{\mathrm{G}}) + (I_{\mathrm{R}} - I_{\mathrm{B}})]/2}{(I_{\mathrm{R}} - I_{\mathrm{G}})^2 + (I_{\mathrm{R}} - I_{\mathrm{B}})(I_{\mathrm{G}} - I_{\mathrm{B}})}\right) \end{cases} \tag{1.3-7}$$

也可做相反的转换。

为化简计算公式，设 S、I 和 R、G、B 的取值范围均为[0,1]。对于其他取值范围，比如[0,255]可做相应的线性变换。由 HSI 到 RGB 的变换公式如下。

（1）当 H 在[0°，120°]内时。

$$\begin{cases} R = I\left[1 + \dfrac{S\cos H}{\cos(60° - H)}\right] \\ G = 3I - (B + R) \\ B = I(1 - S) \end{cases} \tag{1.3-8}$$

（2）当 H 在[120°，240°]内时。

$$\begin{cases} R = I(1-S) \\ G = I\left[1+\dfrac{S\cos(H-120°)}{\cos(180°-H)}\right] \\ B = 3I-(R+G) \end{cases} \tag{1.3-9}$$

（3）当 H 在[240°，360°]内时。

$$\begin{cases} R = 3I-(G+B) \\ G = I(1-S) \\ B = I\left[1+\dfrac{S\cos(H-240°)}{\cos(300°-H)}\right] \end{cases} \tag{1.3-10}$$

彩色空间转换后，图像所用的颜色总数，或者其他比特数保持不变。

3. YIQ 色彩系统

YIQ 色彩系统为欧洲的电视系统所采用，其中，Y 是指颜色的透明度（Luminance），即亮度（Brightness），其实就是图像的灰度值，而 I 和 Q 属于色调（Chrominance），即描述图像色彩及饱和度的属性。RGB 与 YIQ 系统之间可以转换，对应关系为

$$\begin{bmatrix} Y \\ I \\ Q \end{bmatrix} = \begin{bmatrix} 0.299 & 0.587 & 0.114 \\ 0.596 & -0.274 & -0.322 \\ 0.211 & -0.523 & 0.312 \end{bmatrix} \begin{bmatrix} R \\ G \\ B \end{bmatrix} \tag{1.3-11}$$

$$\begin{bmatrix} R \\ G \\ B \end{bmatrix} = \begin{bmatrix} 1 & 0.956 & 0.621 \\ 1 & -0.272 & -0.647 \\ 1 & -1.105 & -1.703 \end{bmatrix} \begin{bmatrix} Y \\ I \\ Q \end{bmatrix} \tag{1.3-12}$$

还有其他一些色彩系统，如 YUV、YCbCr 等。

1.4 人类的视觉

1.4.1 人眼构造和视觉现象

图 1.4-1 为人眼的截面的简单示意图。前部为一圆球，其平均直径约为 20mm，由三层薄膜包着，即角膜和巩膜外壳、脉络膜和视网膜。角膜是一种硬而透明的组织，它盖着眼睛的前表面，巩膜与角膜连在一起，巩膜是一层包围着眼球剩余部分的不透明的膜。脉络膜位于巩膜的里边，这层膜包含有血管网，它是眼睛的重要滋养源，脉络膜颜色很深，因此有助于减少进入眼内的外来光和眼球内的反射。脉络膜的最前面被分为睫状体和虹膜。虹膜的收缩和扩张控制着允许进入眼内的光亮。虹膜的中间开口处是瞳孔，它的直径是可变的，可由约 2mm 变到 8mm，用以控制进入眼球内部的光亮。

眼睛最里层的膜是视网膜，它布满在整个眼球后部的内壁上，当眼球适当聚焦，从眼睛的外部物体来的光就在视网膜上成像。整个视网膜表面上分布的分离的光接收器造成了图案视觉。这种光接收器可分为两类：锥状体和杆状体。每只眼睛中锥状体的数目在 600 万～700 万个。它们

主要位于视网膜的中间部分，即中央凹，它对颜色很敏感。人们用这些锥状体能充分地识别图像的细节，因为每个锥状体都被接到一根神经的一端，控制眼睛的肌肉使眼球转动，从而使人所感兴趣的物体的像落在视网膜的中央凹上。锥状视觉又叫白昼视觉。

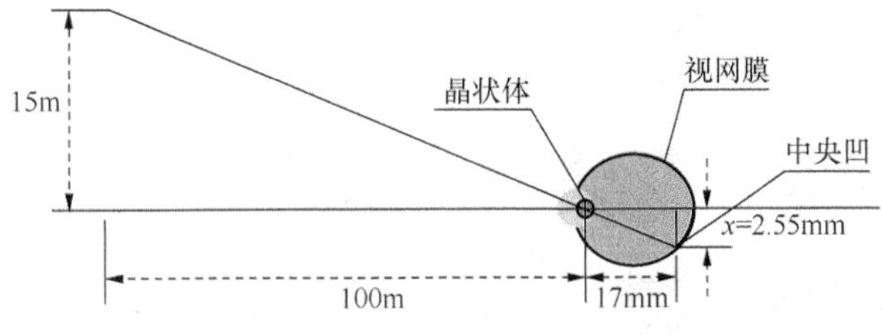

图 1.4-1 人眼截面示意图

杆状体数目更多，有 7500 万～15000 万个，分布在视网膜表面上，因为分布面积较大并且几个杆状体接到一根神经的末端上，因此使接收器能够识别细节的量减少了。杆状体用来给出视野中大体的图像，它没有色彩的感觉但对照明度比较敏感。例如，在白天呈现鲜明颜色的物体，在月光之下却没有颜色，这是因为只有杆状体受到了刺激，而杆状体没有色彩的感觉，杆状视觉因此又叫夜视觉。

眼睛中的晶状体与普通的光学透镜之间的主要区别在于前者的适应性强，如图 1.4-1 所示，晶状体前面的曲率半径大于后表面的曲率半径。晶状体的形状由睫状体韧带的张力来控制。为了对远方的物体聚焦，肌肉就使晶状体变得较厚。

当晶状体的折射能力由最小变到最大时，晶状体的聚焦中心与视网膜之间的距离由 17mm 缩小到 14mm。当眼睛聚焦到远于 3m 的物体时，晶状体的折射能力最弱；当聚焦到非常近的物体时，其折射能力最强。利用这一数据，可以计算出任何物体在视网膜上形成的图像大小。

1.4.2 人类视觉特性

人眼除了具有一般的视觉功能外还具有一些其他特性。了解这些特性，对理解图像信号处理是很有用处的，因为不管对图像进行何种处理，在很多情况下，最后的接受者都是人的眼睛。

1. 亮度适应能力

当一个人从一个明亮的大厅步入一个较黑暗的房间后，开始感到一片漆黑，什么也看不清，但经过一段时间的适应就逐渐能够看清物体，我们称这种适应能力为暗光适应。同样，当从暗的房屋步入明亮的大厅时，开始也是什么都看不清，但渐渐地又能分辨物体了，这种适应能力称为亮光适应。亮光适应所需时间比暗光适应短得多，它仅需要 1～2s，而暗光适应需 10～30s。

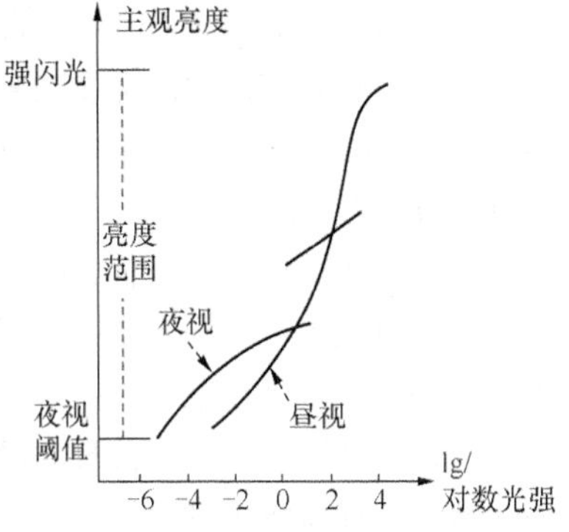

图 1.4-2 眼睛亮度的适应能力

人能适应亮度的范围是很宽的，由暗视阈值到强闪光之间的光强度差别约为 10^{10} 级。当然人的眼睛并不能同时适应这样宽的光强范围。一个人适应某一平均亮度时，能够同时鉴别出光强变化的范围要比这窄得多。图 1.4-2 中短交叉线说明了这种情况，在交叉点以上，主观感觉亮度与进入眼内的外界刺激光强并非呈线性关系。图 1.4-2 表明，在很大范围内，主观亮度与光强度的对数呈线性关系。图中曲线的下部表明了白昼视觉与夜视觉的不同。

2. 同时对比度

由于人眼对亮度有很强的适应性，因此很难精确判断刺激的绝对亮度。即使有相同亮度的刺激，由于其背景亮度不同，人眼所感受的主观亮度也是不一样的。图 1.4-3 可用来证明同时对比度的存在，图中小方块实际上有着相同的物理亮度，但因为它们的背景亮度不同，故它们的主观亮度显得大不一样。这种效应就叫同时对比度。同时对比效应随着背景面积增大而变得越来越显著，这种效应与后面要讨论的 Mach 带现象相类似。但是 Mach 带现象是对亮暗分界部分而言的，而同时对比度是由一定面积的亮度差产生的现象。

图 1.4-3　同时对比度

由于同时对比是由亮度差别引起，所以也可称为亮度对比。相应的还有色度对比，例如，同样的灰色物体，背景为红时看起来带绿色；反过来，绿背景时看起来带红色。

3. 对比灵敏度

眼睛的对比灵敏度可以由实验测得。在均匀照度背景 I 上设有一照度为 $\Delta I+I$ 的光斑，如图 1.4-4 所示，眼睛刚能分辨出的照度差 ΔI 是 I 的函数，当背景照度 I 增大时，能够分辨出光斑的 ΔI 也需要增大，在相当宽的强度范围内 $\Delta I/I$ 的数值为一常数，约等于 0.02。这个比值称为韦伯（Weber）比。但是在亮度很强或很弱时，这个比值就不再保持为常数。

图 1.4-4　对比灵敏度的测定

4. 分辨率

对于空间上或者时间上两相邻的视觉信号，人眼能够鉴别的极限称为视觉系统的分辨率。这显然与视网膜上单位面积内分布的视细胞数有关。如果把视网膜看成由许多感光单元镶嵌在其上的视细胞镶嵌板，则单位面积内感光单元减少，对图像的分辨能力也随之降低。

分辨率可用视觉锐度或调制传递函数来表示，前者表示能够鉴别最小空间模式的一种测度，后者表示视觉能鉴别不同频率的正弦光栅所要求的信号对比度。这两种测度实际上是相互补充的。第一种定义在空间域，第二种则定义在相应的频率域。

最为常见的是一种由一组黑白相间的线条组成的测试卡。其中一条白线和一条同样宽度的黑线组成一线对，当线对的宽度越来越窄，直到眼睛不能区分黑白线时，就用一毫米内的线对数来定义分辨率。当然也可用刚能辨别出的试验模式视角的倒数 $1/\alpha$ 来定义锐度，这里 α 以分（arc minutes）为单位。

当照度太低时，只有杆状细胞起作用，故分辨率很低。当照度增加时分辨率增加。但当照度太强时，背景亮度和物体亮度相接近。此时，受抑制作用，分辨率反而又降低。分辨率还与刺激位置有关。当刺激落在中央凹时分辨率最高，在中央凹的四周分辨率迅速下降，在这之外则缓慢降低。而在视网膜的四周分辨率最低。

调制传递函数（MTF）是另一种表示分辨率的测度，它是导出单色视觉模型的依据。

把人眼看成一个精密的光学系统，可用分析光学系统的方法来研究人的视觉特性。令输入图像的强度是沿水平方向按正弦方式变化的线栅，测试视觉调制传递函数的过程是给观察者在一定距离处观看两张这样变化的正弦光栅。一张图片作为参考图，其对比度和空间频率是固定的，另一张是测试图片，它的对比度和空间频率是可变的。测试图片在一定的空间频率下改变其对比度，直到观察者对两张图片的亮度感觉相同为止，然后测试图换另一个频率，重复以上步骤。这样就可得到视觉的 MTF。采用其他试验方法也可得到类似的结果，图 1.4-5 所示即是一例。从图中可以看出，调制传递函数具有带通滤波特性，它的最灵敏空间频率是 2～5 赫兹/度。

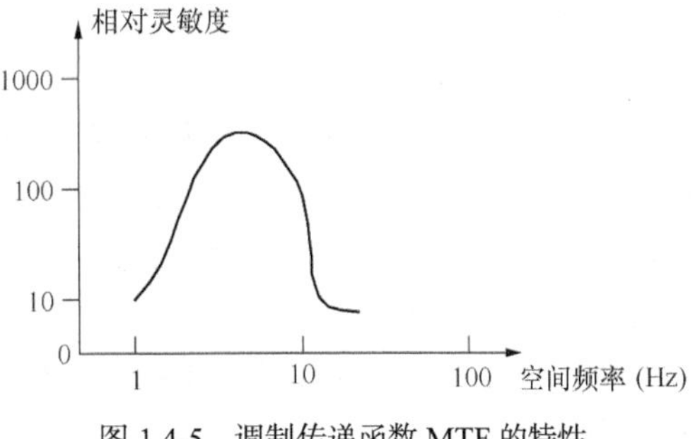

图 1.4-5 调制传递函数 MTF 的特性

实验还发现，当输入信号的对比度改变时，系统的 MTF 也会变化。而且当输入光栅相对于眼的光轴旋转后，系统的 MTF 也有所变化。因此可以断言，人们的视觉系统是非线性和各向异性的。

5. Mach 带

人们在观察一条由均匀黑和均匀白的区域形成的边界时，可能会认为人的主观感受是与任一点的亮度有关的。但实际情况并不是这样，人感觉到的是在亮度变化部位附近的暗区和亮区中分别存在一条更黑和更亮的条带，这就是所谓的“Mach”带，如图 1.4-6 所示。马赫（Mach）在 1865 年观察并讨论了这种现象。当亮度为阶跃变化时，图像中显示出竖条灰度梯级图像。主观亮度中增加了一个分量，它相当于对原图进行了二阶导数的操作。这是因为在阶跃边界处主观的反差显著地增强了。

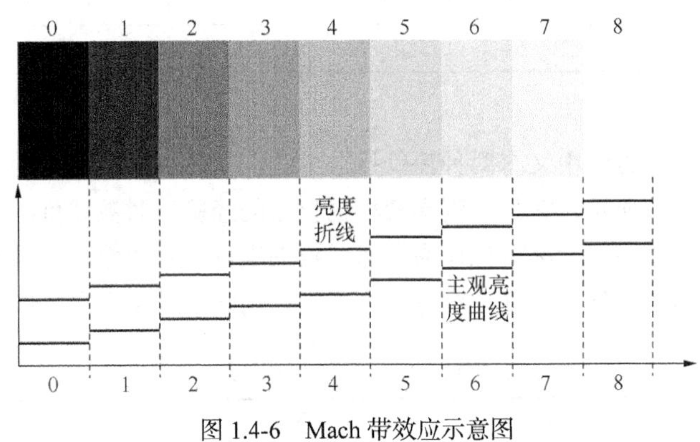

图 1.4-6 Mach 带效应示意图

1.5 图像质量的评价方法

对图像质量的评价是图像信息学科的基础研究之一。图像处理或者图像通信系统的信息的主体是图像，衡量这个系统的重要指标，就是图像的质量。例如在图像编码中，就是在保持被编码图像一定质量的前提下，用尽量少的码字来表示图像，以便节省信道和存储容量。而图像增强就是为了改善图像的主体视觉显示质量。再如图像复原，则用于补偿图像的降质，使复原后的图像尽可能接近原始图像质量。所有这些，都要求有一个合理的图像质量评价方法。

图像质量的含义包括两方面：一个是图像的逼真度，即被评价图像与原标准图像的偏离程度；另一个是图像的可懂度，是指图像能向人或机器提供信息的能力。尽管最理想的情况是能够找出图像逼真度和图像可懂度的定量描述方法，以作为评价图像和设计图像系统的依据，但是由于目前对人的视觉系统性质还没有充分理解，对人的心理因素还找不出定量描述方法，因此用得较多、最具权威性的还是所谓主观评价方法。

1. 图像的主观评价

图像的主观评价就是通过人来观察图像，对图像的优劣做主观评定，然后对评分进行统计平均，得出评价的结果。这时评价出的图像质量与观察者的特性及观察条件等因素有关。为保证主观评价在统计上有意义，选择观察者时既要考虑有未受过训练的“外行”观察者，又要考虑对图像技术有一定经验的“内行”观察者。另外，参加评分的观察者至少要有 20 名，测试条件应尽可能与使用条件相匹配。表 1.5-1 是几个国家和地区所采用过的对电视图像评价的观察条件。

表 1.5-1　　图像质量主观评价的观察条件

	英国	欧洲	德国	日本	美国	推荐值
最高亮度（ed/m^2）	50	41～54	50	400	70	50*
管面亮度（ed/m^2）	<0.5	0.5	<0.5	5	2	<0.5
背景亮度（ed/m^2）	1	—	2.5	—	—	—
室内照度（lux）	3	—	—	30 ~ 100	6.5*	—
对比度	—	—	—	30	—	—
视距/画面高	6	4～6	6	8	6～8	6

*：只对 50 场/秒而言。

图像质量的主观评价方法中又有两种评价计分方法，就是国际上通行的 5 级评分的质量尺度和妨碍尺度，如表 1.5-2 所示，它是由观察者根据自己的经验，对被评价图像做出质量判断。在有些情况下，也可以提供一组标准图像作为参考，帮助观察者对图像质量做出适合的评价。一般来说，对非专业人员多采用质量尺度，对专业人员则使用妨碍尺度为宜。

表 1.5-2　　两种尺度的图像 5 级评分

妨 碍 尺 度	得　　分	质 量 尺 度
无觉察	5	非常好
刚觉察	4	好
觉察但不讨厌	3	一般
讨厌	2	差
难以观看	1	非常差

2. 图像的客观评价

尽管主观质量的评价是最权威的方式，但是在一些研究场合，或者由于试验条件的限制，也希望对图像质量有一个定量的客观描述。图像质量的客观评价由于着眼点不同而有多重方法，这里介绍的是一种经常使用的所谓逼真度测量。对彩色图像逼真度的定量表示是一个十分复杂的问题。目前应用较多的是对黑白图像逼真度的定量表示。合理的测量方法应和主观实验结果一致，而且要求简单易行。

对于连续图像场合，设 $f(x,y)$ 为一定义在矩形区域 $-L_x \leqslant x \leqslant L_x$，$-L_y \leqslant x \leqslant L_y$ 的连续图像，

其降质图像为 $\hat{f}(x,y)$ ，它们之间的逼真度可用归一化的互相关函数 K 来表示为

$$K=\frac{\int_{-L_x}^{L_x}\int_{-L_y}^{L_y} f(x,y)\hat{f}(x,y)\mathrm{d}x\mathrm{d}y}{\int_{-L_x}^{L_x}\int_{-L_y}^{L_y} f^2(x,y)\mathrm{d}x\mathrm{d}y} \tag{1.5-1}$$

对于数字图像场合，设 $f(j,k)$ 为原参考图像， $\hat{f}(j,k)$ 为其降质图像，逼真度可用归一化的均方误差值 $NMSE$ 表示为

$$NMSE=\frac{\sum_{j=0}^{N-1}\sum_{k=0}^{M-1}\{Q[f(j,k)]-Q[\hat{f}(j,k)]\}}{\sum_{j=0}^{N-1}\sum_{k=0}^{M-1}\{Q[f(j,k)]\}^2} \tag{1.5-2}$$

其中，运算符 $Q[.]$ 表示在计算逼真度前，为使测量值与主观评价的结果一致而进行的某种预处理。如对数处理、幂处理等，常用的 $Q[.]$ 为 $K_1\log_b[K_2+K_3f(j,k)]$， K_1 、 K_2 、 K_3 、b 均为常数。

另外一种常用的客观评价是峰值均方误差 $PMSE$ 为

$$PMSE=\frac{\sum_{j=0}^{N-1}\sum_{k=0}^{M-1}\{Q[f(j,k)]-Q[\hat{f}(j,k)]\}^2}{M\times N\times A^2} \tag{1.5-3}$$

其中，A 为 $Q[f(j,k)]$ 的最大值。实用中还常采用简单的形式 $Q[f]=f$ 。此时，对于 8 比特精度的图像，A=255，M、N 为图像尺寸。

对数字图像的评价方法仍然是一个有待进一步研究的课题。在定量的逼真度描述和主观评价之间并没有取得真正的一致性，对于那些未达到一定显示精度的图像，还需要对抽样比特、显示帧频等指标进行评价。例如：彩色数字电视、高清晰度电视或者高码率的会议电视图像等，两者之间比较统一。但在多数情况下，逼真度的描述往往与实际观察效果不一致，这时采用的就可能是多种评价方法和测量参数，比如主观评分、$PMSE$ 测量，有时甚至还要加上对画面的动感（帧频）评价等。

3. 其他方法

除了前面介绍的两种基本的图像评价方法以外，由于应用场合的不同，还有其他一些评价方法。例如，ISO 在制定 MPEG-4 标准时提出采用两种方式来进行视频图像质量的评价，一种被称为基于感觉的质量评价，另一种称为基于任务的质量评价。根据具体的应用情况，可以选择其中一种或两种方式进行评价。

（1）基于感觉的质量评价

其基本方法相当于前面的主观质量评价，但同时考虑到声音、图像的联合感觉效果也可能影响图像的质量。例如，人们对呈现于优美的音乐环境中的同一幅画面的感觉一般会比它处于恶劣噪声环境中要好。

（2）基于任务的质量评价

使用者通过对一些典型的应用任务的执行情况来判别图像的适宜性，比较典型的有：脸部识别、表情识别、符号语言阅读、盲文识别、物体识别、手势语言、手写文件阅读，以及机器自动执行某些工作等。此时对图像质量的评价并不完全建立在观赏的基础上，更重要的是考虑图像符号的功能，如对哑语手势图像，主要看它是否能正确表达适当的手势。

1.6 数字图像处理

对图像进行一系列的操作，以达到预期目的的技术称作图像处理。图像处理可分为模拟图像处理和数字图像处理。利用光学、照相方法对模拟图像的处理称为模拟图像处理。光学图像处理方法已有很长的历史，在激光全息技术出现后，它得到了进一步的发展。尽管光学图像处理理论日臻完善，且处理速度快，信息容量大，分辨率高，又非常经济，但其处理精度不高，稳定性差，设备笨重，操作不方便和工艺水平不高等原因限制了它的发展速度。从 20 世纪 60 年代起，随着电子计算机技术的进步，数字信号处理取得了突破性的发展，数字图像处理技术出现了飞跃。

数字信号处理（Digital Signal Processing，DSP）技术通常是指利用采集、滤波、检测、均衡、变换、调制、压缩、去噪、估计等处理，以得到符合人们需要的信号形式。图像信号的数字处理是指将图像作为图像信号的数字处理技术，按照人们通常的习惯，也称为数字图像处理技术，最常见的是用计算机对图像进行处理。它是在以计算机为中心的包括各种输入、输出、存储及显示设备在内的数学图像处理系统上进行的。

1.6.1 图像信号的数字化

广义上，图像是自然界景物的客观反映。以照片形式或初级记录介质保存的图像是连续的，计算机只接收和处理数字图像，无法接收和处理这种空间分布和亮度取值均连续分布的图像。因此需要通过电视摄像机、转鼓、CCD 器件和密度计等装置采样，将一幅灰度连续变化的图像 $f(x,y)$ 的坐标 (x,y) 及幅度进行离散化。对图像 $f(x,y)$ 的空间位置坐标 (x,y) 离散化以获取离散点的函数值的过程称为图像的采样。各离散点又称为样本点，离散点的函数值称为样本。对幅度（灰度值）的离散化过程称为量化。采样和量化的总过程称为数字化，被数字化后的图像 $f(x,y)$ 称为数字图像。具体地说，就是在成像过程中把一幅图像分割成图 1.6-1 所示的若干个小区域（像素或像元），并将各个小区域的灰度用整数来表示，这样就形成了一幅数字图像。小区域的位置和灰度称为像素的属性。

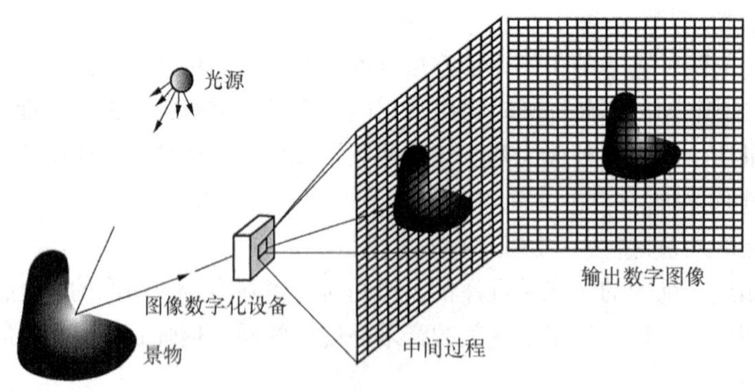

图 1.6-1 数字图像获取过程

在采样和量化过程中，采样密度（频率）取多大合适？以多少个等级表示样本的亮度值为最好？这些都将影响到离散图像能否保留连续图像信息的问题。

1. 采样

图像的采样是将在空间上连续的图像转换成离散的采样点（即像素）集的操作，把一幅连续图像

在空间上分割成 $M \times N$ 个网格，每个网格的亮度取平均值，对应为一个像素点，用一亮度值表示，如图 1.6-2 所示。由于结果是一个采样点值阵列，故又叫点阵采样。由于图像是二维分布的信息，所以采样是在 x 轴和 y 轴两个方向上进行的。采样使连续图像在空间上离散化，但采样点上图像的亮度值还是某个幅度区间内的连续分布。根据采样定义，每个网格只能用一个确定的亮度值表示。

下面我们介绍图像的采样过程的数学表示。

设对 $f(x,y)$ 按网格均匀采样，x,y 方向上的采样间隔分别为 Δx 、Δy ，则采样点的位置为 $x = m\Delta x, y = n\Delta y(m,n = 0,\pm 1,\pm 2,\cdots)$ 。

$$\text{定义采样函数}\ s(x,y) = \sum_{m=-\infty}^{+\infty}\sum_{n=-\infty}^{+\infty}\delta\ (x - m\Delta x, y - n\Delta y) \tag{1.6-1}$$

采样函数如图 1.6-3 所示。

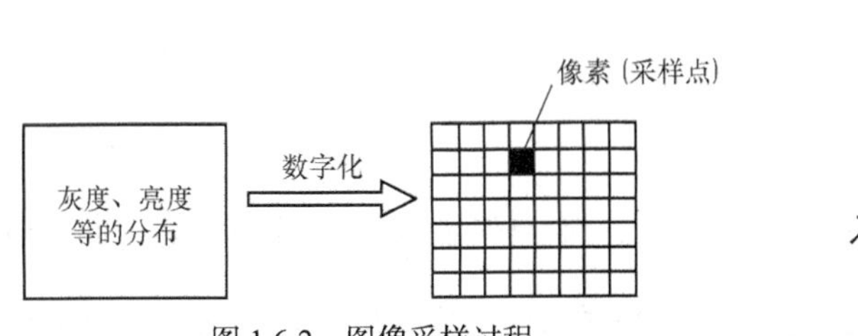

图 1.6-2 图像采样过程

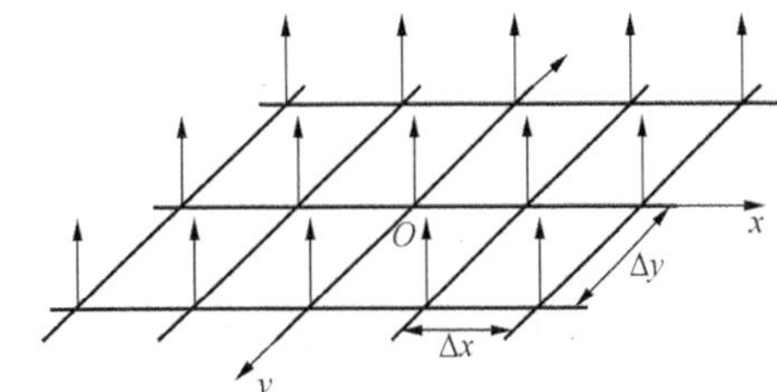

图 1.6-3 采样函数

采样后的图像 $f_s(x,y)$ 等于原模拟图像 $f(x,y)$ 与采样函数的乘积

$$f_s(x,y) = f(x,y)s(x,y) \tag{1.6-2}$$

对式（1.6-2）两边进行傅里叶变换，令

$$f(x,y) \Leftrightarrow F(u,v), s(x,y) \Leftrightarrow S(u,v), f_s(x,y) \Leftrightarrow F_s(u,v) \tag{1.6-3}$$

根据卷积定理有

$$F_s(u,v) = F(u,v) * S(u,v) \tag{1.6-4}$$

写成卷积运算的形式

$$F_s(u,v) = \frac{1}{\Delta x \Delta y}\int_{-\infty}^{+\infty}\int F(\alpha,\beta)\sum_{m=-\infty}^{+\infty}\sum_{n=-\infty}^{+\infty}\delta(u - a - m\Delta u, v - \beta - n\Delta v)\mathrm{d}\alpha\mathrm{d}\beta \tag{1.6-5}$$

经交换积分与求和运算次序，同时利用 δ 函数的卷积性质及 $\Delta u = \frac{1}{\Delta x}$ 、$\Delta v = \frac{1}{\Delta y}$ ，则有

$$F_s(u,v) = \frac{1}{\Delta x \Delta y}\sum_{m=-\infty}^{+\infty}\sum_{n=-\infty}^{+\infty}F\left(u - \frac{m}{\Delta x}, v - \frac{n}{\Delta y}\right) \tag{1.6-6}$$

从式（1.6-6）可见，采样图像的频谱是由原连续图像频谱及无限多个它的平移频谱组成的，只是幅度上差一个因子 $\frac{1}{\Delta u \Delta v}$ ，重复周期在 u 轴和 v 轴方向上分别为 $\frac{1}{\Delta x}$ 和 $\frac{1}{\Delta y}$ 。若 $f(x,y)$ 的频谱是有限带宽的，设 u_c 和 v_c 是 $f(x,y)$ 在 u 轴和 v 轴方向的频谱宽度，则当 $|u| > u_c$ 或 $|v| > v_c$ 时，$F(u,v) = 0$ ，这时只要采样间隔满足条件 $\frac{1}{\Delta u} \geqslant 2u_c$ 和 $\frac{1}{\Delta v} \geqslant 2v_c$ ，$f_s(x,y)$ 的频谱中的 $\frac{1}{\Delta x \Delta y}F(u,v)$ 就和它的相邻平移频谱不重叠，如图 1.6-4 所示。

在这种情况下，可以定义一个低通滤波器

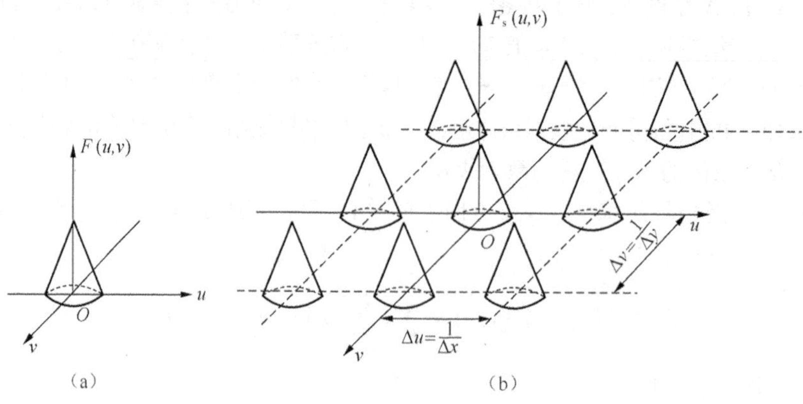

图 1.6-4　原图像和采样图像的频谱

$$L(u,v)=\begin{cases}1 & |u|\leqslant u_c 和 |v|\leqslant v_c \\ 0 & 其他\end{cases} \tag{1.6-7}$$

利用式（1.6-7）定义的低通滤波器可以滤除其他部分而只保留 $\frac{1}{\Delta x\Delta y}F(u,v)$，最后通过傅里叶反变换便可无失真地求得 $f(x,y)$。反之，如果上述采样条件不能满足，则 $f_s(x,y)$ 的频谱会产生混叠，通过傅里叶反变换求得的 $f(x,y)$ 便有失真。

于是有如下的采样定理。

采样定理：若函数 $f(x,y)$ 的傅里叶变换 $F(u,v)$ 在频域中的一个有限区域外为零，设 u_c 和 v_c 为其频谱宽度，只要采样间隔满足条件 $\Delta x\leqslant\frac{1}{2u_c}$ 和 $\Delta y\leqslant\frac{1}{2v_c}$，就能由 $f(x,y)$ 的采样值 $f_s(x,y)$ 精确地、无失真地重建 $f(x,y)$。通常称 $\Delta x\leqslant\frac{1}{2u_c}$，$\Delta y\leqslant\frac{1}{2v_c}$ 为奈奎斯特条件。采样定理反映了图像的频谱与采样间隔（频率）之间的关系。

2. 量化

图像信号通过采样，使连续图像在时间和空间上离散化，但所得每个灰度值仍然是连续值，为了进行计算机处理，必须将其转化为有限个数的离散值，这样才便于赋予每一个离散值互异的编码。把采样点上对应的亮度连续变化区间转换为单个特定数码的过程，称之为量化，即采样点亮度的离散化。这个过程是把每一个离散样本的连续灰度值只分成有限多的层次，称分层量化。把原始灰度层次从最暗至最亮均匀分为有限个层次，称为均匀量化，如果采用不均匀分层就称为非均匀量化。用有限个离散灰度值表示无穷多个连续灰度的量必然引起误差，称为量化误差，有时也称为量化噪声。量化分层越多，则量化误差越小；而分层越多则编码进入计算机所需的位数越多，相应地影响运算速度及处理过程。另外量化分层的约束来自图像源的噪声，即最小的量化分层应远大于噪声，否则太细的分层将被噪声所淹没而无法体现分层的效果。也就是说噪声大的图像，分层太细是没有意义的。反之要求很细分层的图像才强调极小的噪声，如某些医用图像系统把减少噪声作为主要设计指标，是因为其分层数要求 2000 层以上，而一般电视图像的分层用 200 多层已满足要求。

（1）均匀量化

均匀量化最简单，易于实现。图 1.6-5 是均匀量化的示意图。图中设原图像的灰度变化范围从 r_0 到 r_k。r_0 为最暗，r_k 为最亮。把这个灰度动态变化范围均匀分为 k 等份。每一层赋予一个固定的码字：$q_0 \sim q_{k-1}$。凡像素的灰度落在 r_0 和 r_1 之间，就赋予 q_0 码字，……，落在 r_{k-1} 和 r_k 之间，则赋予 q_{k-1} 码字。其量化过程就是把图像像素的样本灰度与各层灰度的判决值 r_0、r_1、…、r_k 相比较，凡落在相邻两层之间的像素即赋予该层的值 q_i。

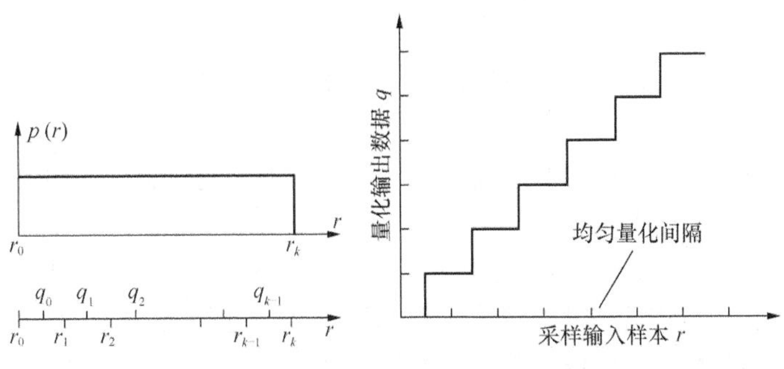

图 1.6-5　均匀量化

设采样之后的离散图像 $f_s(x,y)$ 的灰度值即为 $f(x,y)$ 的幅度，且灰度值取在 $[r_0,r_k]$ 范围内，并设该幅图像的所有像素的取值均匀分布在各量化层，即其概率 $p(r)=p$。在这种条件下采用均匀量化效果最佳，即总量化误差最小。把整个取值范围 $[r_0,r_k]$ 分为 k 个子区间 $[r_i,r_{i-1}]$，$i=0,1,2,\cdots,k-1$。计算机图像处理中 k 常取 2^n，如 64，128，256，…。每个子区间赋予唯一确定的 q_i 值，每个 q_i 值在计算机内用一个码字表示。每一个 $f(x,y)$ 离散值相应赋予一个 q_i 值，其中 $i=0,1,2,\cdots,k-1$。对应关系是：当 $r=f(x,y)\in[r_i,r_{i-1}]$ 时

$$f(x,y)=q_i \tag{1.6-8}$$

实际上设计 k 个电压比较器，各个电压比较器基准电压为 $r_i(i=0,1,2,\cdots,k)$。$f(x,y)$ 依次送入各像素值与 k 个比较器进行比较，$f(x,y)$ 落入哪个子区间就以该子区间的代码 q_i 作为 $f(x,y)$ 的量化值。这种赋予 q_i 值的物理意义可理解为一个灰度值或电平值、采样值、编码值等，随上下文意义来判别。对 q_i 指定一个唯一的码字，称为编码。

对于由量化而引入的量化误差 $\varepsilon=(r-q_i)$ 而言，一般其均值为零。若在 $[r_i,r_{i-1}]$ 内采样值为 r 的概率密度为 $p(r)$，则在该区间内，统计意义上，量化误差 ε 的方差为

$$E=\int_{r_i}^{r_{i+1}}(r-q_i)^2 p(r)\mathrm{d}r \tag{1.6-9}$$

一般来讲 q_i 是小区 $[r_i,r_{i+1}]$ 的代表点，可以取区内任意值。若在区间内 $p(r)$ 为常数，可以找到唯一的一个 q_i 值使其量化误差 ε 的方差最小。可以证明 $p(r)$ 为常数时，要使量化误差 ε 的方差最小，q_i 应满足

$$q_i=(r_i+r_{i+1})/2, i=0,1,2,\cdots \tag{1.6-10}$$

这样，由于 r_i 也是均匀分区的，所以

$$r_i=(q_i+q_{i-1})/2, i=0,1,2,\cdots \tag{1.6-11}$$

它说明在各小区内，图像像元的灰度概率分布 $p(r)$ 为常数时，q_i 取区间的中间值，总的量化误差为最小。若灰度均匀分布，各区宽度都是 L，各区 $p(r)$ 为常数，则 q_i 选取各小区的中值，其总误差为 $L^2/12$。它说明灰度量化层次越多，则 L 越小。总误差减小，对保持原模拟图像的信息有利。

（2）非均匀量化

若各小区的 $p(r)$ 不是均匀的，则总误差为最小的解，不再是 $q_i=(r_i+r_{i+1})/2$。由于积分中 $p(r)$ 为变量，可得出其解为

$$\begin{cases} q_i = \dfrac{\int_{r_i}^{r_{i+1}} rp(r)\mathrm{d}r}{\int_{r_i}^{r_{i+1}} p(r)\mathrm{d}r} & i = 0,1,2,\cdots,k-1 \\ r_i = (q_i + q_{i-1})/2 \end{cases} \tag{1.6-12}$$

式（1.6-12）说明$[r_i, r_{i+1}]$不是均匀间隔才能使总的误差为最小。$p(r)$不均匀时，可按以下几点来考虑。

① 若$p(r)$在小区$[r_i, r_{i+1}]$内均匀，而各区的$p(r)$值不同，这时各区的间隔也应不等，即$p(r)$大的用小间隔，$p(r)$小的用大间隔。

② 若$p(r)$在各小区中也不均匀，q_i应选在小区内形心点，才能使总误差减少。

实际上第②点是当间隔逐渐缩小时第①点的结果。总之，应用式（1.6-12）可以用数值计算法逐次求解。已知r_0，可假设q_0，求出r_1，即不断改变r_{i+1}上限，使积分结果凑成q_0而得到r_1。r_1已知，求出q_1。q_1、r_1已知，以数值逼近法求出r_2，求出q_2，如此不断重复直到求出q_{k-1}。把q_{k-1}再代回式（1.6-12）验证。若不满足则重新预计q_0重新计算。非均匀量化的计算，当$p(r)$为常数时就是均匀量化的计算，因此均匀量化是非均匀量化的特殊情况。这种方法的计算需反复计算，既复杂又费时，因而常采用均匀量化。但是如果$p(r)$本来就不均匀，用均匀量化必然引起较大的误差。为了解决这个问题，可用另一种方法——压扩法。首先通过某种变换（常用非线性变换，如在量化前采用一个对数器）使$p(r)$变为$p(s)$，而$p(s)$是均匀的，这时用均匀量化，在重建原图像时反变换变为不均匀量化的最终结果。非均匀量化示意图如图 1.6-6 所示。

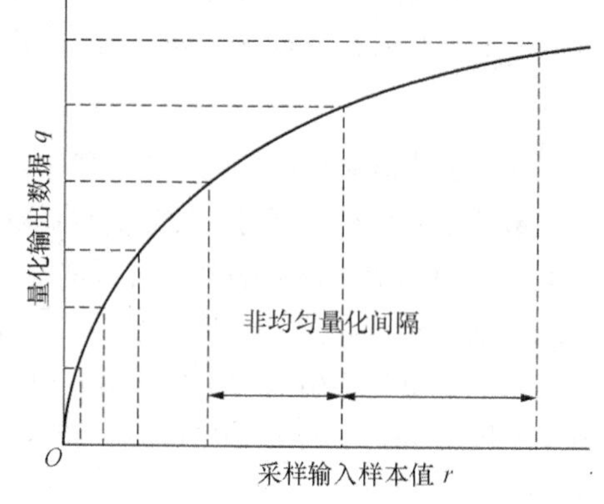

图 1.6-6　非均匀量化

3. 分辨率

对一幅图像而言，通常考虑空间分辨率和灰度级分辨率。空间分辨率常指图像中可辨别的最小细节，是衡量图像数字化水平最重要的参数，常用单位距离内可分辨的最少黑白线对数目（即线对数/mm）来表示，也可简化成以数字图像的点阵数表示，采样值是决定空间分辨率的主要参数。

灰度级分辨率是指在灰度级别中可分辨的最小变化。在一幅数字图像中把不同灰度值的个数称为灰度级别，灰度级别L通常是 2 的整数k次幂，大多数情况下k取 8 比特，显然相应灰度级别$L = 2^8$。当没必要对涉及的像素在原始场景中分析细节等级和进行实际度量物理分辨率时，常把大小为$M \times N$，灰度为L级的数字图像称为空间分辨率为$M \times N$，灰度级分辨率为L的数字图像。在后续章节中，如不需要参照实际分辨率细节，将经常使用这一术语。

一般来说，采取间隔越小，所得图像像素数越多，数据量越大，图像空间分辨率越高，质量越好；采样间隔越大，所得图像像素数越少，数据量越小，图像空间分辨率越低，图像细节信息损失越大，严重时出现像素呈块状的棋盘效应。

量化等级越多，所得图像层次越丰富，所需数据量越大，灰度级分辨率越高，图像的视觉效果越好；量化等级越少，图像层次越欠丰富，所需的数据量越小，灰度级分辨率越低。

1.6.2　数字图像文件的存储格式

数字图像格式指的是数字图像存储文件的格式。不同文件格式的数字图像，其压缩方式、存储容量及色彩表现不同，在使用中也有所差异。同一幅图像可以用不同的格式存储，但不同格式所包含的图像信息并不完全相同，其图像质量也不同，文件大小也有很大差别。每种图像格式都有自己的特点，有的图像质量好，包含信息多，但是存储空间大；有的压缩率较高，图像完整，但占用空间较少。至于在什么场合使用哪种格式的图像应由每种格式的特性来决定。

常见的图像数据格式包括：BMP 格式、TIFF 格式、TGA 格式、GIF 格式、PCX 格式以及 JPEG 格式等。

1. BMP 格式的图像文件

BMP（Bitmap）意为“位图”。BMP 格式的图像文件是微软公司特为 Windows 环境应用图像设计的，以“.bmp”作为文件扩展名。BMP 格式的主要特点有：

（1）根据需要，使用者可选择图像数据是否采用压缩形式存放。一般情况下，BMP 格式的图像是非压缩格式。

（2）当使用者决定采用压缩格式存放 BMP 格式的图像时，使用 RLE4 压缩方式，可得到 16 色模式的图像；若采用 RLE8 压缩方式，则得到 256 色的图像。

（3）可以多种彩色模式保存图像，如 16 色、256 色、24bit 真彩色、32bit 真彩色等。

（4）数据排列顺序与其他格式的图像文件不同，以图像左下角为起点存储图像，而不是以图像的左上角作为起点。

（5）调色板数据结构中，RGB 三基色数据的排列顺序恰好与其他格式文件的顺序相反。

BMP 格式的图像文件结构可以分为文件头、调色板数据以及图像数据区三部分，如图 1.6-7 所示。

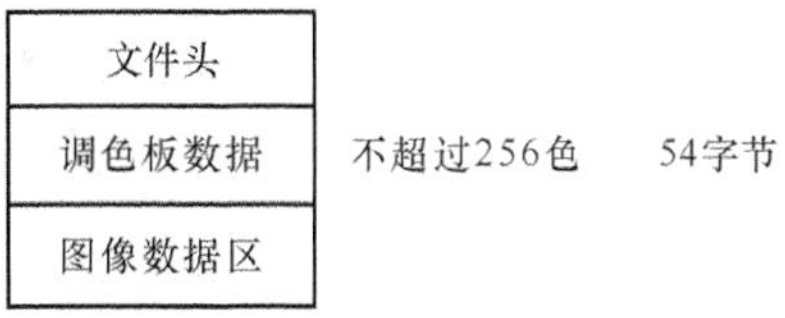

文件头	
调色板数据	不超过256色　　54字节
图像数据区	

图 1.6-7　BMP 格式的图像文件结构

图像文件大小为

灰度图像文件大小 ≈ 文件头 + 像素个数 × 灰度级数

彩色图像文件大小 ≈ 文件头 + 像素个数 × 颜色数

颜色数（用于表示颜色的位数）为

16 色（24）色　　4bit

256 色（28）色　　8bit = 1Byte

65526（216）色　　16bit = 2Byte

1677 万（224）色　　24bit = 3Byte

2. TIFF 格式的图像文件

TIFF（Tag Image File Format）由 Aldus 公司于 1986 年推出，后来该公司与微软公司合作，进一步发展了 TIFF 格式。

TIFF 格式的图像文件具有如下特点。

（1）TIFF 格式图像文件的扩展名是“.tif”。

（2）支持从单色模式到 32bit 真彩色模式的所有图像。

（3）不针对某一个特定的操作平台，可用于多种操作平台和应用软件。

（4）适用于多种机型，在 PC 和 Macintosh 计算机之间，可互相转换和移植 TIFF 图像文件。

（5）数据结构是可变的，文件具有可改写性，使用者可向文件中写入相关信息。

（6）具有多种数据压缩存储方式，使解压缩过程变得复杂化。

TIFF 格式的图像文件结构如图 1.6-8 所示。

文件头由 8 个字节组成。该文件头必须位于和 0 相对的位置，并且位置不能移动，在标识信息区（IFD）目录中，有很多由 12 个字节组成的标识信息，标识的内容包括指示标识信息的代号、数据类型说明、数据值、文件数据量等。图像数据区是真正存放图像数据的部分，该区的数据指明了图像使用何种压缩方法、如何排列数据、如何分割数据等内容。

3. GIF 格式的图像文件

GIF（Graphics Interchange Format）是 CompuServe 公司于 1987 年推出的，主要是为了网络传输和 BBS 用户使用图像文件而设计的。

GIF 格式的图像文件具有如下特点。

（1）GIF 格式图像文件的扩展名是“.gif”。

（2）对于灰度图像表现最佳。

（3）具有 GIF87a 和 GIF89a 两个版本。GIF87a 版本是 1987 年推出的。一个文件存储一个图像；GIF89a 版本是 1989 年推出的很有特色的版本，该版本允许一个文件存储多个图像，可实现动画功能。

（4）采用改进的 LZW 压缩算法处理图像数据。

（5）调色板数据有全局调色板和局部调色板之分，有不同的颜色取值。

（6）不支持 24bit 彩色模式，最多存储 256 色。

GIF 格式的图像文件结构如图 1.6-9 所示。

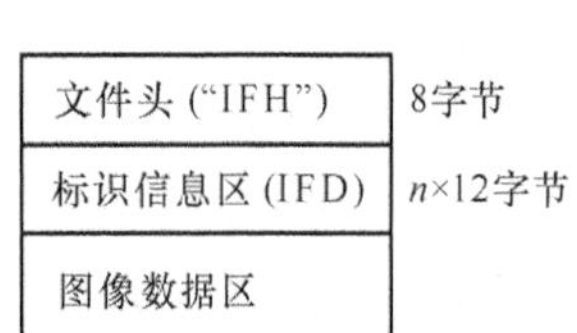

图 1.6-8　TIFF 格式图像文件的结构

图 1.6-9　GIF 格式图像文件的结构

文件头是一个带有识别 GIF 格式数据流的数据块，用以区分早期版本和新版本。逻辑屏幕描述区定义了与图像数据相关的图像平面尺寸、彩色深度，并指明后面的调色板数据属于全局调色板还是局部调色板。若使用的是全局调色板，则生成一个 24bit 的 RGB 全局调色板，其中一个基色占用一个字节。

图像数据区的内容有两类，一类是纯粹的图像数据，一类是用于特殊目的的数据块（包含专用应用程序代码和不可打印的注释信息）。在 GIF89a 版的图像文件中，如果一个文件中包含多个图像，图像数据区将依次重复数据块序列。结束标志区的作用主要是标记整个数据流的结束。

4. JPEG 格式的图像文件

联合图像专家组（Joint Photographic Experts Group，JPEG）标准是由国际标准化组织（ISO）和国际电报电信咨询委员会（CCITT）为静态图像所建立的第一个国际数字图像压缩标准。由于 JPEG 格式具有高压缩比和良好的图像质量，因此它广泛应用于多媒体和网络程序中。JPEG 格式的图像文件具有如下特点。

（1）JPEG 格式图像文件的扩展名是“.jpg”。

（2）适用性广泛，大多数图像类型都可以进行 JPEG 编码。

（3）对于使用计算机绘制的具有明显边界的图形，JPEG 编码方式的处理效果不佳。

（4）对于数字化照片和表达自然景观的色彩丰富的图片，JPEG 编码方式具有非常好的处理效果。

（5）使用 JPEG 格式的图像文件时，需要解压缩过程。

JPEG 格式的图像文件一般有两种内部格式：一种是目前被广泛使用的 JFIF 格式，它包含一个常驻的 JPEG 数据流，其作用是提供解码所需的数据，而不是要使用外部数据；另一种是 JPEG-in-TIFF 格式，该格式把 JPEG 图像压缩保存到 TIFF 格式的文件中，它在保存和读出时，很容易受外部条件的限制和影响，目前还未得到广泛的应用。

5. TGA 格式的图像文件

TGA 格式的图像文件由 Truevision 公司开发，最初的目的是支持本公司生产的 Targa 图形卡。该图形卡可以不借助调色板而直接显示 16M 种颜色（24bit 真彩色），是一流的计算机显示设备。

TGA 格式的图像文件目前的版本是 2.0 版本。

TGA 格式的图像文件具有如下特点。

（1）TGA 格式图像文件的扩展名是“.tga”。

（2）支持任意尺度的图像。

（3）支持 1bit 单色到 32bit 真彩色模式的所有图像，具有很强的颜色表达能力，特别适合影视广播级的动画制作。

（4）图像的存储具有可选择性，图像数据既可以按照从上到下、从左到右的顺序进行存储，也可以相反的顺序存储。

（5）TGA 格式的图像对硬件的依赖性强，如果显示卡不具备 24bit 或 32bit 的显示能力，该格式的图像将不能正确显示。

TGA 格式的图像文件结构如图 1.6-10 所示。

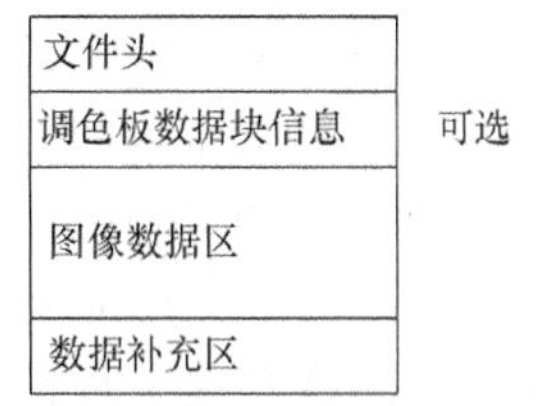

图 1.6-10 TGA 格式图像文件的结构

（1）文件头主要用于说明 TGA 文件的出处、颜色映像表类型、图像数据存储类型、图像数据存储顺序等内容。

（2）调色板数据块信息包括调色板数据块构成方式和图像数据的组织方式等。

（3）图像数据区用于存储大量的图像数据，是描述图像的重要区域。

（4）数据补充区是 2.0 版本新增加的区域。其存储顺序为开发者相关数据、开发者目录、扩充数据、数据块指针以及文件注脚。

6. PCX 格式的图像文件

PCX 由 PC Paintbrush 而得名，它由 Zsoft 公司推出，主要用于该公司开发的 PC Paintbrush 绘图软件。美国 Microsoft 公司后来将该绘图软件移植到 Windows 中，成为一个重要的功能模块。

PCX 格式的图像文件具有如下特点。

（1）PCX 格式的图像文件的扩展名是“.pcx”。

（2）采用 RLE 压缩方式存储数据。

（3）拥有不同版本，分别用于处理不同显示模式下的数据。文件分为三类：单色文件、不超过 16 色的文件和 256 色文件。单色文件和 16 色文件可不携带调色板数据，但 256 色文件则必须包含调色板数据。

（4）除了最新版本外，其他版本均不支持 24bit 真彩色模式。

（5）图像显示与计算机硬件设备的显示模式有关。

PCX 格式的图像文件结构如图 1.6-11 所示。

（1）文件头包含各种识别信息，其中包括 PCX 文件的特征信息、图像的大小和规模、调色板设置等。

（2）图像数据区用于表示图像，如果图像是 256 色模式，图像数据区的后面将存储 256 色调色板数据。

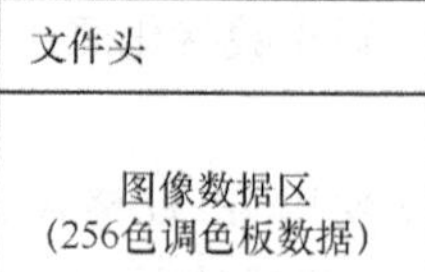

图 1.6-11　PCX 格式图像文件的结构

1.6.3　数字图像处理主要的研究内容

在计算机处理出现以前，图像处理都是光学照相处理和视频信号等模拟处理。随着计算机技术和图像处理技术的发展，用计算机或专用信号处理芯片进行数字图像处理已经越来越显示出它的优越性。数字图像处理在灵活性、精度、调整和再现性方面都有着模拟图像处理无法比拟的优点。在模拟处理中，要提高一个数量级的精度，就必须对装置进行大幅度改进。相比而言数字处理就有很大的优越性，它能利用程序自由地进行各种处理，并且能达到较高的精度。另外，由于半导体技术的不断进步，开发出普遍适用的图像处理专用高速处理器，以集成电路存储器为基础的图像显示也达到可行的程度，这些都进一步加快了数字图像处理技术的发展和实用化。

数字图像信息有以下几个特点。

（1）信息量大。数字图像处理的信息大多数是二维信息，是由图像矩阵中的像素组成的。例如对于 RGB 彩色图像，其每个像素又是由红、绿、蓝三种颜色表示的，每种颜色用 8 位表示灰度级，一幅没有经过压缩的 1024 像素 × 768 像素的真彩图像，它的数据可以达到 2MB。要对这样大信息量的图像进行处理，必须用具有相当大内存的电子计算机。

（2）数字图像占用的频带较宽。图像信息与语音信息相比，占用的频带要大几个数量级。如电视图像的带宽为 5.6MHz，而语音带宽仅为 4kHz 左右。频带越宽，技术实现的难度就越大，成本亦越高，为此对频带压缩技术提出了较高的要求。

（3）数字图像中各个像素之间相关性很大。例如在电视画面中，同一行中相邻两个像素或相邻两行的像素，具有相同和相近灰度的可能性很大，即相关性很大，据统计其相关系数可达 0.9 以上；而相邻两帧之间的相关性比帧内相关性还要大一些。因此图像信息压缩的潜力很大。

（4）数字图像处理系统受人的因素影响较大。这是因为处理后的数字图像是需要给人观察和评价的。由于人的视觉系统很复杂，受环境条件、视觉性能、人的主观意识的影响很大，因此要求系统与人有良好的配合，这也是一个重要的研究课题。

数字图像处理学科所涉及的知识面非常广泛，具体的方法种类繁多，应用也极为普遍，但从学科研究内容上可以分为以下几个方面。

（1）图像数字化。其目的是将模拟形式的图像通过数字化设备变为数字计算机可用的离散的图像数据。

（2）图像变换。为了便于后续的工作，改变图像的表示域和表示数据。

（3）图像增强。改善图像的质量和视觉效果，或突出感兴趣的部分，以便于人或机器分析、理解图像内容。增强往往考虑图像的某些方面效果，而不追究其退化的原因。

（4）图像复原。按照严格的计算机模型和计算程式，对退化的图像进行处理，使处理结果尽量接近原始的未失真的图像。复原是对图像的整体考虑，处理时必须考虑图像退化的原因，以便应用相应的数学模型进行有针对性的处理。

（5）图像分割。根据灰度或几何特性选定的特征，将图像划分成几个有意义的部分，从而使原图像在内容表达上更为简单明了。对分割出的有意义的部分进行处理分析，从中提取有用信息，以便进一步进行模式识别及视觉等处理。

（6）图像描述和分析。也称为图像理解，是对给定的或已分割的图像区域的属性及各区域之间的关系用更为简单明确的数值、符号或图形进行表示。按一定的概念和公式从原图像中产生的这些数值、符号或图形称为图像特征，它们反映原图像的重要信息和主要特征，有利于人对原图像的分析和理解。用这些特征表示图像称为图像描述。

（7）图像数据压缩。减少图像数据量（bit 数），以便节省传输和处理时间以及存储容量。压缩可以在不失真的前提下获得，也可以在允许的失真限度内进行，编码是压缩技术中最重要且比较成熟的方法。

（8）图像分类。分类是图像处理技术的深入和发展，也可以认为是模式识别的一个分支。其主要内容是在图像经过某些预处理（如几何校正、大气辐射光谱校正、大气模糊复原和压缩等）后，再进行特征提取、分割，进而按一定的判据进行判决分类。

（9）图像重建。重建是图像处理的另一个发展方向。它利用γ射线、X射线或超声波在三维物体中的投射或散射信息，应用一定的算法（如 Radon 变换）来构造物体某断层面的二维图像或由多个端面构造的三维图像。最成功的实际应用例子是计算机断层扫描成像技术，俗称 CT(Computer Tomography)技术。

1.6.4　数字图像处理系统

图像处理技术的发展很快，图像数据量也越来越大，对计算机的要求也越来越高。计算机图像处理系统是各种各样的，尽管各种系统大小不一，其处理能力也各有所长，但其基本硬件结构则都是由图 1.6-12 所示的几个部分组成，即由主机、输入设备、输出设备和存储器组成。数字图像处理系统有通用的，也有专用的。它们的主要差别在于处理精度、处理速度、专用软件和存储容量等性能指标的不同。

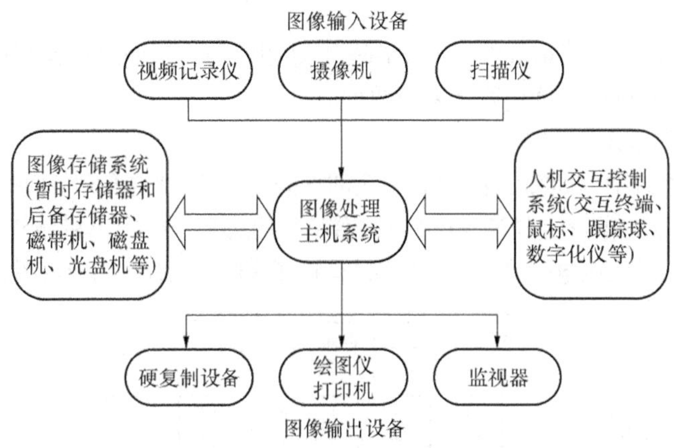

图 1.6-12　图像处理系统的构成

1.6.5　图像处理、图像分析和图像理解

狭义图像处理是对输入图像进行某种变换得到输出图像，是一种图像到图像的过程。狭义图

像处理主要指对图像进行各种操作以改善图像的视觉效果，或对图像进行压缩编码以减少所需存储空间或传输时间、传输通路。

图像分析主要是对图像中感兴趣的目标进行检测和测量，从而建立对图像的描述。图像分析是一个从图像到数值或符号的过程。

图像理解则是在图像分析的基础上，基于人工智能和认知理论，研究图像中各目标的性质和它们之间的相互联系，对图像内容的含义加以理解以及对原来客观场景加以解释，从而指导和规划行动。如果说图像分析主要是以观察者为中心研究客观世界（主要研究可观察到的对象），那么图像理解在一定程度上是以客观世界为中心，借助知识、经验等来把握整个客观世界。

可见，狭义图像处理、图像分析和图像理解是相互联系又相互区别的。狭义图像处理是低层操作，它主要在图像像素级上进行处理，处理的数据量非常大；图像分析则进入了中层，经分割和特征提取，把原来以像素构成的图像转变成比较简洁的非图像形式的描述；图像理解是高层操作，它是对描述中抽象出来的符号进行推理，其处理过程和方法与人类的思维推理有许多类似之处。如图 1.6-13 所示，随着抽象程度的提高，数据量逐渐减少。一方面，原始图像数据经过一系列的处理逐步转化为更有组织和用途的信息，在这个过程中，语义不断引入，操作对象发生变化，数据量得到了压缩；另一方面，高层操作对低层操作有指导作用，能提高低层操作的效能。

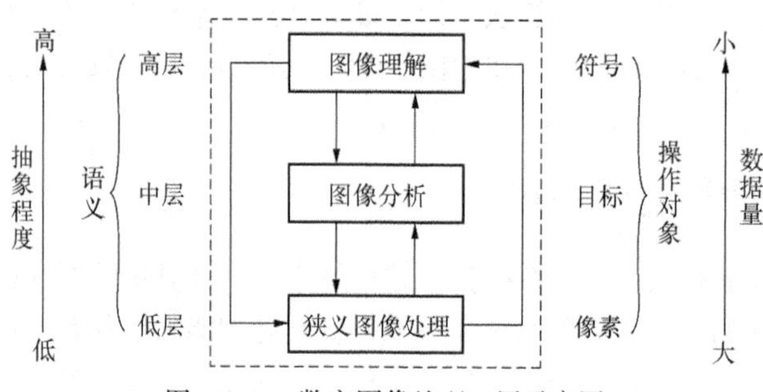

图 1.6-13　数字图像处理三层示意图

1.6.6　图像通信系统

图像通信系统和语音通信系统的组成结构基本是相同的。按照所传输图像信号的性质，基本的图像通信系统可分为模拟系统和数字系统两种。

1. 模拟图像通信系统

在模拟图像通信系统中，图像信息源是以一定的扫描方式产生的电信号，模拟调制器通常有模拟调幅、调频、调相等方式，实际的系统通常还有对图像信号的滤波、电平调整等处理电路，以及产生载波的振荡电路和对已调波放大的电路等。一个典型的模拟图像通信系统的组成框图如图 1.6-14 所示。

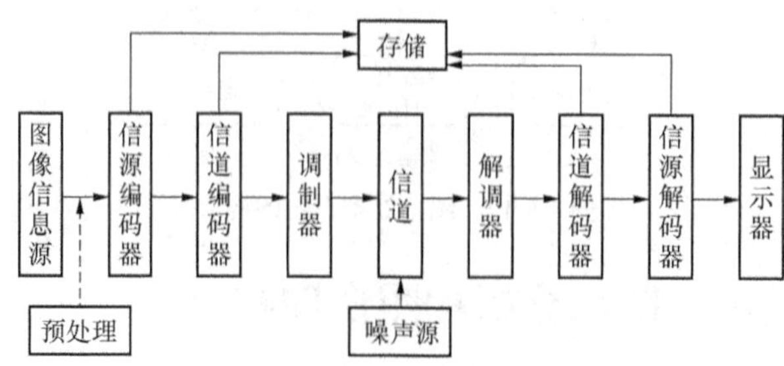

图 1.6-14　模拟图像通信系统的组成框图

2. 数字图像通信系统

在数字图像通信系统中，作为信源的输入图像是数字式的，然后由信源编码器进行压缩编码，以减少其数据量。信道编码器则是为了提高图像在信道上的传输质量，减少误码率而采取的有冗余的编码。数字图像通信系统具有传输质量好、频带利用率高、易于小型化、稳定性好和可靠性强等特点。一个典型的数字图像通信系统的组成框图如图 1.6-15 所示。

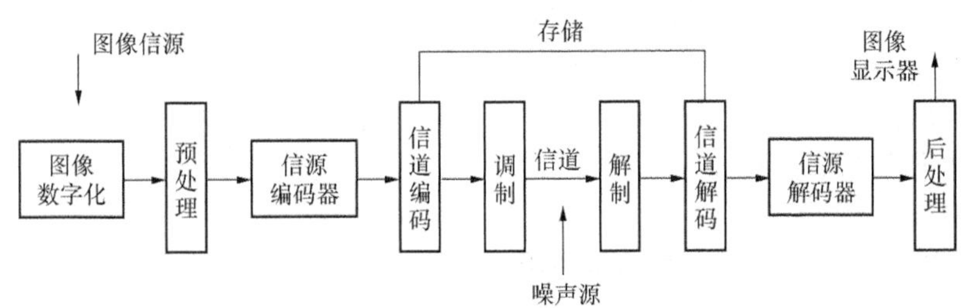

图 1.6-15 数字图像通信系统的组成框图

和模拟系统相比，数字图像传输具有以下优点。

（1）可以多次中继传输而不致引起噪声的严重积累，因此适合于需多次中继的远距离图像通信。

（2）有利于采用压缩编码技术。虽然数字图像的基带信号的传输需要占用很高的频带，但采用数字图像处理和压缩编码技术后，可在一定的信道带宽条件下获得比模拟传输更高的通信质量，甚至在窄带条件下，也能实现一定质量的图像传输。

（3）易于与计算机技术相结合，实现图像、声音、数据等多种信息内容的综合视听通信业务。

（4）可采用数字通信中的信道编码技术，以提高传输中的抗干扰能力。

（5）易于采用数字的方法实现保密通信，实现数据隐藏，加强对数字图像信息的内容或知识产权的保护。

（6）采用大规模集成电路，可以降低功耗，减小体积与重量，提高可靠性，降低成本，便于维护。

正是由于具有上述优点，数字图像通信技术得到了越来越广泛的应用。

1.6.7 数字图像处理的主要应用

计算机图像处理和计算机、多媒体、智能机器人、专家系统等技术的发展密切相关。近年来计算机识别、理解图像的技术发展很快，图像处理除了直接供人观看外，还发展了与计算机视觉有关的应用，如邮件自动分拣、车辆自动驾驶等。下面仅列举一些典型应用实例，实际应用远远超出以下介绍的内容。

1. 生物医学中的应用

（1）显微图像处理。

（2）DNA（脱氧核糖核酸）显示分析。

（3）红、白血球分析计数。

（4）虫卵及组织切片的分析。

（5）癌细胞识别。

（6）染色体分析。

（7）DSA（心血管数字减影）及其他减影技术。

（8）内脏大小形状及异常检查。
（9）微循环的分析判断。
（10）心脏活动的动态分析。
（11）热像分析，红外像分析。
（12）X 光照片增强、冻结及伪彩色增强。
（13）超声图像成像、冻结、增强及伪彩色处理。
（14）CT、MRI、γ 射线照相机、正电子和质子 CT 的应用。
（15）专家系统如手术规划的应用。
（16）生物进化的图像分析。

2. 遥感航天中的应用

（1）军事侦察、定位、引导、指挥等应用。
（2）多光谱卫星图像分析。
（3）地形、地图、国土普查。
（4）地质、矿藏勘探。
（5）森林资源探察、分类、防火。
（6）水利资源探察，洪水泛滥监测。
（7）海洋、渔业方面，如温度、渔群的监测预报。
（8）农业方面，如谷物估产、病虫害调查。
（9）自然灾害、环境污染的监测。
（10）气象、天气预报图的合成分析预报。
（11）天文、太空星体的探测及分析。
（12）交通、空中管理、铁路选线等。

3. 工业应用

（1）CAD 和 CAM 技术用于模具、零件制造、服装、印染业。
（2）零件、产品无损检测，焊缝及内部缺陷检查。
（3）流水线零件自动检测识别（供装配流水线用）。
（4）邮件自动分拣、包裹分拣识别。
（5）印制板质量、缺陷的检查。
（6）生产过程的监控。
（7）交通管制、机场监控。
（8）纺织物花型、图案设计。
（9）密封元器件内部质量检查。
（10）光弹性场分析。
（11）标识、符号识别，如超级市场算账、火车车皮识别。
（12）支票、签名、文件识别及辨伪。
（13）运动车、船的视觉反馈控制。

4. 军事、公安领域中的应用

（1）巡航导弹地形识别。
（2）指纹自动识别。
（3）罪犯脸形的合成。

（4）雷达地形侦察。

（5）遥控飞行器的引导。

（6）目标的识别与制导。

（7）警戒系统及自动火炮控制。

（8）反伪装侦察。

（9）手迹、人像、印章的鉴定识别。

（10）过期档案文字的复原。

（11）集装箱的不开箱检查。

5. 其他方面的应用

（1）图像的远距离通信。

（2）多媒体计算机系统及应用。

（3）电视电话。

（4）服装试穿显示。

（5）理发发型预测显示。

（6）电视会议。

（7）办公自动化、现场视频管理。

（8）文字、图像电视广播。

习　题

1. 什么是图像？如何区分数字图像和模拟图像？模拟图像和数字图像如何相互转换？
2. 什么是数字图像处理？
3. 数字图像处理系统由哪几部分组成？各部分的主要功能和常见设备有哪些？
4. 试述人眼的主要特性。
5. 视觉错觉对图像处理有何意义？
6. 数字图像处理的主要研究内容有哪些？
7. 图像亮度函数 $I=f(x,y,\lambda,t)$中各个参数的具体含义是什么？它反映的图像类型有多少？
8. 简述灰度级分辨率变化对图像视觉效果的影响。
9. 图像处理、图像分析和图像理解各有什么特点是什么？它们之间有哪些联系和区别？
10. 结合自己的生活实际，举出几个数字图像处理的应用实例。

第 2 章 MATLAB 图像处理工具箱

2.1 MATLAB 简介

MATLAB 是 Matrix Laboratory 的缩写，意为矩阵工厂（矩阵实验室），是由美国 Mathworks 公司发布的主要面对科学计算、可视化以及交互式程序设计的高科技计算环境。它将数值分析、矩阵计算、科学数据可视化以及非线性动态系统的建模和仿真等诸多强大功能集成在一个易于使用的视窗环境中，为科学研究、工程设计以及必须进行有效数值计算的众多科学领域提供了一种全面的解决方案，并在很大程度上摆脱了传统非交互式程序设计语言（如 C、Fortran）的编辑模式。

MATLAB 和 Mathematica、Maple 并称为三大数学软件。它在数值计算方面首屈一指。MATLAB 可以进行矩阵运算、绘制函数和数据、实现算法、创建用户界面、连接其他编程语言的程序等，主要应用于工程计算、控制设计、信号处理与通信、图像处理、信号检测、金融建模设计与分析等领域。

MATLAB 软件主要由主包、Simulink 和工具箱三部分组成。

1. MATLAB 主包

MATLAB 主包包括以下五个部分。

（1）MATLAB 语言

MATLAB 语言是一种基于矩阵/数组的高级语言，它具有流程控制语句、函数、数据结构、输入输出，以及面向对象的程序设计特性。用 MATLAB 语言可以迅速地建立临时性的小程序，也可以建立复杂的大型应用程序。

（2）MATLAB 工作环境

MATLAB 工作环境集成了许多工具和程序，用户用工作环境中提供的功能完成他们的工作。MATLAB 工作环境给用户提供了管理工作空间内的变量和输入、输出数据的功能，并给用户提供了不同的工具用以开发、管理、调试 M 文件和 MATLAB 应用程序。

（3）句柄图形

句柄图形是 MATLAB 的图形系统。它包括一些高级命令，用于实现二维和三维数据可视化、图像处理、动画等功能；还有一些低级命令，用来定制图形的显示以及建立 MATLAB 应用程序的图形用户界面。

（4）MATLAB 数学函数库

MATLAB 数学函数库是数学运算的一个巨大集合，既包含了诸如求和、正弦、余弦、复数运算之类的简单函数，也包含了矩阵转置、特征值、贝塞尔函数、快速傅里叶变换等复杂函数。

（5）MATLAB 应用程序接口（API）

MATLAB 不仅自身功能强大、环境友善、能十分有效地处理各种科学和工程问题，而且具有极好的开放性。这种开放性表现在两方面：MATLAB 适应各科学、专业研究的需要，提供了各种专业性的工具包；MATLAB 为实现与外部应用程序的“无缝”结合，提供了专门的应用程序接口（API）。通过 MEX 文件的建立，MATLAB 能够调用 C、C++等程序设计语言的子程序；通过使用 MATLAB 引擎，可在 C、C++程序代码中直接调用 MATLAB 中的函数与命令；通过 MATLAB C/C++数学函数库直接实现 C/C++与 MATLAB 的混合编程，并建立可独立运行的程序；通过 MATLAB 提供的串口接口，可以实现从外围设备（如 Modem）直接输入数据到 MATLAB 工作空间，再利用 MATLAB 进行处理。

① MEX 文件

MEX 文件是 MATLAB 一类外部程序调用接口，可以在 MATLAB 中像调用 MATLAB 内建函数一样调用 C、C++等语言编写的子程序，而无须将它们重新编写为 MATLAB 的 M 文件，从而使资源得到充分利用。MEX 文件有以下一些用处。

- 对于已存在的 C、C++程序，只需编写接口，就可在 MATLAB 中调用，而不必重写 M 文件。
- 对于那些在 MATLAB 中执行效率不高的语句（如循环体），可以把它们放在 C、C++中编写并编译，从而提高执行效率。

② MATLAB 引擎

MATLAB 计算引擎是一组允许在别的应用程序中与 MATLAB 交互的函数库和程序库。在调用的过程中，MATLAB 引擎函数库在后台工作，MATLAB 通过它与别的应用程序进行通信。通过 MATLAB 计算引擎可以完成以下功能：调用一个数学函数或子程序来处理数据，如在用户程序中求阵列转置或计算一个快速傅里叶变换等，MATLAB 就是一个强有力、编程灵活的数学子函数库；建立一个具有特殊用途的完整系统，如雷达图像分析或进行气象色谱分析等，可以使用 C 等高级语言来编写用户界面，而后台采用 MATLAB 作为计算引擎，从而达到缩短开发周期、减少开发困难的目的。

③ MATLAB 编译器

MATLAB 编译器（Compiler）是 MATLAB 环境下的编译工具，它能将 M 文件转化为 C 或 C++等不同类型的源代码，并在此基础之上根据需要生成 MEX 文件（.dll 文件）、可独立运行的应用程序（.exe 文件），从而大大提高代码的执行效率。尤其是可独立运行的应用程序文件，不需要 MATLAB 环境支持，甚至没有安装 MATLAB 也能运行。与 MATLAB 引擎、MEX 文件相比，大大扩展了程序的应用范围。同时，编译器对 M 文件编译后，运行速度提高了约 33%，另一方面隐藏了程序算法，提高了保密性。

MATLAB 编译器以 M 文件作为输入，产生 C/C++源代码或 p 码作为输出。MATLAB 编译器能产生以下源代码。

- 用于建立 MEX 文件的 C 源代码。
- 和其他模块结合建立可独立运行程序的 C 或 C++源代码。
- 产生用于 Simulink 的 C 代码的 s 函数。

生成 C 共享库（在 Microsoft Windows 95/98/2000/NT 上即为动态链接库 dll）和 C++的静态链接库（它们能用在没有 MATLAB 的系统中，但是需要 MATLAB C/C++数学函数库的支持）。

④ 串口接口

在 MATLAB 中，用户可以通过计算机的串口接口来和外围设备（如 MODEM、示波器、打印机等）进行通信，甚至可以把计算机作为中介在两台外围设备之间进行通信。

2. Simulink

Simulink 是用于动态系统仿真的交互式系统。Simulink 允许用户在屏幕上绘制框图来模拟一个系统，并能够动态地控制该系统。Simulink 采用鼠标驱动方式，能够处理线性、非线性、连续、离散、多变量以及多级系统。此外，Simulink 还为用户提供了两个附加项：Simulink Extensions（扩展）和 Blocksets（模块集）。

Simulink Extensions 是一些可选择的工具，支持在 Simulink 环境中开发的系统的具体实现，包括：

- Simulink Accelerator；
- Real-Time Workshop；
- Real-Time Windows Target；
- Stateflow。

Blocksets 是为特殊应用领域中设计的 Simulink 模块的集合。包括以下几个领域的模块集：

- DSP（数字信号处理）；
- Fixed-Point（定点）；
- Nonlinear Control Design（非线性控制设计）；
- Communications（通信）。

3. MATLAB 工具箱

工具箱是 MATLAB 用来解决各个领域特定问题的函数库，它是开放式的，可以应用，也可以根据自己的需要进行扩展。

MATLAB 提供的工具箱为用户提供了丰富而实用的资源，工具箱的内容非常广泛，涵盖了科学研究的很多门类。目前，已有涉及数学、控制、通信、信号处理、图像处理、经济、地理等多种学科的二十多种 MATLAB 工具箱投入应用。这些工具箱的作者都是相关领域的顶级专家，从而确定了 MATLAB 的权威性。应用 MATLAB 的各种工具箱可以在很大程度上减小用户编程时的复杂度。而 Mathworks 公司也一直致力于追踪各学科的最新进展，并及时推出相应功能的工具箱。毫无疑问，MATLAB 能在数学应用软件中成为主流是离不开各种功能强大的工具箱的。

2.2 MATLAB 常用的基本命令

1. 常用矩阵的生成

MATLAB 中的常用矩阵有以下几种。

（1）全 0 矩阵

A=zeros(n): 生成 n×n 的全 0 矩阵。

A=zeros(m,n): 生成 m×n 的全 0 矩阵。

A=zeros(a1,a2,a3,…): 生成 a1×a2×a3×…的全 0 矩阵。

A=zeros(size(B)): 生成与矩阵 B 大小相同的全 0 矩阵。

（2）全 1 矩阵

A=ones(n): 生成 n×n 的全 1 矩阵。

A=ones(m,n): 生成 m×n 的全 1 矩阵。

A=ones([m,n]): 生成 m×n 的全 1 矩阵。

A=ones(a1,a2,a3,…): 生成 a1×a2×a3×…的全 1 矩阵。

A=onse(size(B)): 生成与矩阵 B 大小相同的全 1 矩阵。

（3）单位矩阵

A=eye(n): 生成 n×n 的单位矩阵。

A=eye(m,n): 生成 m×n 的单位矩阵。

A=eye([m,n]): 生成 m×n 的单位矩阵。

A=eye(size(B)): 生成与矩阵 B 大小相同的单位矩阵。

（4）均匀分布的随机矩阵

rand 函数产生 0～1 均匀分布的随机数，其调用格式如下。

A=rand(n): 生成 n×n 的随机矩阵。

A=rand(m,n): 生成 m×n 的随机矩阵。

A=rand([m,n]): 生成 m×n 的随机矩阵。

A=rand(a1,a2,a3,…): 生成 a1×a2×a3×…的随机矩阵。

A=rand(size(B)): 生成与矩阵 B 大小相同的随机矩阵。

（5）正态分布的随机矩阵

randn 函数产生-1～1 正态分布的随机数，其调用格式如下。

A=randn(n): 生成 n×n 的随机矩阵。

A=randn(m,n): 生成 m×n 的随机矩阵。

A=randn([m,n]): 生成 m×n 的随机矩阵。

A=randn(a1,a2,a3,…): 生成 a1×a2×a3×…的随机矩阵。

A=randn(size(B)): 生成与矩阵 B 大小相同的随机矩阵。

2. 简单矩阵的生成

在 MATLAB 中，可以采用多种不同的方式生成矩阵。

（1）直接输入矩阵元素

对于较小的简单矩阵，从键盘上直接输入矩阵是最常用的、最方便的数值矩阵创建方法。需要遵循以下几个基本原则。

① 矩阵每一行的元素必须用空格或逗号分开；

② 矩阵中，采用分号或回车表明每一行的结束；

③ 整个输入矩阵必须包含在方括号中。

【例 2-1】生成一个 3×3 的矩阵只要输入：A=[1,4,7;2,2,4;3,6,2]

输出结果如下：

```
A =
     1   4   7
     2   2   4
     3   6   2
```

或者键入

```
A =[1   4   7
    2   2   4
    3   6   2]
```

输出结果和上面相同。

（2）从外部数据文件调入矩阵元素

用 MATLAB 生成的矩阵存储成二进制文件或包含数值数据的文本文件可以生成矩阵。文本文件中，数据必须排成一个数据表，数据之间用空格分隔，文件的每行包含矩阵的一行，并且每一行的元素个数必须相等。

【例 2-2】如有一个名为 dzd.dat 的文件，包含以下数据：

```
4  5  2  9
5  9  6  7
4  4  6  8
6  9  5  1
```

用 MATLAB 将此文件的数据调入工作空间并生成变量 dzd。语句为：

```
load dzd.dat     %将 dzd.dat 中的内容调入工作空间
dzd              %显示变量
```

输出结果如下：

```
dzd =
    4  5  2  9
    5  9  6  7
    4  4  6  8
    6  9  5  1
```

说明：采用本方法可以创建和保存的矩阵大小没有限制，还可以将其他程序生成的矩阵直接调入 MATLAB 中进行处理。

（3）利用用户文件创建的 M 文件矩阵

用户可以使用 M 文件生成自己的矩阵，M 文件是一种包含 MATLAB 代码的文本文件，这种文件的扩展名为“.m”，就是把在 MATLAB 的命令行上键入的矩阵生成命令存入一个文件。下面举例说明 M 文件的创建过程。

【例 2-3】创建 eda .m 文件输入矩阵。

① 使用编辑器输入 eda.m 文件所需内容，或在 MATLAB 的命令行中敲入如下的语句 edit eda.m；启动 MATLAB 编辑器窗口，并新建文件“eda.m”。

② 在编辑器窗口输入矩阵 A，并将文件保存为 eda.m。

③ 运行文件 eda.m，即在命令窗口输入“eda”生成一个变量 A，包含上面生成的矩阵，如图 2.2-1 所示。

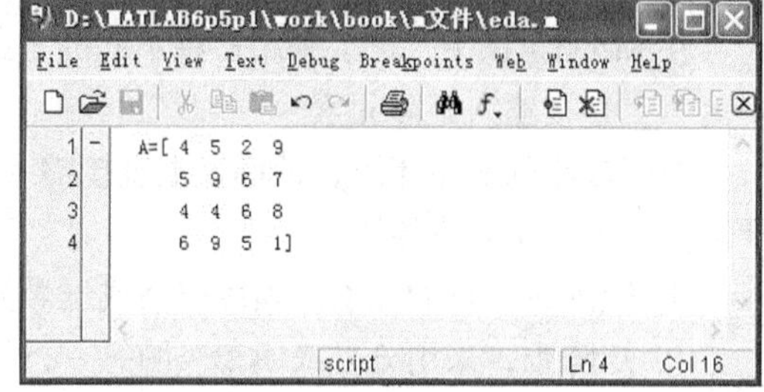

图 2.2-1　在编辑器窗口输入矩阵

（4）利用小矩阵生成大矩阵

【例 2-4】用矩阵 A 生成大矩阵 B。

```
A =
    4  5  2  9
    5  9  6  7
    4  4  6  8
    6  9  5  1
B=[A A+32; A+48 A+16]
```

输出结果如下：

```
B =
    4   5   2   9   36  37  34  41
    5   9   6   7   37  41  38  39
    4   4   6   8   36  36  38  40
    6   9   5   1   38  41  37  33
    52  53  50  57  20  21  18  25
    53  57  54  55  21  25  22  23
    52  52  54  56  20  20  22  24
    54  57  53  49  22  25  21  17
```

由 4 个 4×4 的子矩阵组合成一个 8×8 的矩阵 B。

3. 向量的生成

MATLAB 可以采用多种不同的方式生成向量。

（1）利用冒号“:”生成向量

冒号“:”是 MATLAB 中常用算子之一，它不仅可以做数组下标，对数组元素进行引用、增加和删除，还可以用来生成向量。

冒号“:”使用下列格式生成均匀等分向量。

- x=j:k

如果 j<k，则生成向量 x=[j,j+1,j+2,…,k]。

如果 j>k，则生成空向量 x=[]。

- x=j:i:k

如果 i>0 且 j<k 或 i<0 且 j>k，则生成向量 x=[j,j+i,j+2i,…,k]。

如果 i>0 且 j>k 或 i<0 且 j<k，则生成空向量 x=[]。

输入语句：

```
x1=1:6
x2=1:0.5:3
x2=6:-1:1
```

输出结果如下：

```
x1=
    1     2     3     4     5     6
x2=
    1.0000    1.5000    2.0000    2.5000    3.0000
x3=
    6     5     4     3     2     1
```

（2）利用 linspace 函数生成向量

linspace 函数生成线性等分向量，它的功能类似冒号算子，但它直接给出元素的个数，从而给出各个元素的值。其格式如下。

- x=linspace(a,b)

生成有 100 个元素的行向量 x，它的元素在 a 和 b 之间线性分布。

- x=linspace(a,b,n)

生成有 n 个元素的行向量 x，它的元素在 a 和 b 之间线性分布。

（3）利用 logspace 函数生成向量

logspace 函数生成对数等分向量，它直接给出元素的个数，从而给出各个元素的值。其格式为：

- x=logspace(a,b)

生成有 50 个元素的对数等分向量 x，它的元素在 10^a 和 10^b 之间。

- x=logspace(a,b,n)

生成有 n 个元素的对数等分向量 x，它的元素在 10^a 和 10^b 之间。

- x=logspace(a,pi)

生成有 50 个元素的对数等分向量 x，它的元素在 10^a 和 10^{pi} 之间。

【例 2-5】利用 linspace 和 logspace 生成向量。

语句为：

```
x1 = linspace(1.2, 5, 4);
x2 = logspace(1, 2, 4);
```

输出结果：

```
x1 =
    1.2000    2.4667    3.7333    5.0000
x2 =
    10.0000    21.5443    46.4159    100.0000
```

2.3 图像处理工具箱简介

MATLAB 是一种基于向量（数组）而不是标量的高级程序语言，因而 MATLAB 从本质上就提供了对图像的支持。从图像的数字化过程我们知道，数字图像实际上就是一组有序离散的数据，使用 MATLAB 可以对这些离散数据形成的矩阵进行一次性的处理。较其他标量语言而言，这是非常有优势的一点。

1. 图像采集与导出

图像采集工具箱提供了大量的函数用于采集图像和视频信号。该工具箱支持的硬件设备包括工业标准的 PC 图像采集卡和相应的设备。包括 Matrox 和 Data Translation 公司提供的视频采集设备，同时还支持 Windows 平台下支持 USB 技术的视频摄像头等设备。

MATLAB 的图像处理工具箱支持多种图像数据格式，包括医药卫生、遥感遥测和天文领域应用的特殊图像文件格式，这些图像文件格式主要有 JPEG、TIFF、HDF、HDF-EOS 和 DICOM。同时，MATLAB 中还可以导入/导出 AVI 格式的数据文件。此外，MATLAB 本身还支持其他工业标准的数据文件格式，如 Microsoft 公司的 Excel 电子表格文件，还能够读写具有特殊格式的 ASCII 文本文件。对于一般的二进制文件，也提供了低级 I/O 函数。正因如此，MATLAB 可以读取功能更丰富的数据文件。

2. 图像分析与增强

MATLAB 的图像处理工具箱提供了大量的用于图像处理的函数，利用这些函数，可以分析图像数据，获取图像细节信息，并且设计相应的滤波算子，滤除图像数据所包含的噪声。当然，滤波器的设计是通过 MATLAB 产品提供的交互式工具完成的，这些工具还能够完成选取图像区域，测量图像误差和获取、统计像素信息等功能。

图像处理工具箱还提供了 Radon 变换（常用在 X 射线断层拍摄领域）来重构图像，而离散余弦变换（JPEG 图像压缩核心算法）可以作为实现新的压缩算法的核心。工具箱还包含了边缘检测算法，用于表示图像中具体物体的边缘，如 Canny、Sobel 和 Roberts 方法等。

在图像处理工具箱中还包含了众多数学形态学函数，这些函数可以用于处理灰度图像或者二值图像，可以快速实现边缘检测、图像去噪、骨架提取和粒度测定等算法。此外还包含一些专用的数学形态学函数，例如填充处理、峰值检测、分水岭分割等，且所有的数学形态学函数都可以处理多维图像数据。

3. 图像处理

图像处理工具箱提供了很多高层次的图像处理函数，这些函数可完成几何操作、线性滤波和滤波器的设计、图像变换、图像分析与图像增强、数字形态学处理等操作。

图像处理工具箱函数，按具体功能可以分为以下几类：

- 图像显示（Displaying and Printing Images）；
- 几何操作（Spatial Transformations）；
- 图像注册（Image Registration）；
- 邻域和块操作（Neighborhood and Block Operations）；
- 线性滤波和滤波器的设计（Linear Filtering and Filter Design）；
- 图像变换（Transforms）；
- 形态学分析（Morphological Operations）；
- 图像分析与增强（Image analysis and Enhancement）；
- 区域操作（Region based Processing）；
- 图像恢复（Image Deblurring）；
- 颜色映射和颜色空间转换（Color）。

4. 数据可视化

MATLAB 本身就是功能强大的数据可视化工具，可以通过各种形式显示分析数据，如灰度直方图、等高线、蒙太奇混合、像素分析、图层变换以及材质贴图等。利用可视化的图形，不仅能够评估图形图像的特性，还能够分析图像中的色彩分布情况。

5. 算法开发与发布

MATLAB 允许用户自己开发算法，并且将其封装起来，不断扩展到工具箱函数中。其中包括：内置的图形用户界面开发工具、可视化调试器以及算法性能调试器等。此外，也可以在支持 MATLAB 的平台上共享用户所开发的算法，并将算法同已有的 C 代码结合在一起，完成算法的发布工作。除此之外，MATLAB 还可以将用户开发的 GUI、图像处理算法等应用程序发布为 C 或者 C++源代码，进而编译产生 COM 组件或者 Java 接口，将 MATLAB 开发的算法同其他开发工具结合起来。

图像处理相关工具箱主要包括：

- 图像采集工具箱（Image Acquisition Toolbox）；
- 图像处理工具箱（Image Processing Toolbox）；
- 信号处理工具箱（Signal Processing Toolbox）；
- 小波工具箱（Wavelet Toolbox）；
- 统计工具箱（Statistics Toolbox）；
- 生物信息学工具箱（Bioinformatics Toolbox）；
- MATLAB 编译器（MATLAB Compiler）；
- MATLAB 组件对象模型生成器［MATLAB COM（Component Object Model）Builder］。

2.4 MATLAB 中的图像类型及类型转换

2.4.1 图像和图像数据

MATLAB 中的数字图像是由一个或多个矩阵表示的。这意味着 MATLAB 强大的矩阵运算功能完全可以应用于图像，那些适用于矩阵运算的语法对 MATLAB 中的数字图像同样适用。

在默认情况下，MATLAB 将图像中的数据存储为双精度类型（double），即 64 位浮点数。这种存储方法的优点在于使用中不需要数据类型的转换，因为几乎所有的 MATLAB 及其工具箱函数都可以使用 double 作为参数类型。然而对于图像存储来说，用 64 位来表示图像数据会导致巨大的存储量，所以 MATLAB 还支持图像数据的另一种类型无符号整型（uint8），即图像矩阵中的每个数据占用一个字节。MATLAB 及工具箱中的大多数操作及函数（比如最基本的矩阵相加）都不支持 uint8 类型。uint8 的优势仅仅在于节省存储空间，在涉及运算时需将其转换成 double 型。

因为存在两种图像数据类型，所以在使用工具箱函数时一定要注意函数所要求的参数类型。另外，由于 uint8 与 double 两种类型数据的值域不同，编程时还要注意值域转换。

表 2.4-1 和表 2.4-2 是常用的数据转换语句。

表 2.4-1　　从 uint8 到 double 的转换

图 像 类 型	MATLAB 语句
索引色	B=double(A)+1
索引色或真彩色	B=double(A)/255
二值图像	B=double(A)

表 2.4-2　　从 double 到 uint8 的转换

图 像 类 型	MATLAB 语 句
索引色	B=uint8(round(A-1))
索引色或真彩色	B=uint8(round(A*255))
二值图像	B=logical(uint8(round(A)))

2.4.2　图像处理工具箱所支持的图像类型

图像处理工具箱支持 4 种图像类型，它们分别如下。

- 真彩色图像（RGB images）。
- 索引色图像（index images）。
- 灰度图像（intensity images）。
- 二值图像（binary images）。

此外，MATLAB 还支持由多帧图像组成的图像序列。

1. 真彩色图像

真彩色图像用 R、G、B 三个分量表示一个像素的颜色，所以对一个尺寸为 m 像素 × n 像素的真彩色图像来说，其数据结构就是一个 $m \times n \times 3$ 的多维数组。如果要读取图像中（100，50）处的像素值，可以查看三元组（100,50,1:3）。

真彩色图像可用双精度来存储，此时亮度值的范围是［0,1］，也可以用无符号整型存储，亮度值的范围为［0,255］。图 2.4-1 是一幅 RGB 图像的结构。

2. 索引色图像

MATLAB 中的索引色图像包含两个结构，一个是调色板，一个是图像数据矩阵。调色板是一个有三列和若干行的色彩映象矩阵，矩阵的每一行都代表一种色彩，通过三个分别代表红、绿、蓝颜色强度的双精度数，形成一种特定的颜色。MATLAB 中的调色板的色彩强度是［0,1］中的浮点数，0 代表最暗，1 代表最亮，这一点与 Windows 编程习惯不同。表 2.4-3 是一些常用颜色的 R、G、B 值。

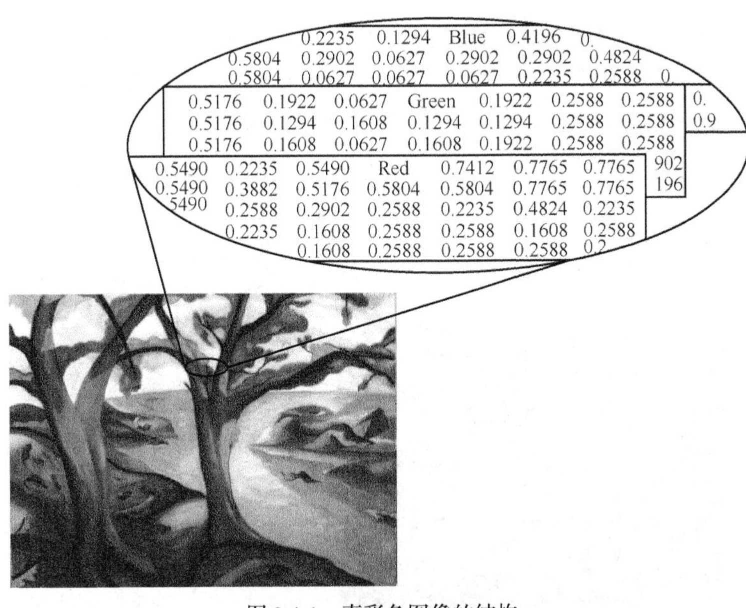

图 2.4-1　真彩色图像的结构

表 2.4-3　　常用颜色的 R、G、B 值

颜色	R	G	B	颜色	R	G	B
黑	0	0	0	洋红	1	0	1
白	1	1	1	青蓝	0	1	1
红	1	0	0	天蓝	0.67	0	1
绿	0	1	0	橘黄	1	0.5	0
蓝	0	0	1	深红	0.5	0	0
黄	1	1	0	灰	0.5	0.5	0.5

MATLAB 提供了 10 个用于产生预存的标准调色板，见表 2.4-4。

表 2.4-4　　产生标准调色板的函数

函 数 名	调 色 板
Hsv	色彩饱和度，以红色开始并以红色结束
Hot	黑色——红色——黄色——白色
Cool	青蓝和洋红的色度
Pink	粉红的色度
Gray	线性灰度
Bone	带蓝色的灰度
Jet	Hsv 的一种变形，以蓝色开始并以蓝色结束
Copper	线性铜色度
Prim	三棱镜，交替为红、橘黄、黄、绿和天蓝
Flag	交替为红、白、蓝和黑

默认情况下，调用上面的调色板函数会产生一个 64×3 的调色板，当然，用户也可指定调色板的大小。如 hot(m)产生一个 m×3 的调色板，其颜色范围从黑经过红、橘红、黄到白。

与真彩色图像相同，索引色图像的数据类型也有 double 和 uint8 两种。当图像数据为 double 类型时，值 1 代表调色板中的第 1 行，值 2 代表第 2 行……如果图像数据是 uint8 类型，0 代表调色板的第 1 行，1 代表第 2 行……图 2.4-2 是一幅索引色图像的结构。

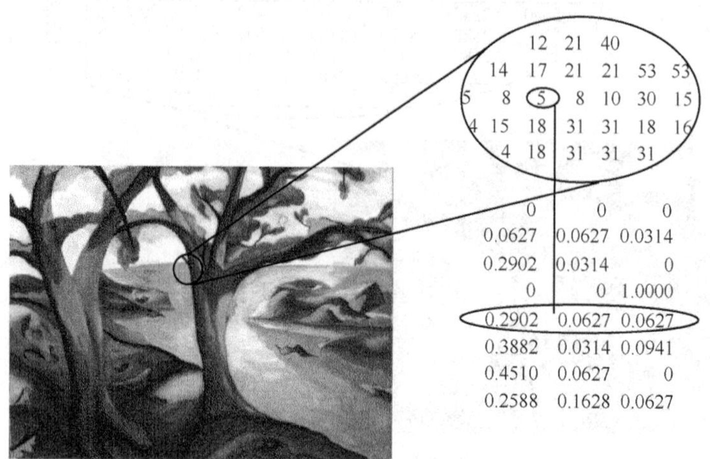

图 2.4-2　索引色图像的结构

3. 灰度图像

存储灰度图像只需要一个数据矩阵，数据类型可以是 double，值域为[0，1]，也可以是 uint8，值域为[0，255]。图 2.4-3 是一幅灰度图像的结构。

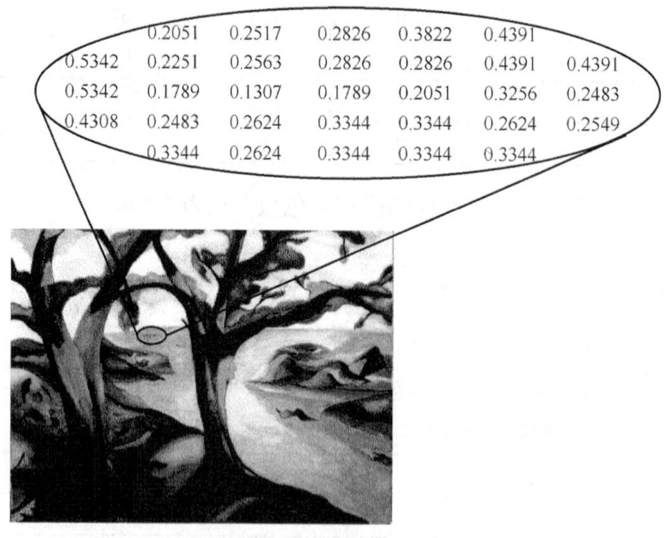

图 2.4-3　灰度图像的结构

4. 二值图像

与灰度图像相同，二值图像只需一个数据矩阵，每个像素只有两个灰度值。二值图像可以采用 uint8 或 double 类型存储，工具箱中以二值图像作为返回结果的函数都使用 uint8 类型。图 2.4-4 是一幅二值图像的结构。

5. 图像序列

图像处理工具箱支持将多帧图像连接成图像序列。图像序列是一个四维的数组，包括图像的长、宽、颜色深度以及图像帧的序号。

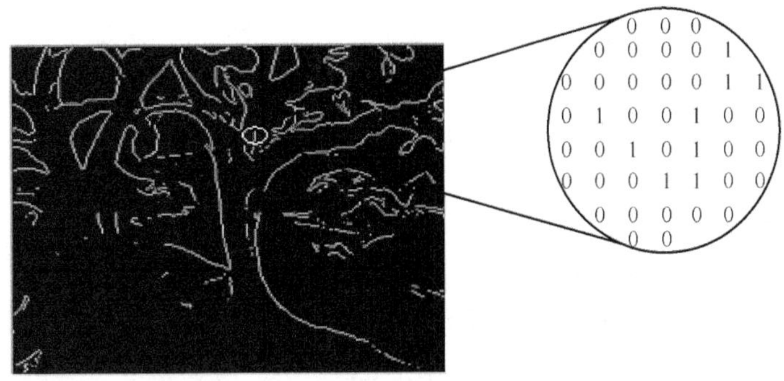

图 2.4-4　二值图像的结构

要将分散的图像合并成图像序列可以使用 MATLAB 的 cat 函数，前提是各图像的尺寸必须相同，如果是索引色图像，调色板也必须是一样的。比如要将 A1、A2、A3、A4、A5 五幅图像合并成一个图像序列 A，MATLAB 语句为

A=cat (4，A1，A2，A3，A4，A5)

左括号后的 4 表示构造出的矩阵的维数。

也可以从图像序列中抽出一帧，比如语句

FRM3=MULTI (:、:、:、3)

是将序列 MULTI 中的第三帧抽出来赋给矩阵 FRM3。

2.4.3　MATLAB 图像类型转换

许多图像处理工作都对图像类型有特定的要求。比如要对一幅索引色图像滤波，首先必须将它转换成真彩色图像，否则结果是毫无意义的。

工具箱中提供了许多图像类型转换的函数，从这些函数的名称上就可以看出它们的功能，见表 2.4-5。

表 2.4-5　图像类型转换函数

函 数 名	函 数 功 能
dither	图像抖动，将灰度图变成二值图或将真彩色图像抖动成索引色图像
gray2ind	将灰度图像转换成索引色图像
grayslice	通过设定阈值将灰度图像转换成索引色图像
im2bw	通过设置亮度阈值将真彩色、索引色、灰度图转换成二值图
ind2gray	将索引色图像转换成灰度图像
ind2rgb	将索引色图像转换成真彩色图像
mat2gray	将一个数据矩阵转换成一幅灰度图
rgb2gray	将一幅真彩色图像转换成灰度图像
rgb2ind	将真彩色图像转换成索引色图像

1. dither

功能：图像抖动。

格式：X=dither(I1，map)

bw=dither(I2)

说明：X=dither(I1, map)将真彩色图像 I1 按指定的调色板 map 抖动成索引色图像 X，bw=dither(I2)将灰度图像 I2 抖动成二值图像 bw。

输入图像可以是 double 或 uint8 类型，输出图像若是二值图像或颜色种类不超过 256 的索引色图像，则是 uint8 类型，否则为 double 型。

2. gray2ind

功能：将灰度图像转换成索引色图像。

格式：[X, map]=gray2ind(I, n)

说明：按指定的灰度级数 n 和调色板 map 将灰度图像 I 转换成索引色图像 X，n 的默认值为 64。

3. grayslice

功能：通过设定阈值将灰度图像转换成索引色图像。

格式：X=grayslice(I, n)

X=grayslice(I, v)

说明：X=grayslice(I, n)将灰度图像 I 均匀量化为 n 个等级，然后转换为伪彩色图像 X。

X=grayslice(I, v)按指定的阈值向量 v（其每一个元素都在 0 和 1 之间）对图像 I 的值域进行划分，而后转换成索引色图像 X。

输入图像 I 可以是 double 或 uint8 类型。如果阈值数量小于 256 则返回图像 X 的数据类型是 uint8，X 的值域为[0, n]或[0, length]。否则，返回图像 X 为 double 类型，值域为[1, n+1]或[1, length(v)+1]。

举例：将一幅灰度图像转换成索引色图像，结果见图 2.4-5。

```
I=imread('ngc4024m.tif');
X=grayslice(I,16);
imshow(I)
figure,imshow(X,hot(16))
```

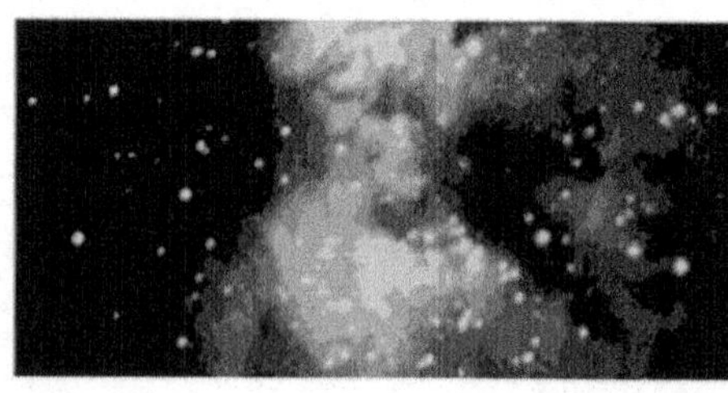

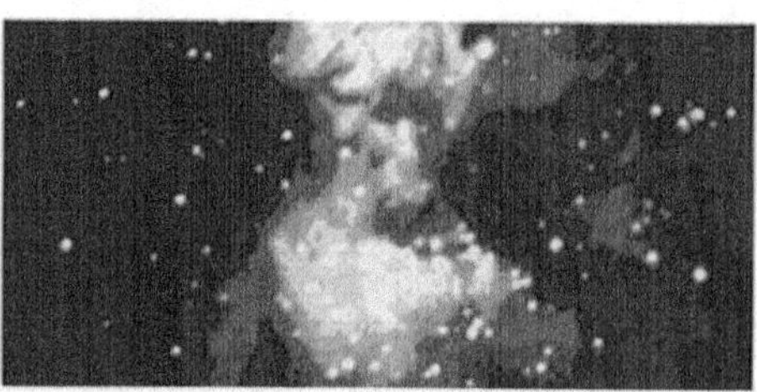

图 2.4-5　灰度图像转换成索引色图像

4. im2bw

功能：BW=im2bw(I, level)

BW=im2bw(X, map, level)

BW=im2bw(RGB, level)

说明：BW=im2bw(I, level)、BW=im2bw(X, map, level)和 BW=im2bw(RGB, level)分别将灰度图像、索引色图像和真彩色图像 I 二值化为图像 BW。level 是归一化阈值，取值在［0,1］区间内。

输入图像可以是 double 或 uint8 类型，输出图像为 uint8 类型。

举例：对一幅图像进行二值化处理，结果见图 2.4-6。

```
load trees
BW=im2bw(X,map,0.4);
imshow(X,map)
figure,imshow(BW)
```

图 2.4-6 图像的二值化

5. ind2gray

功能：将索引色图像转换成灰度图像。

格式：I= ind2gray(X, map)

说明：将具有调色板 map 的索引色图像 X 转换成灰度图像 I，输入图像可以是 double 或 uint8 类型，输出图像为 double 类型。

举例：将一幅索引色图像转换成灰度图像，结果见图 2.4-7。

```
load trees
I=ind2gray(X,map);
imshow(X,map)
figure,imshow(I)
```

图 2.4-7 索引色图像转换成灰度图像

6. ind2rgb

功能：将索引色图像转换成真彩色图像。

格式：RGB=ind2rgb(X, map)

说明：将具有调色板 map 的索引色图像 X 转换成真彩色图像 RGB，输入图像 X 可以是 double 或 uint8 类型，输出图像 RGB 为 double 类型。

7. mat2gray

功能：将一个数据矩阵转换成一幅灰度图。

格式：I= mat2gray(A, [amin amax])

I= mat2gray(A)

说明：I= mat2gray(A, [amin amax])按指定的取值区间[amin amax]将数据矩阵 A 转化为灰度图像 I，amin 对应灰度 0（最暗），amax 对应灰度 1（最亮）。如果不指定区间[amin amax]，则 MATLAB 自动将矩阵 A 中的最小元设为 amin，最大元设为 amax。

举例：用 Sobel 算子对图像滤波，将滤波得到的数据矩阵转换为灰度图像，结果见图 2.4-8。

```
I=imread('rice.tif');
J=filter2(fspecial('sobel'),I);
K=mat2gray(J);
imshow(J)
figure,imshow(K)
```

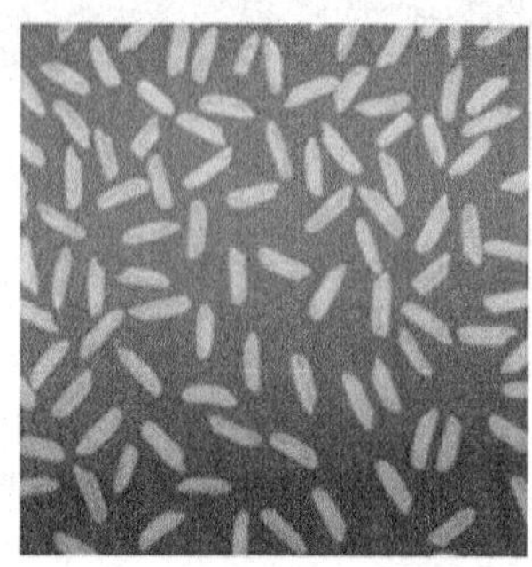
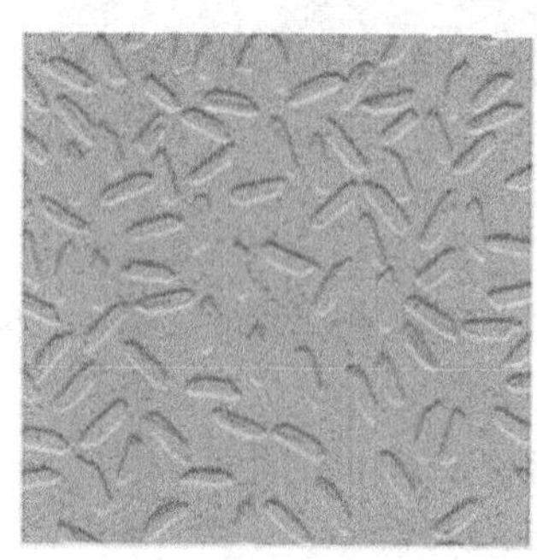

图 2.4-8　将数据图像转换成灰度图像

8. rgb2gray

功能：将一幅真彩色图像转换成灰度图。

格式：I= rgb2gray(RGB)

newmap= rgb2gray(map)

说明：I= rgb2gray(RGB)将真彩色图像 RGB 转换成灰度图像 I。

newmap= rgb2gray(map)将彩色调色板 map 转换成灰度调色板。

如果输入的是真彩色图像，则可以是 uint8 或 double 类型，输出图像 I 与输入图像类型相同。如果输入的是调色板，则输入、输出都是 double 类型。

9. rgb2ind

功能：将真彩色图像转换成索引色图像。

格式：RGB=rgb2ind(X, map)

说明：RGB= rgb 2 ind (X, map)将真彩色图像 X 转换成具有调色板 map 的索引色图像。输入图像可以是 double 或 uint8 类型，输出图像 RGB 为 double 类型。

2.5　图像文件的读写和查询

MATLAB 为用户提供了特殊的函数用于从图像格式的文件中读写图像数据。其中读取图形文件格式的图像需要调用 imread 函数，写入一个图形文件格式的图像需要调用 imwrite 函数，而获取图形文件格式的图像的信息需要调用 imfinfo\ind2rgb 函数，以 MAT 文件加载或保存矩阵数据用 load\save 函数，显示加载到 MATLAB 中的图像用 image\imagesc 函数。

1. 图形图像文件的读取

利用函数 imread 可以完成对图形图像文件的读取操作，其语法如下：

```
A=imread(filename, fmt)
[X, map]=imread(filename, fmt)
[…]=imread(filename)
[…]=imread(filename, idx)   （只对 TIF 格式的文件）
[…]=imread(filename, ref)   （只对 HDF 格式的文件）
```

其中第一种为最常用的形式。例如，读取图像 ngc6543a.jpg 的代码如下：

```
RGB=imread('ngc6543a.jpg')
```

imread 函数可以从任何 MATLAB 支持的图形文件中以特定的位宽读取图像。通常情况下，我们读取的大多数的图像均为 8 位的。当这些图像加载到内存中时，MATLAB 就将其存储在类 uint8 中。此外，MATLAB 还支持 16 位的 PNG 和 TIF 图像，所以，当用户读取这类文件时，MATLAB 就将其存储在类 uint16 中。

需要注意的是，对于索引色图像来说，即使图像阵列的本身为类 uint8 或类 uint16，imread 函数仍然将颜色映像表读取并存储到一个双精度的浮点类型的阵列中。

2. 图形图像文件的写入（保存）

利用函数 imwrite 可以完成对图形图像文件的保存操作，其语法如下：

```
imwrite(A, filenane, fmt)
imwrite(X, map, filenane, fmt)
imwrite(…, filenane)
imwrite(…, parameter, value)
```

例如，我们可以通过下面的语句来实现保存图像：

```
imwrite(X, 'flowers.hdf'…
        'Compression', 'none',…
        'WriteMode', 'append'…)
```

当利用 imwrite 函数保存图像时，MATLAB 默认的保存方式就是将其简化到 uint8 的数据格式。在 MATLAB 中使用的许多图像都是 8 位的，并且大多数的图像文件并不需要双精度的浮点数据。与读取图形图像文件类似，MATLAB 就将其存储在 16 位的数据中。例如，下面的代码就可以将图像数据写入一个 16 位的 PNG 文件中。

```
imwrite(I,'clown.png', 'BitDepth', 16);
```

3. 图形图像文件信息的查询

MATLAB 为用户提供了 imfinfo 函数用于从图像文件中查询其信息。这里所获取的信息与文件类型有关。但是不管哪种类型的图像文件，至少包含下面的内容：

- 文件名。该文件不在当前路径下时，还包含该文件的完整路径。
- 文件格式。
- 文件格式的版本号。
- 文件修改时间。
- 文件的字节大小。
- 图像的宽度（像素）。
- 图像的长度（像素）。

- 每个像素的位数。
- 图像类型。即该图像是 RGB（真彩色）图像、灰度图像还是索引色图像。

例如，我们在 MATLAB 的命令行中输入以下语句，查询文件 lena.bmp 的信息：inf=imfinfo ('lena.bmp')。

回车执行后，结果如下。

```
info =

             Filename: C:\fusion\.Lena.bmp'
          FileModDate: '10-Mar-2000 21:42:16'
             FileSize: 66616
               Format: 'bmp'
        FormatVersion: 'Version 3 (Microsoft Windows 3.x)'
                Width: 256
               Height: 256
             BitDepth: 8
            ColorType: indexed
      FormatSignature: 'BM'
   NumColormapEntries: 256
             Colormap: [256×3double]
              RedMask: []
            GreenMask: []
             BlueMask: []
      ImageDataOffset: 1078
     BitmapHeaderSize: 40
            NumPlanes: 1
      CompressionType: 'none'
           BitmapSize: 0
       HorzResolution: 2934
       VertResolution: 2834
        NumColorsUsed: 0
   NumImportantColors: 0
```

2.6 图像文件的显示

2.6.1 图像的显示函数

在 MATLAB 中，显示一幅图像可以用 image 函数，这个函数将创建一个图形对象句柄，语法格式如下。

- image(C)
- image(x, y, C)
- image('PropertyName', Property Value, …)
- image('PropertyName', Propety Value, …)
- handle=image(…)

其中，x, y 分别表示图像显示位置的左上角坐标，C 表示所需显示的图像。函数 imagesc 与 image 函数类似，但是它可以自动标度输入数据，将输入数据比例化，以全色图的方式显示。下面用 image 函数来显示一幅小丑图像，图像的左上角坐标为（10，10），如图 2.6-1 所示。

```
load clown
image(10,10,X)
colormap(map)
```

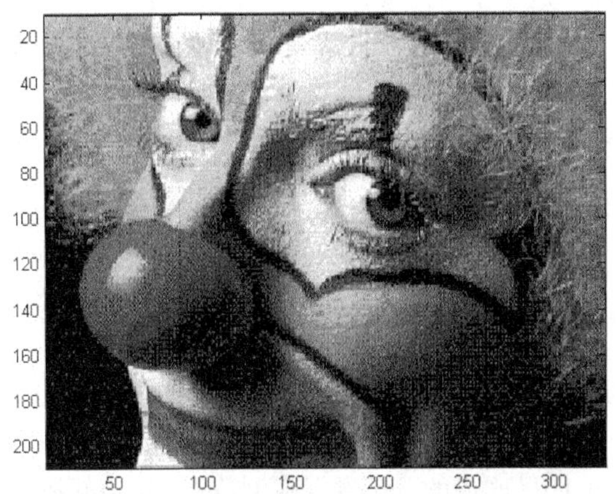

图 2.6-1　image 函数显示图像

MATLAB 图像处理工具箱还提供了一个高级的图像显示函数 imshow。其语法格式为：

- imshow(I, n)；
- imshow(I, [low high])；
- imshow(BW)；
- imshow(X, map)；
- imshow(RGB)；
- imshow(…,display_option)；
- imshow(x,y,A,…)；
- imshow filename；
- h=imshow(…)。

第一和第二种调用格式用来显示灰度图像，其中 n 为灰度级数目，默认值为 256。[low high] 为图像数据的值域。调用 imshow 函数显示图像如图 2.6-2 所示。

```
I=imread('rice.png')
J=filter2([1 2;-1 -2],I)
%用模板[1 2;-1 -2]对图像滤波
imshow(I)
figure,imshow(J,[])
%由于滤波后图像灰度范围与滤波之前不同，所以用[]来作为参考
```

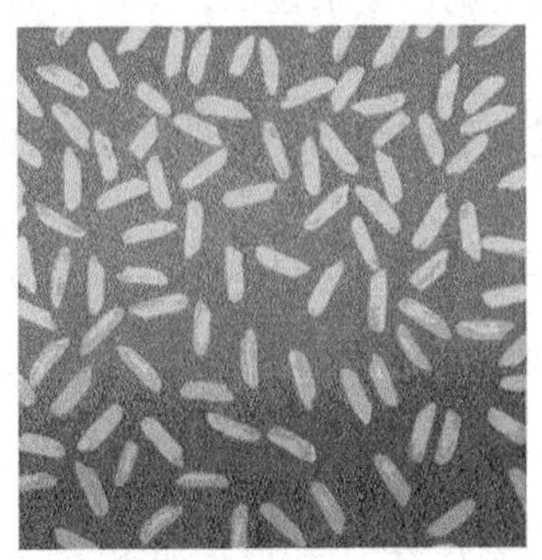
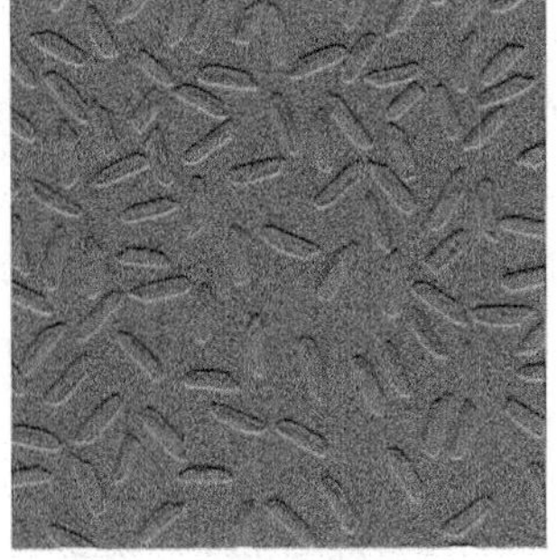

图 2.6-2　用 imshow 显示滤波前后的图像

需要注意的是，某些工具箱选项的设置会对 imshow 的显示产生一定影响，这些设置选项如下。

- imshowBorder：图像显示时在图像坐标轴和窗口边界之间是否留有边框。
- imshowAxesVisible：是否显示图像的坐标轴及其标记。
- imshowTruesize：是否调用 Truesize 函数给每一个图像像素分配一个单独的屏幕像素，也就是说，一个 200 像素 × 300 像素的图像显示为 200 个屏幕像素高、300 个屏幕像素宽。
- truesizewarn：当图像大于屏幕大小时是否发出警告信息。

2.6.2 不同类型的图像显示

不同类型的图像显示方法也不同，下面重点介绍一下索引色图像、灰度图像、RGB 以及二值图像的显示方法。

1. 索引色图像及其显示

索引色图像包括一个数据矩阵 X，一个颜色映像矩阵 map。其中 map 是一个 $m \times 3$ 的数据矩阵，其每个元素的值均为[0, U]区间内的双精度浮点型数据。map 矩阵的每一行分别表示红色、绿色和蓝色的颜色值。在 MATLAB 中，索引色图像是从像素值到颜色映像表值的“直接映射”。

可以用下面的代码来显示一幅索引色图像。

```
image(X)
colormap(map)
```

颜色映像表通常和索引色图像存在一起。当用户在调用函数 imread 时，MATLAB 自动同时加载颜色映像表与图像。在 MATLAB 中可以选择所需要的颜色映像表，而不必局限于使用默认的颜色映像表。可以使用属性 CDataMapping 来选取其他的颜色映像表，包括用户自定义的颜色映像表。

使用 imshow 命令显示索引色图像，则需要指定图像矩阵和调色板。

```
imshow(X, map)
```

对于 X 的每一个像素，imshow 显示存储在 map 相应行中的颜色。图像矩阵中数值和调色板之间的关系取决于图像矩阵是 double、uint8 还是 uint16 类型。如果图像矩阵是双精度类型的，那么数值 1 将指向调色板的第一行，数值 2 指向第二行，以此类推。如果图像矩阵是 uint8 或 uint16 类型，则会有一个偏移量；数据 0 指向调色板的第一行，数值 1 指向第二行，以此类推。偏移量是由图像对象自动掌握的，不能使用句柄图形属性进行控制。

索引色图像的每一个像素都直接映射为调色板的一个入口。如果调色板包含的颜色数目多于图像颜色数目，那么额外的颜色都将被忽略；如果调色板包含的颜色数目少于图像颜色数目，则超出调色板颜色范围的图像像素都将被设置为调色板中的最后一个颜色。例如，如果一幅包含 256 色的 uint8 索引色图像，用户使用一个仅有 16 色的调色板来显示，则所有数值大于等于 15 的像素都将被显示为调色板的最后一个颜色。

显示一幅索引色图像时，imshow 函数将设置以下句柄图形属性来控制颜色显示方式。

- 图像 CData 属性将设置为 X 中的数据。
- 图像 CDataMapping 属性将设置为 direct（并使坐标轴的 CLim 属性无效）。
- 图形窗口的 colormap 属性将被设置为 map 中的数据。
- 图像的 Map 属性设置为 map 中的数据。

2. 灰度图像及其显示

在 MATLAB 中，一幅灰度图像是一个数据矩阵 I，其中数据均代表了在一定范围内的颜色灰度值。矩阵元素可以是双精度的浮点类型、unit8 或 unit16 类型。多数情况下，灰度图像很少和颜色映像表一起保存，但是在显示灰度图像时，MATLAB 仍然在后台使用系统预定义的默认灰度颜色映像表。

MATLAB 中，要显示一幅灰度图像，可以调用函数 imshow 或 imagesc（即 imagescale，图像缩放函数）。

（1）imshow 函数显示灰度图像

灰度图像显示最基本的调用格式如下：

```
imshow(I)
```

imshow 函数通过将灰度值标度为灰度级调色板的索引来显示图像。如果 I 是双精度类型，若像素值为 0.0，则显示为黑色，1.0 则显示为白色，0.0 和 1.0 之间的像素值将显示为灰影。如果 I 为 uint16 类型，则像素值 65535 将被显示为白色。

灰度图像与索引色图像在使用 $m \times 3$ 大小的 RGB 调色板方面是相似的，正常情况下无需指定灰度图像的调色板，而 MATLAB 使用一个灰度级系统调色板（R = G = B）来显示灰度图像。默认情况下，24 位颜色系统中调色板包含 256 个灰度级，其他颜色系统则包括 64 或 32 个灰度级。

imshow 函数显示灰度图像的另一种调用格式是：使用明确的指定的灰度级数目。例如，以下语句将显示一幅 32 个灰度级的图像 I。

```
imshow(I, 32)
```

由于 MATLAB 自动对灰度图像进行标度以适合调色板的范围，因而可以使用自定义大小的调色板。某些情况下，还可能将一些超出数据惯例范围（对于双精度数组为[0,1]，对于 uint8 数组为[0,255]，对于 uint16 数组为[0,65535]）的数据显示为一幅灰度图像。例如，用户对一幅灰度图像进行滤波，输出数据的部分值将超过原始图像的数据范围。为了将这些超过范围的数据显示为图像，用户可以直接指定数据的范围。其调用格式如下：

```
imshow(I, [low high])
```

其中，参数 low 和 high 分别为数据数组的最小值和最大值。如果用户使用另一空矩阵得到超出惯例范围的数据，然后使用空矩阵调用 imshow 来显示所得到的数据，显示结果如图 2.6-3 所示。

```
I=imread('testpat1.png');
J=filter2([1 2;-1 -2],I);
imshow(J,[]);
```

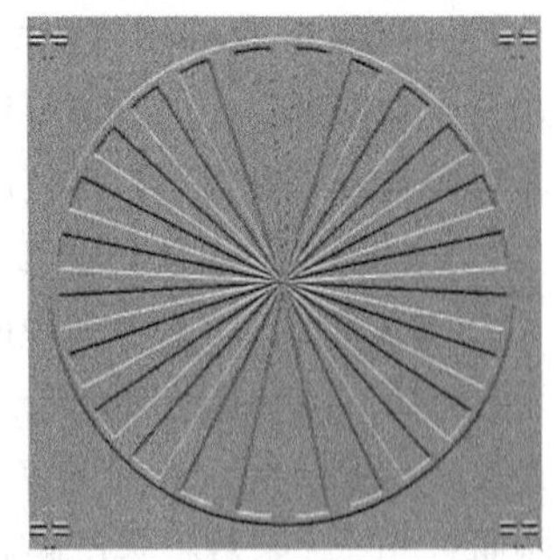

图 2.6-3　灰度图像显示效果

使用这种调用格式，imshow 将坐标轴的 CLim 属性设置为[min(J(:)) max(J(:))]。对于灰度图像，CDataMapping 总是取值 scaled。数值 min(J(:))将使用调色板的第一个颜色来显示，max(J(:))将使用调色板的最后一个颜色来显示。

imshow 函数通过以下图形属性来控制灰度图像的显示方式：

- 图像的 CData 属性设置为 I 中的数据。
- 图像的 CDataMapping 属性设置为 scaled。
- 如果图像矩阵是双精度类型，则坐标轴的 CLim 属性设置为[0，1]；如果是 uint8 类型，则坐标轴设置为[0,65535]。
- 图形窗口的 Colormap 属性设置为数据范围从黑到白的灰度级调色板。

（2）imagesc 函数显示灰度图像

下面的代码是用具有两个输入参数的 imagesc 函数显示一幅灰度图像。

```
imagesc(1,[0 1]);
```

```
colormap(gray);
```

imagesc 函数中的第二个参数确定灰度范围。灰度范围中的第一个值（通常是 0），对应于颜色映像表中的第一个值（颜色），第二个值（通常是 1）则对应于颜色映像表中的最后一个值（颜色）。灰度范围中间的值则线性对应于颜色映像表中剩余的值（颜色）。

当然也可以使用其他颜色映像表。例如，用系统默认的灰色来显示一幅灰度图像，程序代码如下，显示结果如图 2.6-4 所示。

```
load clown
clims=[10 60];
imagesc(X,clims)
colormap(gray)
```

而使用浅蓝绿色来显示该图像则是另外一番效果，如图 2.6-5 所示，程序代码如下：

```
load clown
clims=[10 60];
imagesc(X,clims)
colormap(winter)
```

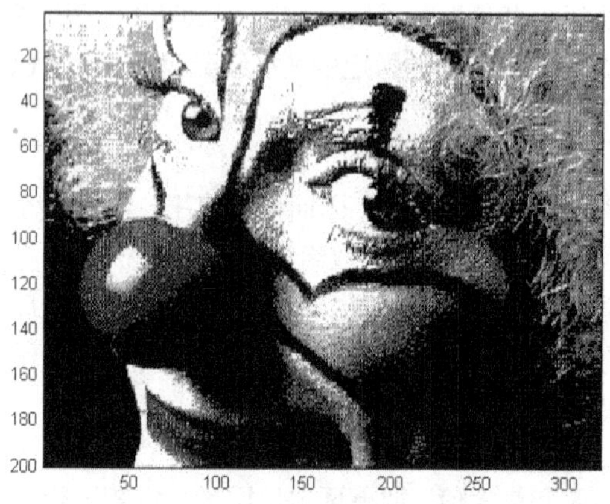

图 2.6-4　系统默认灰色强度图像

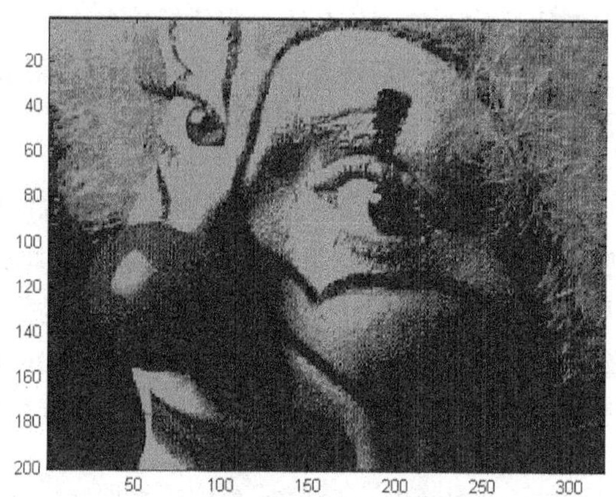

图 2.6-5　浅蓝绿色颜色映射表显示的图像效果

在调用 imagesc 函数时，若只使用一个参数，可以用任意灰度范围来显示图像。在该调用方式下，数据矩阵中的最小值对应于颜色映像表中的第一个颜色值，数据矩阵中的最大值对应于颜色映像表中的最后一个颜色值。

3. RGB 图像及其显示

RGB 图像有 8 位和 6 位两种数据格式，8 位 RGB 图像的颜色数据是[0，255]范围之内的整数，而不是[0，1]范围之内的浮点值。所以，在 8 位 RGB 图像中，颜色值为（255，255，255）的像素点显示为白色。不管 RGB 图像的类型是双精度浮点型，还是 uint8 或 uint16 型，MATLAB 都能通过 image 函数将其正确显示出来。例如：

```
image(RGB)
```

当然，将 RGB 图像从双精度浮点型转换为 uint8 时，必须乘以 255；相反，如果将 uint8 型的 RGB 图像转换为双精度浮点型，必须除以 255。命令如下所示：

```
RGB8=uint8(round(RGB64*255));
RGB64=double(RGB8)/255
```

此外，如果将 RGB 图像从双精度浮点型换为 uint16 型时，必须乘以 65535。将 uint16 型 RGB 图像转换为双精度浮点型，则必须除以 65535。命令形式为：

```
RGB16=uint16(round(RGB64*65535));
```

```
RGB64=double(RGB16)/65535;
```

用 imshow 函数显示 RGB 图像基本的调用格式如下：

```
imshow(RGB)
```

参数 RGB 是一个 $m\times n\times 3$ 的数组。对于 RGB 中的每一个像素（r,c），imshow 显示数值（r,c,1:3）所描述的颜色。每个屏幕像素使用 24 位颜色系统能够直接显示真彩图像，系统给每个像素的红、绿、蓝颜色分量分配 8 位（256 级）。在颜色较少的系统中，MATLAB 将综合使用图像近似和抖动技术来显示图像。

imshow 函数可以设置以下句柄图像属性来控制颜色的显示方式。

- 图像的 CData 属性设置为 RGB 中的三维数值，MATLAB 将数组理解为真彩数据。
- 忽略图像的 CDataMapping 属性。
- 忽略坐标轴的 CLim 属性。
- 忽略图形窗口的 Colormap 属性。

4. 二值图像及其显示

显示二值图像，可用下面的方法。

```
BW=imread('circles.png');
imshow(BW);
```

显示效果如图 2.6-6（a）所示。

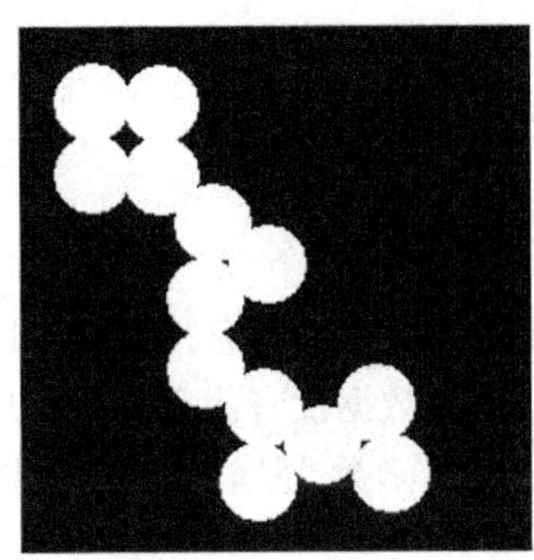

（a）原始二值图像

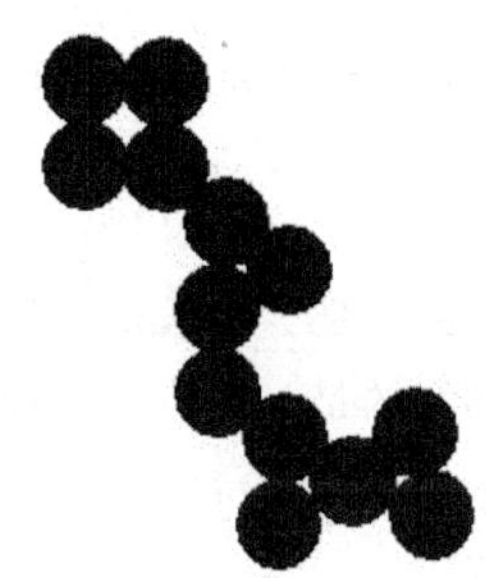

（b）取反后二值图像

图 2.6-6　二进制图像显示效果

在 MATLAB 中，二值图像是一个逻辑类，仅仅包括 0 和 1 两个数值，像素 0 显示为黑色，像素 1 显示为白色。

在显示时，也可以通过 NOT(~)命令，对二值图像进行取反，使数值 0 显示为白色，1 显示为黑色。例如，以下命令形式，显示结果如图 2.6-6（b）所示。

```
imshow(~BW)
```

此外，用户还可以使用一个调色板来显示一幅二值图像。如果图形是 uint8 数据类型，则数值 0 将显示为调色板的第一个颜色，数值 1 将显示为第二个颜色。例如，以下命令形式，数值 0 显示为红色，数值 1 显示为蓝色，显示效果如图 2.6-7 所示。

```
imshow(BW,[1 0 0;0 0 1]) or imview(BW,[1 0 0;0 0 1])
```

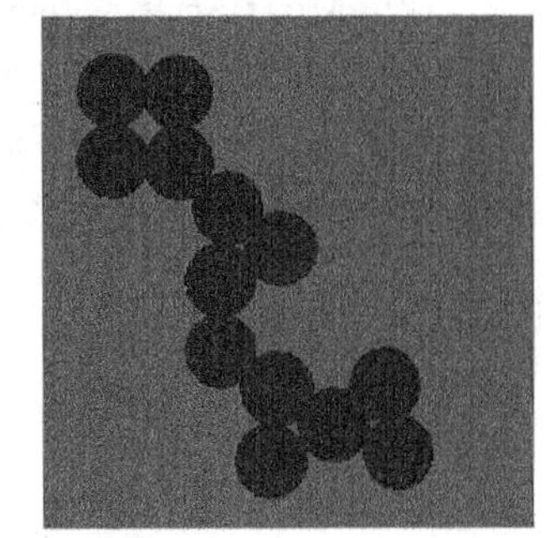

图 2.6-7　用调色板来显示二进制图像

在某些文件格式下，二值图像也可以用 1 位图像格式进行存储。当读取 1 位二值图像时，MATLAB 在工作空间中以逻辑阵列的形式进行表示。

对于 1 位图像格式，MATLAB 将图像显示为二值形式。

```
imwrite(BW,'test.tif');   %MATLAB 支持读写 1 位 TIFF 文件
```

可以通过调用函数 imfinfo 来检查 grid.tif 图像的位深度。

BitDepth 域说明该图像保存为 1 位图像格式。二值图像的 ColorType 域的查询结果为 grayscale，MATLAB7 通过检测 BitDepth 和 ColorType 两个域的数值来判断图像的类型。

imshow 通过以下设置来控制图像显示颜色的属性。

- 图像的 CData 属性设置为 BW 中的数值。
- 图像的 CDataMapping 属性设置为 direct。
- 坐标轴的 CLim 属性设置为[0，1]。
- 图形窗口的 Colormap 属性设置为一个数值范围从黑到白的灰度级调色板。

需要说明的是，以上图像属性设置是由 imshow 函数自动完成的，以上说明仅供了解。

2.6.3 直接从磁盘显示图像

通常，在显示一幅图像前首先要调用 imread 函数装载图像，将数据存储为 MATLAB 工作平台中的一个或多个变量。但是，如果不希望在显示图像之前装载图像，则可以使用以下命令格式直接进行图像文件的显示。

```
imshow  filename
```

其中，filename 为要显示的图像文件的文件名。

例如，显示一个名为 rice.png 的文件，命令形式如下：

```
imshow  rice.png
```

如果图像是多帧的，那么 imshow 将仅仅显示第一帧。这种直接显示调用格式对于图像扫描非常有用。但需要注意的是，在使用这种方式时，图像数据没有保存在 MATLAB 工作平台。如果用户希望将图像装入工作平台中，则需使用 getimage 函数，从当前的句柄图形图像对象中获取图像数据，命令形式为：

```
rgb = getimage;
```

如果显示 rice.png 的图形窗口被激活，那么该语句就会将图像赋给变量 rgb。

习　题

1. 应用 MATLAB 语言编写程序读入一幅彩色图像，并分别将其转换为灰度图像和索引色图像。
2. 编写 MATLAB 程序，采用 imfinfo 函数对图像文件进行信息查询。
3. 编写 MATLAB 程序，显示不同类型的图像文件。
4. 索引图像的结构是什么？

第 3 章 图像的变换

图像和其他信号一样，既能在空间域（简称空域）处理，也能在频率域（简称频域）处理。把图像信息从空域变换到频域，可以更好地分析、加工和处理。因为图像信息的频率处理具有如下特点：能量守恒，但能量重新分配；有利于提取图像的某些特征；正交变换具有能量集中的作用，可以实现图像的高效压缩编码；频域有快速算法，可以大大减少运算量，提高处理效率。

从信息的表现形式来讲，所有信息变换方法都可以用于图像变换，但图像信息数据具有数据量大，带宽大等特点，只有减少运算量，压缩图像数据量，才能应用于图像变换中。本章除介绍图像的几何变换外，主要介绍图像的正交变换，包括离散傅里叶变换、离散余弦变换、离散哈达玛-沃尔什变换及小波变换等。

3.1 图像的几何变换

几何变换是图像变换的基本方法。简单地说，几何变换可以改变像素点所在的几何位置，以及图像中各物体之间的空间位置关系。通过几何变换，可以根据应用的需要使原图像产生大小、形状和位置等各方面的变化。几何变换不仅提供了产生某些特殊图像的可能，还可以使图像处理程序设计简单化。从变换性质来分，图像的几何变换可以分为图像的位置变换（平移、镜像、旋转）、形状变换（放大、缩小和剪切）以及图像的复合变换等。

3.1.1 图像平移

图像平移是将图像沿水平或垂直方向移动位置后，获得新的图像的变换方式。例如：图像坐标中像素点（x_0, y_0）移动到（x_1, y_1）位置灰度不变，如图 3.1-1 所示。

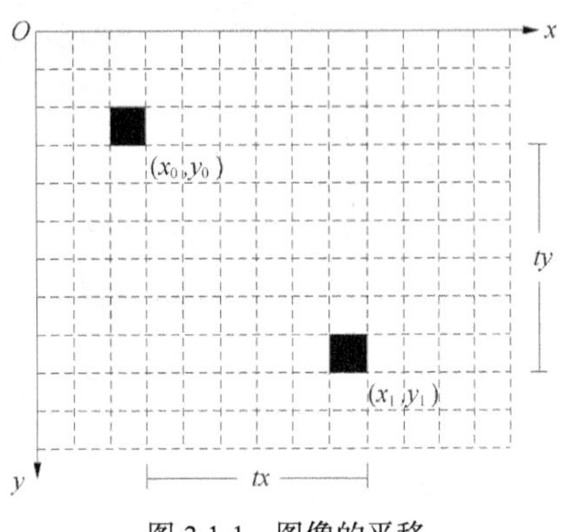

图 3.1-1 图像的平移

图 3.1-1 中点（x_0, y_0），经过平移（tx, ty），变为点（x_1, y_1），两点之间的关系为：$x_1=x_0+tx$；$y_1=y_0+ty$。以矩阵的形式表示为：

$$\begin{bmatrix} x_1 \\ y_1 \\ 1 \end{bmatrix} = \begin{bmatrix} 1 & 0 & tx \\ 0 & 1 & ty \\ 0 & 0 & 1 \end{bmatrix} \begin{bmatrix} x_0 \\ y_0 \\ 1 \end{bmatrix} \qquad (3.1\text{-}1)$$

对该矩阵求逆，可以得到反变换：

$$\begin{bmatrix} x_0 \\ y_0 \\ 1 \end{bmatrix} = \begin{bmatrix} 1 & 0 & -tx \\ 0 & 1 & -ty \\ 0 & 0 & 1 \end{bmatrix} \begin{bmatrix} x_1 \\ y_1 \\ 1 \end{bmatrix} \tag{3.1-2}$$

即

$$\begin{cases} x_0 = x_1 - tx \\ y_0 = y_1 - ty \end{cases} \tag{3.1-3}$$

平移后图像中的每一个像素点都可以在原图像中找到其对应的点。对于新图像中的（0，0）像素点，通过以上方程的计算，可以求出对应原图像中的像素点（$-tx$，$-ty$）。如果 tx 或 ty 大于 0，则（$-tx$，$-ty$）不在原图像中。对于不在原图像中的点，直接将其像素值设置为 0 或 255（黑色或白色）。如果有的像素点不在原图像中，说明原图像中有的点被移出显示区域。如果不想丢失被移出的部分图像，可以将新生成的图像宽度扩大$|tx|$，高度扩大$|ty|$。

对于图像平移后的溢出情况，分两种情况考虑。第一种情况：平移时需要考虑图像是否溢出，但是对于溢出的部分不做处理，只有在范围内的坐标才对其赋予像素值。

【例 3-1】 在下面的程序中，溢出的部分不做处理，见图 3.1-2。

```
I=imread('eight.tif');
subplot(121),imshow(I);title('原始图像');
a=10; b=20;
% a 表示在水平方向上的偏移
% b 表示在垂直方向上的偏移
% 注意：这种方法丢失了被平移的图像
[M,N]=size(I);
I=im2double(I);
f=zeros(M,N);            %创建的窗口和原图像一样大
for i=1:M
    for j=1:N
        if( (i+a)>=1 && (i+a)<=M && (j+b)>=1 && (j+b)<=N ); %判断平移后的行列坐标是否超出了范围
            f(i+a,j+b)=I(i,j);%进行图像平移
        end
    end
end
subplot(122),imshow(f);title('平移后的图像');
```

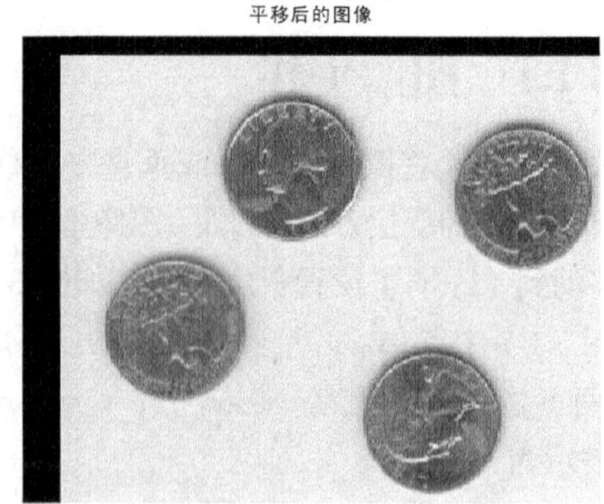

图 3.1-2　图像平移运行结果

第二种情况：考虑图像溢出的情况，对图像平移以后，采用扩大显示区域的方法，即令 J=ones(M+abs(a),N+abs(b),G)；初始化新图像矩阵全为 1，大小根据 x 轴和 y 轴的平移范围确定。

【**例 3-2**】下面的程序对溢出的部分做处理，如图 3.1-3 所示。

```
I=imread('eight.tif');
subplot(121),imshow(I);title('原始图像');
[M,N,G]=size(I);
I=im2double(I);
J=ones(M+abs(a),N+abs(b),G);
for i=1:M
 for j=1:N
  if(a<0 && b<0);
     J(i,j,:)=I(i,j,:);
  else if(a>0 && b>0);
     J(i+a,j+b,:)=I(i,j,:);
  else if(a>0 && b<0);
     J(i+a,j,:)=I(i,j,:);
  else
     J(i,j+b,:)=I(i,j,:);
     end
    end
   end
  end
end
subplot(122),imshow(J);title('平移后的图像');
```

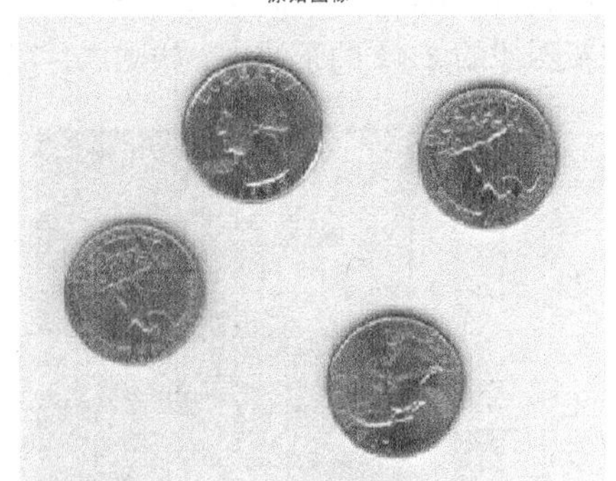

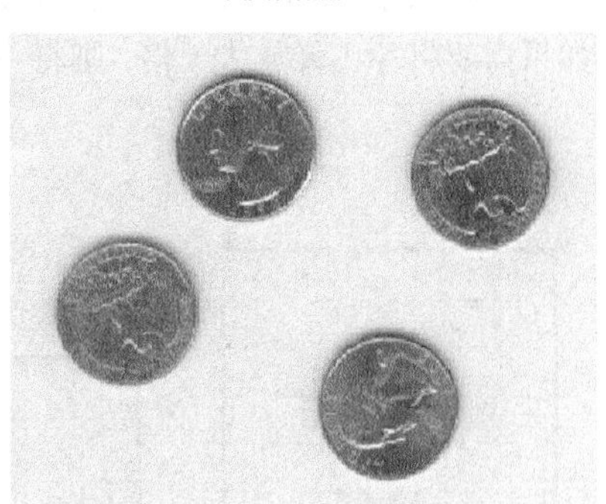

图 3.1-3　图像平移运行结果

3.1.2　图像缩放

图像缩放是指将给定的图像沿 x 轴方向按比例缩放 fx 倍，沿 y 轴方向按比例缩放 fy 倍。当 $fx=fy$ 时，称为图像的全比例缩放。当 $fx\neq fy$ 时，图像像素间的相对位置会发生畸变。

设原图像中的点 $p(x_0,, y_0)$，比例缩放后在新的图像中对应点 $p(x,y)$，$p(x_0, y_0)$和 $p(x,y)$之间的对应关系如图 3.1-4 所示。

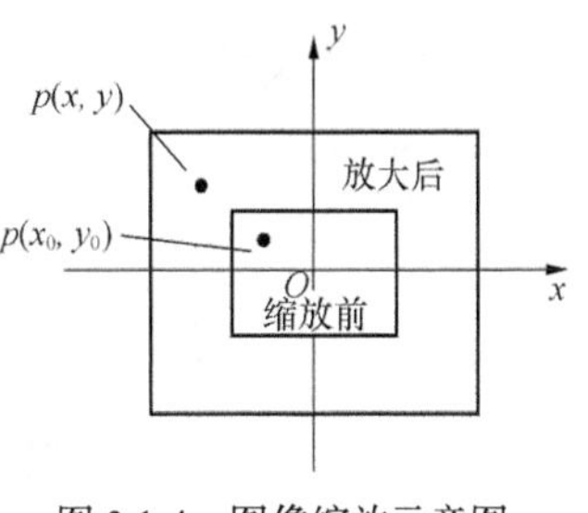

图 3.1-4　图像缩放示意图

比例缩放前后两点之间的关系用矩阵表示为：

$$\begin{bmatrix} x \\ y \\ 1 \end{bmatrix} = \begin{bmatrix} fx & 0 & 0 \\ 0 & fy & 0 \\ 0 & 0 & 1 \end{bmatrix} \begin{bmatrix} x_0 \\ y_0 \\ 1 \end{bmatrix} \tag{3.1-4}$$

其逆运算如下。

$$\begin{bmatrix} x_0 \\ y_0 \\ 1 \end{bmatrix} = \begin{bmatrix} 1/fx & 0 & 0 \\ 0 & 1/fy & 0 \\ 0 & 0 & 1 \end{bmatrix} \begin{bmatrix} x \\ y \\ 1 \end{bmatrix} \text{即} \begin{cases} x_0 = x/fx \\ y_0 = y/fy \end{cases} \tag{3.1-5}$$

图像的缩小一般分为按比例缩小和不按比例缩小两种，如图 3.1-5 所示。图像缩小之后，因为承载的信息量小了，所以画布可相应缩小。

（a）原图

（b）按比例缩小

（c）不按比例缩小

图 3.1-5　图像缩放

最简单的是减小一半，如图 3.1-6 所示，这样只需取原图的偶（奇）数行和偶（奇）数列构成新的图像。

图像的缩小操作中，要在现有的信息里挑选所需要的有用信息。图像的放大操作中，则需对尺寸放大后所多出来的空格填入适当的值，这是信息的估计问题，所以较图像的缩小要复杂一些。

如果需要将原图像放大 k 倍，则将一个像素值添在新图像的 $k \times k$ 的子块中，如图 3.1-7 所示。

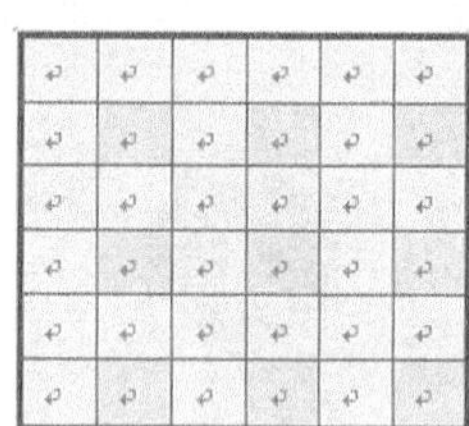
（a）原图

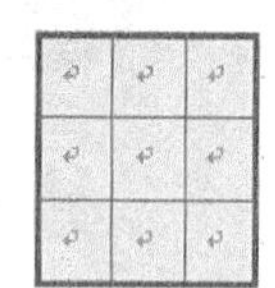
（b）按比例缩小一半

图 3.1-6　图像缩小

（a）原图

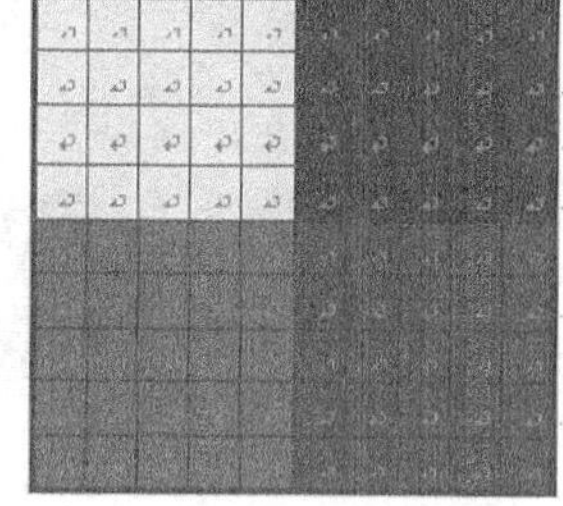
（b）按比例放大 5 倍

图 3.1-7　图像按比例放大

图像不按比例放大，这种操作由于 x 方向和 y 方向的放大倍数不同，一定带来图像的几何畸变。放大的方法是将原图像的一个像素值添到新图像的一个 $k_1 \times k_2$ 的子块中去，如图 3.1-8 所示。

（a）原图

（b）x 放大 2 倍，y 放大 4 倍

图 3.1-8　图像不按比例放大

【例 3-3】实现图像的缩放，如图 3.1-9 所示。

```
I=imread('eight.tif');
s=2; %缩放倍数，缩放后与原始大小的比值
figure(1)
subplot(121),imshow(I);title('原始图像');%原图显示
[m n d]=size(I);
if s<=1 & s>0
    for i=1:d
        im(:,:,i)=I(round(1:1/s:m),round(1:1/s:n),i);
    end
else if s>1
    [X Y]=meshgrid(1:n,1:m);
    [Xt Yt]=meshgrid(1:1/s:n,1:1/s:m);
    for i=1:d
        im(:,:,i)=interp2(double(I(:,:,i)),Xt,Yt,'spline');
    end
    if isa(I,'uint8')
        im=uint8(im);
    else
        im=uint16(im);
    end
    end
end
subplot(122),imshow(im);title('缩放后的图像'); %缩放图显示
```

原始图像

缩放后的图像

图 3.1-9　图像缩放的运行结果

3.1.3　图像旋转

图像旋转是指图像以某一点作为轴转过一定的角度。通常的做法是以图像的中心为圆心旋转。图像的旋转变换是图像的位置变换，但旋转后，图像的大小一般会改变。和图像平移一样，在图像旋转变换中既可以把转出显示区域的图像截去，也可以扩大图像范围以显示全部图像。

例如，对图 3.1-10 进行旋转。

图 3.1-10　旋转前的图像

如果要使旋转后图像显示区域不变，就要进行裁剪，这样图像中的一些内容就会损失，如图 3.1-11 所示。

旋转运算的变换公式可以通过以下方式推导。将一个点顺时针旋转 a 角后的坐标变换，如图 3.1-12 所示，r 为该点到原点的距离，在旋转过程中，r 保持不变。b 为 r 与 x 轴之间的角度。

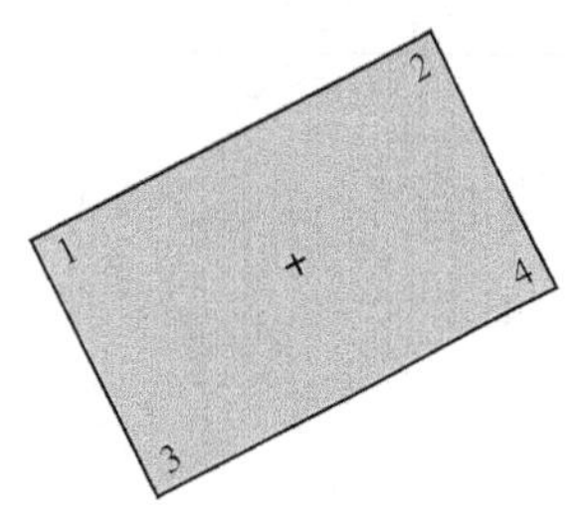

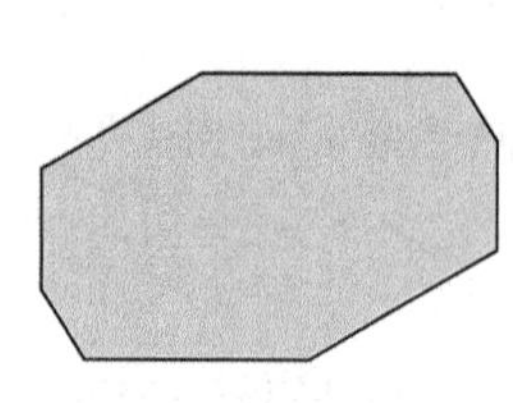

图 3.1-11　旋转 θ 后的图像（扩大图像、转出部分被截）

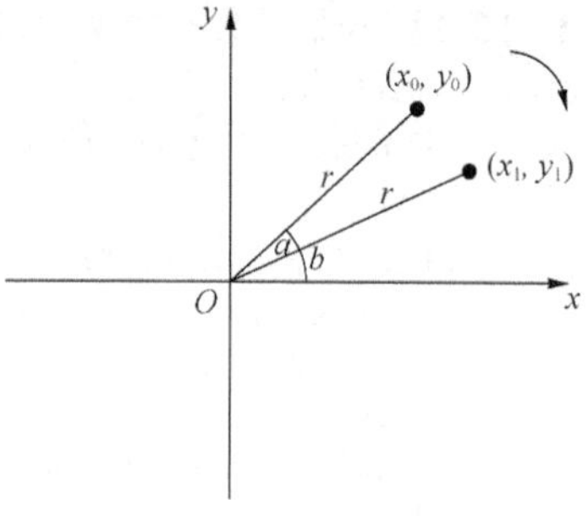

图 3.1-12　图像旋转示意图

旋转前：

$$\begin{cases} x_0 = r\cos(b) \\ y_0 = r\sin(b) \end{cases} \tag{3.1-6}$$

旋转 a 角度后 ：

$$\begin{cases} x_1 = r\cos(b-a) = r\cos(b)\cos(a) + r\sin(b)\sin(a) = x_0\cos(a) + y_0\sin(a) \\ y_1 = r\sin(b-a) = r\sin(b)\cos(a) - r\cos(b)\sin(a) = -x_0\sin(a) + y_0\cos(a) \end{cases} \tag{3.1-7}$$

写成矩阵表达式为：

$$\begin{bmatrix} x_1 \\ y_1 \\ 1 \end{bmatrix} = \begin{bmatrix} \cos(a) & \sin(a) & 0 \\ -\sin(a) & \cos(a) & 0 \\ 0 & 0 & 1 \end{bmatrix} \begin{bmatrix} x_0 \\ y_0 \\ 1 \end{bmatrix} \tag{3.1-8}$$

其逆运算如下：

$$\begin{bmatrix} x_0 \\ y_0 \\ 1 \end{bmatrix} = \begin{bmatrix} \cos(a) & -\sin(a) & 0 \\ \sin(a) & \cos(a) & 0 \\ 0 & 0 & 1 \end{bmatrix} \begin{bmatrix} x_1 \\ y_1 \\ 1 \end{bmatrix} \tag{3.1-9}$$

【例 3-4】图像旋转的 MATLAB 实现。

在 MATLAB 中，提供了 imrotate 函数用于实现图像的旋转。

B=imrotate(A,angle)：将图像 A 旋转角度 angle，单位为（°），逆时针为正，顺时针为负。

B=imrotate(A,angle,method)：字符串参量 method 指定图像旋转插值方法，如 nearest（最近邻插值）、bilinear（双线性插值）、bicubic（双立方插值），默认值为 nearest。

B=imrotate（A,angle,method,bbox）：字符串参量 bbox 指定返回图像的大小，其取值如下。

- corp：输出图像 B 与输入图像 A 具有相同的大小，对旋转图像进行剪切以满足要求。
- loose：默认值，输出图像 B 包含整个旋转后的图像，通常 B 比输入图像 A 要大。

下面的程序实现图像的逆时针旋转 30°、45° 和 60°，运行结果如图 3.1-13 所示。

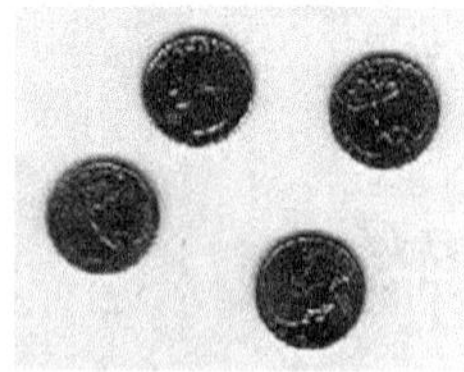

（a）原始图像

（b）旋转30°后的图像

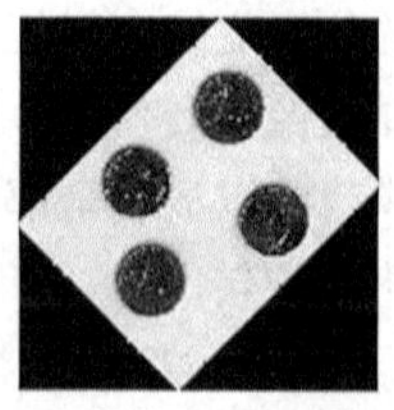

（c）旋转45°后的图像

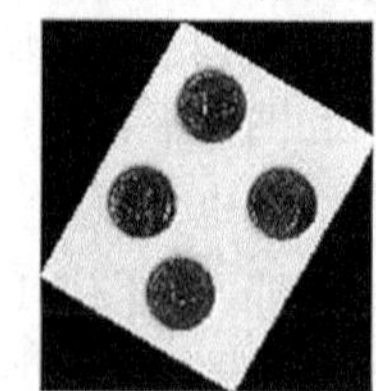

（d）旋转60°后的图像

图 3.1-13　图像旋转的运行结果

```
I=imread('eight.tif');
subplot(221),imshow(I);title('原始图像')
```

```
J1=imrotate(I,30,'nearest');
subplot(222),imshow(J1);title('旋转 30°后的图像')
J2=imrotate(I,45,'nearest');
subplot(223),imshow(J2);title('旋转 45°后的图像')
J3=imrotate(I,60,'nearest');
subplot(224),imshow(J3);title('旋转 60°后的图像')
```

3.1.4 图像镜像

图像的镜像变换分为两种：一种是水平镜像，另外一种是垂直镜像。图像的水平镜像操作是将图像的左半部分和右半部分以图像垂直中轴线为镜像轴进行对换；图像的垂直镜像操作是将图像上半部分和下半部分以图像水平中轴线为镜像轴进行对换。变换效果如图 3.1-14、图 3.1-15、图 3.1-16 所示。

图 3.1-14　原图

图 3.1-15　水平镜像

图 3.1-16　垂直镜像

设图像高度为 *Height*，宽度为 *Width*，原图中（x_0，y_0）经过水平镜像后坐标（x_1，y_1）将变为（$Width-x_0$，y_0），其矩阵表达式为：

$$\begin{bmatrix} x_1 \\ y_1 \\ 1 \end{bmatrix} = \begin{bmatrix} -1 & 0 & Width \\ 0 & 1 & 0 \\ 0 & 0 & 1 \end{bmatrix} \begin{bmatrix} y_0 \\ x_0 \\ 1 \end{bmatrix} \tag{3.1-10}$$

逆运算矩阵表达式为：

$$\begin{bmatrix} x_0 \\ y_0 \\ 1 \end{bmatrix} = \begin{bmatrix} -1 & 0 & Width \\ 0 & 1 & 0 \\ 0 & 0 & 1 \end{bmatrix} \begin{bmatrix} x_1 \\ y_1 \\ 1 \end{bmatrix} \quad 即 \begin{cases} x_0 = Width - x_1 \\ y_0 = y_1 \end{cases} \tag{3.1-11}$$

同样，（x_0，y_0）经过垂直镜像后坐标（x_1，y_1）将变为（x_0，$Height-y_0$），其矩阵表达式为：

$$\begin{bmatrix} x_1 \\ y_1 \\ 1 \end{bmatrix} = \begin{bmatrix} 1 & 0 & 0 \\ 0 & -1 & Height \\ 0 & 0 & 1 \end{bmatrix} \begin{bmatrix} x_0 \\ y_0 \\ 1 \end{bmatrix} \tag{3.1-12}$$

逆运算矩阵表达式为：

$$\begin{bmatrix} x_0 \\ y_0 \\ 1 \end{bmatrix} = \begin{bmatrix} 1 & 0 & 0 \\ 0 & -1 & Height \\ 0 & 0 & 1 \end{bmatrix} \begin{bmatrix} x_1 \\ y_1 \\ 1 \end{bmatrix} \quad 即 \begin{cases} x_0 = x_1 \\ y_0 = Height - y_1 \end{cases} \tag{3.1-13}$$

【例 3-5】 实现图像的水平和垂直镜像。

```
clc;
clear all;
A=imread('eight.tif');
[height,width,dim]=size(A);
tform=maketform('affine',[-1 0 0;0 1 0;width 0 1]);
B=imtransform(A,tform,'nearest');%B 中存储的是经过水平镜像变换后的图像
tform2=maketform('affine',[1 0 0;0 -1 0;0 height 1]);
C=imtransform(A,tform2,'nearest');%C 中存储的是经过垂直镜像变换后的图像
subplot(1,3,1),imshow(A);
title('原图像');
subplot(1,3,2),imshow(B);
title('水平镜像');
subplot(1,3,3),imshow(C);
title('垂直镜像');
```

程序运行结果如图 3.1-17 所示。

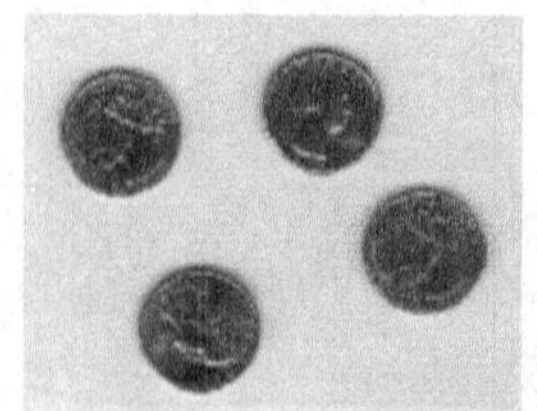

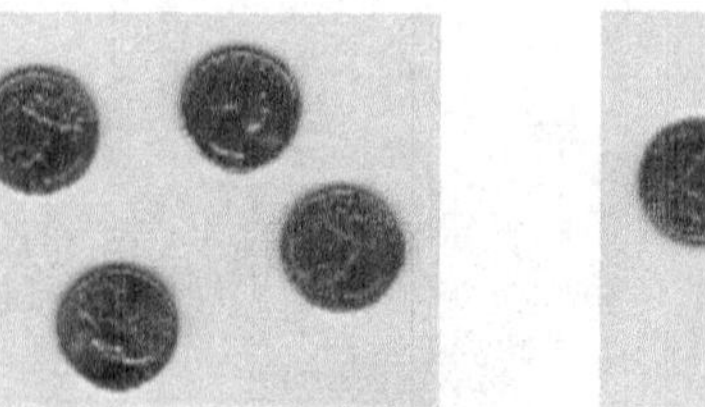

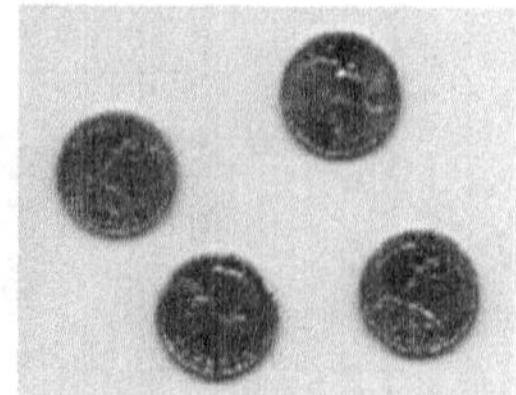

图 3.1-17　图像镜像运行结果

3.1.5　图像转置

图像的转置操作是将图像像素的 x 坐标和 y 坐标互换（见图 3.1-18 和图 3.1-19）。该操作将改

变图像的大小，图像的高度和宽度将互换。

图 3.1-18　原图

图 3.1-19　转置后的图

转置的变换矩阵表达式：

$$\begin{bmatrix} x_1 \\ y_1 \\ 1 \end{bmatrix} = \begin{bmatrix} 0 & 1 & 0 \\ 1 & 0 & 0 \\ 0 & 0 & 1 \end{bmatrix} \begin{bmatrix} x_0 \\ y_0 \\ 1 \end{bmatrix} \tag{3.1-14}$$

它的逆矩阵表达式是：

$$\begin{bmatrix} x_0 \\ y_0 \\ 1 \end{bmatrix} = \begin{bmatrix} 0 & 1 & 0 \\ 1 & 0 & 0 \\ 0 & 0 & 1 \end{bmatrix} \begin{bmatrix} x_1 \\ y_1 \\ 1 \end{bmatrix} \quad 即 \begin{cases} x_0 = y_1 \\ y_0 = x_1 \end{cases} \tag{3.1-15}$$

【例 3-6】 图像的转置。

```
I=imread('eight.tif');
subplot(121),imshow(I);title('原始图像')
J=I';
subplot(122),imshow(J);title('转置后的图像')
```

程序运行结果如图 3.1-20 所示。

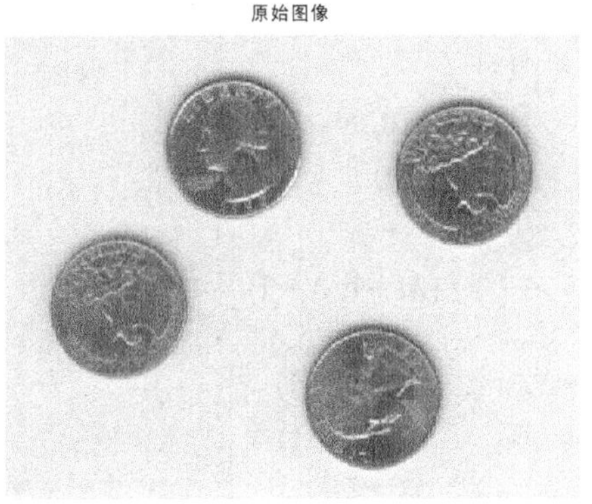

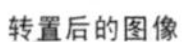

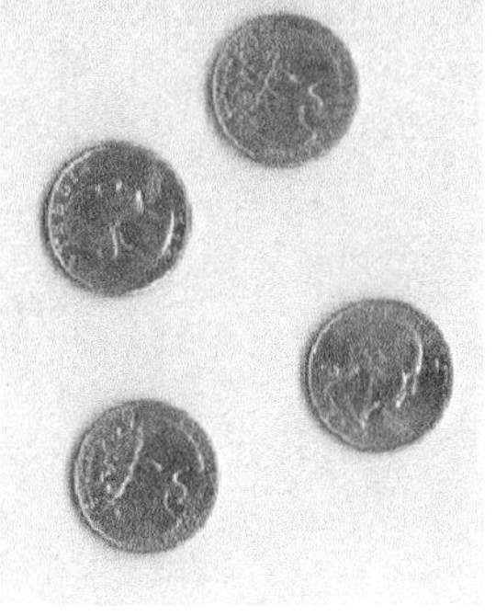

图 3.1-20　图像转置的运行结果

3.2 图像的正交变换

直接对数字图像进行处理有时会遇到一些困难，如图像中周期干扰信号的滤除、图像的压缩编码等，而将图像数据转换为其他形式时，可以找到简单而有效的方法，因而将图像信息转换为其他形式进行处理，完成处理后再转换为图像的形式的方法得到深入的研究。

正交变换是图像处理技术的重要工具，正交变换必须是可逆的，这样在变换域处理后的图像信息才能变换回能直接表达图像的空间域。另外，正交变换和反变换的算法不能太复杂，否则就失去了处理图像的实际意义。正交变换广泛应用在图像增强、图像复原、编码和特征提取等方面。

对于数字图像或图像块 $\{f(x,y),\ x=0,1,\cdots,M-1;\ y=0,1,\cdots,N-1\}$，其二维离散线性变换的一般形式为：

$$F(u,v)=\sum_{x=0}^{M-1}\sum_{y=0}^{N-1}f(x,y)p(u,v,x,y) \tag{3.2-1}$$

其中，$x=0,1,\cdots,M-1$；$y=0,1,\cdots,N-1$；$p(u,v,x,y)$ 称为正变换核。同样，对应的反变换的一般形式为：

$$f(x,y)=\sum_{u=0}^{M-1}\sum_{v=0}^{N-1}F(u,v)q(u,v,x,y) \tag{3.2-2}$$

其中，$x=0,1,\cdots,M-1$；$y=0,1,\cdots,N-1$；$q(u,v,x,y)$ 称为反变换核。

在大部分已有的变换中，变换核都可以表示为：

$$p(u,v,x,y)=p_1(u,x)p_2(v,y)$$
$$q(u,v,x,y)=q_1(u,x)q_2(v,y)$$

这时的变换称为变换核可分离的，并可进一步写成：

$$F(u,v)=\sum_{x=0}^{M-1}\left[\sum_{y=0}^{N-1}f(x,y)p_2(v,y)\right]p_1(u,x) \tag{3.2-3}$$

$$f(x,y)=\sum_{u=0}^{M-1}\left[\sum_{v=0}^{N-1}F(u,v)q_2(v,y)\right]q_1(u,x) \tag{3.2-4}$$

这表明，一个变换核可分离的二维离散线性变换，可通过分别对两个变量的一维离散线性变换来实现，对于正反变换都是如此。

将数字图像或图像块及其变换表示成矩阵形式，有：

$$\boldsymbol{f}=\begin{bmatrix} f(0,0) & f(0,1) & \cdots & f(0,N-1) \\ f(1,0) & f(1,1) & \cdots & f(1,N-1) \\ \vdots & \vdots & & \vdots \\ f(M-1,0) & f(M-1,1) & \cdots & f(M-1,N-1) \end{bmatrix} \tag{3.2-5}$$

$$\boldsymbol{F}=\begin{bmatrix} F(0,0) & F(0,1) & \cdots & F(0,N-1) \\ F(1,0) & F(1,1) & \cdots & F(1,N-1) \\ \vdots & \vdots & & \vdots \\ F(M-1,0) & F(M-1,1) & \cdots & F(M-1,N-1) \end{bmatrix} \tag{3.2-6}$$

同样，变换核的矩阵形式，即变换矩阵为：

$$\boldsymbol{P}_1 = \begin{bmatrix} p_1(0,0) & p_1(0,1) & \cdots & p_1(0, N-1) \\ p_1(1,0) & p_1(1,1) & \cdots & p_1(1, N-1) \\ \vdots & \vdots & & \vdots \\ p_1(M-1,0) & p_1(M-1,1) & \cdots & p_1(M-1, N-1) \end{bmatrix} \tag{3.2-7}$$

$$\boldsymbol{P}_2 = \begin{bmatrix} p_2(0,0) & p_2(0,1) & \cdots & p_2(0, N-1) \\ p_2(1,0) & p_2(1,1) & \cdots & p_2(1, N-1) \\ \vdots & \vdots & & \vdots \\ p_2(M-1,0) & p_2(M-1,1) & \cdots & p_2(M-1, N-1) \end{bmatrix} \tag{3.2-8}$$

即变换矩阵是由变换核分别按照第一个变量和第二个变量作为行数和列数取值得到的。于是，对于变换核可分离的变换，其正变换式可表示为如下矩阵形式：

$$\boldsymbol{F} = \boldsymbol{P}_1 \boldsymbol{f} \boldsymbol{P}_2^{\mathrm{T}} \tag{3.2-9}$$

同样，反变换式可表示为：

$$\boldsymbol{f} = \boldsymbol{Q}_1^{\mathrm{T}} \boldsymbol{F} \boldsymbol{Q}_2 \tag{3.2-10}$$

当图像及其变换分别用堆叠构成的向量表示时，可由式（3.2-1）和式（3.2-2）得到以下向量形式的正反变换式

$$\boldsymbol{F} = \boldsymbol{P}\boldsymbol{f} \tag{3.2-11}$$

及

$$\boldsymbol{f} = \boldsymbol{Q}^{\mathrm{T}} \boldsymbol{F} \tag{3.2-12}$$

其中，$\boldsymbol{F}$ 和 $\boldsymbol{f}$ 均为 $M \times N$ 维向量，而 $\boldsymbol{P}$ 和 $\boldsymbol{Q}$ 为 $MN \times MN$ 的变换矩阵。显然有

$$\boldsymbol{Q} = \boldsymbol{P}^{-1} \tag{3.2-13}$$

如果变换为变换核可分离的，且有式（3.2-3）和式（3.2-4）的矩阵形式，则变换矩阵 $\boldsymbol{P}$ 和 $\boldsymbol{Q}$ 可由下式求得

$$\boldsymbol{P} = \boldsymbol{P}_1 \otimes \boldsymbol{P}_2 \tag{3.2-14}$$

$$\boldsymbol{Q} = \boldsymbol{Q}_1 \otimes \boldsymbol{Q}_2 \tag{3.2-15}$$

符号⊗表示矩阵的直积运算，当

$$\boldsymbol{A} = \begin{bmatrix} a_{00} & a_{01} \\ a_{10} & a_{11} \end{bmatrix} \tag{3.2-16}$$

$$\boldsymbol{B} = \begin{bmatrix} b_{00} & b_{01} \\ b_{10} & b_{11} \end{bmatrix} \tag{3.2-17}$$

时，有

$$\boldsymbol{C} = \boldsymbol{A} \otimes \boldsymbol{B} = \begin{bmatrix} a_{00}\boldsymbol{B} & a_{01}\boldsymbol{B} \\ a_{10}\boldsymbol{B} & a_{11}\boldsymbol{B} \end{bmatrix} \tag{3.2-18}$$

根据直积运算的如下性质

$$[\boldsymbol{A} \otimes \boldsymbol{B}]^{-1} = [\boldsymbol{A}^{-1} \otimes \boldsymbol{B}^{-1}] \tag{3.2-19}$$

可得

$$\boldsymbol{Q} = \boldsymbol{P}^{-1} = [\boldsymbol{P}_1 \otimes \boldsymbol{P}_2]^{-1} = [\boldsymbol{P}_1^{-1} \otimes \boldsymbol{P}_2^{-1}] \tag{3.2-20}$$

式（3.2-20）说明，若反变换存在，则 $\boldsymbol{P}^{-1}$ 存在，从而 $\boldsymbol{P}_1^{-1}$ 和 $\boldsymbol{P}_2^{-1}$ 存在，因而可令

$$\boldsymbol{P}_1^{\mathrm{T}} = \boldsymbol{P}_1^{-1}, \quad \boldsymbol{Q}_2^{\mathrm{T}} = \boldsymbol{P}_2^{-1} \tag{3.2-21}$$

对于上述变换，若满足

$$(\boldsymbol{P}^*)^{\mathrm{T}} = \boldsymbol{P}^{-1} \tag{3.2-22}$$

上标“*”表示复共轭。则称 $\boldsymbol{P}$ 为酉矩阵，并且，这时 $\boldsymbol{Q}$ 也一定是酉矩阵，所以，可称相应的变换为酉变换。若酉矩阵为实阵，则称其为正交矩阵，相应的变换称为正交变换。

于是，对于变换核可分离的酉变换，变换矩阵 $\boldsymbol{P}_1$、$\boldsymbol{P}_2$、$\boldsymbol{Q}_1$和$\boldsymbol{Q}_2$ 均为酉矩阵，且反变换为

$$\boldsymbol{f} = \boldsymbol{QFQ}_2^{\mathrm{T}} = (\boldsymbol{P}_1^*)^{\mathrm{T}} \boldsymbol{FP}_2^* \tag{3.2-23}$$

若 $\boldsymbol{P}_1$和$\boldsymbol{P}_2$ 都为对称阵，则上式可进一步写成

$$\boldsymbol{f} = \boldsymbol{P}_1\boldsymbol{FP}_2 \tag{3.2-24}$$

即反变换和正变换的计算公式完全相同。

图像正交变换的主要目的是将图像的能量尽量集中在少量系数上，从而最大限度地去除原始图像数据中的相关性。这一性质是信号与图像压缩编码的理论基础。正交变换可分为三大类型，正弦形变换、方波形变换和基于特征向量的变换。正弦形变换主要包括傅里叶变换、余弦变换和正弦变换；方波形变换主要包括哈达玛变换、沃尔什变换、斜变换和 Haar 小波变换；基于特征向量的变换主要包括 K-L 变换和 SVD 变换等。

3.3 傅里叶变换

1807 年，傅里叶提出了傅里叶级数的概念，即任一周期信号均可分解为复正弦信号的叠加。1822 年，傅里叶又提出了傅里叶变换。傅里叶变换是一种常用的正交变换，它的理论完善，应用程序多。在数字图像应用领域，傅里叶变换起着非常重要的作用，可用它完成图像分析、图像增强及图像压缩等工作。

傅里叶变换主要分为连续傅里叶变换和离散傅里叶变换，在数字图像处理中经常用到的是二维离散傅里叶变换。

3.3.1 连续函数的傅里叶变换

令 $f(x)$ 为实变量 x 的连续函数，$f(x)$ 的傅里叶变换以 $F\{f(x)\}$表示，则表达式为

$$F\{f(x)\} = F(u) = \int_{-\infty}^{+\infty} f(x)\mathrm{e}^{-\mathrm{j}2\pi ux}\mathrm{d}x \tag{3.3-1}$$

其中 $\mathrm{j} = \sqrt{-1}$

$$\mathrm{e}^{-\mathrm{j}2\pi ux} = \cos 2\pi ux - \mathrm{j}\sin 2\pi ux \tag{3.3-2}$$

傅里叶变换中出现的变量 u 通常称为频率变量。

若已知 $F(u)$，则傅里叶反变换为

$$f(x) = F^{-1}\{F(u)\} = \int_{-\infty}^{+\infty} F(u)\mathrm{e}^{-\mathrm{j}2\pi ux}\mathrm{d}u \tag{3.3-3}$$

式（3.3-1）和式（3.3-3）称为傅里叶变换对。如果 $f(u)$是连续的和可积的，且 $F(u)$是可积的，

可证明此傅里叶变换对存在。事实上这些条件几乎总是可以满足的。

这里 $f(u)$是实函数，它的傅里叶变换 $F(u)$通常是复函数。$F(u)$的实部、虚部、振幅、能量和相位分别表示如下。

实部
$$R(u)=\int_{-\infty}^{+\infty}f(x)\cos(2\pi ux)\mathrm{d}x \tag{3.3-4}$$

虚部
$$I(u)=-\int_{-\infty}^{+\infty}f(x)\sin(2\pi ux)\mathrm{d}x \tag{3.3-5}$$

振幅
$$|F(u)|=[R^2(u)+I^2(u)]^{\frac{1}{2}} \tag{3.3-6}$$

能量
$$E(u)=|F(u)|^2=R^2(u)+I^2(u) \tag{3.3-7}$$

相位
$$\phi(u)=\arctan[\frac{I(u)}{R(u)}] \tag{3.3-8}$$

傅里叶变换很容易推广到二维的情况。如果 $f(x,y)$ 是连续和可积的，且 $F(u,v)$ 是可积的，则存在如下的傅里叶变换对

$$F\{f(x,y)\}=F(u,v)=\int\int_{-\infty}^{+\infty}f(x,y)\mathrm{e}^{-\mathrm{j}2\pi(ux+vy)}\mathrm{d}x\mathrm{d}y \tag{3.3-9}$$

$$F^{-1}\{F(u,v)\}=f(x,y)=\int\int_{-\infty}^{+\infty}F(u,v)\mathrm{e}^{\mathrm{j}2\pi(ux+vy)}\mathrm{d}u\mathrm{d}v \tag{3.3-10}$$

其中，u，v 是频率变量。

与一维的情况一样，二维函数的傅里叶谱、能量和相位谱分别由下列的关系给出：

$$|F(u,v)|=[R^2(u,v)+I^2(u,v)]^{\frac{1}{2}} \tag{3.3-11}$$

$$\phi(u,v)=\arctan\left[\frac{I(u,v)}{R(u,v)}\right] \tag{3.3-12}$$

$$E(u,v)=R^2(u,v)+I^2(u,v) \tag{3.3-13}$$

例如，图 3.3-1（a）所示矩形函数的傅里叶变换如下。

$$\begin{aligned}F(u,v)&=\int\int_{-\infty}^{+\infty}f(x,y)\mathrm{e}^{-\mathrm{j}2\pi(ux+vy)}\mathrm{d}x\mathrm{d}y\\&=A\int_0^Y\mathrm{e}^{-\mathrm{j}2\pi ux}\int_0^X f(x,y)\mathrm{e}^{-\mathrm{j}2\pi vy}\mathrm{d}x\mathrm{d}y=AXY\left[\frac{\sin(\pi uX)\mathrm{e}^{-\mathrm{j}2\pi uX}}{\pi uX}\right]\left[\frac{\sin(\pi vY)\mathrm{e}^{-\mathrm{j}2\pi vY}}{\pi vY}\right]\end{aligned} \tag{3.3-14}$$

其傅里叶谱为

$$|F(u,v)|=AXY\left[\frac{\sin(\pi uX)\mathrm{e}^{-\mathrm{j}2\pi uX}}{\pi uX}\right]\left[\frac{\sin(\pi vY)\mathrm{e}^{-\mathrm{j}2\pi vY}}{\pi vY}\right] \tag{3.3-15}$$

矩形函数的傅里叶谱表示见图 3.3-1（c）。其他的二维函数的例子和它们的谱如图 3.3-2 所示，这里 $f(x,y)$和 $F(u,v)$都表示为图像。

需要说明的是：傅里叶谱通常用 $\lg(1+|F(u,v)|)$ 的图像显示，而不是 $F(u,v)$ 的直接显示。因为傅里叶变换中 $F(u,v)$ 随 u 或 v 的增加衰减太快，这样只能表示 $F(u,v)$ 高频项很少的峰，其余都难以表示清楚。而采用对数形式显示，就能更好地表示 $F(u,v)$ 的高频，这样便于对图像频谱的视

觉理解；其次，利用傅里叶变换的平移性质，将 $f(u,v)$ 傅里叶变换后的原点移到频率域窗口的中心显示，这样显示的傅里叶谱图像中，窗口中心为低频，向外为高频，从而便于分析。

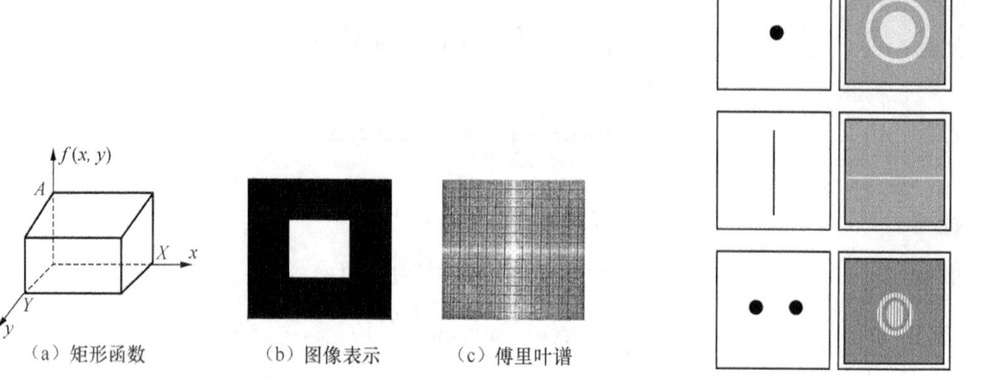

（a）矩形函数　（b）图像表示　（c）傅里叶谱

图 3.3-1　矩形函数及其傅里叶谱

图 3.3-2　一些二维函数及其傅里叶谱

3.3.2　离散函数的傅里叶变换

离散傅里叶变换（Discrete Fourier Transform，DFT）在数字信号处理和数字图像处理中应用十分广泛，它建立了离散时域和离散频域之间的联系。使得数学方法与计算机建立了联系，拓宽了傅里叶变换的应用领域。

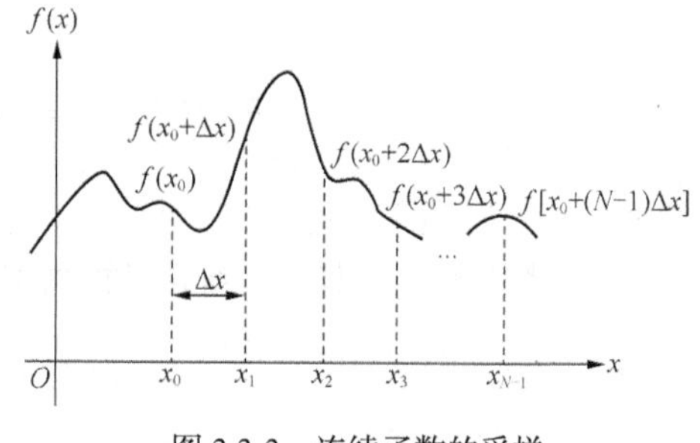

图 3.3-3　连续函数的采样

假定以间隔Δx 对一个连续函数$f(x)$均匀采样，离散化为一个序列 $\{f(x_0), f(x_0+\Delta x), \cdots, f[x_0+(N-1)\Delta x]\}$，如图 3.3-3 所示。

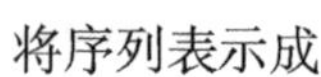

将序列表示成

$$f(x) = f(x_0 + \Delta x) \tag{3.3-16}$$

式中 x 假定为离散值 0, 1, 2, …, N−1。换句话说，序列 $\{f(0), f(1), f(2), \cdots, f(N-1)\}$ 表示取自该连续函数 N 个等间隔的采样值。

被采样函数的离散傅里叶变换定义为

$$F(u) = \frac{1}{N}\sum_{x=0}^{N-1} f(x)\mathrm{e}^{-\mathrm{j}2\pi ux/N} \tag{3.3-17}$$

其中，$u = 0,1,2,\cdots,N-1$。反变换为

$$f(x) = \sum_{x=0}^{N-1} F(u)\mathrm{e}^{\mathrm{j}2\pi ux/N} \tag{3.3-18}$$

其中，$x = 0,1,2,\cdots,N-1$。

式（3.3-17）给出的离散傅里叶变换中，$u = 0,1,2,\cdots,N-1$ 分别对应于 $0, \Delta u, 2\Delta u, \cdots, (N-1)\Delta u$ 处傅里叶变换的采样值，即 $F(u)$ 表示 $F(u\Delta u)$。除了 $F(u)$ 的采样始于频率采得原点之外，该表示法和离散的 $f(u)$ 所用的表示相似。可以证明 Δu 和 Δx 的关系为

$$\Delta u = 1/(N\Delta x) \tag{3.3-19}$$

在二维的情况下，离散的傅里叶变换对表示为

$$F(u,v)=\frac{1}{MN}\sum_{x=0}^{M-1}\sum_{y=0}^{N-1}f(x,y)\exp[-j2\pi(\frac{ux}{M}+\frac{vy}{N})]$$
$$u=0,1,2,\cdots,M-1$$
$$v=0,1,2,\cdots,N-1 \quad (3.3\text{-}20)$$

$$f(x,y)=\frac{1}{MN}\sum_{u=0}^{M-1}\sum_{v=0}^{N-1}F(u,v)\exp[j2\pi(\frac{ux}{M}+\frac{vy}{N})]$$
$$x=0,1,2,\cdots,M-1$$
$$y=0,1,2,\cdots,N-1 \quad (3.3\text{-}21)$$

对二维连续函数的采样是在 x 轴和 y 轴上分别以宽度 Δx 和 Δy 等间距分出若干个网点。同一维的情况一样，离散函数 $f(x,y)$ 表示函数在 $x_0+x\Delta x, y_0+y\Delta y$ 点的采样，对 $F(u,v)$ 有类似的解释。在空间域和频率域中的采样间距关系为

$$\Delta u=1/(M\Delta x) \quad (3.3\text{-}22)$$

$$\Delta v=1/(N\Delta y) \quad (3.3\text{-}23)$$

当图像采样成一个方形阵列时，即 $M=N$，则傅里叶变换可表示为

$$F(u,v)=\frac{1}{N^2}\sum_{x=0}^{N-1}\sum_{y=0}^{N-1}f(x,y)\exp[-j2\pi(\frac{ux}{N}+\frac{vy}{N})]$$
$$u,v=0,1,2,\cdots,N-1 \quad (3.3\text{-}24)$$

$$f(x,y)=\frac{1}{N^2}\sum_{u=0}^{N-1}\sum_{v=0}^{N-1}F(u,v)\exp[j2\pi(\frac{ux}{N}+\frac{vy}{N})]$$
$$x,y=0,1,2,\cdots,M-1 \quad (3.3\text{-}25)$$

注意式（3.3-20）与式（3.3-24）、式（3.3-21）与式（3.3-25）的区别在于这些常数倍乘项的组合是不同的。实际中图像常被数字化为方阵，因此这里主要考虑式（3.3-24）和式（3.3-25）给出的傅里叶变换对。而式（3.3-20）和式（3.3-21）适用于图幅不为方阵的情形。

一维和二维离散函数的傅里叶谱、能量和相位谱也分别由式（3.3-6）、式（3.3-7）、式（3.3-8）和式（3.3-11）、式（3.3-12）、式（3.3-13）给出。唯一的差别在于独立变量是离散的。因为在离散的情况下，$F(u)$ 或 $F(u,v)$ 总是存在的，因此与连续的情况下不同的是不必考虑离散傅里叶变换的存在性。

数字图像的二维离散傅里叶变换的频率成分的分布示意图如图 3.3-4 所示。即变换的结果的左上、右上、左下、右下四个角的周围对应于低频成分，中央部位对应于高频成分。为使直流成分出现在变换结果数组的中央，可采用图示的换位方法。但应注意到，换位后的数组当再进行反变换时，得不到原图。也就是说，在进行反变换时，必须先对频率图进行移位，使用四角代表低频成分的变换结果，使画面中央对应高频部分。

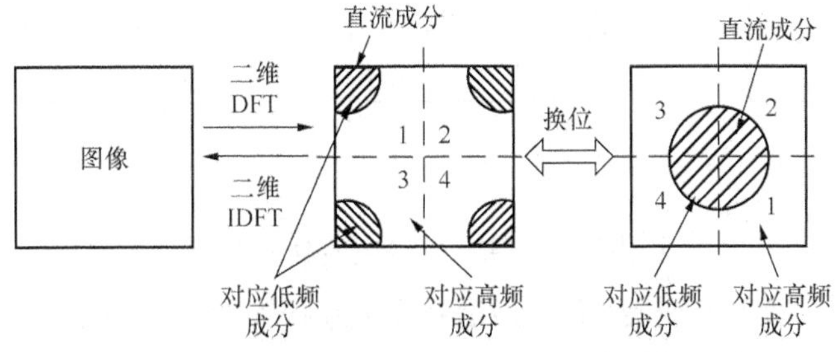

图 3.3-4　二维离散傅里叶变换结果中频率成分分布示意图

其中，IDFT 表示傅里叶反变换。

一般来说，对一幅图像进行傅里叶变换运算量很大，不直接利用公式计算，而是采用快速傅里叶变换法，这样可以大大减少计算量。

3.3.3 离散傅里叶变换的若干性质

离散傅里叶变换建立了函数在空间域与频率域之间的转换关系，把空间域难以显现的特征在频域中十分清楚地显现出来。在数字图像处理中，经常要利用这种转换关系及其转换规律。二维离散傅里叶变换与二维连续傅里叶变换有相似的性质。

（1）周期性和共轭对称性

若离散傅里叶变换和它的反变换周期为 N，则有

$$F(u,v)=F(u+N,v)=F(u,v+N)=F(u+N,v+N) \tag{3.3-26}$$

共轭对称性可表示为

$$F(u,v)=F^{*}(-u,-v) \tag{3.3-27}$$

$$|F(u,v)|=|F(-u,-v)| \tag{3.3-28}$$

离散傅里叶变换对的周期性说明正变换后得到的 $F(u,v)$ 或反变换后得到的 $f(x,y)$ 都是周期为 N 的周期性重复离散函数。但是，为了完全确定 $F(u,v)$ 或 $f(x,y)$，只需变换一个周期中每个变量的 N 个值。在空域中，对 $f(x,y)$ 也有类似的性质。共轭对称性说明变换后的幅值是以原点为中心对称。利用此特性，在求一个周期内的值时，只需求出半个周期，另半个周期也就知道了，这大大地减少了计算量。

（2）分离性

一个二维傅里叶变换可由连续两次一维傅里叶变换来实现。式（3.3-26）可分成

$$F(x,v)=M\left\{\frac{1}{MN}\sum_{y=0}^{N-1}f(x,y)\exp[-\mathrm{j}2\pi(\frac{vy}{N})]\right\} \qquad v=0,1,\cdots,N-1 \tag{3.3-29}$$

式（3.3-29）表示对每一个 x 值，$f(x,y)$ 先沿每一行进行一次一维傅里叶变换。再将 $F(x,v)$ 沿每一列再进行一次一维傅里叶变换，就可得到二维傅里叶变换 $F(u,v)$，即

$$F(u,v)=\frac{1}{M}\sum_{x=0}^{M-1}F(x,v)\exp[-\mathrm{j}2\pi(\frac{ux}{M})] \qquad u,v=0,1,\cdots,\ N-1 \tag{3.3-30}$$

分离过程可用图 3.3-5 表示。

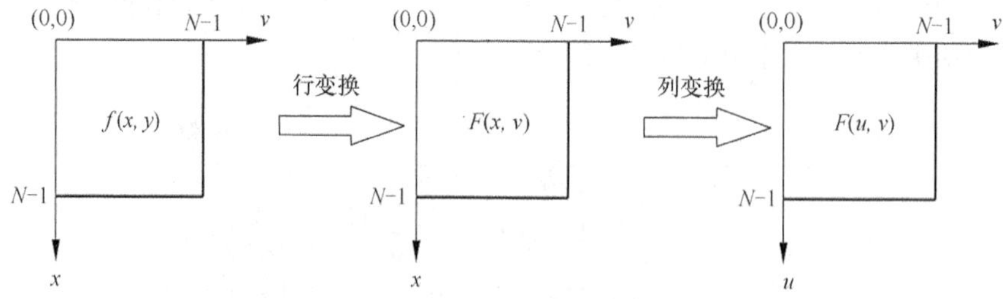

图 3.3-5 由两步一维变换计算二维变换

图 3.3-5 表示二维傅里叶变换先沿行后沿列分离为两个一维变换的过程。显然，改为先沿列后沿行分离为两个一维变换，其结果也是一样。

（3）平移性质

傅里叶变换对的平移性可表示如下。

$$f(x,y)\exp[\mathrm{j}2\pi(u_0x+v_0y)/N] \Leftrightarrow F(u-u_0,v-v_0) \tag{3.3-31}$$

和

$$f(x-x_0,y-y_0) \Leftrightarrow F(u,v)\exp[-\mathrm{j}2\pi(u_0x+v_0y)]/N \tag{3.3-32}$$

式（3.3-31）表明，将 $f(x,y)$ 与一个指数相乘就相当于把其变换后的频域中心移动到新的位置 (u_0,v_0)。类似地，式（3.3-32）表明将 $F(u,v)$ 与一个指数项相乘就相当于把其反变换后的空域中心移动到新的位置 (x_0,y_0)。另外，从式（3.3-32）可知，对 $f(x,y)$ 的平移不影响其傅里叶变换的幅值。

（4）旋转性质

首先借助极坐标变换 $x=r\cos\theta$、$y=r\sin\theta$、$u=w\cos\phi$、$v=w\sin\phi$ 将 $f(x,y)$ 和 $F(u,v)$ 转换为 $f(r,\theta)$ 和 $F(w,\phi)$。直接将它们代入傅里叶变换对得到

$$f(r,\theta+\theta_0) \Leftrightarrow F(w,\phi+\theta_0) \tag{3.3-33}$$

这表明对 $f(x,y)$ 旋转 θ_0 的傅里叶变换对应于其傅里叶变换 $F(u,v)$ 也旋转 θ_0。类似地，对 $F(u,v)$ 旋转 θ_0 也对应于将其傅里叶反变换 $f(x,y)$ 旋转 θ_0。

（5）分配律

根据傅里叶变换对的定义可得到

$$F\{f_1(x,y)+f_2(x,y)\}=F\{f_1(x,y)\}+F\{f_2(x,y)\} \tag{3.3-34}$$

这表明傅里叶变换和反变换对加法满足分配律，但对乘法则不满足。

（6）尺度变换（缩放）

给定两个标量 a 和 b，可证明傅里叶变换有以下两式成立

$$af(x,y) \Leftrightarrow aF(u,v) \tag{3.3-35}$$

$$f(ax,by) \Leftrightarrow \frac{1}{|ab|}F(\frac{u}{a},\frac{v}{b}) \tag{3.3-36}$$

（7）平均值

对二维离散函数 $f(x,y)$，其平均值可表示为

$$\bar{f}(x,y)=\frac{1}{MN}\sum_{x=0}^{M-1}\sum_{y=0}^{N-1}f(x,y) \tag{3.3-37}$$

如将 u=v=0 代入式（3.3-24），得

$$F(0,0)=\frac{1}{MN}\sum_{x=0}^{M-1}\sum_{y=0}^{N-1}f(x,y)=\bar{f}(x,y) \tag{3.3-38}$$

（8）离散卷积定理

设 $f(x,y)$、$g(x,y)$ 分别是 $A\times B$ 和 $C\times D$ 的两个离散函数，则它们的离散卷积定义为

$$f(x,y)*g(x,y)=\sum_{x=0}^{M-1}\sum_{y=0}^{N-1}f(m,n)g(x-m,y-n) \tag{3.3-39}$$

其中，$x=0,1,\cdots,\ M-1;\ y=0,1,\cdots,\ N-1;\ M=A+c-1;\ N=B+D-1$。

对式（3.3-39）两边进行傅里叶变换有

$$\begin{aligned}F\{f(x,y)*g(x,y)\}&=\sum_{x=0}^{M-1}\sum_{y=0}^{N-1}\left\{\sum_{m=0}^{M-1}\sum_{n=0}^{N-1}f(m,n)g(x-m,y-n)\right\}\exp[-\mathrm{j}2\pi(\frac{ux}{M}+\frac{vy}{N})]\\&=\sum_{m=0}^{M-1}\sum_{n=0}^{N-1}f(m,n)\exp[-\mathrm{j}2\pi(\frac{ux}{M}+\frac{vy}{N})]\cdot\sum_{m=0}^{M-1}\sum_{n=0}^{N-1}g(x-m,y-n)\exp[-\mathrm{j}2\pi(\frac{u(x-m)}{M}+\frac{v(y-n)}{N})]\\&=F(u,v)G(u,v)\end{aligned} \tag{3.3-40}$$

这就是空间域卷积定理。

（9）离散相关定理

大小为 $A\times B$ 和 $C\times D$ 的两个离散函数 $f(x,y)$、$g(x,y)$ 的互相关定义为

$$f(x,y)\circ g(x,y)=\sum_{x=0}^{M-1}\sum_{y=0}^{N-1}f^{*}(m,n)g(x+m,y+n) \tag{3.3-41}$$

其中，$M=A+C-1,N=B+D-1$。相关定理为

$$F\{f(x,y)\circ g(x,y)\}=F^{*}(u,v)G(u,v) \tag{3.3-42}$$

利用和卷积定理相似的证明方法，可以证明互相关和自相关定理。

利用相关定理可以计算函数的相关，但和计算卷积一样，有循环相关问题。为此，也必须将求相关的函数延拓成周期为 M 和 N 的周期函数，并对要延拓的函数添加适当的零。即

$$f_{\mathrm{e}}(x,y)=\begin{cases} f(x,y) & 0\leqslant x\leqslant A-1,\ 0\leqslant y\leqslant B-1 \\ 0 & A\leqslant x\leqslant M-1,\ B\leqslant y\leqslant N-1 \end{cases} \tag{3.3-43}$$

$$g_{\mathrm{e}}(x,y)=\begin{cases} g(x,y) & 0\leqslant x\leqslant C-1,\ 0\leqslant y\leqslant D-1 \\ 0 & C\leqslant x\leqslant M-1,\ D\leqslant y\leqslant N-1 \end{cases} \tag{3.3-44}$$

其中，$M\geqslant A+C-1,N\geqslant B+D-1$。

3.3.4 离散傅里叶变换的 MATLAB 实现

MATLAB 函数 fft、fft2 和 fftn 分别可以实现一维、二维和 N 维 DFT 快速傅里叶变换算法，而函数 ifft、ifft2 和 ifftn 则用来计算反 DFT，以需要进行反变换的图像作为输入参数，经计算得到输出图像。这些函数的调用格式如下

```
A=fft (X, N, DIM)
```

其中，X 表示输入图像，N 表示采样间隔点，如果 X 小于该数值，那么 MATLAB 将会对 X 进行零填充，否则将进行截取，使之长度为 N。DIM 表示要进行离散傅里叶变换的维数，A 为变换后的返回矩阵。

```
A=fft2(X, MROWS, NCOLS)
```

函数 ifft、ifft2 和 ifftn 的调用格式与对应的离散傅里叶变换函数一致。

【例 3-7】图像矩阵数据的显示及其傅里叶变换。

为了说明怎样根据图像矩阵进行图像的傅里叶变换，本例构造一个函数的矩阵 ***f***，然后使用一个二进制图像来显示矩阵 ***f***（数值 1 表示矩形的内部，0 表示其他位置）。

```
f = zeros (30, 30);
f (5:24, 13:17)=1;
imshow (f,'notruesize')
```

使用以下命令计算并可视化 ***f*** 的 DFT 振幅谱。

```
F = fft2 (f);
F2 = log (abs (F));
imshow (F2, [-1, 5],'notruesize'); colormap(jet);
```

可视化结果如图 3.3-6 所示。'truesize'是按图片实际大小显示图片，窗口会自动调节大小去适应图片尺寸。这里默认情况。'notruesize'就是图片去适应窗口，窗口大小不动，自动调节图片大小。

从图 3.3-7 所示的傅里叶变换结果，可以看出其傅里叶变换采样较为粗糙；其次零频率系数显示在图形的左上角，而不是传统的中心位置。

造成第一点不同的原因是快速傅里叶变换算法只能处理大小为 2 的幂的矩阵（其他大小的矩阵可

以采用其他非基 2 的混合基算法)，而本例中的矩阵维数并不是 2 的幂。为了解决这一问题，在计算 DFT 时可以通过对 *f* 进行零填充来获得较好的傅里叶变换采样。零填充和 DFT 的计算可以使用以下语句完成。首先对 *f* 进行零填充，得到一个 256×256 的矩阵，然后再计算 DFT 并显示其幅值谱：

```
F = fft2 (f, 256,256);
imshow (log(abs(F)),[-1,5]);colormap(jet);
```

其傅里叶变换结果如图 3.3-8 所示。

图 3.3-6　矩阵 *f* 的二进制显示结果

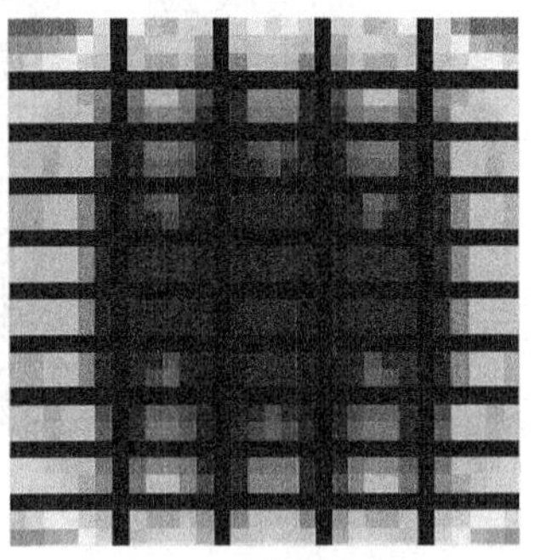

图 3.3-7　矩阵 *f* 二进制图像的傅里叶变换结果

图 3.3-8 中，零频率系数仍然显示在图形的左上角而不是中心位置，这是因为，在计算图中所示函数的傅里叶变换时，坐标原点在函数图形的中心位置处，而计算机系统在执行傅里叶变换算法时是以图像的左上角为坐标原点的。通常可以使用函数 fftshift 对这个问题进行修正变换，使零频率系数位于图形的中心。

```
F = fft2 (f, 256,256);
F2 = fftshift (F);
imshow (log (abs (F2)),[-1,5]);colormap(jet);
```

图 3.3-8　矩阵零填充后的傅里叶变换结果

【例 3-8】求图像的二维离散傅里叶频谱（见图 3.3-9）。

（a）原始图像

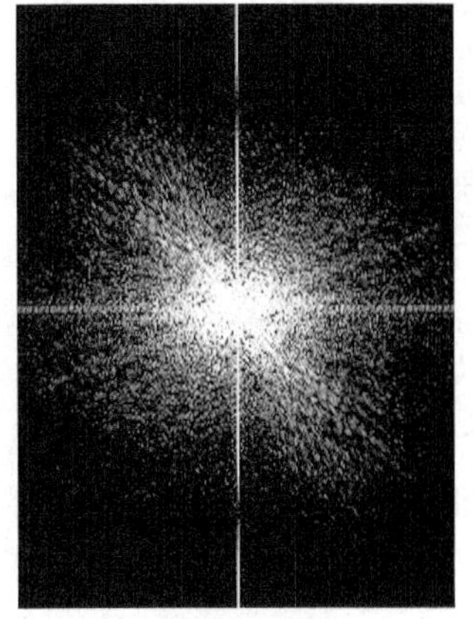

（b）离散傅里叶频谱

图 3.3-9　二维图像及其离散傅里叶频谱的显示

```
%读入原始图像
I=imread ('lena.bmp');
imshow (I)
```

```
%求离散傅里叶频谱
J=fftshift(fft2(I)); %对原始图像进行二维傅里叶变换，并将其中心移到零点
figure;
imshow (log (abs(J)), [8, 10])
```

【例 3-9】二维离散傅里叶变换的旋转性（见图 3.3-10）。

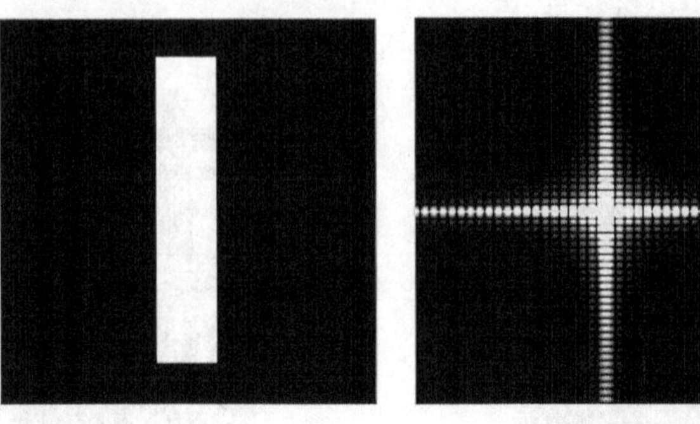

（a）原始图像　　（b）原图像的傅里叶频谱

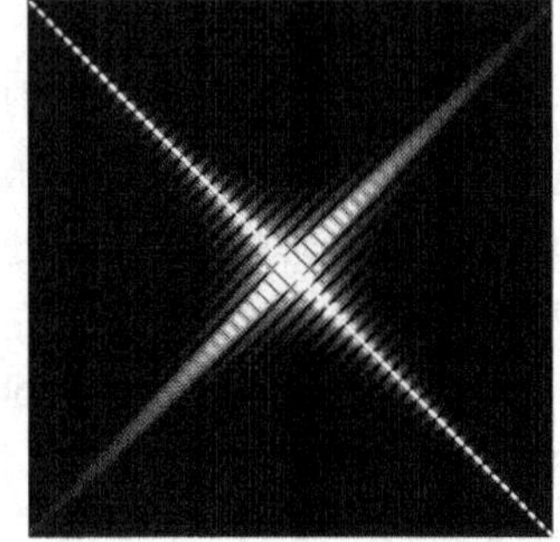

（c）旋转后的图像　　（d）旋转后图像的傅里叶频谱

图 3.3-10　二维离散傅里叶变换的旋转性

```
%构造原始图像
I = zeros (256, 256);
I(28:228, 108:148)=1;
imshow (I)
%求原始图像的傅里叶频谱
J=fft2(I);
F=abs(J);
J1=fftshift(F);figure
imshow (J1,[5 50])


%构造原始图像
I = zeros (256, 256);
I(28:228, 108:148)=1;
%对原始图像进行旋转
J=imrotate(I,315,'bilinear','crop');
figure
imshow(J)
%求旋转后图像的傅里叶频谱
J1=fft2(J);
```

```
F=abs(J1);
J2=fftshift(F);figure
imshow(J2,[5 50])
```

【例 3-10】 比例尺度展宽（见图 3.3-11）。

```
clc;
clear;
I = zeros (256, 256);
I(8:248,110:136)=5;
imshow(I)
a=0.1;
b=0.5;

%原始傅里叶频谱图

J3=fft2(I);
F2=abs(J3);
J4=fftshift(F2);figure
imshow(J4,[5 30])

%乘以比例尺度
for i=1:256
    for j=1:256
        I(i,j)=I(i,j)*a;

    end
    end
%比例尺度展宽后的傅里叶频谱图
J2=fft2(I);
F1=abs(J2);
J3=fftshift(F1);figure
imshow(J3,[5 30])
```

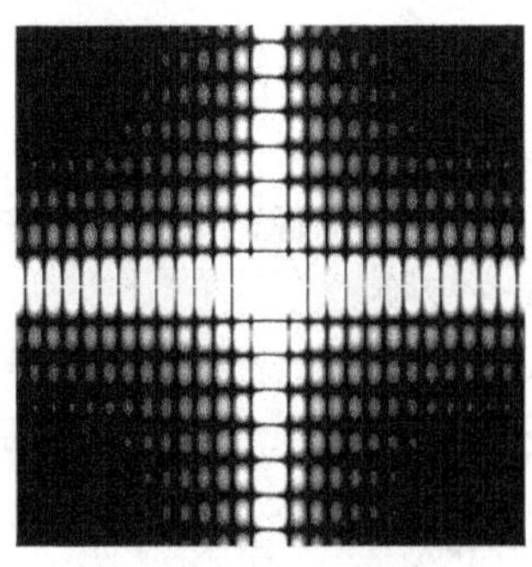

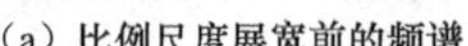

（a）比例尺度展宽前的频谱

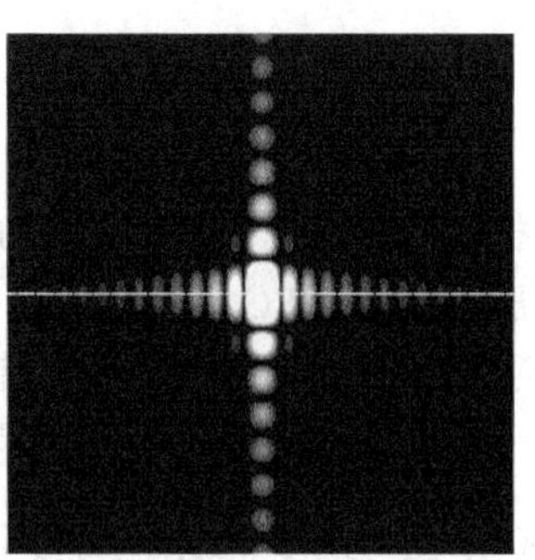

（b）比例尺度展宽后的频谱

图 3.3-11　傅里叶变换的比例性

3.4　离散余弦变换

离散余弦变换（Discrete Cosine Transform，DCT）的变换核为实数的余弦函数，因而 DCT 的计算速度要比变换核为指数的 DFT 快得多。已被广泛应用到图像压缩编码、语音信号处理等众多领域。

3.4.1 一维离散余弦变换

函数 $f(x)$ 的一维 DCT 为

$$F(0)=\frac{1}{\sqrt{N}}\sum_{x=0}^{N-1}f(x) \tag{3.4-1}$$

$$F(u)=\sqrt{\frac{2}{N}}\sum_{x=0}^{N-1}f(x)\cos\frac{2(x+1)u\pi}{2N} \tag{3.4-2}$$

$$u=1, 2, 3, \cdots, N-1,\ x=0, 1, 2, \cdots, N-1$$

反变换为

$$f(x)=\sqrt{\frac{1}{N}}F(u)+\sqrt{\frac{2}{N}}\sum_{x=0}^{N-1}F(u)\cos\frac{2(x+1)u\pi}{2N} \tag{3.4-3}$$

3.4.2 二维离散余弦变换

将一维离散余弦变换扩展到二维离散余弦变换

$$F(u,v)=\frac{1}{\sqrt{MN}}c(u)c(v)\sum_{x=0}^{M-1}\sum_{y=0}^{N-1}f(x,y)\cdot\cos\frac{(2x+1)u\pi}{2M}\cos\frac{(2y+1)v\pi}{2N}$$
$$c(u)=\begin{cases}1/\sqrt{2} & u,v=0\\ 1 & 其他\end{cases} \tag{3.4-4}$$

二维离散余弦反变换为

$$f(x,y)=\frac{2}{\sqrt{MN}}c(u)c(v)\sum_{x=0}^{M-1}\sum_{y=0}^{N-1}F(u,v)\cdot\cos\frac{(2x+1)u\pi}{2M}\cos\frac{(2y+1)v\pi}{2N}$$
$$c(u)=\begin{cases}1/\sqrt{2} & u,v=0\\ 1 & 其他\end{cases} \tag{3.4-5}$$

离散余弦变换在图像处理中占有重要的地位，尤其是在图像的变换编码中有着非常成功的应用。静止图像压缩标准 JPEG 标准就采用了离散余弦变换。

离散余弦变换实际上是傅里叶变换的实数部分，但是它比傅里叶变换有更强的信息集中能力。对于大多数自然图像，离散余弦变换能将主要的信息放到较少的系数上去，因此就更能提高编码的效率。

3.4.3 离散余弦变换的 MATLAB 实现

在 MATLAB 中，函数 dct2 和函数 idct2 分别用于进行二维 DCT 和二维 IDCT。

1. dct2

功能：二维 DCT。

格式：B = dct2 (A)

B = dct2 (A, m, n)

B = dct2 (A, [m n])

说明：B = dct2 (A)计算 A 的 DCT B，A 与 B 的大小相同。

B = dct2 (A, m, n)和 B = dct2 (A, [m n])通过对 A 补零或剪裁，使得 B 的大小为 m × n。

2. idct2

功能：二维 IDCT。

格式：B = idct2 (A)

B = idct2 (A, m, n)

B = idct2 (A, [m n])

说明：B = idct2 (A)计算 A 的 IDCT B，A 与 B 的大小相同。

B = idct2 (A, m, n)和 B = idct2 (A, [m n])通过对 A 补零或剪裁，使得 B 的大小为 m × n。

图 3.4-1　原始图像

3. dctmtx

功能：计算 DCT 矩阵。

格式：D = dctmtx (n)

说明：D = dctmtx (n)返回一个 n × n 的 DCT 矩阵，输出矩阵 D 为 double 类型。

【例 3-11】下面我们举例看一下二维余弦正反变换在 MATLAB 中的实现。程序如下所示，图像效果如图 3.4-1～图 3.4-3 所示。

```
%装入图像
RGB=imread('autumn.tif');
I=rgb2gray(RGB);
%画出图像
figure(1);
imshow(I);
figure(2);
%进行余弦变换
J=dct2(I);imshow(log(abs(J)),[]),colormap(jet(64)),colorbar;
figure(3);
J(abs(J)<10)=0;
%进行余弦反变换
K=idct2(J)/255;
imshow(K);
```

图 3.4-2　余弦变换系数

图 3.4-3　余弦反变换恢复图像

离散余弦变换在图像压缩中有很多应用，它是 JPEG、MPEG 等数据压缩标准的重要数学基础。在 JPEG 压缩算法中，输入图像首先被划分为 8 × 8 或 16 × 16 的图像块，对每个图像块做 DCT，然后进行量化、编码，使其成为压缩图像。解压缩时首先对每个图像块做 IDCT，然后将图像块拼接成一幅完整的图像。

【例 3-12】用 DCT 做图像压缩的例子，原始图像和经压缩解压缩后的图像如图 3.4-4 所示。

（a）原始图像

（b）经压缩、解压缩后得到的图像

图 3.4-4　基于 DCT 进行图像压缩

```
I = imread ('cameraman.tif');
I = double (I)/255;
T = dctmtx (8);
B = blkproc (I, [8 8],'P1*x*P2', T, T');
mask = [1 1 1 1 0 0 0 0
          1 1 1 0 0 0 0 0
          1 1 0 0 0 0 0 0
          1 0 0 0 0 0 0 0
          0 0 0 0 0 0 0 0
          0 0 0 0 0 0 0 0
          0 0 0 0 0 0 0 0
          0 0 0 0 0 0 0 0];
B2 = blkproc (B, [8 8],'P1.*x', mask);
I2 = blkproc (B2, [8 8],'P1*x*P2', T', T);
imshow (I),figure,imshow(I2)
```

3.5　沃尔什变换和哈达玛变换

傅里叶变换、DCT 都是用正弦或余弦等三角函数为基本的正交函数基，在快速算法中要用到复数乘法、三角函数乘法，占用时间仍然较多。在某些应用领域，需要有更为有效和便利的变换方法。沃尔什变换和哈达玛变换是典型的非正弦函数变换，采用正交直角函数作为基函数，具有与傅里叶函数类似的性质。

3.5.1　离散沃尔什变换

沃尔什（Walsh）变换包括只由+1 和－1 两个数值所构成的完备正交基。由于沃尔什函数基是二值正交基，与数字逻辑的两个状态相对应，因此更加适用于计算机处理。另外，与傅里叶变换相比，沃尔什变换减少了存储空间和提高了运算速度，这对图像处理来说是至关重要的。特别是在大量数据需要进行实时处理时，沃尔什变换更加显示出其优越性。

1. 一维离散沃尔什变换

一维离散沃尔什变换核为

$$g(x,u)=\frac{1}{N}\prod_{i=0}^{n-1}(-1)^{b_i(x)b_{n-1-i}(u)} \tag{3.5-1}$$

其中，$b_k(z)$是 z 的二进制表示的第 k 位值，或者是 0，或者是 1。z 可以取为 x、u；x=0，1，2，…，$N-1$；u=0，1，2，…，$N-1$。k 表示第 k 位值。N 是沃尔什变换的阶数，N=2n。如 z=6，其二进制表示是 110，因此 $b_0(z)=0$，$b_1(z)=1$，$b_2(z)=1$。

由此，一维离散沃尔什变换可写成

$$W(u)=\frac{1}{N}\sum_{x=0}^{N-1}f(x)\prod_{i=0}^{n-1}(-1)^{b_i(x)b_{n-1-i}(u)}\quad u=0,1,2,\cdots,N-1\ \ x=0,1,2,\cdots,N-1 \tag{3.5-2}$$

一维沃尔什反变换核为

$$h(x,u)=\prod_{i=0}^{n-1}(-1)^{b_i(x)b_{n-1-i}(u)} \tag{3.5-3}$$

相应的一维沃尔什反变换为

$$f(x)=\sum_{x=0}^{N-1}W(u)\prod_{i=0}^{n-1}(-1)^{b_i(x)b_{n-1-i}(u)}\quad u=0,1,2,\cdots,N-1\ \ x=0,1,2,\cdots,N-1 \tag{3.5-4}$$

一维沃尔什反变换除了与正变换有系数差别之外，其他与正变换相同。为了计算方便，对常用的 $b_k(z)$值列表，如表 3.5-1 所示。

根据表 3.5-1 中 $b_k(z)$，很容易求得沃尔什变换核，其核是一个对称阵列，其行和列是正交的。同时，正、反变换核除了系数相差 1/N 这个常数项外，其他完全相同。因此，计算沃尔什变换的任何算法都可直接用来求其反变换。其变换核阵列如表 3.5-2 所示，“+”表示+1，“-”表示－1，并忽略了系数 1/N。

表 3.5-1　　N=2、4、8 时的 $b_k(z)$ 值

N,z 取值 / z，$b_k(z)$ 取值	N=2 (n=1) z≤1		N=4(n=2) z≤3				N=8(n=3)　z≤7							
z 的十进制值	0	1	0	1	2	3	0	1	2	3	4	5	6	7
z 的二进制值	0	1	00	01	10	11	000	001	010	011	100	101	110	111
$b_0(z)$	0	1	0	1	0	1	0	1	0	1	0	1	0	1
$b_1(z)$			0	0	1	1	0	0	1	1	0	0	1	1
$b_2(z)$							0	0	0	0	1	1	1	1

表 3.5-2　　N=2、4、8 时的沃尔什变换核

	N / x	N=2 (n=1)		N=4　(n=2)				N=8　(n=3)							
x	u	0	1	0	1	2	3	0	1	2	3	4	5	6	7
u	0	+	+	+	+	+	+	+	+	+	+	+	+	+	+
	1	+	-	+	+	-	-	+	+	+	+	-	-	-	-
	2			+	-	+	-	+	+	-	-	+	+	-	-
	3			+	-	-	+	+	+	-	-	-	-	+	+
	4							+	-	+	-	+	-	+	-
	5							+	-	+	-	-	+	-	+
	6							+	-	-	+	+	-	-	+
	7							+	-	-	+	-	+	+	-

n=2、N=4 时的沃尔什变换核为

$$G_4=\frac{1}{4}\begin{bmatrix}1&1&1&1\\1&1&-1&-1\\1&-1&1&-1\\1&-1&-1&1\end{bmatrix} \tag{3.5-5}$$

2. 二维离散沃尔什变换

将一维的情况推广到二维，可以得到二维沃尔什变换的正交变换核为

$$g(x,y,u,v)=\frac{1}{N^2}\prod_{i=0}^{n-1}(-1)^{[b_i(x)b_{n-1-i}(u)+b_i(y)b_{n-1-i}(v)]} \tag{3.5-6}$$

它们也是可分离和对称的，二维沃尔什变换可以分为两步一维沃尔什变换来进行。相应的二维沃尔什正变换为

$$W(u,v)=\frac{1}{N^2}\sum_{x=0}^{N-1}\sum_{y=0}^{N-1}f(x,y)\prod_{i=0}^{n-1}(-1)^{[b_i(x)b_{n-1-i}(u)+b_i(y)b_{n-1-i}(v)]} \tag{3.5-7}$$

其中，u，v=0,1,2,⋯,N−1；x，y=0,1,2,⋯,N−1。其矩阵表达式为

$$\boldsymbol{W}=\boldsymbol{GfG} \tag{3.5-8}$$

其中 $\boldsymbol{G}$ 为 N 阶沃尔什反变换核矩阵。

二维沃尔什反变换核为

$$h(x,y,u,v)=\prod_{i=0}^{n-1}(-1)^{[b_i(x)b_{n-1-i}(u)+b_i(y)b_{n-1-i}(v)]} \tag{3.5-9}$$

相应的二维沃尔什反变换为

$$f(x,y)=\sum_{x=0}^{N-1}\sum_{y=0}^{N-1}W(u,v)\prod_{i=0}^{n-1}(-1)^{[b_i(x)b_{n-1-i}(u)+b_i(y)b_{n-1-i}(v)]} \tag{3.5-10}$$

其中 u，v=0,1,2,⋯,N−1；x,y=0,1,2,⋯, N−1。其矩阵表达式为

$$\boldsymbol{f}=\boldsymbol{HWH} \tag{3.5-11}$$

其中 $\boldsymbol{H}$ 为 N 阶沃尔什反变换核矩阵，与 $\boldsymbol{G}$ 只有系数之间的区别。

【例 3-13】二维数字图像信号是均匀分布时，即

$$\boldsymbol{f}=\begin{bmatrix}1&1&1&1\\1&1&1&1\\1&1&1&1\\1&1&1&1\end{bmatrix}$$

求此信号的二维沃尔什变换。

解：由于图像是 4×4 矩阵，n=2，N=4，沃尔什变换核如式（3.5-4）所示。因此二维沃尔什变换由式（3.5-7）给出。

$$\boldsymbol{W}=\frac{1}{4^2}\begin{bmatrix}1&1&1&1\\1&1&-1&-1\\1&-1&1&-1\\1&-1&-1&1\end{bmatrix}\begin{bmatrix}1&1&1&1\\1&1&1&1\\1&1&1&1\\1&1&1&1\end{bmatrix}\begin{bmatrix}1&1&1&1\\1&1&-1&-1\\1&-1&1&-1\\1&-1&-1&1\end{bmatrix}=\begin{bmatrix}1&0&0&0\\0&0&0&0\\0&0&0&0\\0&0&0&0\end{bmatrix}$$

例 3-13 表明，二维沃尔什变换具有能量集中的性质，原始图像数据分布越均匀，沃尔什变换后的数据越集中于矩阵的边角上，因此二维沃尔什变换可以压缩图像信息。

综上所述，沃尔什变换是将一个函数变换成取值为+1 或−1 的基本函数构成的级数，用它来逼近数字脉冲信号时要比傅里叶变换有利。因此，它在图像传输、通信技术和数据压缩中获得了广泛的使用。同时，沃尔什变换是实数，而傅里叶变换是复数，所以对一个给定的问题，沃尔什变换所要求的计算机存储量比傅里叶变换要小，运算速度也快。一维沃尔什变换也有快速算法（FWT），在形式上和 FFT 算法类似。

3.5.2　离散哈达玛变换

哈达玛（Hadamard）变换本质上是一种特殊排序的沃尔什变换，哈达玛变换矩阵也是一个方阵，只包括+1 和 − 1 两个矩阵元素，各行或各列之间彼此是正交的，即任意两行相乘或两列相乘后的各数之和必定为零。哈达玛变换矩阵具有简单的递推关系，即高阶矩阵可以用两个低阶矩阵求得。这个特点使人们更愿意采用哈达玛变换，不少文献中常采用沃尔什-哈达玛变换这一术语。

1. 一维离散哈达玛变换

一维哈达玛变换核为

$$g(x,u)=\frac{1}{N}(-1)^{\sum_{i=0}^{N-1}b_i(x)b_i(u)} \tag{3.5-12}$$

对应的一维哈达玛变换为

$$H(u)=\sum_{x=0}^{N-1}f(x)g(x,u)=\frac{1}{N}\sum_{x=0}^{N-1}f(x)(-1)^{\sum_{i=0}^{n-1}[b_i(x)b_i(u)]} \tag{3.5-13}$$

其中 N 是哈达玛变换的阶数，$N=2^n$；$b_k(z)$是 z 的二进制表示的第 k 位。z 可以取为 x、u, $x=0,1,2,\ldots,N-1$；$u=0,1,2,\ldots,N-1$。

哈达玛反变换与正变换除相差 $1/N$ 常数项外，其形式基本相同。一维哈达玛反变换核为

$$h(x,u)=(-1)^{\sum_{i=0}^{n-1}b_i(x)b_i(u)} \tag{3.5-14}$$

相应的一维哈达玛反变换为

$$f(x)=\sum_{u=0}^{N-1}H(u)h(x,u)=\frac{1}{N}\sum_{u=0}^{N-1}H(u)(-1)^{\sum_{x=0}^{n-1}[b_i(x)b_i(u)]} \tag{3.5-15}$$

如 $N=2^n$，高、低阶哈达玛变换之间具有简单的递推关系。最低阶（$N=2$）的哈达玛矩阵为

$$\boldsymbol{H}_2=\begin{bmatrix}1 & 1\\ 1 & -1\end{bmatrix} \tag{3.5-16}$$

那么，$2N$ 阶哈达玛矩阵 $\boldsymbol{H}_{2N}$ 与 N 阶哈达玛矩阵 $\boldsymbol{H}_N$ 之间的递推关系可用下式表示

$$\boldsymbol{H}_{2N}=\begin{bmatrix}\boldsymbol{H}_N & \boldsymbol{H}_N\\ \boldsymbol{H}_N & -\boldsymbol{H}_N\end{bmatrix} \tag{3.5-17}$$

例如，$2N=4$ 的哈达玛矩阵为

$$\boldsymbol{H}_4=\begin{bmatrix}\boldsymbol{H}_2 & \boldsymbol{H}_2\\ \boldsymbol{H}_2 & -\boldsymbol{H}_2\end{bmatrix}=\begin{bmatrix}1 & 1 & \vdots & 1 & 1\\ 1 & -1 & \vdots & 1 & -1\\ \cdots & \cdots & \vdots & \cdots & \cdots\\ 1 & 1 & \vdots & 1 & 1\\ 1 & -1 & \vdots & 1 & -1\end{bmatrix} \tag{3.5-18}$$

2N=8 的哈达玛矩阵为

$$
\boldsymbol{H}_8=\begin{bmatrix}\boldsymbol{H}_4 & \boldsymbol{H}_4\\ \boldsymbol{H}_4 & -\boldsymbol{H}_4\end{bmatrix}=\begin{bmatrix}
1 & 1 & 1 & 1 & \vdots & 1 & 1 & 1 & 1\\
1 & -1 & 1 & -1 & \vdots & 1 & -1 & 1 & -1\\
1 & 1 & -1 & -1 & \vdots & 1 & 1 & -1 & -1\\
1 & -1 & -1 & 1 & \vdots & 1 & -1 & -1 & 1\\
\cdots & \cdots & \cdots & \cdots & \vdots & \cdots & \cdots & \cdots & \cdots\\
1 & 1 & 1 & 1 & \vdots & 1 & 1 & 1 & 1\\
1 & -1 & 1 & -1 & \vdots & 1 & -1 & 1 & -1\\
1 & 1 & -1 & -1 & \vdots & 1 & 1 & -1 & -1\\
1 & -1 & -1 & 1 & \vdots & 1 & -1 & -1 & 1
\end{bmatrix} \tag{3.5-19}
$$

在哈达玛矩阵中，沿某一列符号改变的次数通常称为这个列的列率。如式（3.5-19）表示的 8 个列的列率分别是 0,7,3,4,1,6,2,5。但在实际使用中，常对列率随 u 增加的次序感兴趣，此时可将变换核定义为：

$$
g(x,u)=(-1)^{\sum_{i=0}^{n-1} b_i(x)p_i(u)} \tag{3.5-20}
$$

其中，$p_i(u)$与 $b_i(x)$之间的关系如下。

$$
\begin{aligned}
p_0(u)&=b_{n-1}(u)\\
p_0(u)&=b_{n-1}(u)+b_{n-2}(u)\\
p_0(u)&=b_{n-2}(u)+b_{n-3}(u)\\
&\vdots\\
p_{n-1}(u)&=b_1(u)+b_0(u)
\end{aligned} \tag{3.5-21}
$$

【例 3-14】N=8 的定序哈达玛变换核为

$$
\begin{bmatrix}
1 & 1 & 1 & 1 & 1 & 1 & 1 & 1\\
1 & 1 & 1 & 1 & -1 & -1 & -1 & -1\\
1 & 1 & -1 & -1 & -1 & -1 & 1 & 1\\
1 & 1 & -1 & -1 & 1 & 1 & -1 & -1\\
1 & -1 & -1 & 1 & 1 & -1 & -1 & 1\\
1 & -1 & -1 & 1 & -1 & 1 & 1 & -1\\
1 & -1 & 1 & -1 & -1 & 1 & -1 & 1\\
1 & -1 & 1 & -1 & 1 & -1 & 1 & -1
\end{bmatrix}
$$

显然，此时列率为 0,1,2,3,4,5,6,7，是随 u 增大的次序。对应得出定序哈达玛变换对为

$$
H(u,v)=\frac{1}{N}\sum_{y=0}^{N-1} f(x)(-1)^{\sum_{i=0}^{n-1} b_i(x)p_i(u)} \tag{3.5-22}
$$

$$
f(x)=\sum_{y=0}^{N-1} H(u)(-1)^{\sum_{i=0}^{n-1} b_i(x)p_i(u)} \tag{3.5-23}
$$

2. 二维离散哈达玛变换

二维离散哈达玛变换的正反变换核完全相同，分别为

$$g(x,y,u,v)=\frac{1}{N}(-1)^{\sum_{i=0}^{n-1}[b_i(x)b_i(u)+b_i(y)b_i(v)]} \tag{3.5-24}$$

以及

$$h(x,y,u,v)=\frac{1}{N}(-1)^{\sum_{i=0}^{n-1}[b_i(x)b_i(u)+b_i(y)b_i(v)]} \tag{3.5-25}$$

二维离散哈达玛变换对为

$$H(u,v)=\frac{1}{N^2}\sum_{x=0}^{N-1}\sum_{y=0}^{N-1}f(x,y)(-1)^{\sum_{i=0}^{n-1}[b_i(x)b_i(u)+b_i(y)b_i(v)]} \tag{3.5-26}$$

$$f(x,y)=\sum_{x=0}^{N-1}\sum_{y=0}^{N-1}H(u,v)(-1)^{\sum_{i=0}^{n-1}[b_i(x)b_i(u)+b_i(y)b_i(v)]} \tag{3.5-27}$$

其中 $N=2^n$；$u, v=0,1,2,\cdots, N-1$；$x, y=0,1,2,\cdots, N-1$。上述两式具有相同的形式。

同样，哈达玛变换核是可分离和对称的。二维哈达玛变换也可分成两步一维变换来完成。

3.5.3　沃尔什变换和哈达玛变换的 MATLAB 实现

MATLAB 提供了 hadamard 函数，用于产生哈达玛矩阵。

hadamard

功能：创建一个哈达玛矩阵。

格式：H = hadamard (n)

说明：H = hadamard (n)返回一个 n × n 的哈达玛矩阵，n 必须为 2 的整数次幂。

下面以两个示例进行说明。

【例 3-15】对简单数组进行沃尔什-哈达玛变换，程序如下。

```
clear;
sq = [1 1 3 1                          %给定数组 sq = [1 1 3 1
      2 1 2 2]                         %                   2 1 2 2];
for k = 1:4
      wht  (:,k)=hadamard(2)*sq(:,k)/2
end
%%%对每一列进行沃尔什-哈达玛变换，得到 wht
for j=1:2
a= wht  (j, :)'
   hadamard  (4)
     wh  (:,j)=hadamard(4)*wht(j,:)'/4
end
%%%%%%%%%对 wht 的每一行进行沃尔什-哈达玛变换，得到 wh
wh=wh'          % 重排
```

运行结果为：

```
wht =1.5000    1.000    2.5000    1.5000
  -0.5000          0     0.5000   -0.5000
 wh =1.6250    0.3750    -0.3750   -0.1250
   -0.1250   0.1250   -0.1250   -0.3750
```

此结果与理论分析结果是一致的。

【例 3-16】对二维图像进行沃尔什-哈达玛变换，原始图像如图 3.5-1（a）所示，运行结果如图 3.5-1（b）所示。程序如下：

```
clear;
I=zeros (2. ^8);
I(2.^7-2.^4+1:2.^7+2.^4,2.^7-2.^4+1:2.^7+2.^4) = ones(2*2.^4); % 读入数据
figure (1)
colormap(gray(128)),imagesc(I);              % 显示数据
[m,n]=size(I)                                % 数据维数
for k = 1:n
      wht(:,k)=hadamard(m)*I(:,k)/m;         % 对每一列做沃尔什-哈达玛变换
end
for j = 1: m
    wh(:,j)=hadamard(n)*wht(j,:)'/n;         % 对进行列的沃尔什-哈达玛变换后
                                             % 的系数进行行沃尔什-哈达玛变换
end
wh = wh';
figure (2)
colormap (gray(128)),imagesc(wh);
```

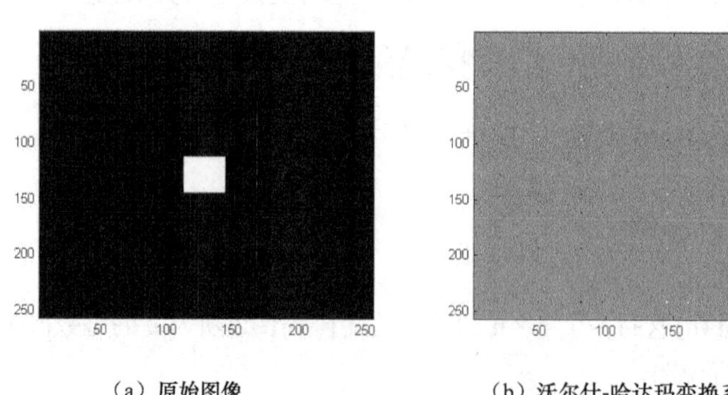

（a）原始图像　　（b）沃尔什-哈达玛变换系数

图 3.5-1　对二维图像进行沃尔什-哈达玛变换

如果将图像 cameraman.tif 进行同样的变换，将得到图 3.5-2（b）所示的结果。

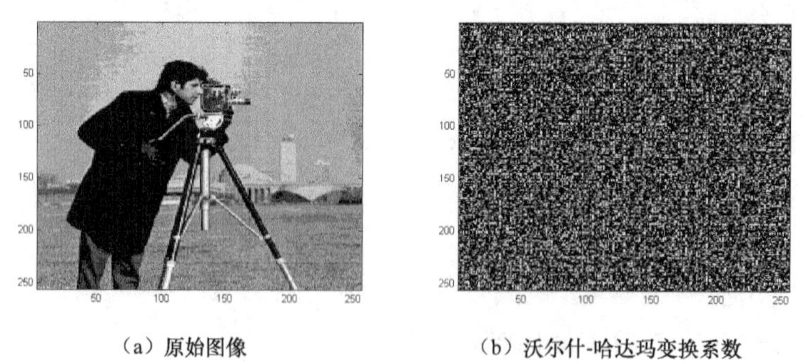

（a）原始图像　　（b）沃尔什-哈达玛变换系数

图 3.5-2　图像的沃尔什-哈达玛变换

3.6 小波变换

小波变换是一种信号的时间-尺度（时间-频率）分析方法，它具有多分辨率分析的特点，而且在时间域和频率域都具有表征信号的局部特征的能力，是一种窗口面积固定不变，但窗口形状

可改变，即时间窗和频率窗的大小都可以改变的时频局部化分析方法。在低频部分具有较高的频率分辨率和较低的时间分辨率，在高频部分具有较高的时间分辨率和较低的频率分辨率。在信号处理和分析、地震信号处理、信号奇异性监测和谱估计、计算机视觉、语音信号处理、图像处理与分析，尤其是图像编码等领域取得了突破性进展，是研究开发的前沿热点。

3.6.1　小波变换基本理论

小波分析主要研究在特定的函数空间，用某种方法构造一种称为小波（wavelet）的基函数（小波函数），对给定的信号（函数）进行展开与逼近，根据展开式研究信号的某些特性及逼近的效果。

小波函数的定义：设$\psi(t)$为一平方可积函数，即$\psi(t)\in L^2(R)$，若其傅里叶变换$\Psi(w)$满足条件

$$\int_R \frac{|\Psi(w)|^2}{w}\mathrm{d}w<\infty \tag{3.6-1}$$

则称$\psi(t)$为一个基本小波或小波母函数，并称式（3.6-1）为小波的允许条件。

由小波函数的定义可知，小波函数一般具有以下特点。

（1）小。在时域具有紧支集或近似紧支集。原则上讲，任何满足允许条件的$L^2(R)$空间的函数都可作为小波母函数。但一般情况下，常常选取紧支集或近似紧支集的（具有时域的局部性），具有正则性的（具有频域的局部性）实数或复数函数作为小波母函数，以使小波母函数在时频域都具有较好的局部特性。

（2）波动性。由于小波母函数满足允许条件，则必有$|\Psi(w)|_{w=0}=0$，也即直流分量为零。由此可以断定小波函数具有正负交替的波动性，如图 3.6-1 所示。

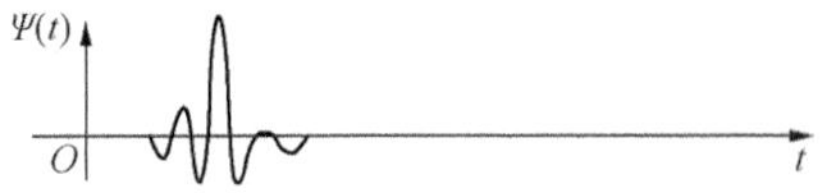

图 3.6-1　小波母函数

将小波母函数$\psi(t)$进行伸缩和平移，设其伸缩因子（又称尺度因子）为 a，平移因子为 τ，令其平移伸缩后的函数为$\psi_{a,\tau}(t)$，则有

$$\psi_{a,\tau}(t)=a^{-\frac{1}{2}}\psi\left(\frac{t-\tau}{a}\right),\quad a>0,\tau\in R \tag{3.6-2}$$

称$\psi_{a,\tau}(t)$为依赖于参数 a、τ 的小波基函数。尺度因子 a 的作用是将小波母函数$\psi(t)$带宽伸缩，a 越大$\psi(a/t)$带宽越宽，而在相应的频率域$\psi(a\omega)$带宽变窄。

将任意 $L^2(R)$空间中的函数 $x(t)$在小波基下进行展开，称这种展开为函数 $x(t)$的连续小波变换（Continue Wavelet Transform，CWT），其表达式为

$$WT_x(a,\tau)=\langle x(t),\psi_{a,\tau}(t)\rangle=\frac{1}{\sqrt{a}}\int_R x(t)\overline{\psi\left(\frac{t-\tau}{a}\right)}\mathrm{d}t \tag{3.6-3}$$

小波变换同傅里叶变换一样，都是一种积分变换。它是一种变分辨率的时频联合分析方法。当分析低频（对应大尺度）信号时，其时间窗很大，而当分析高频（对应小尺度）信号时，其时间窗减小。

连续小波变换是一种线性变换，具有叠加性、时移不变性，可进行尺度变换，且符合内积定理。

（1）叠加性

设$x(t),y(t)\in L^2(R)$空间，k_1,k_2为任意常数，且 $x(t)$的 CWT 为$T_x(a,\tau)$，$y(t)$的 CWT 为$T_y(a,\tau)$，则$z(t)=k_1x(t)+k_2y(t)$的 CWT 为

$$T_z(a,\tau)=k_1T_x(a,\tau)+k_2T_y(a,\tau) \tag{3.6-4}$$

（2）时移不变性

设 $x(t)$ 的 CWT 为 $T_x(a,\tau)$，则 $x(t-t_0)$ 的 CWT 为 $T_x(a,\tau-t_0)$，即延时后的信号 $x(t-t_0)$ 的小波系数可将原信号 $x(t)$ 的小波系数在 τ 轴上进行同样时移得到。

（3）尺度转换

设 $x(t)$ 的 CWT 为 $T_x(a,\tau)$，则 $x\left(\frac{t}{\lambda}\right)$ 的 CWT 为

$$T_x\left(\frac{a}{\lambda},\frac{\tau}{\lambda}\right),\ \lambda>0 \tag{3.6-5}$$

（4）内积定理（Moyal 定理）

设 $x_1(t), x_2(t)\in L^2(R)$，它们的 CWT 分别为 $T_{x1}(a,\tau)$，$T_{x2}(a,\tau)$，即

$$\begin{aligned}T_{x1}(a,\tau)&=<x_1(t),\psi_{a,\tau}(t)>\\T_{x2}(a,\tau)&=<x_2(t),\psi_{a,\tau}(t)>\end{aligned} \tag{3.6-6}$$

则有 Moyal 定理

$$<T_{x1}(a,\tau),T_{x2}(a,\tau)>=C_\psi<x_1(t),x_2(t)> \tag{3.6-7}$$

其中，$<x_1(t),x_2(t)>$ 表示内积运算，$C_\psi=\int_0^\infty\frac{|\psi(w)|^2}{w}\mathrm{d}w$。

对连续小波变换而言，若采用的小波满足允许条件（见式（3.6-1））则其反变换存在。

$$\begin{aligned}x(t)&=\frac{1}{C_\psi}\int_0^\infty\frac{\mathrm{d}a}{a^2}\int_{-\infty}^{+\infty}T_x(a,\tau)\psi_{a,\tau}(t)\mathrm{d}\tau\\&=\frac{1}{C_\psi}\int_0^\infty\frac{\mathrm{d}a}{a^2}\int_{-\infty}^{+\infty}T_x(a,\tau)\frac{1}{\sqrt{a}}\psi_{a,\tau}(\frac{t-\tau}{a})\mathrm{d}\tau\end{aligned} \tag{3.6-8}$$

其中 $C_\psi=\int_0^\infty\frac{|\psi(aw)|^2}{a}\mathrm{d}a<\infty$，即对 $\psi(t)$ 提出的允许条件。

对于连续小波变换，一种通用的离散方法是：对尺度按幂级进行离散化，取 $a=a_0^{\mathrm{j}}$，a_0 是大于 1 的固定伸缩步长；再对平移参数进行离散化，取 $\tau=kT_sa_0^{\mathrm{j}}$，一般常取 $a_0=2$。此时小波函数序列 $\psi_{\mathrm{j},k}(t)$ 可表示为

$$\frac{1}{\sqrt{2^{\mathrm{j}}}}\psi\left(\frac{t-2^{\mathrm{j}}k\cdot T_s}{2^{\mathrm{j}}}\right)=\frac{1}{\sqrt{2^{\mathrm{j}}}}\psi\left(\frac{t}{2^{\mathrm{j}}}-k\cdot T_s\right) \tag{3.6-9}$$

时间轴用 T_s 归一化，式（3.6-9）可以写成

$$\frac{1}{\sqrt{2^{\mathrm{j}}}}\psi\left(\frac{t-2^{\mathrm{j}}k}{2^{\mathrm{j}}}\right)=\frac{1}{\sqrt{2^{\mathrm{j}}}}\psi\left(\frac{t}{2^{\mathrm{j}}}-k\right)$$

任意函数 $x(t)$ 的离散小波变换（DWT）为

$$T_x(\mathrm{j},k)=\int_R x(t)\overline{\psi_{\mathrm{j},k}(t)}\mathrm{d}t$$

3.6.2 常见的小波函数

与标准傅里叶变换相比，小波分析中用到的小波函数具有不唯一性，即小波函数 $\psi(t)$ 具有多样性。许多函数在满足有关条件时都可以用作小波，下面介绍常用的几个小波函数。

1. Morlet 小波

Morlet 小波是因法国地球物理学家 Morlet 而得名的，1984 年前后，Morlet 在分析地震波的局部性质时，发现传统的傅里叶变换难以达到要求，从而引入小波的概念来分析地震波的局部性质。该小波是高斯包络下的单频率复正弦函数。其数学表达式为

$$\psi(t)=\pi^{-\frac{1}{4}}\left(e^{j\omega_0 t}-e^{-\omega_0^2/2}\right)e^{-t^2/2}$$

它满足小波允许条件 $\int_{-\infty}^{+\infty}\psi(t)dt=0$ 。

Morlet 小波的傅里叶变换为

$$\hat{\psi}(\omega)=(4\pi)^{1/4}\left[e^{-(\omega-\omega_0)^2/2}-e^{-\omega_0^2/2}e^{-\omega^2/2}\right] \tag{3.6-10}$$

Morlet 小波如图 3.6-2 所示。

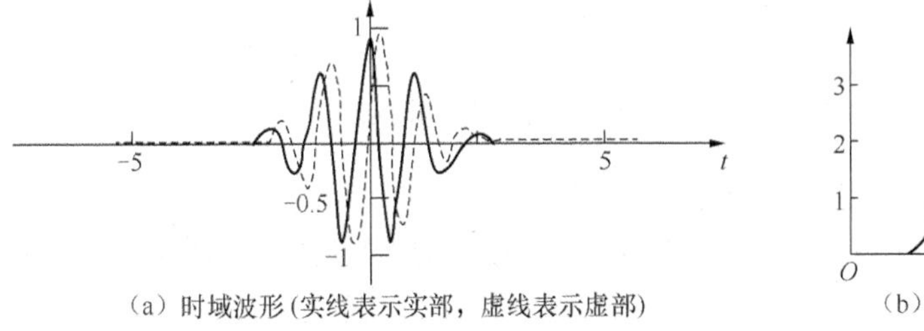

（a）时域波形(实线表示实部，虚线表示虚部)　（b）频域波形 $|\psi(\omega)|$

图 3.6-2　Morlet 小波

从式（3.6-10）可以看出，当 $\omega=0$ 时，$\hat{\psi}(w)\neq 0$，但当 $\omega_0\geqslant 5$，$e^{-\omega_0^2/2}\approx 0$，它近似满足允许条件，并且它的一、二阶导数在 $\omega=0$ 处近似为零。此时，式（3.6-9）的第二项可以忽略，因此，Morlet 小波通常可近似表示为

$$\psi(t)=\pi^{-\frac{1}{4}}\left(e^{j\omega_0 t}\right)e^{-t^2/2} \tag{3.6-11}$$

其相应的傅里叶变换为

$$\hat{\psi}(\omega)=(4\pi)^{1/4}\left[e^{-(\omega-\omega_0)^2/2}\right] \tag{3.6-12}$$

Morlet 小波是复值小波，能提取被分析的时间过程或信号的幅值与相位信息，在时频两域都有很好的局部性，常用于复数信号的分解及时频分析。

2. Marr 小波

Marr 小波的形状像一个墨西哥草帽，因此有时也被称为墨西哥草帽小波（Mexican hat function），如图 3.6-3 所示。其时域、频域形式分别为

$$\psi(t)=\frac{2}{\sqrt{3}}\pi^{-1/4}(1-x)^2e^{-t^2/2} \tag{3.6-13}$$

$$\hat{\psi}(\omega)=\frac{2\sqrt{2\pi}}{\sqrt{3}}\pi^{1/4}\omega^2e^{-\omega^2/2} \tag{3.6-14}$$

在 $\omega=0$ 处，$\hat{\psi}(\omega)$ 有二阶零点，所以满足允许条件，而且小波系数随 $|\omega|\to\infty$ 衰减较快，比较接近人眼视觉的空间响应特性。

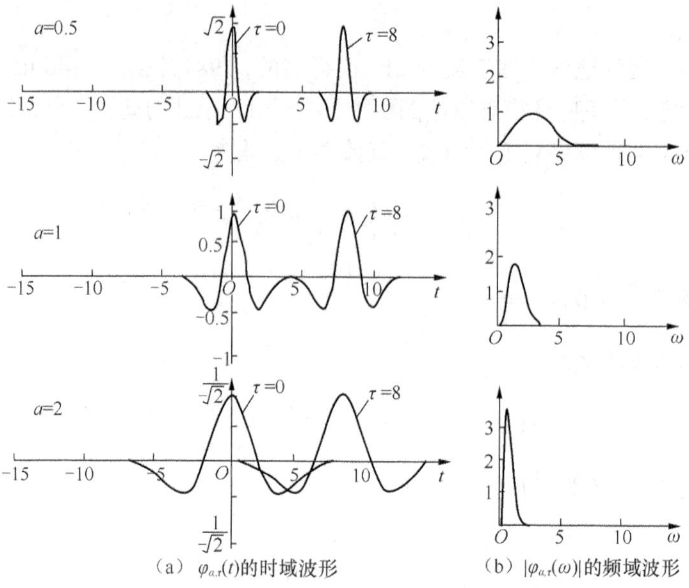

（a） $\varphi_{a,\tau}(t)$的时域波形　　（b） $|\varphi_{a,\tau}(\omega)|$的频域波形

图 3.6-3　Marr 小波（墨西哥草帽小波）

3. DOG（Difference of Gaussian）小波

DOG 小波是两个高斯函数之差，它是墨西哥草帽小波的良好近似，其波形如图 3.6-4 所示，其时域、频域形式分别为

$$\psi(t)=\mathrm{e}^{-t^2/2}-\frac{1}{2}\mathrm{e}^{-t^2/8} \tag{3.6-15}$$

$$\hat{\psi}(\omega)=\sqrt{2\pi}\left(\mathrm{e}^{-\omega^2/2}-\mathrm{e}^{-2\omega^2}\right) \tag{3.6-16}$$

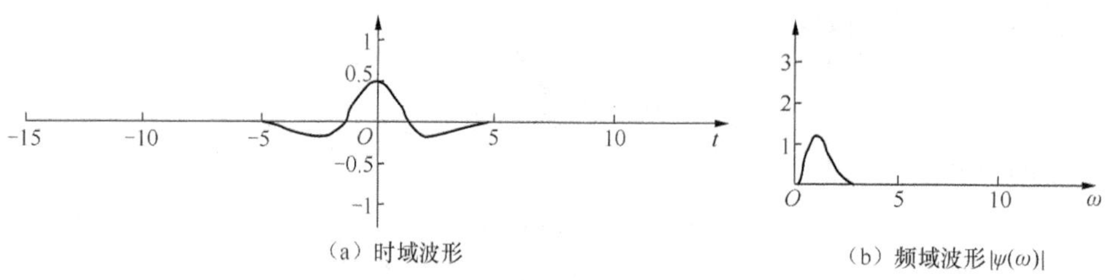

（a）时域波形　　（b）频域波形 $|\psi(\omega)|$

图 3.6-4　DOG 小波

在 $\omega=0$ 处，它的傅里叶变换具有二阶零点，即满足 $\hat{\psi}(0)=0$ 及 $\hat{\psi}'(0)=0$ 。

4. Harr 小波

Harr 小波是数学家 Harr 于 1910 年提出的，是已知小波中最早被提出的小波，也是最简单的小波。Harr 函数是一组互相正交归一的函数集，Harr 小波由 Harr 函数衍生而来，是支撑域在 $t\in[0,1]$ 范围内的单个矩形波，Harr 小波波形如图 3.6-5 所示。其数学表达式为

$$\psi(t)=\begin{cases}1 & 0\leqslant t<\dfrac{1}{2}\\ -1 & \dfrac{1}{2}\leqslant t<1\\ 0 & \text{其他}\end{cases} \tag{3.6-17}$$

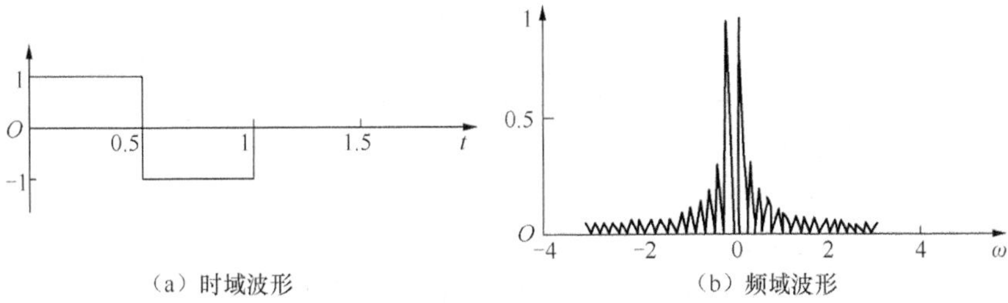

图 3.6-5 Harr 小波

其频率域形式为

$$\hat{\Psi}(\omega)=\mathrm{i}\frac{4}{\omega}\sin^2\left(\frac{\omega}{4}\right)\mathrm{e}^{-\mathrm{i}\omega/2} \tag{3.6-18}$$

由于 $\int\psi(t)\mathrm{d}t=0$，但 $\int t\psi(t)\mathrm{d}t\neq 0$，因此 $\Psi(\omega)$ 在 $\omega=0$ 处只有一阶零点。

从式（3.6-17）可以看出，Harr 小波在时域上是不连续的，所以作为基本小波性能不是很好，但它的主要优点如下。

（1）计算简单。

（2）满足正交条件：$<\psi(t),\psi(2^{\mathrm{j}}t)>=0$。

而且与自己的整数位移正交，即

$$<\psi(t),\psi(t-k)>=0$$

因此，在 $a=2^{\mathrm{j}}$ 的分辨率系统中，Harr 小波可以构成一组最简单的正交归一的小波族。

3.6.3 频域空间的划分

如果原始信号 $x(t)$ 占据的总频带为（0～π），设 $H_1(\omega)$、$H_0(\omega)$ 分别为高通和低通滤波器，则经过一级分解后，原始频带被划分为低频带（0～π/2）和高频带（π/2～π）。对低频带进行第二级分解，又得到低频（0～π/4）和高频（π/4～π/2）。如此重复下去，即每次对该级输入信号进行分解，得到一个低频的逼近信号和一个高频的细节信号，这样就将原始信号进行了多分辨率分解。如图 3.6-6 所示，信号的各级分解都由两个滤波器完成，一个低通滤波器 $H_0(\omega)$，一个高通滤波器 $H_1(\omega)$。因为滤波器的设计是根据归一频率进行的，而前一级的信号输出被 2 抽取，所以这两个滤波器在各级是一样的。这种树形分解便是“由粗及精”的多分辨率分解过程。相应的信号重构过程如图 3.6-7 所示。

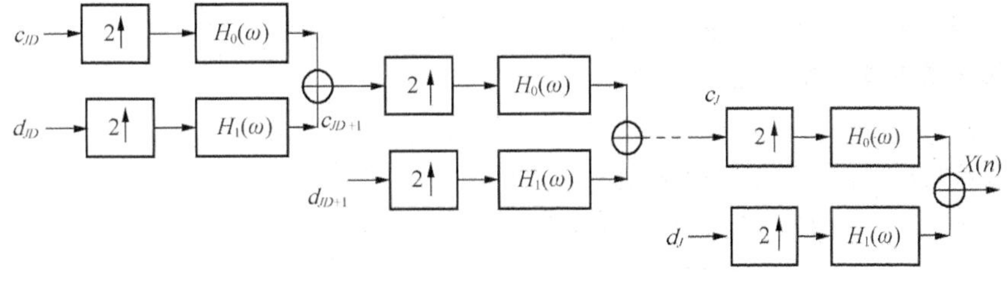

图 3.6-6 多采样滤波器组信号分解

其中二通道滤波器组必须是正交的，可通过下面的方程定义

$$\text{高通：}\ H_0(\omega)=\sum_k h_k\exp(-\mathrm{j}k\omega) \tag{3.6-19}$$

$$\text{低通：}\ H_1(\omega)=\sum_k g_k\exp(-\mathrm{j}k\omega) \tag{3.6-20}$$

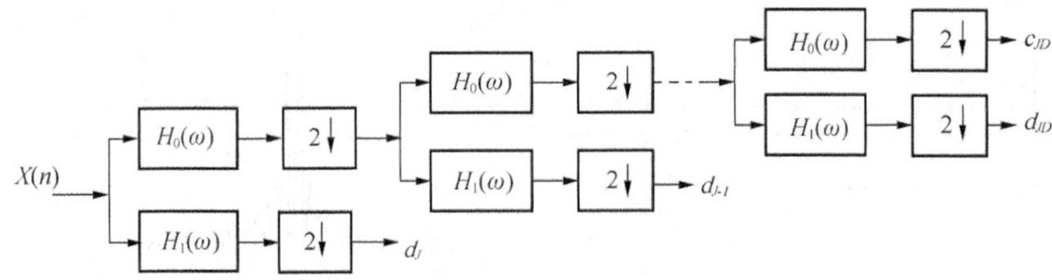

图 3.6-7　多采样滤波器组信号重构

信号分解的迭代过程定义为

$$c_{j-1,k}=\sum_{k}h_{n-2k}c_{j,n} \tag{3.6-21}$$

$$d_{j-1,k}=\sum_{k}g_{n-2k,n}d_{j,n} \tag{3.6-22}$$

信号重构的迭代过程为

$$c_{j,n}=\sum_{k}h_{n-2k}c_{j-1,k}+\sum_{k}g_{n-2k}d_{j-1,k} \tag{3.6-23}$$

3.6.4　图像小波变换的 MATLAB 实现

在 MATLAB 中有专门的小波函数工具箱，支持小波在图像处理中的应用。

1. 一维小波变换的 MATLAB 实现

dwt

功能：一维离散小波变换。

格式：[cA, cD] = dwt (X,'wname')

　　　[cA, cD] = dwt (X, Lo_D, Hi_D)

说明：[cA, cD] = dwt (X, 'wname')使用指定的小波基函数 wname 对信号 X 进行分解，cA、cD 分别为近似分量和细节分量。

[cA, cD] = dwt (X, Lo_D, Hi_D) 使用指定的滤波器组 Lo_D、Hi_D 对信号 X 进行分解。

idwt

功能：一维离散小波反变换。

格式：X = idwt (cA, cD, 'wname')

　　　X = idwt (cA, cD, Lo_R, Hi_R)

　　　X = idwt (cA, cD, 'wname', L)

　　　X = idwt (cA, cD, Lo_R, Hi_R, L)

2. 二维小波变换的 MATLAB 实现

wcodemat

功能：对数据矩阵进行伪彩色编码。

格式：Y = wcodemat(X, NB, OPT, ABSOL)

　　　Y = wcodemat(X, NB, OPT)

　　　Y = wcodemat(X, NB)

　　　Y = wcodemat(X)

说明：Y = wcodemat(X, NB, OPT, ABSOL)返回数据矩阵 X 的编码矩阵 Y。

　　　NB 为编码的最大值，即编码范围为 0～NB。默认值 NB=16。

　　　OPT 指定了编码的方式，即

- OPT = ‘row’，按行编码。
- OPT = ‘col’，按列编码。
- OPT = ‘mat’，按整个矩阵编码。

默认值为‘mat’。

ABSOL 是函数的控制参数，即

- ABSOL=0 时，返回编码矩阵。
- ABSOL=1 时，返回数据矩阵的绝对值 ABS(X)。

默认值为‘1’。

使用图像处理工具箱中的函数 imshow，可以方便地显示变换后的图像。

MATLAB 小波分析工具箱中有关二维小波变换的函数列于表 3.6-1。

表 3.6-1 二维小波变换的函数

函 数 名	函 数 功 能
dwt2	二维离散小波变换
wavedec2	二维信号的多层小波分解
idwt2	二维离散小波反变换
waverec2	二维信号的多层小波重构
wrcoef2	由多层小波分解重构某一层的分解信号
upcoef2	由多层小波分解重构近似分量或细节分量
detcoef2	提取二维信号小波分解的细节分量
appcoef2	提取二维信号小波分解的近似分量
upwlev2	二维信号小波分解的单层重构
dwtpet2	二维周期小波变换
idwtper2	二维周期小波反变换

dwt2

功能：二维离散小波变换。

格式：[cA, cH, cV, cD] = dwt2 (X, ‘wname’)

[cA, cH, cV, cD] = dwt2 (X, Lo_D, Hi_D)

说明：[cA, cH, cV, cD] = dwt2 (X, ‘wname’)使用指定的小波基函数 wname 对二维信号（图像）X 进行二维离散小波变换。

cA, cH, cV, cD 分别为近似分量、水平细节分量、垂直细节分量和对角细节分量。

[cA, cH, cV, cD] = dwt2 (X, Lo_D, Hi_D)使用指定的分解低通和高通滤波器 Lo_D 和 Hi_D 分解信号 X。

举例：对图像做二维小波分解，结果如图 3.6-8 所示。

```
load woman;
nbcol = size (map,1);
[cA1, cH1, cV1, cD1] = dwt2(X,'db1');
cod_X = wcodemat(X, nbcol);
cod_cA1 = wcodemat (cA1, nbcol);
cod_cH1 = wcodemat (cH1, nbcol);
cod_cV1 = wcodemat (cV1, nbcol);
```

```
cod_cD1 = wcodemat (cD1, nbcol);
dec2d = [cod_cA1, cod_cH1; cod_cV1, cod_cD1];
subplot (1,2,1),imshow(cod_X,[])
Subplot (1,2,2),imshow(dec2d, [])
```

（a）woman 原始图像

（b）二维小波分解后的 woman 图像

图 3.6-8　图像的二维离散小波分解

将原始图像 3.6-8（a）进行一层小波分解后，得到了四个分量，如图 3.6-8（b）所示，分别为近似分量（右上角）、水平细节分量、垂直细节分量和对角细节分量。

wavedec2

功能：二维信号的多层小波分解。

格式：[C, S] = wavedec2 (X, N, ‘wname’)

[C, S] = wavedec2 (X, N, Lo_D, Hi_D)

说明：[C, S] = wavedec2 (X, N, ‘wname’)使用小波基函数 wname 对二维信号 X 进行 N 层分解。

[C, S] = wavedec2 (X, N, Lo_D, Hi_D)使用指定的分解低通和高通滤波器 Lo_D 和 Hi_D 分解信号 X。

举例：load woman;

[c, s] = wavedec2 (X, 2, ‘db1’);

idwt2

功能：二维离散小波反变换。

格式：X = idwt2 (cA, cH, cV, cD, ‘wname’)

X = idwt2 (cA, cH, cV, cD, Lo_R, Hi_R)

X = idwt2 (cA, cH, cV, cD, ‘wname’, S)

X = idwt2 (cA, cH, cV, cD, Lo_R, Hi_R, S)

说明：X = idwt2 (cA, cH, cV, cD, ‘wname’) 由信号小波分解的近似信号 cA 和细节信号 cH、cV、cD 经小波反变换重构原信号 X。

X = idwt2 (cA, cH, cV, cD, Lo_R, Hi_R)使用指定的重构低通和高通滤波器 Lo_R、Hi_R 重构原信号 X。

X = idwt2 (cA, cH, cV, cD, ‘wname’, S)和 X = idwt2 (cA, cH, cV, cD, Lo_R, Hi_R, S)返回中心附近的 S 个数据点。

举例：由二维小波分解重构原始图像，结果如图 3.6-9 所示。

```
load woman;
sX = size(X);
```

```
[cA1, cH1, cV1, cD1] = dwt2(X,'db4');
A0 = idwt2 (cA1, cH1, cV1, cD1,'db4', sX);
subplot (1, 2,1),imshow(X, [])
subplot (1, 2,2),imshow(A0, [])
```

（a）woman 原始图像

（b）二维小波分解重构后的 woman 图像

图 3.6-9　由二维小波分解重构原始图像

图 3.6-9（a）为原始图像，图 3.6-9（b）为二维小波分解重构后的图像。

waverec2

功能：二维信号的多层小波重构。

格式：X = waverec2 (C, S, ‘wname’)

X = waverec2 (C, S, Lo_R, Hi_R)

说明：X = waverec2 (C, S, ‘wname’)由多层二维小波分解的结果 C、S 重构原始信号 X。wname 为使用的小波函数。

X = waverec2 (C, S, Lo_R, Hi_R)使用重构低通和高通滤波器 Lo_R,、Hi_R 重构原信号。

举例：由图像的两层分解重构图像，结果如图 3.6-10 所示。

```
load woman;
[c, s] = wavedec2(X, 2,'sym4');
a0 = waverec2(c, s,'sym4');
subplot (1, 2, 1),imshow(X,[])
subplot (1, 2, 2),imshow(a0,[])
```

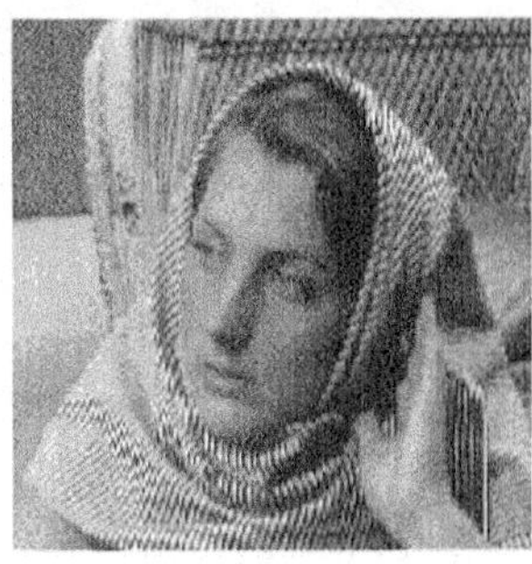

（a）woman 原始图像

（b）多层小波重构后的 woman 图像

图 3.6-10　多层小波重构图像

图 3.6-10（a）为原始图像，图 3.6-10（b）为多层小波重构后的图像。

习　题

1. 图像处理中正交变换的目的是什么？图像变换主要应用于哪些方面？
2. 简述离散傅里叶变换的性质及其应用。
3. 二维傅里叶变换的可分离性有何实际意义？
4. 为什么二维沃尔什正、反变换都可分为两个一维变换来实现？
5. 在 MATLAB 环境中，实现一幅图像的傅里叶变换。
6. 简述与离散傅里叶变换相比，DCT 变换有哪些优越性？
7. 求 N=4 对应的沃尔什变换核矩阵。
8. 什么是小波？小波函数是唯一的吗？
9. 什么是尺度函数？
10. 编写 MATLAB 程序，对一幅图像进行二维傅里叶变换后，将其 0 频率分量移到矩阵的中心。

第 4 章 图像的增强

4.1 引　　言

图像增强的目的是改善图像的“视觉效果”（包括人和机器的“视觉”），针对给定图像的应用场合，有目的地强调图像的整体或局部特性，扩大图像中不同物体特征之间的差别，为图像的信息提取及图像分析奠定基础。图像增强的方法是通过锐化、平滑、去噪、对比度拉伸等手段对图像附加一些信息或变换数据，使图像与“视觉”响应特性相匹配，以便突出图像中的某些目标特征而抑制另一些特性，或简化数据提取。

图像增强技术根据增强处理过程所在的空间不同，可分为基于空间域的增强方法和基于频率域的增强方法。前者直接在图像所在的二维空间进行处理，即直接对每一像素的灰度值进行处理；后者则是首先将图像从空间域按照某种变换模型（如傅里叶变换）变换到频率域，然后在频率域空间对图像进行处理，再将其反变换到空间域。

基于空间域的增强方法按照所采用的技术不同可分为灰度变换和空间滤波两种方法。灰度变换是基于点操作的增强方法，将每一像元的灰度值按照一定的数学变换公式转换为一个新的灰度值，如增强处理中常用的对比度增强、直方图均衡化等方法。空域滤波是基于邻域处理的增强方法，它应用某一模板对每个像元与其周围邻域的所有像元进行某种数学运算得到该像元的新的灰度值（即输出值），输出值的大小不仅与该像元的灰度值有关，而且还与其邻域内的像元灰度值有关，常用的图像平滑与锐化技术就属于空域的范畴。

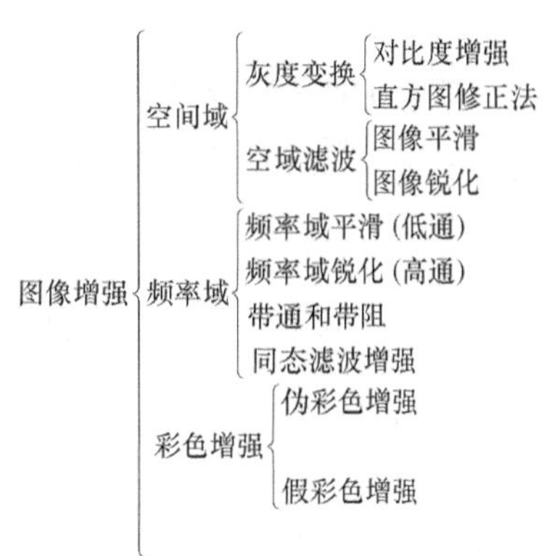

图 4.1-1　图像增强分类

图像增强技术按所处理的对象不同还可分为灰度图像增强和彩色图像增强，按增强的目的还可分为光谱信息增强、空间纹理信息增强和时间信息增强。

图像增强的主要内容如图 4.1-1 所示。

4.2 灰度变换法

一般成像系统只具有一定的亮度响应范围，亮度的最大值与最小值之比称为对比度。由于成像系统的限制，常出现对比度不足的弊病，使人眼观看图像时视觉效果很差。灰度变换可使图像的动态范围增大，图像对比度扩展，图像变清晰，特征明显，是图像增强的重要手段之一。

1. 全域线性变换

线性灰度变换如图 4.2-1 所示，灰度变换函数

$$g = \Phi[f] = mf + n \tag{4.2-1}$$

是线性的。式（4.2-1）中 m 是直线的斜率，n 是直线的 g 轴上的截距。显然，如果 m=1，n=0，则输出图像复制输入图像；如果 m>1，n=0，则输出图像对比度被扩展；如果 m<1，n=0，则输出图像对比度被压缩；如果 m<0，n=0，则获得输入图像的求反；如果 m=1，$n \neq 0$，则输出图像将会比输入图像偏亮或偏暗。

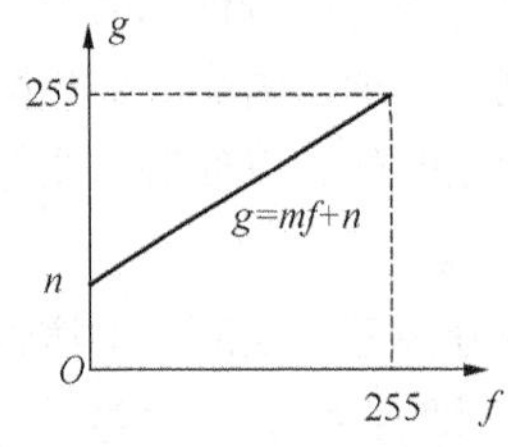

图 4.2-1 线性变换

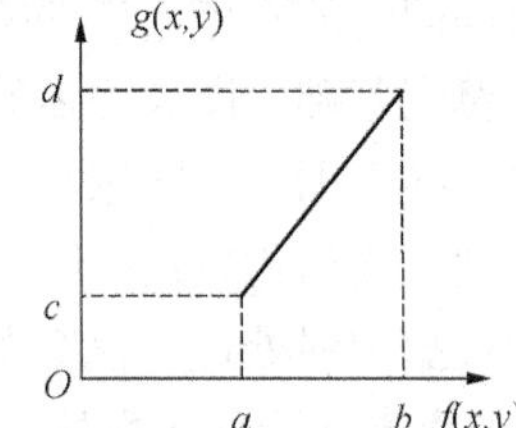

图 4.2-2 灰度范围的线性变换

假定原图像 $f(x,y)$ 的灰度范围为 $[a,b]$，希望变换后的图像 $g(x,y)$ 的灰度范围扩展至 $[c,d]$，则线性变换可表示为

$$g(x,y) = \frac{d-c}{b-a}[f(x,y)-a]+c \tag{4.2-2}$$

此式可用图 4.2-2 表示。若图像灰度在 $0 \sim M_f$ 范围内，其中大部分像素的灰度级分布在区间 $[a,b]$，很小部分的灰度级超出了此区间，为改善增强的效果，可令

$$g(x,y) = \begin{cases} c & 0 \leqslant f(x,y) < c \\ \dfrac{d-c}{b-a}[f(x,y)-a]+c; & a \leqslant f(x,y) < b \\ d & b < f(x,y) < M_f \end{cases} \tag{4.2-3}$$

如图 4.2-3 所示。

有时为了保持 $f(x,y)$ 灰度低端和高端值不变，可以采用式（4.2-4）所示的形式。

$$g(x,y) = \begin{cases} \dfrac{d-c}{b-a}[f(x,y)-a]+c & a \leqslant f(x,y) \leqslant b \\ f(x,y) & \text{其他} \end{cases} \tag{4.2-4}$$

为了突出感兴趣的目标或灰度区间，相对抑制那些不感兴趣的灰度区域，可采用分段线性变换。常用的分段线性变换法如图 4.2-4 所示。

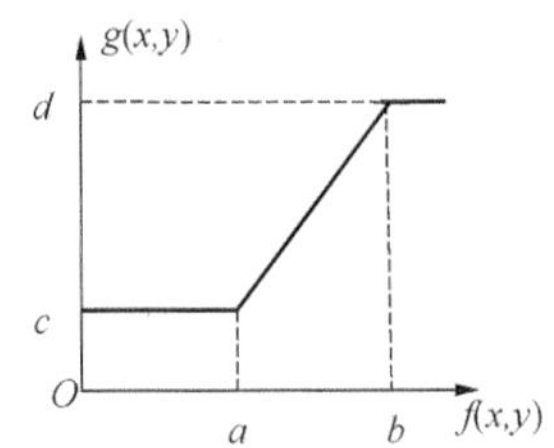

图 4.2-3　限制灰度范围线性变换

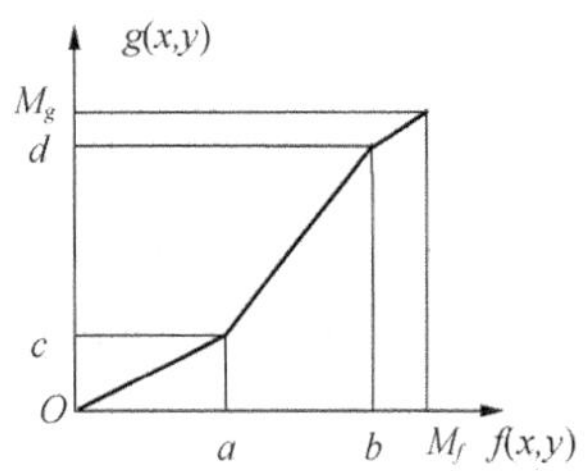

图 4.2-4　分段线性变换关系

其数学表达式为

$$g(x,y)=\begin{cases}\dfrac{c}{a}f(x,y) & 0\leqslant f(x,y)<a\\ \dfrac{d-c}{b-a}[f(x,y)-a]+c & a\leqslant f(x,y)<b\\ \dfrac{M_g-d}{M_f-b}[f(x,y)-b]+d & b\leqslant f(x,y)<M_f\end{cases}\tag{4.2-5}$$

这种变换可以使图像上有用信息的灰度范围扩展，增大对比度；而相应噪声的灰度被压缩到端部较小的范围内，有时称之为分段剪裁。

图 4.2-5 中列举了四种典型的分段线性变换函数。其中（a）用于两端裁剪而中间扩展；（b）把不同灰度范围变换成相同灰度范围输出，用于显现图中的轮廓线；（c）用于图像反色，并裁剪高亮区部分；（d）裁剪，用于图像二值化。

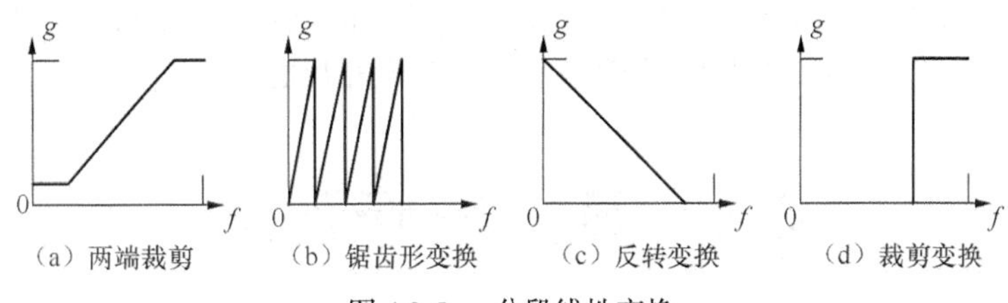

图 4.2-5　分段线性变换

其中图像的反色变换是灰度线性变换中比较特殊的情况，对图像求反是将原图像灰度值翻转，简单地说就是将黑的变成白的，白的变成黑的。普通黑白照片和底片就是这种关系。反色变换的关系可用式（4.2-6）表示，其中，a 为图像灰度的最大值。

$$g(x,y)=a-f(x,y)\tag{4.2-6}$$

2. 非线性灰度变换

当用某些非线性函数如指数函数、对数函数等作为映射函数时，可实现图像灰度的非线性变换。

（1）指数变换。输出图像 $g(x,y)$ 与输入图像 $f(x,y)$ 的亮度值关系为指数形式

$$g(x,y)=b^{[f(x,y)]}\tag{4.2-7}$$

其中，b 为底。该变换用于压缩输入图像中低灰度区的对比度，而扩展高灰度值。曲线形状如图 4.2-6（a）所示。为了增加变换的动态范围，修改曲线的起始位置或变化速率等，可加入一些调节参数，使之成为

$$g(x,y)=b^{c[f(x,y)-a]}-1\tag{4.2-8}$$

其中，a，b，c 均为可选择参数。

（2）对数变换。输出图像 $g(x,y)$ 与输入图像 $f(x,y)$ 的亮度值关系为对数形式

$$g(x,y)=\lg[f(x,y)] \tag{4.2-9}$$

该变换用于压缩输入图像的高灰度区的对比度，而扩展低灰度值。曲线形状如图 4.2-6（b）所示。为了增加变换的动态范围和灵活性，修改曲线的起始位置或变化速率等，可加入一些调节参数，使之成为

$$g=a+\ln(f+1)/(b\ln c) \tag{4.2-10}$$

其中，a，b，c 均为可选择参数。为避免对零求对数，对 f 取对数改为对（f+1）取对数。

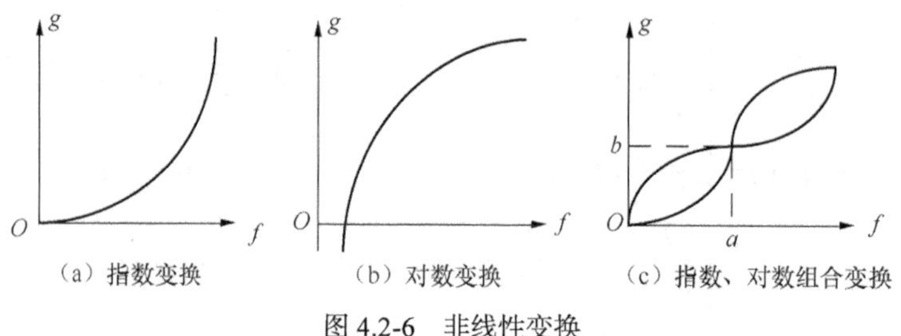

图 4.2-6　非线性变换

（3）指数、对数组合变换。输出图像 $g(x,y)$ 的 $0\to b$ 灰度区与输入图像 $f(x,y)$ 的 $0\to a$ 灰度区直接的亮度值关系为指数形式，其余灰度区之间的亮度值关系为对数形式

$$g(x,y)=\begin{cases}\exp[f(x,y)] & 0\leqslant f(x,y)\leqslant a\\ \lg[f(x,y)] & a\leqslant f(x,y)\leqslant 255\end{cases} \tag{4.2-11}$$

该变换用于压缩输入图像中高、低灰度区两端的对比度，而扩展中间灰度区。曲线形状如图 4.2-6（c）中的实线所示。图中虚线为对数、指数变换，适用于相反的情况。

4.3　直方图修正法

4.3.1　灰度直方图

灰度直方图表示一幅图像分布情况的统计图表。直方图的横坐标是灰度级，一般用 r 表示，纵坐标是具有该灰度级的像素个数或出现这个灰度级的概率 $P(r_k)$。已知

$$P(r_k)=n_k/N \tag{4.3-1}$$

其中，N 为一幅图像中像素的总数；n_k 为第 k 级灰度的像素；r_k 为第 k 个灰度级；$P(r_k)$ 表示该灰度级出现的概率。因为 $P(r_k)$ 给出了对 r_k 出现概率的一个估计，所以直方图提供了原图的灰度值分布情况，也可以说给出了一幅所有灰度值的整体描述。图 4.3-1 给出了图像的直方图。

对于相同的场景，由于获得图像时的亮度或对比度不同，所对应的直方图也不同。可以通过改变直方图的形状来达到增强图像对比度的效果。

直方图仅能统计灰度像素出现的概率，反映不出该像素在图像中的二维坐标，即在直方图中，失去了图像具有的空间信息（二维的特征）。一幅图像对应一个直方图，但一个直方图并不只对应一幅图像。几幅图像只要灰度分布密度相同，那么它们的直方图也是相同的。假定有一个只有两个灰度级，且分布规律相同的直方图，如图 4.3-2（a）所示，其对应的图像可以为图 4.3-2（b）

所示的几种不同的图像。因此，不同的图像有可能具有相同的直方图。通过灰度直方图的形状，能判断该图的清晰度和黑白对比度，但并不能判断图像的内容。虽然在图像的灰度直方图中，所有的空间信息全部丢失，但是每个灰度级上的像素个数可直接得到。

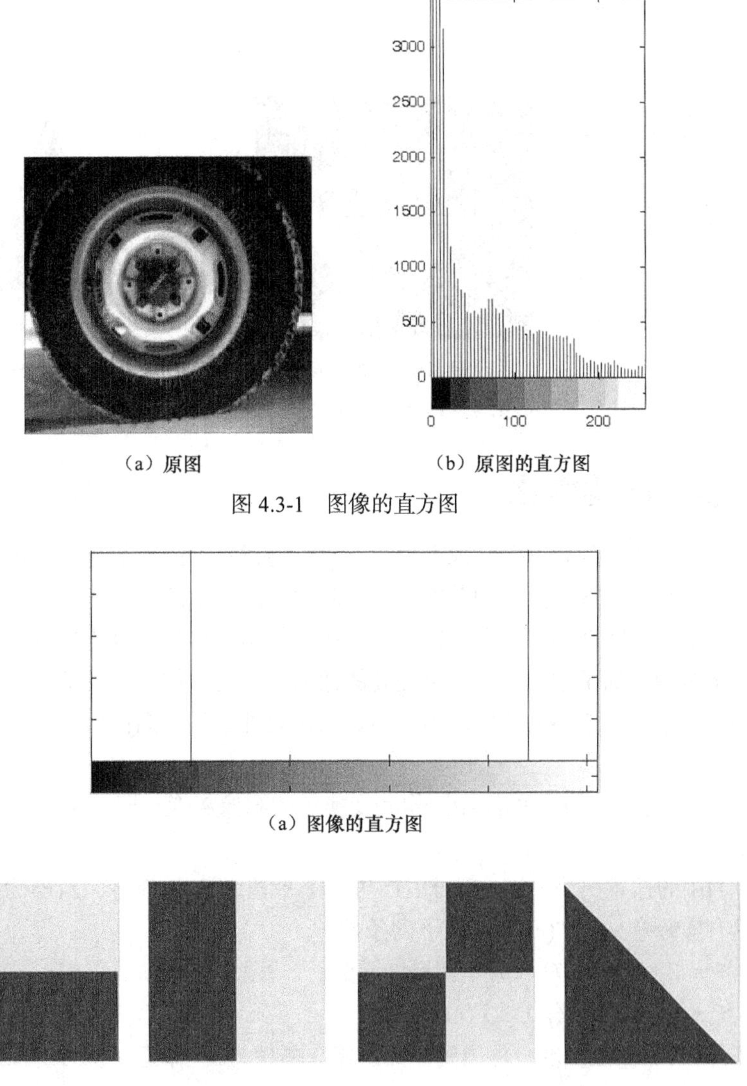

（a）原图　　（b）原图的直方图

图 4.3-1　图像的直方图

（a）图像的直方图

（b）对应的几种不同的图像

图 4.3-2　不同图像对应相同的直方图

图像的直方图一般有以下用途。

（1）数字化参数。直方图给出了一个简单可见的指示，可以用来判断一幅图像是否合理地利用了全部被允许的灰度级范围。一般一幅图像应该利用全部或几乎全部可能的灰度级，否则就等于增加了量化间隔。如果图像在数字化过程中，具有超出处理能力范围的亮度，则这些像素的灰度级将会被置为 0 或 255，由此将在直方图的一端或两端产生尖峰。最好的办法是在数字化时对直方图进行检查。

（2）边界的阈值选取。假定一幅图像背景是浅色的，其中有一深色的物体，即图像的灰度直方图具有两个峰值区域，如图 4.3-3 所示，图 4.3-3（a）中的深色像素产生了直方图上的左峰，而背景中大量的灰度级产生了直方图上的右峰，如图 4.3-3（c）所示。物体边界附近具有两个峰值之间灰度级的像素数目相对较少，从而产生了两峰之间的谷，这表明这个图像较亮的区域和较暗的区域可以较好地分离，取这一点为阈值点，可以得到较好的二值化处理效果，如图 4.3-3（b）所示。

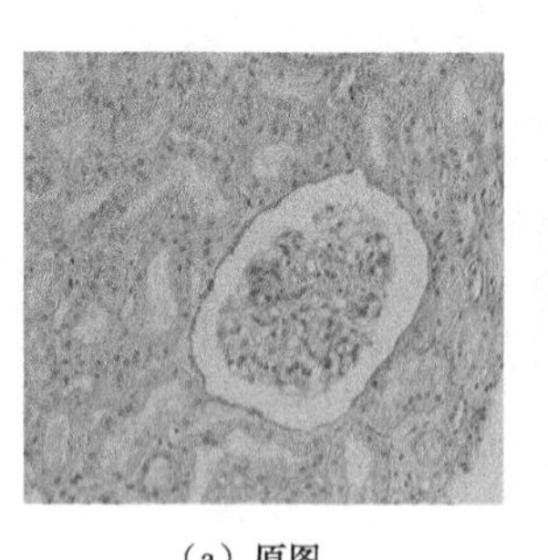

（a）原图

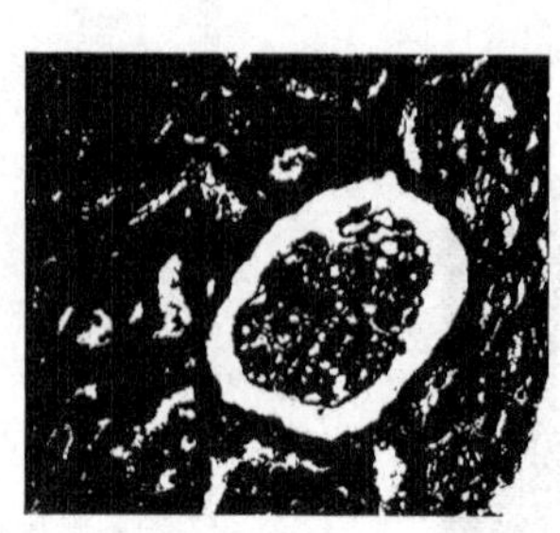

（b）阈值分割后的二值图

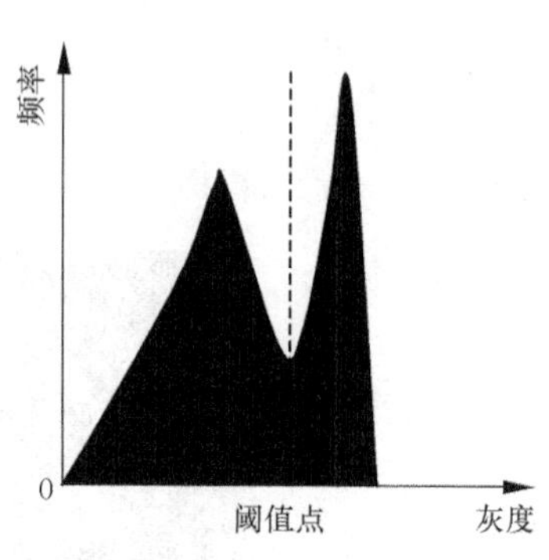

（c）直方图

图 4.3-3　利用直方图选取边界阈值

4.3.2　直方图均衡化

如果取得的一幅图像的直方图效果不理想，可以通过直方图均衡化处理技术做适当的修改，实现使图像清晰的目的。这种方法的基本思想是对原始图像中的像素灰度做出某种映射变换，使变换后图像灰度的概率密度均匀分布，即变换后的图像是一幅灰度级均匀分布的图像，这意味着图像的灰度动态范围得到了增加，从而可提高图像的对比度。例如，一幅对比度较小的图像，其直方图分布集中在某一比较小的范围之内，经过均衡化处理后的图像增加了图像的动态范围和对比度。

设 r 和 s 分别表示归一化了的原始图像和变换后的图像灰度，即 $0 \leqslant r \leqslant 1, 0 \leqslant s \leqslant 1$（0 代表黑，1 代表白）。

在区间[0,1]中的任意一个 r 值，都可以产生一个 s 值，且 $s = T(r)$，$T(r)$ 为变换函数。为使这种灰度变换具有实际意义，$T(r)$ 应满足下列条件。

（1）在 $0 \leqslant r \leqslant 1$ 区间，$T(r)$ 为单调递增函数。

（2）在 $0 \leqslant r \leqslant 1$ 区间，有 $0 \leqslant T(r) \leqslant 1$。

这里，条件（1）保证灰度级从黑到白的次序，条件（2）保证变换后的像素灰度仍在原来的动态范围内。

由 s 到 r 的反变换为

$$r = T^{-1}(s) \quad (0 \leqslant s \leqslant 1)$$

这里 $T^{-1}(s)$ 对 s 也满足条件（1）和条件（2）。

由概率论可知，若原图像灰度级的概率密度函数 $P_r(r)$ 和变换函数 $T(r)$ 已知，且 $T^{-1}(s)$ 是单调递增函数，则变换后的图像灰度级的概率密度函数 $P_s(s)$ 为

$$P_s(s) = P_r(r) \left. \frac{\mathrm{d}r}{\mathrm{d}s} \right|_{r=T^{-1}(s)} \qquad (4.3\text{-}2)$$

对于连续图像，当直方图均衡化（并且归一化）后有 $P_s(s) = 1$，即

$$d(s)=P_r(r)dr=dT(r) \tag{4.3-3}$$

两边取积分得

$$s=T(r)=\int_0^r P_r(r)dr \tag{4.3-4}$$

式（4.3-4）就是所求的变换函数，它表明函数是原图像的累计分布函数，是一个非负的递增函数。

图 4.3-4 所示为连续情况下非均匀概率密度函数 $P_r(r)$ 经变换函数 $T(r)$ 转换为均匀概率分布 $P_s(s)$ 的情况。在变换后图像的动态范围与原图一致。

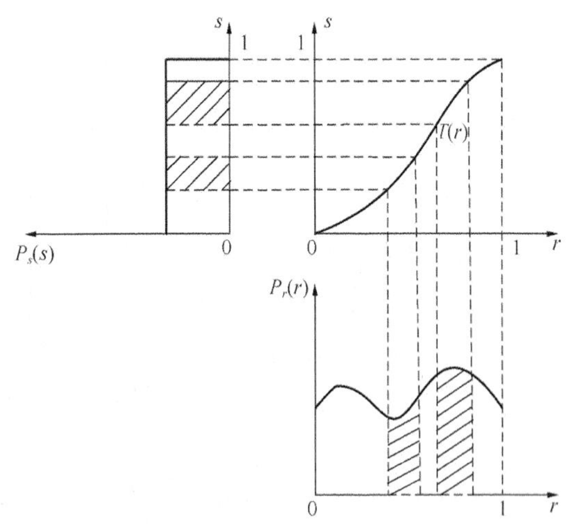

图 4.3-4　将非均匀密度变换为均匀密度

【例 4-1】给定一幅图像的灰度级概率密度函数为

$$P_r(r)=\begin{cases}-2r+2 & 0\leqslant r\leqslant 1\\ 0 & 其他\end{cases} \tag{4.3-5}$$

要求其直方图的均衡化，计算出变换函数 $T(r)$。

解：由式（4.3-4）得

$$s=T(r)=\int_0^r P_r(r)dr=\int_0^r(-2r+2)dr=-r^2+2r \tag{4.3-6}$$

根据 $T(r)$ 即可由 r 计算 s，亦可由 $P_r(r)$ 分布的图像得到 $P_s(s)$ 分布的图像。

对于离散图像，假定数字图像中的总像素为 N，灰度级总数为 L 个，第 k 个灰度级的值为 r_k，图像中具有灰度级 r_k 的像素数目为 n_k，则该图像中灰度级 r_k 像素出现的概率（或称频数）为

$$P_r(r_k)=\frac{n_k}{N}\ (0\leqslant r_k\leqslant 1;k=0,1,\cdots,L-1) \tag{4.3-7}$$

对其进行均衡化处理的变换函数为

$$s_k=T(r_k)=\sum_{j=0}^{k}P_r(r_j)=\sum_{j=0}^{k}\frac{n_j}{N} \tag{4.3-8}$$

相应的反变换函数为

$$r_k=T^{-1}(s_k)\ (0\leqslant s_k\leqslant 1) \tag{4.3-9}$$

利用式（4.3-8）对图像做灰度变换，即可得到直方图均衡化后的图像。下面举例说明数字图像直方图均衡化处理的详细过程。

【例 4-2】假设有一幅图像，共有 64×64 个像素，8 个灰度级，各灰度级概率分布见表 4.3-1，将其直方图均衡化。

表 4.3-1　各灰度级概率分布（$N=4096$）

灰度级 r_k	$r_0=0$	$r_1=1/7$	$r_2=2/7$	$r_3=3/7$	$r_4=4/7$	$r_5=5/7$	$r_6=6/7$	$r_7=1$
像素数 n_k	790	1023	850	656	329	245	122	81
灰度级 $P_r(r_k)$	0.19	0.25	0.21	0.16	0.08	0.06	0.03	0.02

解：根据表 4.3-1 做出的此图像直方图如图 4.3-5 所示，应用式（4.3-8）可求得变换函数为

$$s_0 = T(r_0) = \sum_{j=0}^{0} P_r(r_j) = P_r(r_o) = 0.19 \tag{4.3-10}$$

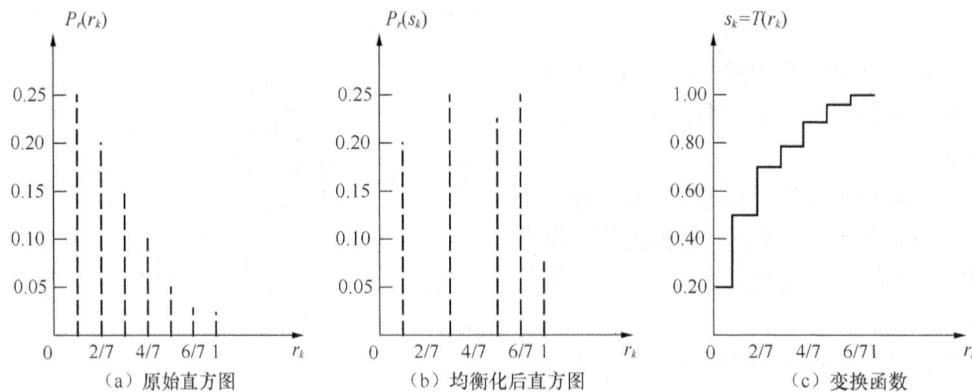

（a）原始直方图　　（b）均衡化后直方图　　（c）变换函数

图 4.3-5　例 4-2 的直方图均衡化

$$s_1 = T(r_1) = \sum_{j=0}^{1} P_r(r_j) = P_r(r_0) + P_r(r_1) = 0.19 + 0.25 = 0.44 \tag{4.3-11}$$

同样按此方法计算出 $s_2, s_3, s_4, s_5, s_6, s_7$ 如下。

$$s_2 = 0.65 \quad s_3 = 0.81 \quad s_4 = 0.89 \quad s_5 = 0.95 \quad s_6 = 0.98 \quad s_7 = 1.00$$

从图 4.3-5（c）中看出原图像中给定的 s_k 与 r_k 之间的曲线，根据变换函数 $T(r_k)$ 可以逐个将 r_k 变成 s_k，从图 4.3-5（a）中看出原图给定的 r_k 是等间隔的，即在 0、1/7 、2/7 、3/7 、4/7 、5/7 、6/7 和 1 中取值，而经过 $T(r_k)$ 求得的 s_k 就不一定是等间隔的，从图 4.3-5（c）中可以明显地看到这点。表 4.3-2 中列出了重新量化后得到的新灰度 s_0' 、s_1' 、s_2' 、s_3' 、s_4'。

表 4.3-2　直方图均衡化过程

原灰度级	变换函数 $T(r_k)$值	像素数	量化级	新灰度级	新灰度级分布
0	$T(r_0)=s_0=0.19$	790	0		0
1/7=0.14	$T(r_1)=s_1=0.44$	1023	1/7=0.14	s_0' (790)	790/4096=0.19
2/7=0.29	$T(r_2)=s_2=0.65$	850	2/7=0.29		
3/7=0.43	$T(r_3)=s_3=0.81$	656	3/7=0.43	s_1' (1023)	1023/4096=0.25
4/7=0.57	$T(r_4)=s_4=0.89$	329	4/7=0.57		
5/7=0.71	$T(r_5)=s_5=0.95$	245	5/7=0.71	s_2' (850)	850/4096=0.21
6/7=0.76	$T(r_6)=s_6=0.98$	122	6/7=0.86	s_3' (985)	985/4096=0.24
1	$T(r_7)=s_7=1.00$	81	1	s_4' (448)	448/4096=0.11

把计算出来的 s_k 与量化级数相比较，可以得出

$$s_0 = 0.19 \to \frac{1}{7} \quad s_1 = 0.44 \to \frac{3}{7} \quad s_2 = 0.65 \to \frac{5}{7} \quad s_3 = 0.81 \to \frac{6}{7}$$

$$s_4 = 0.89 \to \frac{6}{7} \quad s_5 = 0.95 \to \frac{6}{7} \quad s_6 = 0.98 \to 1 \quad s_7 = 1 \to 1$$

由上面可知，经过变换后的灰度级不再需要 8 个，而只需要 5 个就可以了，它们是

$$s_0' = \frac{1}{7} \quad s_1' = \frac{3}{7} \quad s_2' = \frac{5}{7} \quad s_3' = \frac{6}{7} \quad s_4' = 1$$

把相应原灰度级的像素相加就得到新的灰度级的像素数。均衡化以后的直方图示于图 4.3-5（b），从图中可以看出均衡化后的直方图比原直方图 4.3-5（a）均匀了，但它并不能完全均匀，这是由于在均衡化的过程中，原直方图上有几个像素较少的灰度级归并到了一个新的灰度级上，而像素较多的灰度级间隔被拉大了。

直方图均衡化提高了图像的对比度。但是，它是以减少图像的灰度等级为代价的。在均衡化的过程中，原直方图上图像灰度级 r_3、r_4 合成了一个灰度级 s_3'，灰度级 r_5、r_6、r_7 合成了一个灰度级 s_4'。可以理解，原图像中灰度级 r_3、r_4 之间，以及 r_5、r_6、r_7 之间的图像细节经均衡化以后，完全损失掉了，如果这些细节很重要，就会导致不良结果。为把这种不良结果降低到最低限度同时又可提高图像的对比度，可以采用局部直方图均衡化的方法。

4.3.3 直方图规定化

直方图均衡化的优点是能自动地增强整个图像的对比度，但它的具体增强效果不易控制，处理的结果总是得到全局均衡化的直方图。另外，均衡化处理后的图像虽然增强了图像的对比度，但它并不一定适合人眼视觉。实际应用中有时要求突出图像中人眼感兴趣的灰度范围，这时，可以变换直方图使之成为所要求的形状，从而有选择地增强某个灰度范围内的对比度，这种方法称为直方图规定化或直方图匹配。

下面具体讨论如何实现直方图规定化处理。先讨论连续的情况：设 $P_r(r)$ 和 $P_z(z)$ 分别代表原始图像和规定化处理后的图像（即希望得到的图像）的灰度概率密度函数，分别对原始直方图和规定化处理后的直方图进行均衡化处理，则有

$$s = T(r) = \int_0^r P_r(r)\mathrm{d}r \tag{4.3-12}$$

$$v = G(z) = \int_0^z P_z(z)\mathrm{d}z \tag{4.3-13}$$

$$z = G^{-1}(v) \tag{4.3-14}$$

均衡化处理后，两者所获得的图像概率密度函数 $P_s(s)$ 和 $P_v(v)$ 应该是相等的（均为 1），为此可以用 s 代替式（4.3-14）中的 v，即

$$z = G^{-1}(s) \tag{4.3-15}$$

这里的灰度级 z 便是所希望的图像的灰度级。

此外，利用式（4.3-12）和式（4.3-15）还可得到组合变换函数

$$z = G^{-1}[T(r)] \tag{4.3-16}$$

利用此式可从原始图像得到希望的图像灰度级。

对于连续图像，重要的是要给出反变换解析式。对于离散图像而言，有

$$P_z(z_k) = \frac{n_k}{N} \tag{4.3-17}$$

$$v_k = G^{-1}(z_k) = \sum_{i=0}^{k} P_z(z_i) \tag{4.3-18}$$

$$z_k = G^{-1}(s_k) = G^{-1}[T(r_k)] \tag{4.3-19}$$

下面仍以例 4-2 的图像为例，说明直方图规定化增强的过程。图 4.3-6（a）是原直方图，图 4.3-6（b）是希望的直方图，计算过程用表 4.3-3 列出。

表 4.3-3　　直方图规定化过程

（1）	（2）　　（3）　　（4）
$r_0 \to s_0^1 = 1/7 = 0.14$	$z_0 - v_0 = 0$
$r_1 \to s_1^1 = 3/7 = 0.43$	$z_1 - v_1 = 0$
$r_2 \to s_2^1 = 5/7 = 0.71$	$z_2 - v_2 = 0$
$\left.\begin{matrix} r_3 \\ r_4 \end{matrix}\right\} \to s_3^1 = 6/7 = 0.86$	$z_3 - v_3 = 0.15 \to s_0' \to z_3' \xrightarrow{(790)} 0.19$ $z_4 - v_4 = 0.35 \to s_1' \to z_4' \xrightarrow{(1023)} 0.25$
$\left.\begin{matrix} r_5 \\ r_6 \\ r_7 \end{matrix}\right\} \to s_4^1 = 1$	$z_5 - v_5 = 0.65 \to s_2' \to z_5' \xrightarrow{(850)} 0.21$ $z_6 - v_6 = 0.85 \to s_3' \to z_6' \xrightarrow{(985)} 0.24$ $z_7 - v_7 = 1.00 \to s_4' \to z_7' \xrightarrow{(448)} 0.11$

以上四个步骤如下。

（1）重复例 4-2 的均衡化过程，8 个灰度级并为 5 个灰度级。

（2）对规定化的图像用同样的方法进行直方图均衡化处理，$v_k = G(z_k) = \sum_{j=0}^{k} P_z(z_j)$。

（3）使用与 v_k 靠近的 s_k 代替 v_k，并用 $G^{-1}(s)$ 求反变换即可得到 z_k'。

（4）图像总像素点为 $64 \times 64 = 4096$，根据一系列 z_k' 求出相应的 $P_z(z_k)$，其结果如图 4.3-6（d）所示。

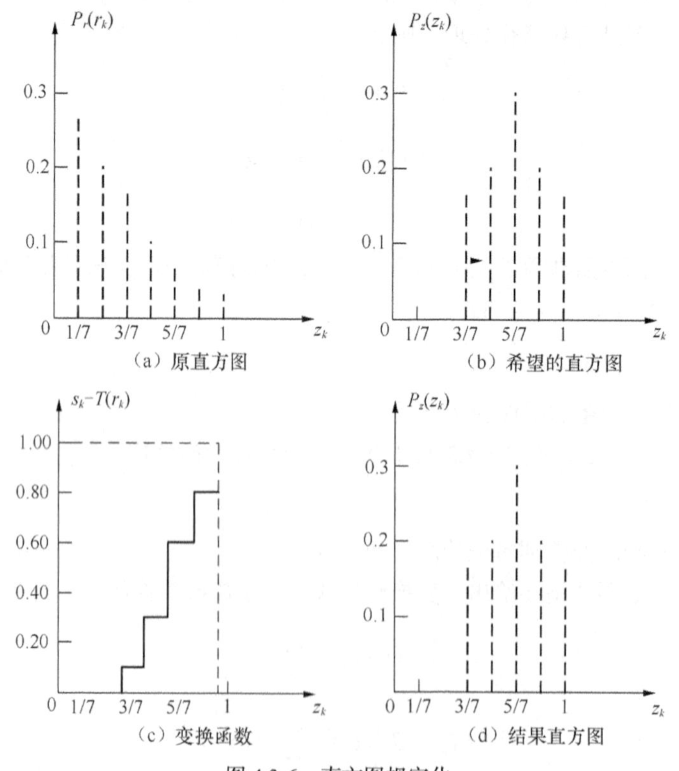

图 4.3-6　直方图规定化

4.3.4 直方图均衡化的 MATLAB 实现

图像的直方图、均值、方差以及图像间的相关都是重要的统计特征。图像处理工具箱提供了计算这些统计特征的函数。

1. imhist

功能：计算和显示图像的色彩直方图。

格式：imhist(I, n)

imhist(X, map)

[counts, x]=imhist(...)

说明：imhist(I, n)计算和显示灰度图像 I 的直方图，n 为指定的灰度级数目，默认值为 256。

imhist(X, map)计算和显示索引色图像 X 的直方图，x 为调色板。

[counts, x]=imhist(...) 返回直方图数据向量 counts 和相应的色彩值向量 x，用 stem(x, counts) 同样可以显示直方图。

举例：显示图像 ‘cameraman.tif’ 的直方图，如图 4.3-7 所示。

```
I=imread('cameraman.tif');
subplot(1,2,1), imshow(I)
subplot(1,2,2), imhist(I)
```

（a）原始图像

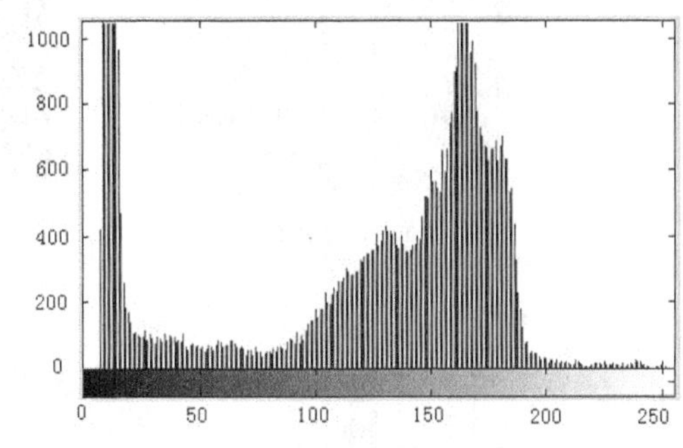

（b）原始图像的直方图

图 4.3-7 灰度图像的直方图

2. Imcontour

功能：显示图像的等灰度值图，如图 4.3-8 所示。

格式：Imcontour (I，n)，Imcontour (I，v)。

说明：*n* 为灰度级的个数，*v* 是由用户指定所选的灰度级向量。

举例：

```
I=imread('bacteria.tif');
subplot(1,2,1),
imshow(I)
subplot(1,2,2),
imcontour(I,8)
```

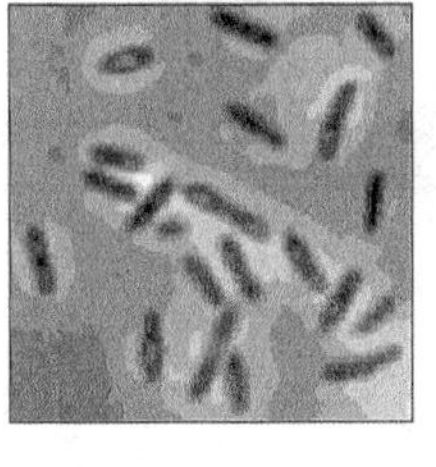

（a）原始图像

50
100
150
50 100 150

（b）等灰度值图

图 4.3-8 图像的等灰度值图

3. imadjust

功能：通过直方图变换调整对比度。

格式：J=imadjust(I, [low high], [bottom top], gamma)

newmap=imadjust(map, [low high], [bottom top], gamma)

说明：J=imadjust(I, [low high], [bottom top], gamma)返回图像 I 经直方图调整后的图像 J。gamma 为校正量 γ 。[low high]为原图像中要变换的灰度范围，[bottom top]指定了变换后的灰度范围。

newmap=imadjust(map, [low high], [bottom top], gamma)调整索引色图像的调色板 map。此时若[low high]和[bottom top]都为 2 × 3 的矩阵，则分别调整 R、G、B 三个分量。

举例：

调整图像的对比度，调整前后的图像如图 4.3-9 所示。

```
clear all
I=imread('pout.tif');
J=imadjust(I, [0.3 0.7], []);
subplot(121), imshow(I)
subplot(122), imshow(J)
figure, subplot(121), imhist(I)
subplot(122), imhist(J)
```

（a）原始图像

（b）对比度调整后的图像

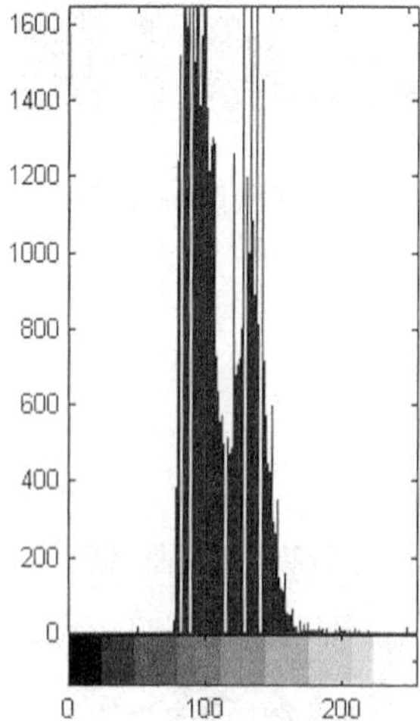

（c）原始图像的直方图

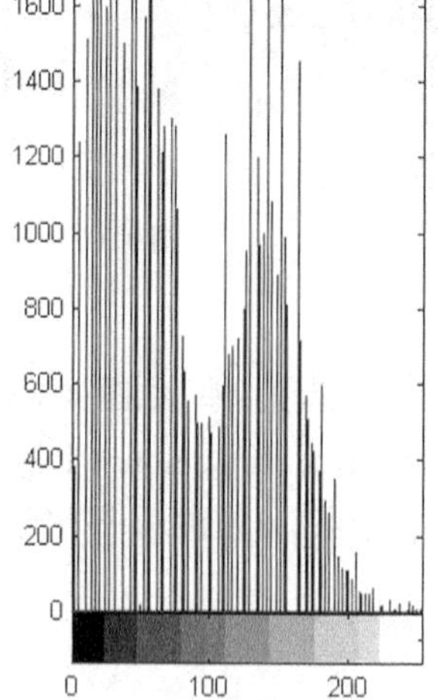

（d）对比度调整后的图像的直方图

图 4.3-9 对比度调整前后的灰度直方图

4. histeq

功能：直方图均衡化。

格式：J = histeq(I, hgram)

J = histeq(I, n)

[J,T] = histeq(I, …)

newmap = histeq(X, map, hgram)

newmap = histeq(X, map)

[new, T] = histeq(X, …)

说明：J = histeq(I, hgram)实现了所谓“直方图规定化”，即将原始图像 I 的直方图变换成用户指定的向量 hgram。hgram 中的每一个元素都在[0,1]中。

J = histeq(I, n)指定均衡化后的灰度级数 n，默认值为 64。

[J,T] = histeq(I, …)返回能将图像 I 的灰度直方图变换成图像 J 的直方图的变换 T。

newmap = histeq(X, map, hgram)、newmap = histeq(X, map)和[new, T] = histeq(X, …)是针对索引色图像调色板的直方图均衡。

举例：对图像‘tire.tif’做直方图均衡化，结果如图 4.3-10 所示。

```
I = imread('tire.tif');
J = histeq(I);
subplot(1,2,1),imshow(I)
subplot(1,2,2),imshow(J)
figure, subplot(1,2,1),imshow(I,64)
subplot(1,2,2), imshow(J,64)
```

（a）原图像

（b）直方图均衡化后的图像

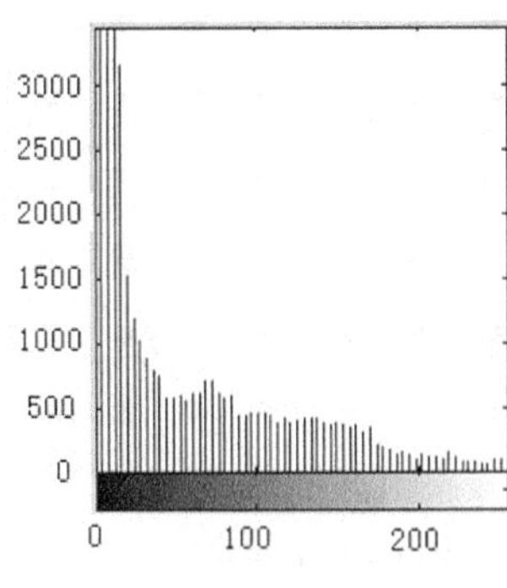

（c）原图像的直方图

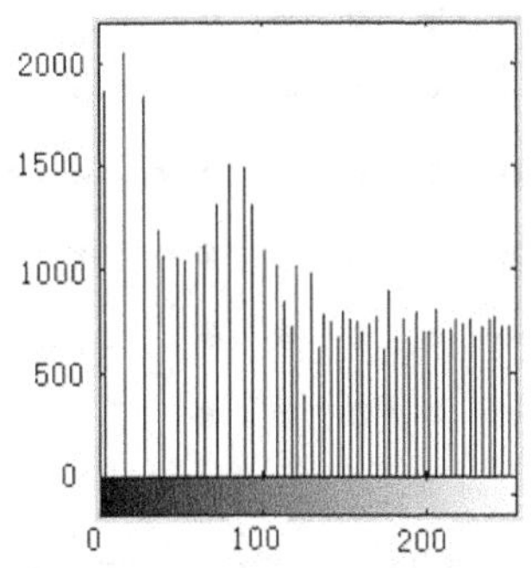

（d）均衡化后的图像的直方图

图 4.3-10　图像的直方图均衡化以及均衡化前后的灰度直方图

4.4　图像的平滑

图像在生成和传输过程中，往往会受到各种噪声的干扰和影响，而降低了图像质量，为后续的图像处理和分析造成障碍。噪声反映在图像中，会使原本均匀和连续变化的灰度值突然变大或变小，形成一些虚假的边缘或轮廓。减弱、抑制或消除这类噪声而改善图像质量的方法称为图像平滑。图像平滑既可以在空（间）域进行，也可以在频（率）域进行。

4.4.1 邻域平均值法

邻域平均值法是简单的空域处理方法。图像中的大部分噪声是随机噪声，其对某一像素点的影响可以看作是孤立的。因此，噪声与该像素点的邻近各点相比，其灰度值会有显著的不同（突跳变大或变小）。因此，可以采用邻域平均值法，来判断图像中每一像素点是否含有噪声，并用适当的方法来减弱或消除该噪声。

这种方法的基本思想是用几个像素灰度的平均值来代替每个像素的灰度。假定有一幅 $N \times N$ 个像素的图像 $f(x,y)$，平滑处理后得到一幅图像 $g(x,y)$。$g(x,y)$ 由式（4.4-1）决定：

$$g(x,y) = \frac{1}{M}\sum_{(m,n)\in S} f(m,n) \tag{4.4-1}$$

其中，$x,y = 0,1,2,\cdots,N-1$，S 是不包括本点 (x,y) 的邻域中各像素点的集合，M 是 S 中像素点的总数。式(4.4-1)说明。平滑后的图像 $g(x,y)$ 中的每个像素的灰度值均由包含 (x,y) 的预定邻域中的 $f(x,y)$ 的几个像素的灰度值的平均值来决定。例如，可以以 (x,y) 为中心，取单位距离构成一个邻域，其中点的坐标集合为

$$S = \{(x,y+1),(x,y-1),(x+1,y),(x-1,y)\}$$

图 4.4-1 给出了两种从图像阵列中选取邻域的方法。首先将一个点的邻域定义为以该点为中心的一个圆。图 4.4-1（a）中像素间的距离为 Δx，选取 Δx 为半径作圆，那么，点 R 的灰度值就是圆周上 4 个像素灰度值的平均值。图 4.4-1（b）是选 $\sqrt{2}\Delta x$ 为半径的情况下构成的点 R 的邻域，S 是圆的边界上的点和在圆内的点的集合。

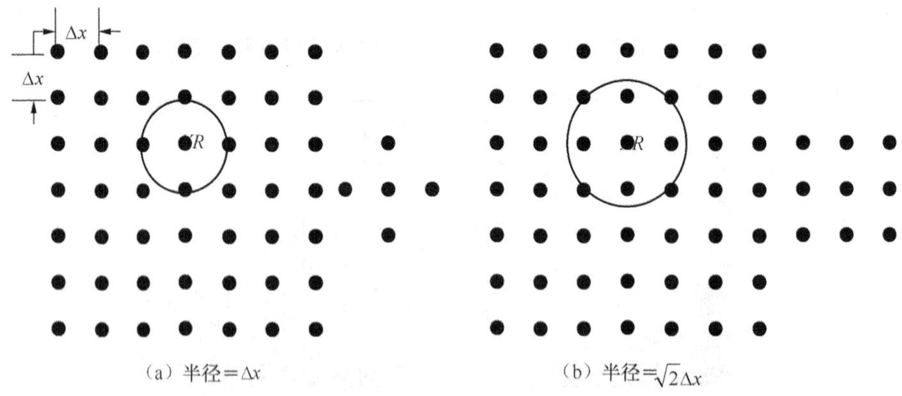

图 4.4-1 在数字图像中选取邻域的方法

处理结果表明，上述选择邻域的方法对抑制噪声是有效的，但是随着邻域的加大，图像的模糊程度也会愈加严重。为克服这一缺点，可以采用阈值法减少由邻域平均所产生的模糊效应。其基本方法由下式决定：

$$g(x,y) = \begin{cases} \dfrac{1}{M}\sum\limits_{(m,n)\in S} f(m,n) & \left|f(x,y) - \dfrac{1}{M}\sum\limits_{(m,n)\in S} f(m,n)\right| > T \\ f(x,y) & \text{其他} \end{cases} \tag{4.4-2}$$

其中，T 就是规定的非负阈值。这个表达式的物理概念是：当一些点和它的邻域内点的灰度的平均值的差不超过规定的阈值 T 时，就仍然保留其原灰度值不变；如果大于阈值 T 就用它们的平均值来代替该点的灰度值。这样就可以大大减少模糊的程度。

利用邻域平均法对图像进行平滑时，有时也需要突出 (x,y) 点本身的重要性，可以将 (x,y) 点进行加权，然后将其与邻域内其他点进行平均，这样能一定程度上减少图像模糊。这种利用邻域内像素的灰度值和本点灰度加权值的平均值来代替该点灰度值的邻域平均值法称为加权平均法。

$$g(x,y)=f_{avgw}=\frac{1}{M+N}\sum_{(m,n)\in S}\left[f(m,n)+Mf(x,y)\right] \tag{4.4-3}$$

同理，也可以对加权平均法施加门限，形成阈值加权平均法。其计算公式为

$$g(x,y)=\begin{cases} f_{avgw} & \left|f(x,y)-f_{avgw}>T\right| \\ f(x,y) & \text{其他} \end{cases} \tag{4.4-4}$$

这样既能平滑噪声，又保证图像中的目标物边缘不至于模糊。

4.4.2　中值滤波

中值滤波是一种非线性处理技术，由于它在实际运算过程中并不需要知道图像的统计特性，所以比较方便。中值滤波最初是应用在一维信号处理技术中，后来被二维的图像信号处理技术所引用。在一定的条件下，中值滤波可以克服线性滤波器所带来的图像细节模糊，而且对滤除脉冲干扰及图像扫描噪声非常有效，但是对一些细节多，特别是点、线、尖顶细节较多的图像则不宜采用中值滤波的方法。中值滤波的目的是在保护图像边缘的同时去除噪声。

中值滤波实际上就是用一个含有奇数个像素的滑动窗口，将窗口正中点的灰度值用窗口内各点的中值代替。例如，若窗口长度为 5，窗口中像素的灰度值分别为 80、90、200、110、120，则中值为 110，因为如果按从小到大排列，结果为 80、90、110、120、200，其中间位置上的值为 110。于是原来窗口正中的灰度值 200 就由 110 来代替。如果 200 是一个噪声的尖峰，则将被滤除。然而，如果它是一个信号，那么这种方法处理的结果将会造成信号的损失。

设有一个一维序列 $f_1,f_2,\cdots,f_n$，用窗口长度为 m(m 为奇数)的窗口对该序列进行中值滤波，就是从输入序列 $f_1,f_2,\cdots,f_n$ 中相继抽出 m 个数 f_{i-v}，$\cdots,f_{i-1},f_i,f_{i+1},\cdots,f_{i+v}$，其中 f_i 为窗口的中心值，$v=\dfrac{m-1}{2}$，再将这 m 个点的值按其数值大小排列，取其序号为正中间的那个值作为滤波器的输出。用数学公式可表示为

$$Y_i=Med\left\{f_{i-v},\cdots,f_i,\cdots,f_{i+v}\right\} \qquad i\in Z,v=\frac{m-1}{2}$$

【例 4-3】 有一个序列为$\{0,3,4,0,7\}$，当窗口 $m=5$ 时，试分别求出采用中值滤波和平滑滤波的结果。

解： 该序列重新排列后为$\{0,0,3,4,7\}$，则中值滤波的结果 $Med\{0,0,3,4,7\}=3$ 。

如果采用平滑滤波，则平滑滤波的输出为

$$Z_i=(x_{i-v}+\cdots+x_i+\cdots x_{i+v})/m=(0+3+4+3+7)/5=2.8$$

图 4.4-2 是由长度为 5 的窗口采用中值滤波的方法对几种信号的处理结果。可以看到中值滤波不影响阶跃函数和斜坡函数，因为对图像的边缘有保护作用；但是，对于持续周期小于窗口尺寸的 1/2 的脉冲将进行抑制（如图 4.4-2（c）和图 4.4-2（d）所示），因而可能损坏图像中的某些细节。

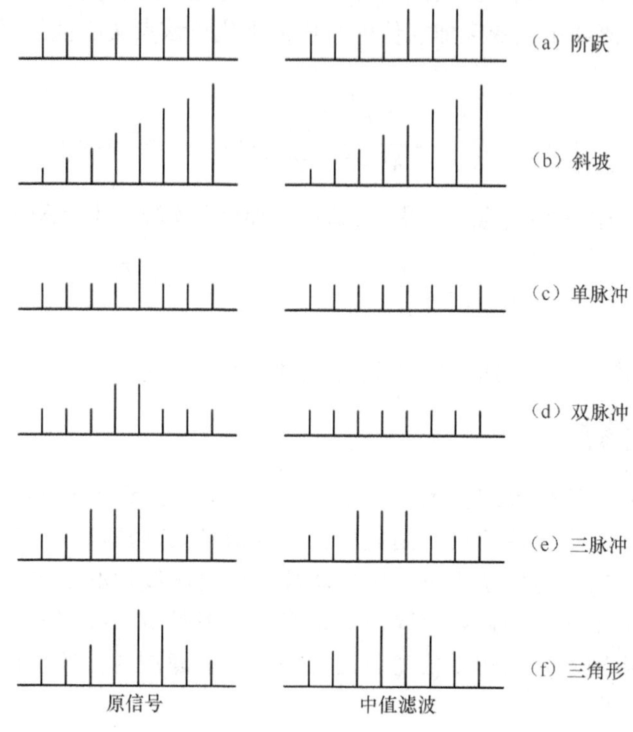

图 4.4-2　对几种信号进行中值滤波的示例（窗口 $m=5$）

假定有一幅 $N\times N$ 个像素的图像 $f(x,y)$，进行中值滤波，选一个含有奇数点的滑动窗口 W，将这个窗口在图像上扫描，把该窗口中所含的像素点按灰度级的升（或降）序排列，取位于中间的灰度值（Med）来代替该点的灰度值，即：

$$g(x,y)=Med\{f(x-m,y-n),(m,n)\in W\}\qquad W\text{为窗口}\tag{4.4-5}$$

在对图像进行中值滤波时，如果窗口是关于中心点对称的，并且包含中心点在内，则中值滤波能保持任意方向的跳变边缘。图像中的跳变边缘是指图像中不同灰度区域之间的灰度突变边缘。

在实际使用窗口时，窗口的尺寸一般先取 3×3，再取 5×5，依次增大，直到滤波效果满意为止。对于有缓变的较长轮廓线物体的图像，采用方形或圆形窗口较合适；对于包含尖顶角物体的图像，采用十字形窗口较合适。使用二维中值滤波最值得注意的是要保持图像中有效的细线状物体。对于一些细节较多的复杂图像，还可以多次使用不同的中值滤波进行复合处理，然后通过适当的方式综合所得的结果作为输出，这样既可以获得更好的平滑效果，也可以保护图像的边缘。

二维中值滤波的窗口形状和尺寸对滤波性能的影响较大，以适应不同的图像内容和应用要求。常用的二维窗口有线状、方形、圆形、十字形和圆环形等，如图 4.4-3 所示。

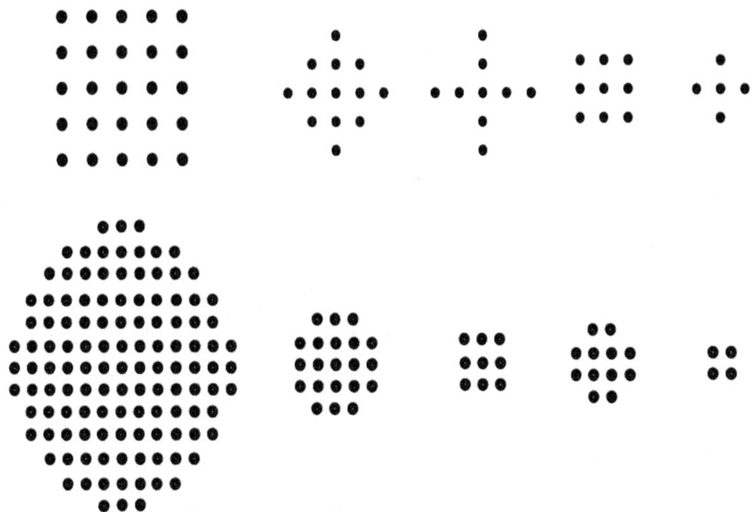

图 4.4-3　中值滤波常用窗口

4.4.3　多图像平均法

如果一幅图像包含有加性噪声，这些噪声对于每个坐标点均是不相关的，并且其平均值为零，在这种情况下可以采用多图像平均法来达到去掉噪声的目的。

设 $g(x,y)$ 为有噪声图像，$n(x,y)$ 为噪声，$f(x,y)$ 为原始图像，可用下式表示。

$$g(x,y)=f(x,y)+n(x,y) \tag{4.4-6}$$

多图像平均法是把一系列有噪声的图像 $\{g_i(x,y)\}$ 叠加起来，然后再取平均值以达到平滑的目的。

取 M 幅内容相同但含有不同噪声的图像，将它们叠加起来，然后做平均计算，如下式所示：

$$\overline{g}(x,y)=\frac{1}{M}\sum_{j=1}^{M}g_j(x,y) \tag{4.4-7}$$

由此得出

$$E\{\overline{g}(x,y)\}=f(x,y) \tag{4.4-8}$$

$$\sigma_g^2(x,y)=\frac{1}{M}\sigma_n^2(x,y) \tag{4.4-9}$$

式中 $E\{\overline{g}(x,y)\}$ 是 $\overline{g}(x,y)$ 的数学期望，$\sigma_g^2(x,y)$ 和 $\sigma_n^2(x,y)$ 是 $\overline{g}$ 和 n 在(x,y)坐标上的方差。在平均图像中任一点的均方差可由下式得到

$$\sigma_{\overline{g}(x,y)}=\frac{1}{\sqrt{M}}\sigma_{n(x,y)} \tag{4.4-10}$$

由上两式可见，M 增加则像素值的方差就减小，这说明平均的结果使得由噪声造成的像素灰度值的偏差变小。从式（4.4-7）中可以看出，当做平均处理的噪声图像数目增加时，其统计平均值就更接近原始无噪声图像。这种方法在实际应用中的最大困难在于把多幅图像配准起来，以便使相应的像素能正确地对应排列。

4.5 图像锐化

4.5.1 梯度锐化法

图像锐化法最常用的是梯度法。对于图像 $f(x,y)$，在 (x,y) 处的梯度定义为

$$grad(x,y)=\begin{bmatrix}f_x'\\ f_y'\end{bmatrix}=\begin{bmatrix}\dfrac{\partial f(x,y)}{\partial x}\\ \dfrac{\partial f(x,y)}{\partial y}\end{bmatrix} \tag{4.5-1}$$

梯度是一个向量，其大小和方向分别为

$$\begin{gathered}grad(x,y)=\sqrt{f_x'^2+f_y'^2}=\sqrt{\left(\frac{\partial f(x,y)}{\partial x}\right)^2+\left(\frac{\partial f(x,y)}{\partial y}\right)^2}\\ \theta=\arctan(f_y'/f_x')=\arctan\left(\frac{\partial f(x,y)}{\partial y}\Big/\frac{\partial f(x,y)}{\partial x}\right)\end{gathered} \tag{4.5-2}$$

梯度方向是 $f(x,y)$ 在该点灰度变换率最大的方向。

离散图像处理常用到梯度的大小，因此把梯度的大小简称为“梯度”。如不做特别声明，本书中沿用这一习惯。并且一阶偏导数采用一阶差分近似表示，即

$$\begin{gathered}f_y'=f(x,y+1)-f(x,y)\\ f_x'=f(x+1,y)-f(x,y)\end{gathered} \tag{4.5-3}$$

为简化梯度的计算，经常使用下面的近似表达式：

$$grad(x,y)=\max(|f_x'|,|f_y'|) \tag{4.5-4}$$

$$\text{或 } grad(x,y)=|f_x'|+|f_y'| \tag{4.5-5}$$

对于一幅图像中突出的边缘区，其梯度值较大；对于平滑区，梯度值较小；对于灰度级为常数的区域，梯度为零。图 4.5-1 显示了一幅二值图像和采用式（4.5-5）计算的梯度图像。

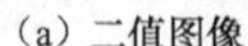
（a）二值图像

（b）梯度图像

图 4.5-1 图像及其梯度图像

除梯度算子外，还可以采用 Roberts、Prewitt 和 Sobel 算子计算梯度，来增强边缘。Roberts 对应的模板如图 4.5-2 所示。差分计算式如下：

$$\begin{gathered}f_x'=\left|f(x+1,y+1)-f(x,y)\right|\\ f_y'=\left|f(x+1,y)-f(x,y+1)\right|\end{gathered} \tag{4.5-6}$$

为在锐化边缘的同时减少噪声的影响，Prewitt 从加大边缘增强算子的模板出发，由 2×2 扩大到 3×3 来计算差分，如图 4.5-3（a）所示。

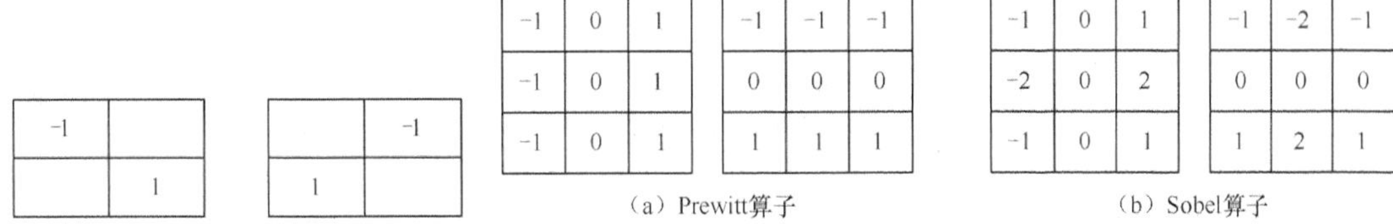

-1	
	1

	-1
1	

图 4.5-2　Roberts 梯度算子

-1	0	1
-1	0	1
-1	0	1

-1	-1	-1
0	0	0
1	1	1

（a）Prewitt算子

-1	0	1
-2	0	2
-1	0	1

-1	-2	-1
0	0	0
1	2	1

（b）Sobel算子

图 4.5-3　Prewitt、Sobel 算子

Sobel 在 Prewitt 算子的基础上，对 4-邻域采用加权的方法计算差分，对应的模板如图 4.5-3（b）所示。

根据式（4.5-4）或式（4.5-5）就可以计算 Roberts、Prewitt 和 Sobel 梯度。一旦梯度算出后，就可以根据不同的需要生成不同的增强图像。

第一种增强的图像是使其各点(x,y)的灰度 $g(x,y)$等于梯度，即

$$g(x,y) = grad(x,y) \tag{4.5-7}$$

此法的缺点是增强的图像仅显示灰度变化比较陡的边缘轮廓，而灰度变化比较平缓或均匀的区域则呈黑色。

第二种增强的图像是使

$$g(x,y) = \begin{cases} grad(x,y), & grad(x,y) \geqslant T \\ f(x,y), & \text{其他} \end{cases} \tag{4.5-8}$$

其中，T 是一个非负的阈值。适当选取 T，既可使明显的边缘轮廓得到突出，又不会破坏原来灰度比较平缓的背景。

第三种增强的图像是使

$$g(x,y) = \begin{cases} L_G, & grad(x,y) \geqslant T \\ f(x,y), & \text{其他} \end{cases} \tag{4.5-9}$$

其中，L_G 是根据需要指定的一个灰度级，它将明显边缘用固定的灰度级 L_G 来表现。

第四种增强的图像是使

$$g(x,y) = \begin{cases} grad(x,y), & grad(x,y) \geqslant T \\ L_B, & \text{其他} \end{cases} \tag{4.5-10}$$

此方法将背景用一个固定的灰度级 L_B 来表现，便于研究边缘灰度的变化。

第五种增强的图像是使

$$g(x,y) = \begin{cases} L_G, & grad(x,y) \geqslant T \\ L_B, & \text{其他} \end{cases} \tag{4.5-11}$$

这种方法将明显边缘和背景分别用灰度级 L_G 和 L_B 表示，生成二值图像，便于研究边缘所在的位置。

4.5.2　Laplacian 增强算子

Laplacian 算子是线性二阶微分算子。即

$$\nabla^2 f(x,y) = \frac{\partial^2 f(x,y)}{\partial x^2} + \frac{\partial^2 f(x,y)}{\partial y^2} \tag{4.5-12}$$

对于离散的数字图像而言，二阶偏导数与二阶差分近似，由此可推导出 Laplacian 算子表达式为

$$\nabla^2 f(x,y) = f(x+1,y) + f(x-1,y) + f(x,y+1) + f(x,y-1) - 4f(x,y) \tag{4.5-13}$$

Laplacian 增强算子为

$$\begin{aligned} g(x,y) &= f(x,y) - \nabla^2 f(x,y) \\ &= 5f(x,y) - [f(x+1,y) + f(x-1,y) + f(x,y+1) + f(x,y-1)] \end{aligned} \tag{4.5-14}$$

其特点如下。

（1）由于灰度均匀的区域或斜坡中间 $\nabla^2 f(x,y)$ 为 0，Laplacian 增强算子不起作用。

（2）在斜坡底或低灰度侧形成“下冲”；而在斜坡顶或高灰度侧形成“上冲”，说明 Laplacian 增强算子具有突出边缘的特点，其对应的模板如图 4.5-4 所示。

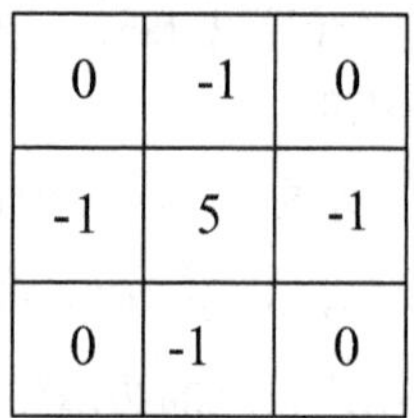

0	-1	0
-1	5	-1
0	-1	0

图 4.5-4　Laplacian 算子

4.6　频率域滤波增强

频率域增强技术是在图像的频率域空间对图像进行滤波，因此需要将图像从空间域变换到频率域，一般通过傅里叶变换即可实现。在频率域的滤波与空域滤波一样可以通过卷积实现，因此傅里叶变换和卷积理论是频率域滤波技术的基础。

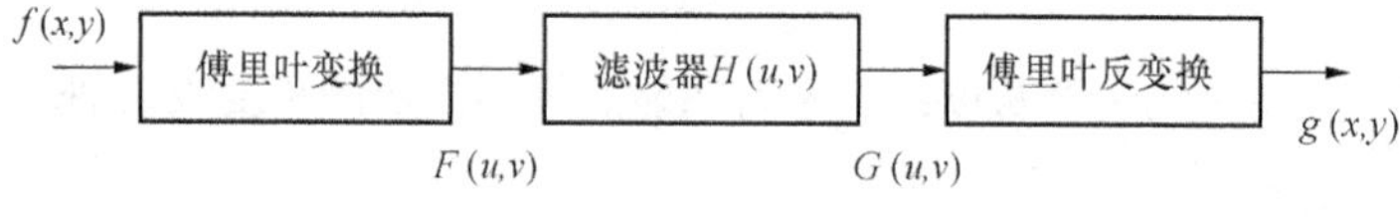

图 4.6-1　频率域增强的一般过程

假定函数 $f(x,y)$ 与线性位不变算子 $h(x,y)$ 的卷积结果是 $g(x,y)$，即：

$$g(x,y) = h(x,y) \otimes f(x,y) \tag{4.6-1}$$

相应的，由卷积定理可得下述频域关系：

$$G(u,v) = H(u,v) \cdot F(u,v) \tag{4.6-2}$$

其中，$H(u,v)$ 称为传递函数或滤波器函数。在图像增强中，图像函数 $f(x,y)$ 是已知的，即待增强的图像，因此 $F(u,v)$ 可由图像的傅里叶变换得到。实际应用中，首先需要确定的是 $H(u,v)$，然后就可以求得 $G(u,v)$。对 $G(u,v)$ 求傅里叶反变换后即可得到增强的图像 $g(x,y)$。$g(x,y)$ 可以突出 $f(x,y)$ 的某一方面的特征，如利用传递函数 $H(u,v)$ 突出 $F(u,v)$ 的高频分量，以增强图像的边缘信息，即高通滤波；反之，如果突出 $F(u,v)$ 的低频分量，就可以使图像显得比较平滑，即低通滤波。

在介绍具体的滤波器之前，先根据以上的描述给出频率域滤波的主要步骤。

（1）对原始图像 $f(x,y)$ 进行傅里叶变换得到 $F(u,v)$。

（2）将 $F(u,v)$ 与传递函数 $H(u,v)$ 进行卷积运算得到 $G(u,v)$ 。

（3）将 $G(u,v)$ 进行傅里叶反变换得到增强图像 $g(x,y)$ 。

4.6.1　频率域低通滤波器

图像的平滑除了在空间域中进行外，也可以在频率域中进行。由于噪声主要集中在高频部分，为了去除噪声，改善图像质量，在图 4.6-1 中采用低通滤波器 $H(u,v)$来抑制高频部分，然后再进行傅里叶反变换获得滤波图像，就可达到图像平滑的目的。常用的频率域低通滤波器 $H(u,v)$有以下三种。

1. 理想低通滤波器

设傅里叶平面上理想低通滤波器离开原点的截止频率为 D_0 ，则理想低通滤波器的传递函数为：

$$H(u,v)=\begin{cases}1 & D(u,v)\leqslant D_0\\0 & D(u,v)>D_0\end{cases} \tag{4.6-3}$$

其中， $D(u,v)=\sqrt{u^2+v^2}$ 。 D_0 有两种定义：一种是取 $H(u,0)$降到 $\frac{1}{2}$ 时对应的频率；另一种是取 $H(u,0)$降到 $\frac{1}{\sqrt{2}}$ 时对应的频率。这里采用第一种。理想低通滤波器的传递函数如图 4.6-2 所示。在理论上， $F(u,v)$ 在 D_0 内的频率分量无损通过；而在 $D>D_0$ 的分量却被除掉。然后经傅里叶反变换得到平滑图像。由于高频成分包含大量的边缘信息，因此采用该滤波器在去除噪声的同时将会导致边缘信息的损失而使图像边缘模糊，并且会产生振铃效应。

2. 巴特沃思低通滤波器

n 阶巴特沃思（Butterworth）滤波器的传递函数为：

$$H(u,v)=\frac{1}{1+\left[\frac{D(u,v)}{D_0}\right]^{2n}} \tag{4.6-4}$$

Butterworth 低通滤波器传递函数如图 4.6-3 所示。它的特性是连续性衰减，而不像理想滤波器那样陡峭和明显不连续。因此采用该滤波器滤波在抑制图像噪声的同时，图像边缘的模糊程度大大减小，没有振铃效应产生，但计算量大于理想低通滤波器。

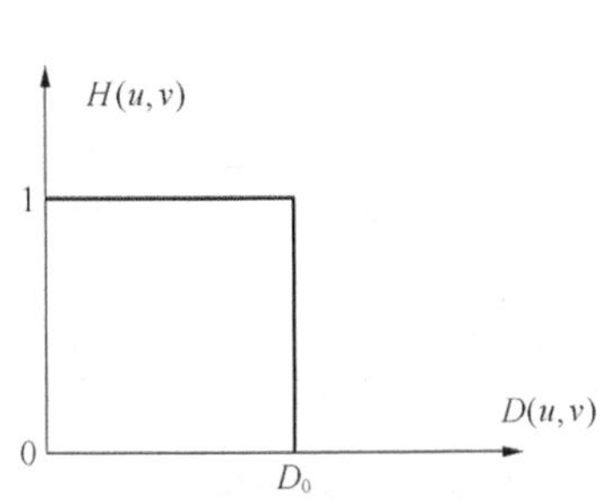

图 4.6-2　理想低通滤波器

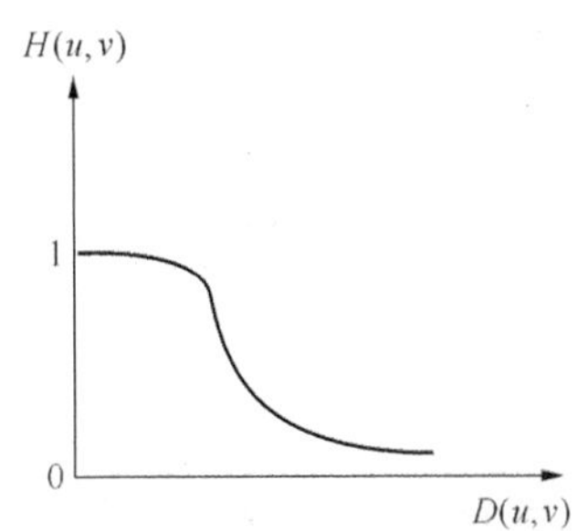

图 4.6-3　Butterworth 低通滤波器

3. 指数低通滤波器

指数滤波器是图像处理中常用的另一种平滑滤波器。它的传递函数为：

$$H(u,v)=e^{-\left[\frac{D(u,v)}{D_0}\right]^{n}} \tag{4.6-5}$$

其中，n 决定指数的衰减率。指数低通滤波器的传递函数如图 4.6-4 所示。采用该滤波器在抑制噪声的同时，图像边缘的模糊程度较用 Butterworth 滤波器产生的大些，无明显的振铃效应。

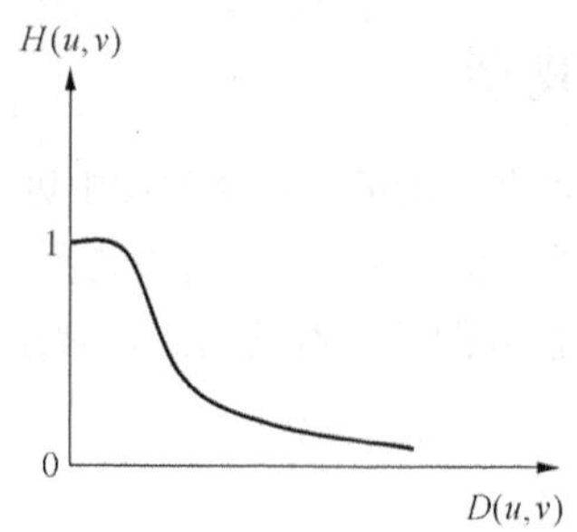

图 4.6-4　指数低通滤波器的传递函数

4.6.2　频率域高通滤波器

图像的边缘、细节主要在高频部分得到反映，而图像的模糊是由于高频成分比较弱产生的。为了消除模糊，突出边缘，则采用高通滤波器让高频成分通过，使低频成分削弱，再经傅里叶反变换得到边缘锐化的图像。常用的高通滤波器如下。

1. 理想高通滤波器

二维理想高通滤波器的传递函数为：

$$H(u,v)=\begin{cases}0 & D(u,v)\leqslant D_0\\ 1 & D(u,v)>D_0\end{cases}\tag{4.6-6}$$

它的传递函数如图 4.6-5 所示。它与理想低通滤波器相反，它把半径为 D_0 的圆内的所有频谱成分完全去掉，对圆外则无损地通过。

2. 巴特沃斯高通滤波器

n 阶 Butterworth 高通滤波器的传递函数定义如下：

$$H(u,v)=1\Big/\left[1+\left(D_0/D(u,v)\right)^{2n}\right]\tag{4.6-7}$$

传递函数如图 4.6-6 所示。

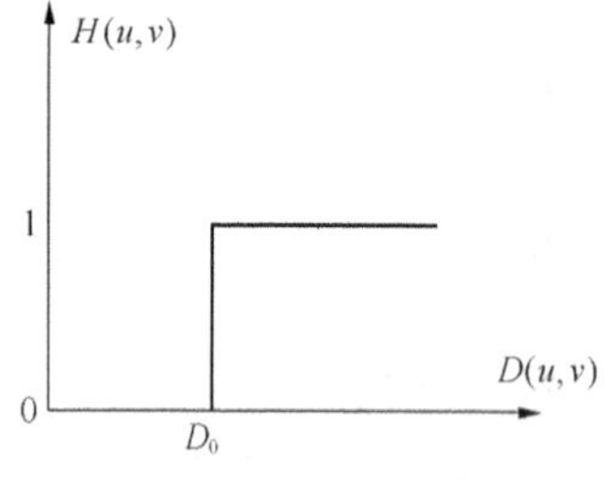

图 4.6-5　理想高通滤波器

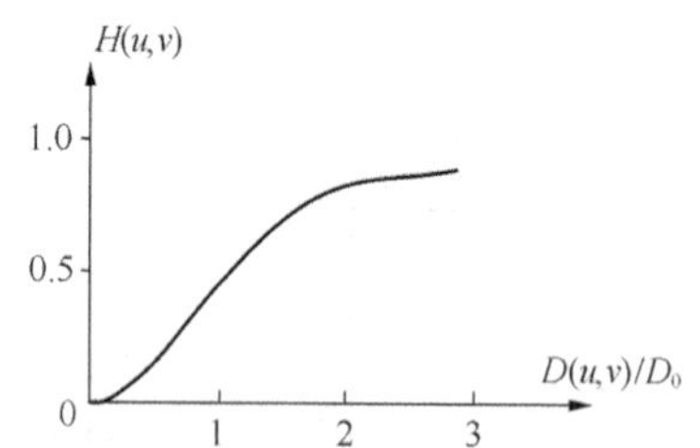

图 4.6-6　Butterworth 高通滤波器

3. 指数高通滤波器

指数高通滤波器的传递函数为：

$$H(u,v)=e^{-\left[\frac{D_0}{D(u,v)}\right]^n}\tag{4.6-8}$$

其中，n 控制函数的增长率。它的剖面图如图 4.6-7 所示。

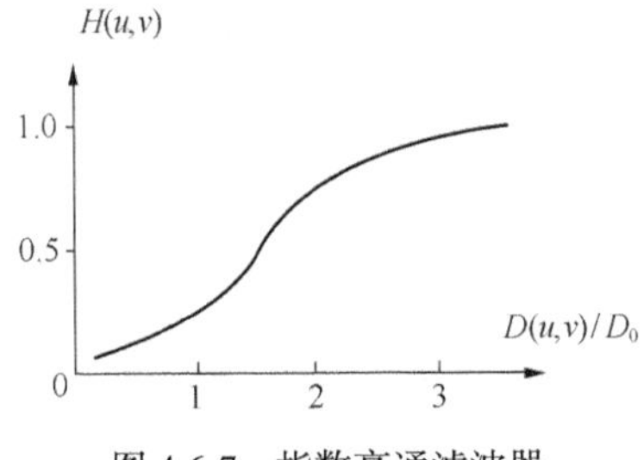

图 4.6-7　指数高通滤波器

4.6.3　带通和带阻

低通滤波和高通滤波可以分别增强图像的低频和高频分量。在实际应用中，图像中的某些有用信息可能出现在图像频谱的某一个频率范围内，或者某些需要去除的信息出现在某一个频率范围内。这种情况下，能够允许特定频率范围内的频率分量通过的传递函数就很有用，带通和带阻滤波器就是这样的传递函数，带通滤波器允许一定频率范围内的信号通过而阻止其他频率范围内的信号通过，带阻滤波器则刚好相反。

一个理想的带通滤波器的传递函数为：

$$H(u,v)=\begin{cases}0, D(u,v)<D_0-w/2\\ 1, D_0-w/2\leqslant D(u,v)\leqslant D_0+w/2\\ 0, D(u,v)>D_0+w/2\end{cases} \tag{4.6-9}$$

其中，w 为频带的宽度，D_0 为频带中心频率，$D(u,v)$ 表示从点 (u,v) 到频带中心 (u_0,v_0) 的距离，即：

$$D(u,v)=[(u-u_0)^2+(v-v_0)^2]^{1/2} \tag{4.6-10}$$

理想带通滤波器的传递函数 $H(u,v)$ 如图 4.6-8 所示。

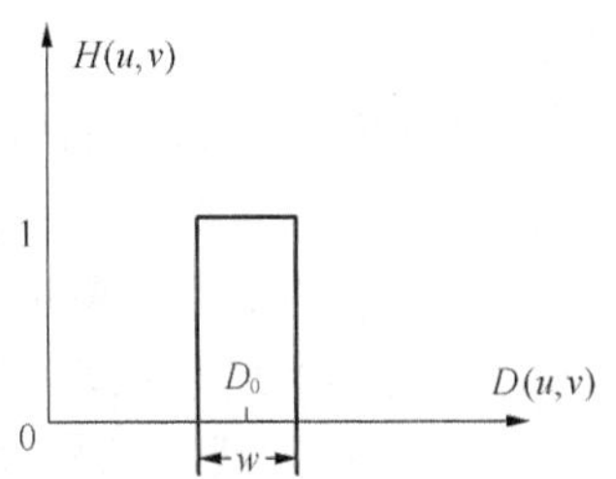

图 4.6-8　理想带通滤波器

带阻滤波器用来抑制距离频域中心一定距离的一个圆环区域的频率，可以用来消除一定频率范围的周期噪声。带阻滤波器包括理想带阻滤波器、巴特沃斯带阻滤波器和高斯带阻滤波器。

1. 理想带阻滤波器

带阻滤波器的公式为：

$$H(u,v)=\begin{cases}1, D(u,v)<D_0-\dfrac{W}{2}\\ 0, D_0-\dfrac{W}{2}\leqslant D(u,v)\leqslant D_0+\dfrac{W}{2}\\ 1, D(u,v)>D_0+\dfrac{W}{2}\end{cases} \tag{4.6-11}$$

其中，D_0 为需要阻止的频率点与频率中心的距离，W 为带阻滤波器的带宽。

2. 巴特沃斯带阻滤波器

巴特沃斯带阻滤波器的公式为：

$$H(u,v)=\frac{1}{1+\left[\dfrac{D(u,v)W}{D^2(u,v)-D_0^2}\right]^{2n}} \tag{4.6-12}$$

其中，D_0 为需要阻止的频率点与频率中心的距离，W 为带阻滤波器的带宽，n 为巴特沃斯带阻滤波器的阶数。

3. 高斯带阻滤波器

高斯带阻滤波器的公式为：

$$H(u,v)=1-e^{\frac{1}{2}\left[\frac{D^2(u,v)-D_0^2}{D(u,v)W}\right]^2} \quad (4.6\text{-}13)$$

其中，D_0 为需要阻止的频率点与频率中心的距离，W 为带阻滤波器的带宽。

4.7 图像增强的 MATLAB 实现

4.7.1 图像噪声

数字图像往往要经过采集、处理、存储、传输等一系列加工变换，而由电气系统和外界引入的图像噪声也将在这些过程中随之引入，可能严重影响图像的质量。这些过程将使得图像噪声的精确分析变得十分复杂。图像噪声消除或减低在航空航天、生物医学等领域的图像预处理中十分重要。噪声产生的原因决定了噪声的分布特性及它和图像信号的关系。

1. 图像噪声的分类

（1）按其产生的原因，可以分为外部噪声和内部噪声。外部噪声是系统外部干扰以电磁波或经电源串进系统内部而引起的噪声，如电气设备、天体放电现象等引起的噪声。内部噪声是由光和电的基本性质所引起的噪声，如电子器材本身引起的噪声、系统内部设备电路所引起的噪声等。

（2）按统计特性是否随时间变化，可以分为平稳噪声和非平稳噪声。

（3）按噪声幅度随时间分布形状来定义，有高斯噪声、瑞利噪声、泊松噪声等。

（4）按噪声频谱形状来分类，有白噪声、$1/f$ 噪声、三角噪声等。

（5）按噪声和信号之间的关系，可分为加性噪声和乘性噪声。

① 加性噪声。假定信号为 $g(x,y)$，噪声为 $n(x,y)$，每一个像素的噪声不管输入信号大小，总是分别叠加在信号上。在这种情况下，含噪声的图像 $f(x,y)$ 可表示为

$$f(x,y)=g(x,y)+n(x,y) \quad (4.7\text{-}1)$$

热噪声、量化噪声、信道噪声及扫描图像时产生的噪声都属于加性噪声。

② 乘性噪声。有的噪声与图像信号有关。这又可以分为两种情况：一种是某像素处的噪声只与该像素的图像有关，另一种是某像素处的噪声与该像素及其邻域的图像信号有关。例如，用飞点扫描器扫描图像时产生的噪声就和图像信号有关。如果噪声和信号成正比，则含噪图像 $f(x,y)$ 可以表示为

$$f(x,y)=g(x,y)+n(x,y)g(x,y) \quad (4.7\text{-}2)$$

2. MATLAB 为图像加噪声的函数

MATLAB 的图像处理工具箱提供了模拟噪声生成函数 imnoise，它可以对图像添加某些典型的噪声。

imnoise 的语法格式：

- J=imnoise(I, type)
- J=imnoise(I, type, parameter)

其中，I 为原图像的灰度矩阵，J 为加噪声后图像的灰度矩阵。type 为噪声类型，parameter 是允许修改的参数，可以默认。type 可以有五种，分别为 'gaussian'（高斯白噪声）、'localvar'（与图像灰度值有关的零均值高斯白噪声）、'poisson'（泊松噪声）、'salt & pepper'（椒盐噪声，即黑白点噪声）和 'speckle'（乘性噪声）。

以下程序代码示例是对图像 rice.png 分别加入高斯白噪声、椒盐噪声和乘性噪声，其结果如图 4.7-1 所示。

```
I=imread('rice.png');
J1=imnoise(I,'gaussian',0,0.02);
J2=imnoise(I,'salt & pepper',0.02);
J3=imnoise(I,'speckle',0.02);
subplot(2,2,1),imshow(I);
subplot(2,2,2),imshow(J1);
subplot(2,2,3),imshow(J2);
subplot(2,2,4),imshow(J3);
```

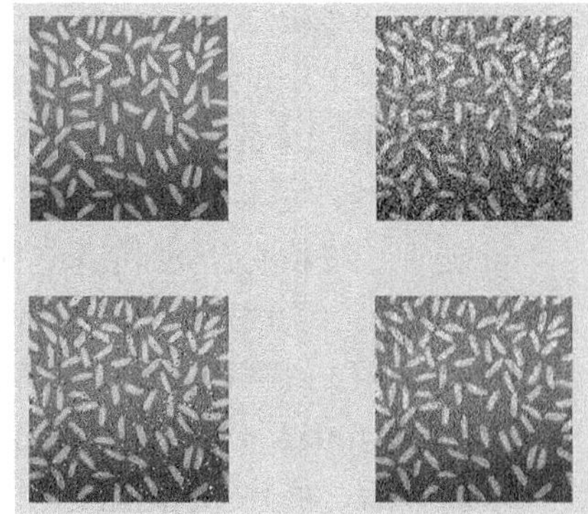

图 4.7-1　加入高斯白噪声、椒盐噪声和乘性噪声的图像

4.7.2　图像平滑的 MATLAB 实现

MATLAB 中提供的与空间域数字图像滤波有关的函数主要有以下内容。

1. conv2

该函数用来计算二维卷积，有以下 3 种参数形式。

（1）C=conv2(A, B)

（2）C=conv2(Hcol, Hrow, A)

（3）C=conv2(…, 'shape')

对于形式（1），conv2 计算矩阵 A 和 B 的卷积，若[Ma, Na]=size(A)，[Mb, Nb]=size(B)，则 size(C)=[Ma+Mb-1, Na+Nb-1]。

在形式（2）中，矩阵 A 分别与 Hcol 向量在列方向和 Hrow 向量在行方向上进行卷积。

形式（3）用来指定 conv2 返回二维卷积结果部分，参数 shape 可取值如下。

full 为默认值，返回二维卷积的全部结果。

same 返回二维卷积结果中与 A 大小相同的中间部分。

valid 返回在卷积过程中，未使用边缘补 0 部分进行计算的卷积结果部分，当 size(A)>size(B) 时：size(C)=[Ma-Mb+1, Na-Nb+1]。

2. convmtx2

该函数用来计算二维卷积矩阵。两种参数形式如下。

（1）T=convmtx2(H, m ,n)

（2）T=convmtx2(H, [m, n])

convmtx2 函数返回矩阵 H 的卷积矩阵 T。返回矩阵 T 是一稀疏矩阵。

3. conv

该函数用来计算多维卷积。参数形式与 conv2 相同。

4. filter2

该函数用来计算二维线性数字滤波。它与函数 fspecial 连用。其参数格式如下。

（1）Y=filter2(B, X)

（2）Y=filter2(B, X, 'shape')

对于形式（1），filter2 使用矩阵 B 中的二维 FIR 滤波器对数据对 X 进行滤波。结果 Y 是通过二维互相关计算出来的，其大小与 X 一样。对于形式（2），filter2 返回的 Y 是通过二维互相关计算出来的，其大小由参数 shape 确定，其取值如下。

full 返回二维相关的全部结果，size(Y)>size(X)。

same 返回二维互相关结果的中间部分，Y 与 X 大小相同。

valid 返回在二维互相关过程中，未使用边缘补 0 部分进行计算的结果部分，有 size(Y)<size(X)。

大家通过 filter2.m 文件可以看出，互相关实际上也是由函数 conv2 来完成的，我们在讲述函数 fspecial 以后，再一并举例说明。

5. fspecial

该函数用来产生预定义滤波器，其参数形式如下。

（1）H=fspecial(type)

（2）H=fspecial('gaussian', n, sigma)

（3）H=fspecial('sobel')

（4）H=fspecial('prewitt')

（5）H=fspecial('laplacian', alpha)

（6）H=fspecial('log', n, sigma)

（7）H=fspecial('average', n)

（8）H=fspecial('unsharp', alpha)

对于形式（1），fspecial 函数产生一个由 type 指定的二维滤波器 H。返回的 H 常和其他滤波器搭配使用。type 的可能值为下列之一。

gaussian　高斯低通滤波器

sobel　Sobel 水平边缘增强滤波器

prewitt　Prewitt 水平边缘增强滤波器

laplacian　近似二维拉普拉斯运算滤波器

log　高斯拉普拉斯运算滤波器

average　均值滤波器

unshape　模糊对比增强滤波器

通过 filter2.m 文件可以看出，互相关实际上也是由函数 conv2 来完成的。下面是图像平滑的例子。

【例 4-4】 用各种尺寸的模板平滑图像。

图 4.7-2（a）为原始图像，图 4.7-2（b）为叠加了均匀分布随机噪声的 8 位灰度图像，图 4.7-2（c）、图 4.7-2（d）、图 4.7-2（e）、图 4.7-2（f）依次为 3×3、5×5、7×7 和 9×9 平滑模板对原始图像进行平滑滤波的结果。由此可见，当所用平滑模板尺寸增大时，对噪声的消除有所增强，但同时所得到的图像变得更加模糊，细节的锐化程度逐步减弱。

邻域平均法有力地抑制了噪声，同时也引起了模糊，模糊程度与邻域半径成正比。下面是 MATLAB 实现邻域平均法抑制噪声的程序。

```
>>clear all;
```

```
I=imread('eight.tif');
J=imnoise(I,'salt & pepper',0.02);
subplot(231);imshow(I);xlabel('(a)原图像');
subplot(232);imshow(J);xlabel('(b)添加椒盐噪声图像');
K1=filter2(fspecial('average',3),J);%进行 3×3 模板平滑滤波
K2=filter2(fspecial('average',5),J);%进行 5×5 模板平滑滤波
K3=filter2(fspecial('average',7),J);%进行 7×7 模板平滑滤波
K4=filter2(fspecial('average',9),J);%进行 9×9 模板平滑滤波
subplot(233);imshow(uint8(K1));xlabel('(c)3×3 模板平滑滤波器');
subplot(234);imshow(uint8(K2));xlabel('(d)5×5 模板平滑滤波器');
subplot(235);imshow(uint8(K3));xlabel('(e)7×7 模板平滑滤波器');
subplot(236);imshow(uint8(K4));xlabel('(f)9×9 模板平滑滤波器');
```

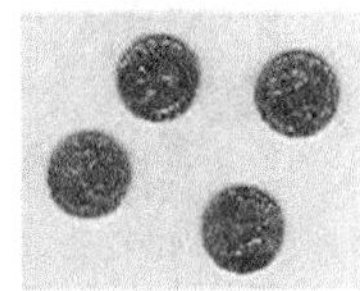

（a）原图像

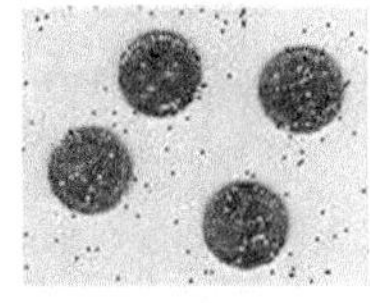

（b）添加椒盐噪声图像

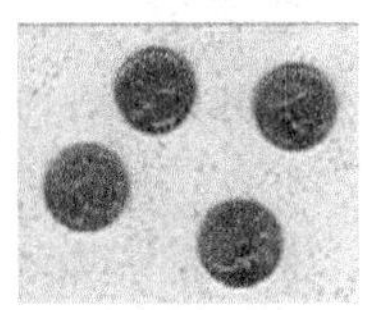

（c）3×3模板平滑滤波器

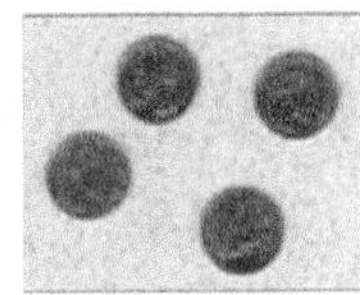

（d）5×5模板平滑滤波器

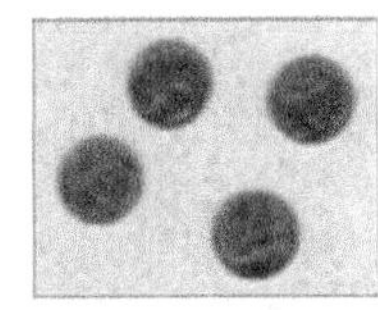

（e）7×7模板平滑滤波器

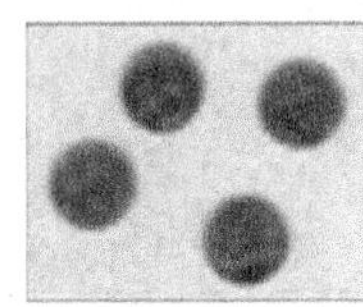

（f）9×9模板平滑滤波器

图 4.7-2　对图像用不同模板进行平滑滤波的效果

【例 4-5】用 3×3 的滤波窗口进行中值滤波处理。

```
>>clear all;
I=imread('cameraman.tif');
subplot(2,3,1),imshow(I);
xlabel('(a)原始图像');axis on;
J=imnoise(I,'salt & pepper',0.01);%加均值为 0，方差为 0.01 的椒盐噪声
subplot(2,3,2),imshow(J);
xlabel('(b)添加椒盐噪声图像');axis on;
K=medfilt2(J);
%用于 3*3 的滤波窗口对象 J 进行中值滤波
%若用[m,n]的滤波窗口做中值滤波，语法为 K=medfilt2（J,[m,n]）
subplot(2,3,3),imshow(K,[]);
xlabel('(c)中值滤波');axis on;
subplot(2,3,4),imshow(I);
xlabel('(d)原始图像');axis on;
J2=imnoise(I,'gaussian',0.01);%加均值为 0，方差为 0.01 的高斯噪声
subplot(2,3,5),imshow(J2);xlabel('(e)添加高斯噪声');axis on;
K2=medfilt2(J2);
subplot(2,3,6),imshow(K2,[]);
xlabel('(f)中值滤波');axis on;
```

运行程序，效果如图 4.7-3 所示。

由图 4.7-3 可以看到，中值滤波器对椒盐噪声的消噪效果比较好，但是对高斯噪声的消噪效果不理想。

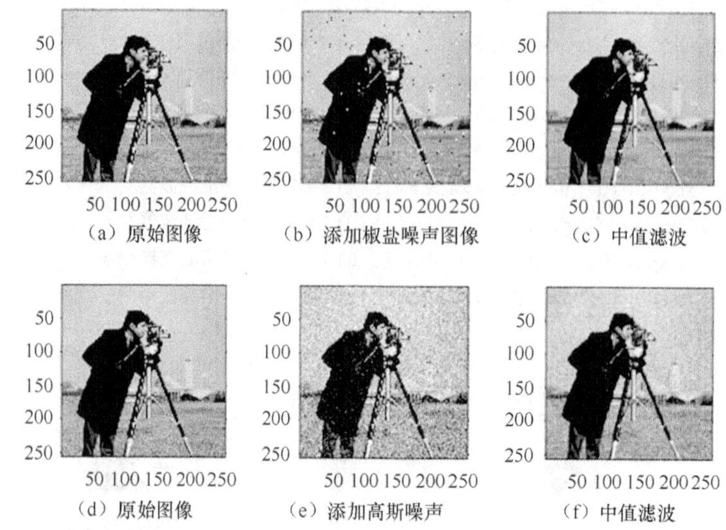

图 4.7-3　3 × 3 的滤波窗口中值滤波

滤波窗口的尺寸对滤波效果有直接影响，下面使用 6 × 6 的滤波窗口进行中值滤波处理。其代码为：

```
>>clear all;
I=imread('cameraman.tif');
subplot(2,3,1),imshow(I);
xlabel('(a)原始图像');axis on;
J=imnoise(I,'salt & pepper',0.01);%加均值为 0，方差为 0.01 的椒盐噪声
subplot(2,3,2),imshow(J);
xlabel('(b)添加椒盐噪声图像');axis on;
K=medfilt2(J,[6,6]);%6×6 的滤波窗口
%用于 6×6 的滤波窗口对象 J 进行中值滤波
%若用[m,n]的滤波窗口做中值滤波，语法为 K=medfilt2(J,[m,n])
subplot(2,3,3),imshow(K,[]);
xlabel('(c)中值滤波');axis on;
subplot(2,3,4),imshow(I);
xlabel('(d)原始图像');axis on;
J2=imnoise(I,'gaussian',0.01);%加均值为 0，方差为 0.01 的高斯噪声
subplot(2,3,5),imshow(J2);
xlabel('(e)添加高斯噪声');axis on;
K2=medfilt2(J2,[6,6]);%6×6 的滤波窗口
subplot(2,3,6),imshow(K2,[]);
xlabel('(f)中值滤波');axis on;
```

运行程序，效果如图 4.7-4 所示。

比较图 4.7-3 及图 4.7-4，可发现对于椒盐噪声，中值滤波法效果很好。对于高斯噪声，选用 6 × 6 窗口滤波效果好于 3 × 3 窗口滤波，但图像模糊加重。

【例 4-6】 频率域平滑。

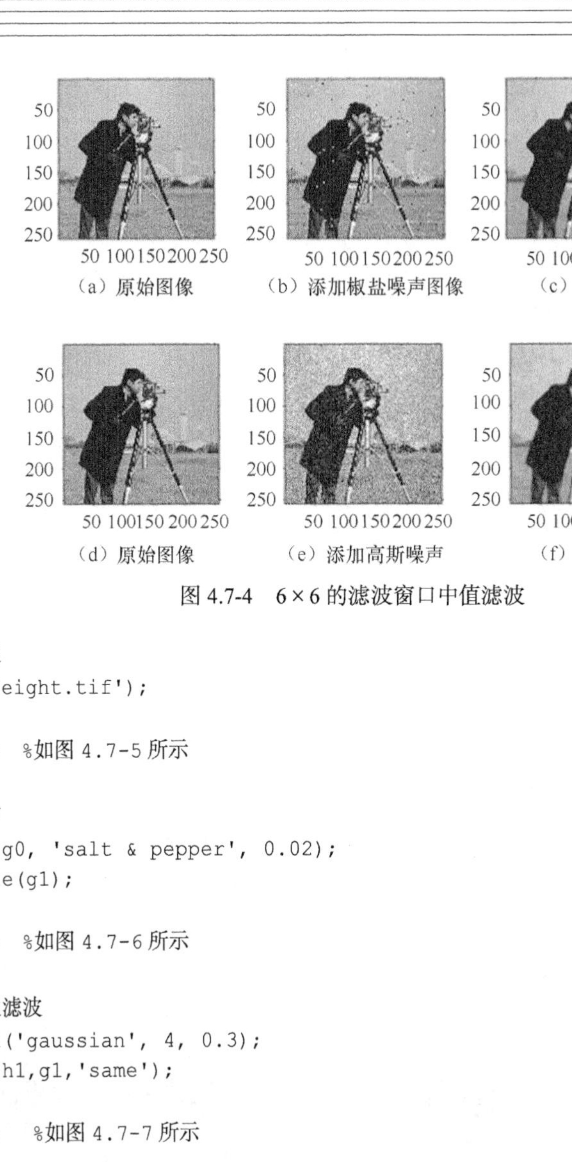

（a）原始图像　（b）添加椒盐噪声图像　（c）中值滤波

（d）原始图像　（e）添加高斯噪声　（f）中值滤波

图 4.7-4　6×6 的滤波窗口中值滤波

```
%读取原始图像
g0=imread('eight.tif');
figure(1)
imshow(g0);  %如图 4.7-5 所示

%加入椒盐噪声
g1=imnoise(g0, 'salt & pepper', 0.02);
g1=im2double(g1);
figure(2)
imshow(g1);  %如图 4.7-6 所示

%进行高斯低通滤波
h1=fspecial('gaussian', 4, 0.3);
g2=filter2(h1,g1,'same');
figure(3)
imshow(g2);   %如图 4.7-7 所示

%进行 sobel 滤波
h2=fspecial('sobel');
g3=filter2(h2,g1,'same');
figure(4)
imshow(g3);   %如图 4.7-8 所示

%进行 prewitt 滤波
h3=fspecial('prewitt');
g4=filter2(h3,g1,'same');
figure(5)
imshow(g4);   %如图 4.7-9 所示

%进行拉普拉斯滤波
h4=fspecial('laplacian',0.5);
g5=filter2(h4,g1,'same');
figure(6)
imshow(g5);   %如图 4.7-10 所示
```

```
%进行高斯拉普拉斯滤波
h5=fspecial('log',4,0.3);
g6=filter2(h5,g1,'same');
figure(7)
imshow(g6);   %如图 4.7-11 所示

%进行均值滤波
h6=fspecial('average');
g7=filter2(h6,g1,'same');
figure(8)
imshow(g7);   %如图 4.7-12 所示

%进行模糊滤波
h7=fspecial('unsharp',0.3);
g8=filter2(h7,g1,'same');
figure(9)
imshow(g8);   %如图 4.7-13 所示

%进行高斯高通滤波
h8=[0 -1 0;  -1 5 -1;  0 -1 0];
g9=filter2(h8,g1,'same');
figure(10)
imshow(g9);   %如图 4.7-14 所示

%进行中值滤波
h9=h1;
g10=medfilt2(h9);
figure(11)
imshow(g10)    %如图 4.7-15 所示
```

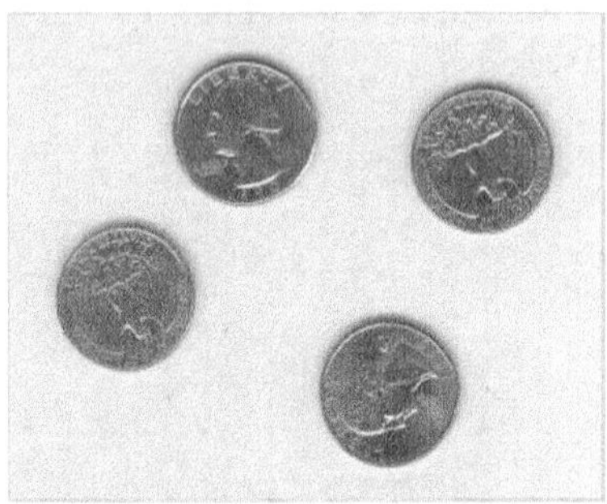

图 4.7-5　原图像 g0

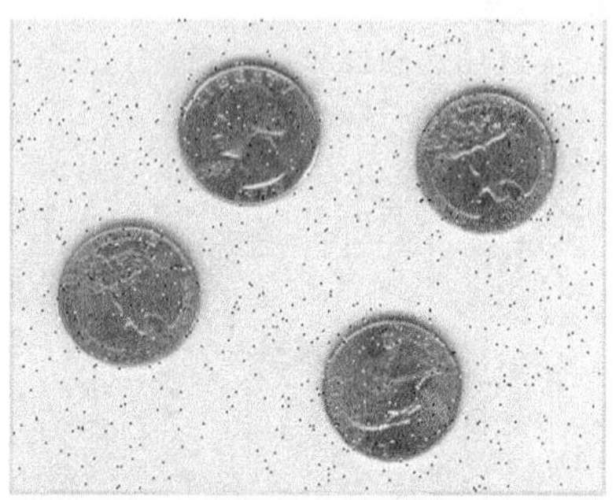

图 4.7-6　图像 g1

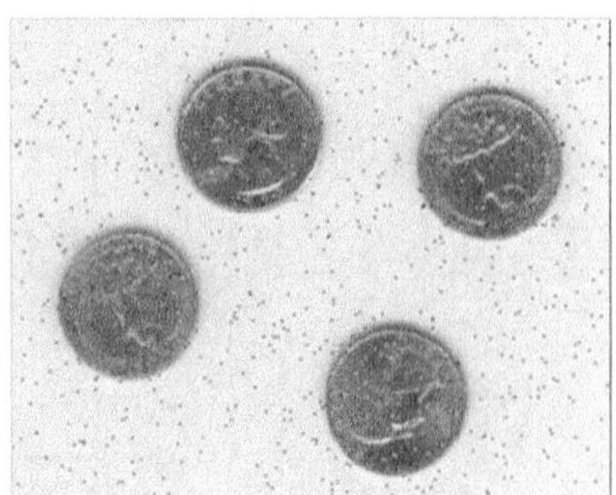

图 4.7-7　图像 g2

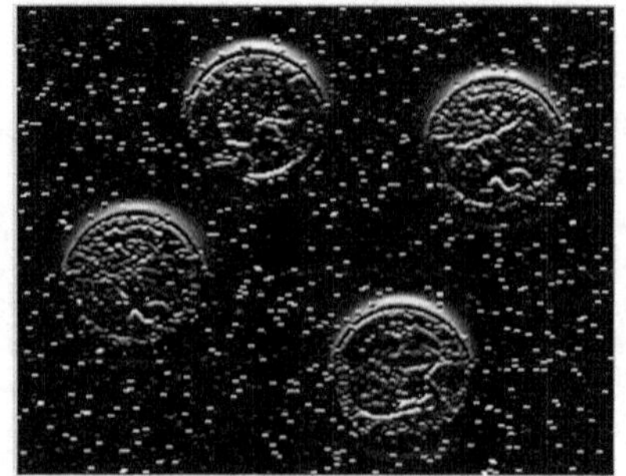

图 4.7-8　图像 g3

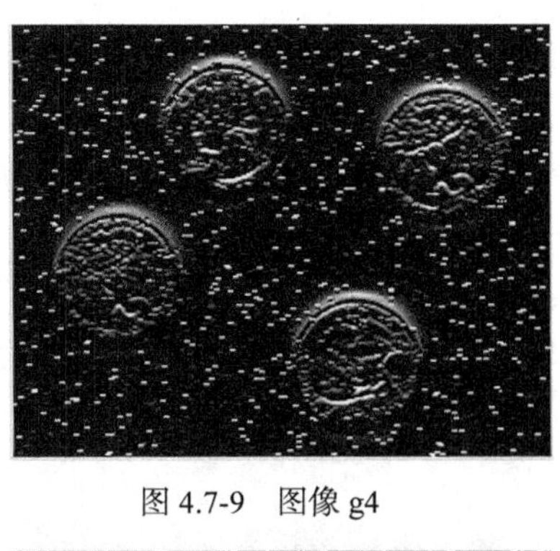

图 4.7-9　图像 g4

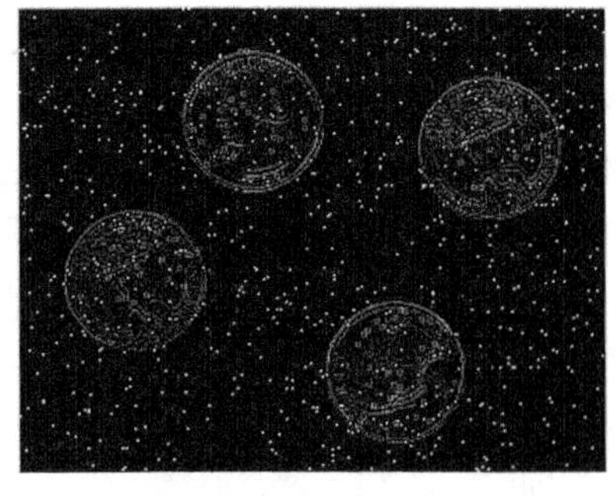

图 4.7-10　图像 g5

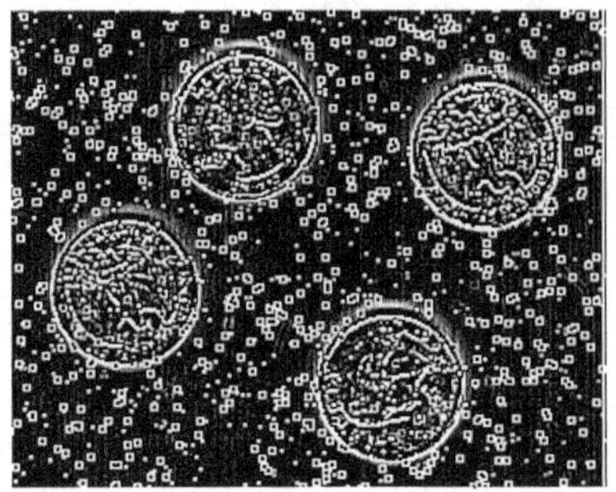

图 4.7-11　图像 g6

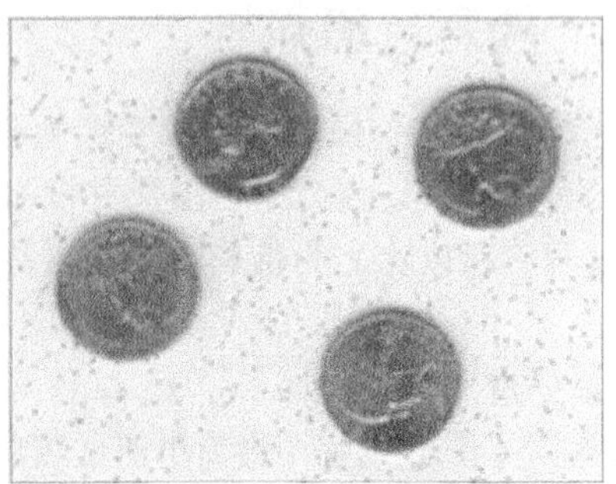

图 4.7-12　图像 g7

图 4.7-13　图像 g8

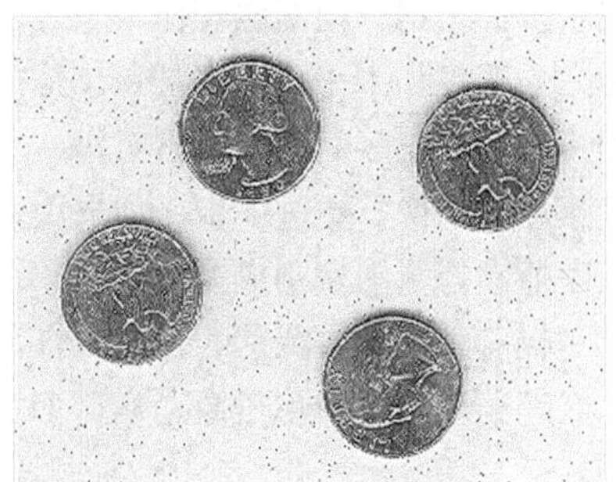

图 4.7-14　图像 g9

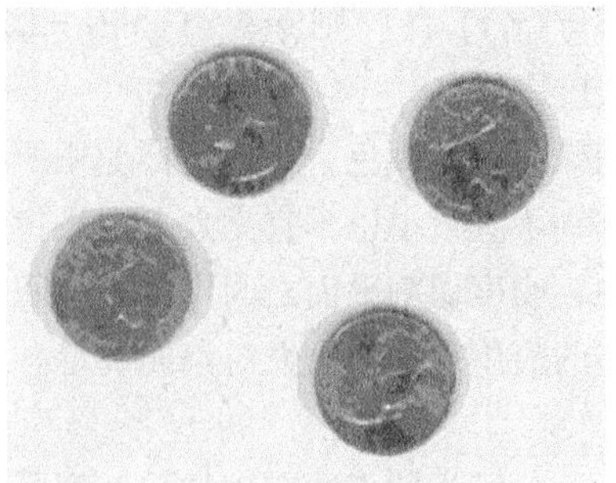

图 4.7-15　图像 g10

4.8 彩色增强

在图像的自动分析中，色彩是一种能够简化目标提取和分类的重要参数。虽然人眼只能分辨几十种不同深浅的灰度级，但是却能够分辨几千种不同的颜色，因此在图像处理中常常借助色彩来处理图像，以增强人眼的视觉效果。

通常采用的色彩增强方法可以分为伪彩色增强和真彩色增强两种，这两种方法在原理上存在着巨大的差别。伪彩色增强是对原来灰度图像中不同灰度值区域分别赋予不同的颜色，使人眼能够更明白地区分不同的灰度级。由于原图像事实上是没有颜色的，所以称这种人工赋予的颜色为伪彩色。伪彩色增强实质上只是一个图像的着色过程，是一种灰度到彩色的映射技术；真彩色增强则是对原始图像本身所具有的颜色进行调节，是一个彩色到彩色的映射过程。由此可见，两者有着本质的区别。

4.8.1 伪彩色增强

伪彩色增强是将一幅灰度图像变换为彩色图像，从而将人眼难以区分的灰度差异变换为极易区分的色彩差异。因为原始图像并没有颜色，将其变为彩色的过程实际上是一种人为控制的着色过程，所以称之为伪彩色增强。常用的方法有密度分割、伪彩色变换和频域滤波法三种。

1. 密度分割

密度分割是伪彩色增强中最简单而又最常用的一种方法，它是对图像的灰度值动态范围进行分割，使分割后的每一灰度值区间甚至于每一灰度值本身对应某一种颜色。密度分割的示意图如图 4.8-1 所示。假定把一幅图像看作一个二维的强度函数，我们可以用一个平行于图像坐标平面的平面（称之为密度切割平面）去切割图像的强度函数，这样强度函数在分割处 l_i 被分为上、下两部分，即两个灰度值区间。如果再对每一个区间赋予某种颜色，就可以将原来的灰度图像变换成只有两种颜色的图像。更进一步，如果用多个密度切割平面对图像函数进行分割，那么就可以将图像的灰度值动态范围切割成多个区间，每一个区间赋予某一种颜色，则原来的一幅灰度图像就可以变成一幅彩色图像。特别的，如果将每一个灰度值都划分成一个区间，如将 8bit 灰度图像划分成 256 区间，就是索引色图像，从这个意义上讲，可以认为索引色图像是由灰度图像经密度分割生成的。

如果用 N 个平面去切割图像，则可以得到 N+1 个灰度值区间，每一个区间对应某种颜色 c_i 。对于每一像元 (x,y) ，如果 $l_{i-1} \leqslant f(x,y) < l_i$ ，则 $g(x,y) = c_i (i = 1,2,\cdots,N)$ ， $g(x,y)$ 和 $f(x,y)$ 分别表示变换后的彩色图像和原始灰度图像。

应当指出，每一灰度值区间赋予何种颜色，是由具体应用所决定的，并无规律可言。但总的来讲，相邻灰度值区间的颜色差别不宜太小也不宜太大，太小将无法反映细节上的差异，太大则会导致图像不连续。实际应用中，密度切割平面之间可以是等间隔的，也可以是不等间隔的，而且切割平面的划分也应依据具体的应用范围和研究对象而确定。

2. 伪彩色变换

密度分割法实质上是通过一个分段线性函数实现从灰度到彩色的变换，每个像元只经过一个变换对应到某一种颜色。与密度分割不同，伪彩色变换则将每一个像元的灰度值通过三个独立变换分别产生红、绿、蓝三个分量图像，然后将其合成为一幅彩色图像。三个变换是独立的，但在实际应用中这三个变换函数一般取同一类的函数，如可以取带绝对值的正弦函数，也可以取线性变换函数。图 4.8-2 给出了一组经典的变换函数，灰度值范围 $[0, L]$ ，每个变换取不同的分段线性函数。可以看出，最小的灰度值（0）对应蓝色，中间的灰度值（$L/2$）对应绿色，最高的灰度值（L）对应红色，其余的灰度值则分别对应不同的颜色。

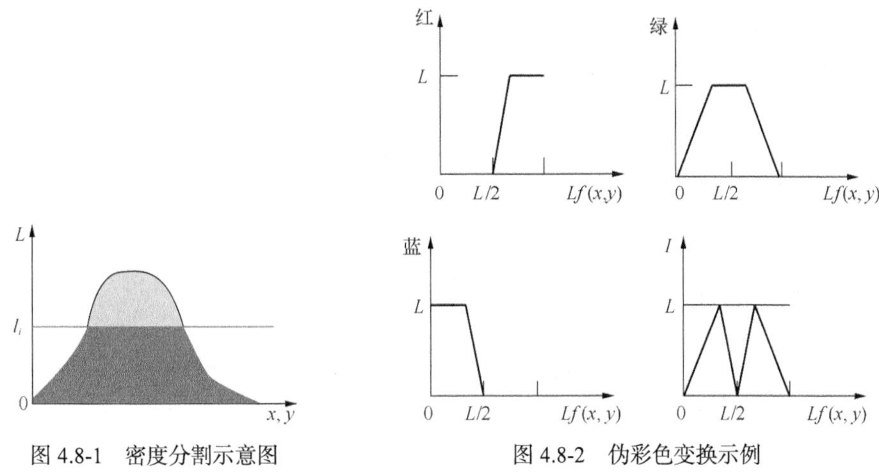

图 4.8-1　密度分割示意图

图 4.8-2　伪彩色变换示例

3. 频域滤波

伪彩色变换是直接在空间域对灰度进行变换，而频域滤波技术则是在图像的频率域对频率分量进行处理，然后将其反变换到空间域。图 4.8-3 给出了频域滤波的示意图，首先将灰度图像从空间域经傅里叶变换变换到频率域，然后用三个不同传递特性的滤波器（如高通、带通、带阻、低通）将图像分离成三个独立分量，对每个范围内的频率分量分别进行反变换，再进行一定的后处理（如调节对比度或亮度），最后将其合成为一幅伪彩色图像。伪彩色变换和密度分割是将每一灰度值经过一定的变换与某一种颜色相对应，而频域滤波则是在不同的频率分量与颜色之间经过一定的变换建立了一种对应关系。

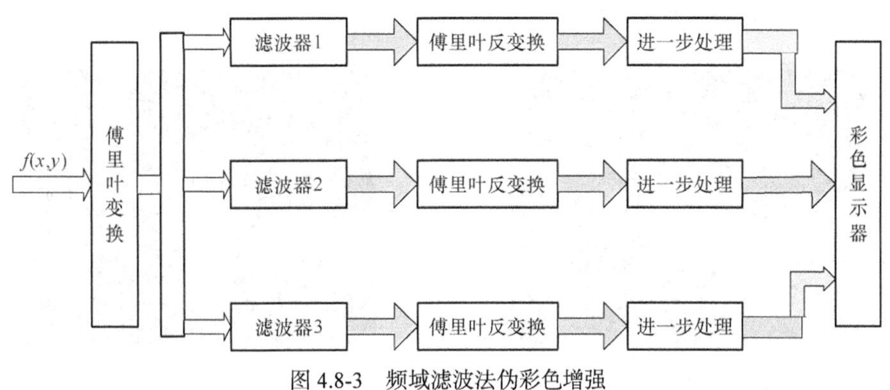

图 4.8-3　频域滤波法伪彩色增强

4.8.2　真彩色增强

在彩色图像处理中，选择合适的彩色模型是很重要的。电视摄像头和彩色扫描仪都是根据 RGB 模型工作的。为在屏幕上显示彩色图像一定要借用 RGB 模型，但 HIS 模型在许多处理中有其独特的优点。第一，在 HIS 模型中，亮度分量与色度分量是分开的。第二，在 HIS 模型中，色调和饱和度的概念与人的感知是紧密相连的。

如果将 RGB 图转化为 HIS 图，亮度分量和色度分量就分开了。前面讨论的灰度图的增强方法都可以使用。真彩色增强方法的基本步骤如下。

（1）将 R、G、B 分量图转化为 H、I、S 分量图。

（2）利用对灰度图增强的方法增强其中的 I 分量图。

（3）再将结果转换为用R、G、B分量图来显示。

以上方法并不改变原图的彩色内容，但增强后的图看起来可能会有些不同。这是因为尽管色调和饱和度没有变化，但亮度分量得到了增强，整个图会比原来更亮一些。

需要指出，尽管对R、G、B各分量直接使用对灰度图的增强方法可以增加图中的可视细节亮度，但得到的增强图中的色调有可能完全没有意义。这是因为在增强图中对应同一个像素的R、G、B这3个分量都发生了变化，它们的相对数值与原来不同了，从而导致原图颜色的较大改变。

4.8.3 彩色增强的MATLAB实现

在MATLAB中，调用imfilter函数对一副真彩色（三维数据）图像使用二维滤波器进行滤波就相当于使用同一个二维滤波器对数据的每一个平面单独进行滤波。

imfilter

功能：真彩色增强。

格式：B = imfilter (A, h)

说明：将原始图像A按指定的滤波器h进行滤波增强处理，增强后的图像B与A的尺寸和类型相同。

举例：以下代码将使用均值滤波器对图 4.8-4（a）所示的真彩色图像的每一个颜色平面进行滤波，滤波结果如图4.8-4（b）所示。

```
rgb = imread('peppers.png');
h = ones(5,5)/25;
rgb2 = imfilter(rgb,h);
subplot(1,2,1), imshow(rgb)
subplot(1,2,2), imshow(rgb2)
```

（a）滤波前

（b）滤波后

图4.8-4　真彩色图像均值滤波前、后显示效果对比

MATLAB图像处理工具箱中没有专门的图像伪彩色处理函数，但是工具箱中包含了许多可以用来实现伪彩色的函数。例如，灰度图像类型转换函数grayslice、gray2ind等，这些函数都是使用空间域增强方法来实现图像的伪彩色显示的，可以通过设置函数的参数来选择调色板，也可以使用函数默认的调色板来进行灰度映射。

习　题

1. 图像增强的目的是什么？它包含哪些内容？

2. 已知灰度图像 $f(x,y)$为如题图 1 所示，求经过反转变换后图像 $g(x,y)$。

$$\begin{bmatrix} 210 & 105 & 150 \\ 190 & 176 & 132 \\ 151 & 29 & 222 \end{bmatrix}$$

题图 1　灰度图像矩阵

反转变换函数为如下公式所示。

$$g(x,y)=\begin{cases} 0 & x<110 \\ 1 & x\geqslant 110 \end{cases}$$

3. 为什么对数字图像进行均衡化后，通常并不能产生完全平坦的直方图?
4. 什么是图像平滑? 该操作对图像质量会带来什么负面影响?
5. 简述均值滤波的基本原理。
6. 图像锐化的主要用途是什么? 该操作对图像质量会带来什么负面影响?
7. 什么是中值滤波? 有何特点?
8. 在空间域中，图像平滑和图像镜化算子中的系数值各有什么特征?
9. 比较理想高通滤波器与理想低通滤波器的异同点。
10. 比较理想低通滤波器、巴特沃斯低通滤波器和指数低通滤波器的异同点。
11. 编写 MATLAB 程序完成一幅图像对比度变大以及变小的处理。
12. 编写 MATLAB 程序对图像进行加噪及去噪处理。
13. 伪彩色增强处理的目的是什么?

第 5 章 图像形态学

图像形态学是在数学形态学的基础上发展起来的非线性图像处理方法，它的基本思想是用具有一定形态的结构元素去度量和提取图像中的对应形状，以达到对图像分析和识别的目的。近年来，图像的形态变换在图像处理和机器视觉领域得到了广泛的应用，形成了一种独特的图像分析方法。图像形态学主要分为二值形态学和灰度形态学两种。二值形态学将图像和结构元素都看作集合，从集合关系的角度进行研究。灰度形态学不再将运算对象看作集合，而是看作图像函数。本章简要介绍形态学的基本概念、基本二值图像形态学运算和灰度图像形态学运算及其应用等。

数学形态学是一门建立在严格的数学理论基础上，分析研究空间结构的形状、框架的学科。数学形态学的理论虽然很复杂，但它的基本思想却是简单而完美的。数学形态学是基于集合论的，这意味着它的运算由集合运算（如交、并、补等）来完成，并且所有的图像都必须以合理的方式转换为集合后才能利用形态学的方法进行处理。其中所提及的集合，表示图像中的不同对象。例如，在二值图像中，所有的白色像素（或者灰度值为 1 或 0 的像素）的集合是图像完整的形态学描述。这一基于集合论观点的结果是：形态学算子的性能主要以几何方式进行刻画，这似乎更适合视觉信息的处理和分析。

形态学处理的基本思想就是利用结构元素作为“探针”在图像中不断地移动，在此过程中搜集图像的信息，分析图像各部分之间的相互关系，从而了解图像的结构特征。结构元素是形态学的基本算子，通常是一些比较小的图像。合理选取结构元素直接影响图像处理的效果和质量。根据探测研究图像的不同结构特点，结构元素可携带形状、大小、连通性、灰度和色度等信息。由于不同的结构元素可以用来检测图像不同的特征，因此结构元素的设计是分析图像的重要步骤。

最基本的形态学运算有膨胀（dilation）、腐蚀（erosion）、开（opening）和闭（closing）。用这些算子及其组合来进行图像形状和结果的分析及处理，可以解决抑制噪声、图像恢复和重建、边缘检测、特征提取、纹理分析、性质识别等方面的问题。

5.1 基本集合的定义

下面介绍集合论的几个基本概念。

1. 集合论

集合论是数学形态学的基础。设集合 $A=\{a,b,c,d\}$，即集合 A 中有 a,b,c,d 四个元素，

$$a \in A \quad (5.1\text{-}1)$$

表示 a 是集合 A 中的元素。

$$e \notin A \quad (5.1\text{-}2)$$

表示 e 不是集合 A 中的元素。

对于集合 A 和集合 B，A 中任意的元素 x，都有 $x \in B$，即 $\forall x \in A \Rightarrow x \in B$，则有

$$A \subseteq B \quad (5.1\text{-}3)$$

即集合 A 是集合 B 的子集，读作 B 包含 A。

集合 A 和集合 B 的交集表示为

$$C=A \cap B \quad (5.1\text{-}4)$$

则集合 C 中的元素既属于集合 A 又属于集合 B。若集合 A 和集合 B 没有公共元素，那么 $A \cap B=\varnothing$。

集合 A 和集合 B 的并集表示为

$$D=A \cup B \quad (5.1\text{-}5)$$

集合 A 的补集是由不属于 A 的元素所组成的集合，即 $A^C=\{x \mid x \notin A\}$。

集合 A 和集合 B 的差集表示为

$$A-B=\{x \mid x \in A \wedge x \notin B\} \quad (5.1\text{-}6)$$

2. 击中与击不中

对于两幅图像 A 和 B，若存在一个点，它既是 A 的元素，又是 B 的元素，即 $A \cap B \neq \varnothing$，则称 B 击中 A，记作 $B \uparrow A$，如图 5.1-1（a）所示。若不存在任何一点，它既是 A 的元素，又是 B 的元素，即 $A \cap B=\varnothing$，则称 B 不击中 A，如图 5.1-1（b）所示。

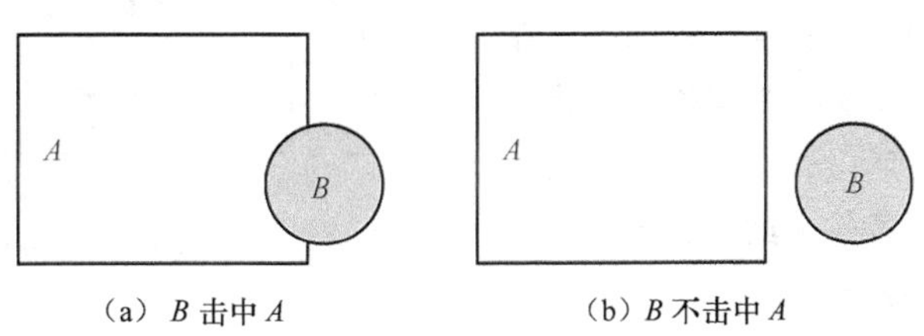

（a）B 击中 A　　（b）B 不击中 A

图 5.1-1　击中与击不中

3. 平移和对称集

设 A 是一幅数字图像，如图 5.1-2（a）所示，b 是一个点如图 5.1-2（b）所示，那么定义 A 被 b 平移后的结果为 $A+b=\{a+b \mid a \in A\}$。即取出 A 中的每个点 a 的坐标值，将其与点 b 的坐标值相加，得到一个新的点的坐标值 $a+b$，所有这些新点构成的图像就是 A 被 b 平移的结果，记为 $A+b$，如图 5.1-2（c）所示。

4. 结构元素

结构元素是数学形态学中一个最重要也是最基本的概念。

在考察分析图像的时候，要设计一种收集图像信息的探针，称为结构元素。设有两幅图像 S 和 X，若 X 是被处理的对象，而 S 是用来处理 X 的，则 S 为结构元素。它是 $E^{(n)}$ 或其子空间 $E^{(m)}(m<n)$ 中的一个集合，具有一定的几何形状，如圆形、正方形、十字形、有向线段等的集合。观察者在图像中不断移动结构元素便可以考察图像中各个部分之间的关系，从而提取有用的特征进行分析和描述。结构元素在形态学运算中的作用类似于在信号处理时的“滤

波窗口”或一个参考模板。对于每一个结构元素，我们指定一个原点，它是结构元素参与形态学运算的参考点，该原点可以在机构元素内也可以在结构元素外，二者产生的运算结果会有所不同。

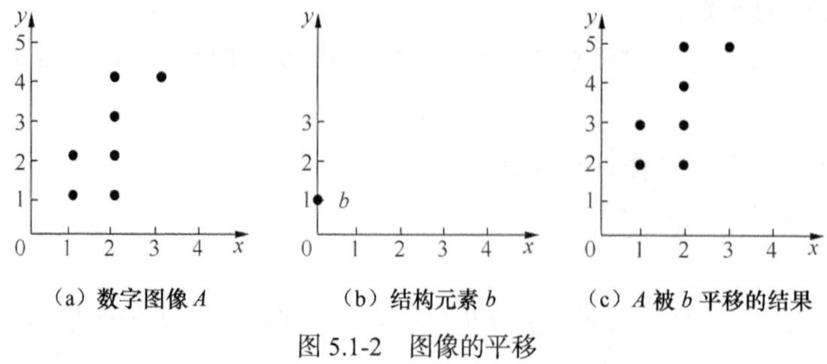

图 5.1-2　图像的平移

一般情况下，结构元素是一个用来定义形态操作中所用到的邻域的形状和大小的矩阵，仅由 0 和 1 组成，可以具有任意的大小和维数，数值 1 代表邻域内的像素，形态学运算都是对数值为 1 的区域进行运算。

结构元素的选取直接影响形态学运算的结果，因此要根据实际情况来决定。一般结构元素的选取必须满足以下条件。

（1）结构元素必须在几何上比原图简单，且有界。其尺寸相对要小于所考察的物体，当选择性质相同或相似的结构元素时，以选取图像的某些极限情况为宜。

（2）结构元素的形状最好具有某种凸性，如圆形、十字形、方形等。对非凸性子集，由于连接两点的线段大部分位于集合外面，落在其补集上，故用非凸性子集作为结构元素将得不到更多有用的信息。所以，本章中大都采用圆形、十字形、正方形等作为结构元素。常见的结构元素如图 5.1-3 所示。

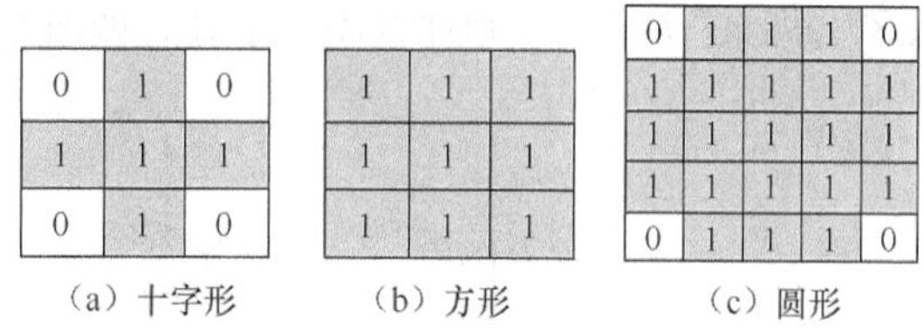

图 5.1-3　常见的结构元素

5.2　二值形态学的基本运算

顾名思义，二值形态学处理的目标图像和结构元素都是二值图像。数学形态学的数学基础和使用的语言是集合论，其基本运算有四种：膨胀（或扩张）、腐蚀（或侵蚀）、开和闭，基于这些基本运算还可以推导和组合成各种数学形态学运算方法。二值形态学中的运算对象是集合，通常给出一个图像集合和一个结构元素集合，利用结构元素对图像进行操作。要注意的是，实际运算中的两个集合不能看作是相互对等的。如果 A 是图像集合，B 是结构元素（B 本身是图像集合），形态学运算将使用 B 对 A 进行操作。

5.2.1　膨胀和腐蚀

膨胀的运算符为“⊕”，图像集合 A 用结构元素 B 来膨胀，记作 $A \oplus B$，其定义为

$$A \oplus B=\{x|[(\hat{B})_x \cap A] \neq \varnothing\} \tag{5.2-1}$$

其中 $\hat{B}$ 表示 B 的映像，即与 B 关于原点对称的集合。式（5.2-1）表明用 B 对 A 进行膨胀的过程：首先对 B 做关于原点的映射，再将其映像平移 x，当 A 与 B 映像的交集不为空集时，B 的原点就是膨胀集合的像素。也就是说，用 B 来膨胀 A 得到的集合是 $\hat{B}$ 的位移与 A 至少有一个非零元素相交时 B 的原点的位置集合。因而式（5.2-1）也可以写成

$$A \oplus B=\{x|[(B)_x \cap \hat{A}] \subseteq A\} \quad (5.2\text{-}2)$$

如果将 B 看作是一个卷积模板，膨胀就是对 B 做关于原点的映像，然后再将映像连续地在 A 上移动而实现的。图 5.2-1 给出了膨胀运算的一个示意图，其中“+”表示原点。

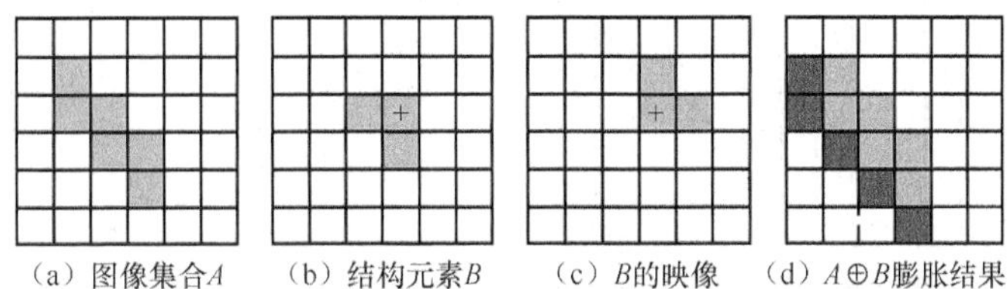
（a）图像集合A　（b）结构元素B　（c）B的映像　（d）$A \oplus B$膨胀结果

图 5.2-1　膨胀运算示意图

图 5.2-1（a）中的阴影部分为 A，图（b）中的阴影部分为 B，图（c）中的阴影部分为 B 的映像，而图（d）中的阴影部分表示 $A \oplus B$，其中深色阴影表示图像膨胀后的扩张部分。

腐蚀的运算符为“Θ”，图像集合 A 用结构元素 B 来腐蚀，记作 $A\Theta B$，其定义为

$$A\Theta B=\{x|(B)_x \subseteq A\} \quad (5.2\text{-}3)$$

式（5.2-3）表明用 B 对 A 进行腐蚀的结果是所有满足将 B 平移 x 后，B 仍包含在 A 中的 x 的集合，从直观上看就是 B 经过平移后全部包含在 A 中的原点组成的集合。图 5.2-2 给出了腐蚀运算的一个示意图。

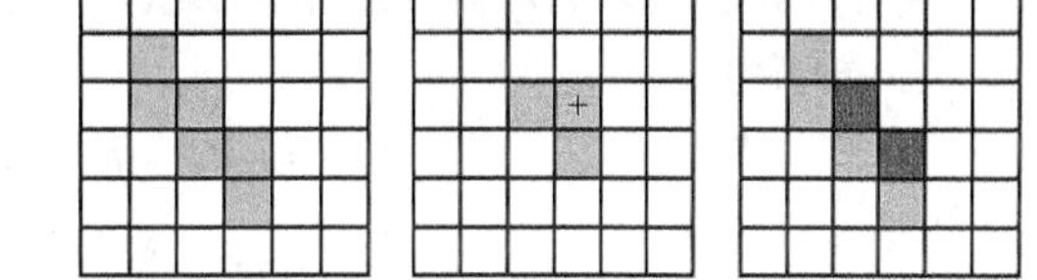
（a）图像集合A　（b）结构元素B　（c）$A\Theta B$腐蚀结果

图 5.2-2　腐蚀运算示意图

图 5.2-2（a）中的阴影部分为 A，图 5.2-2（b）中的阴影部分为 B，图 5.2-2（c）中的深色阴影部分表示 $A\Theta B$。

在以上讨论中，假设原点位于结构元素之内，则对于膨胀运算来说，总有

$$A \subseteq A \oplus B \quad (5.2\text{-}4)$$

而对于腐蚀运算来说，总有

$$A\Theta B \subseteq A \quad (5.2\text{-}5)$$

如果原点不在结构元素之内结果将会有所变化。对于膨胀元素来说，总有

$$A \not\subset A \oplus B \quad (5.2\text{-}6)$$

图 5.2-3 所示为原点不包括在结构元素之内时的膨胀运算示意图，图 5.2-3（d）的所有阴影表示膨胀结果。从图中可以看出，标有叉号的点原来属于 A，但是现在并不属于膨胀结果。

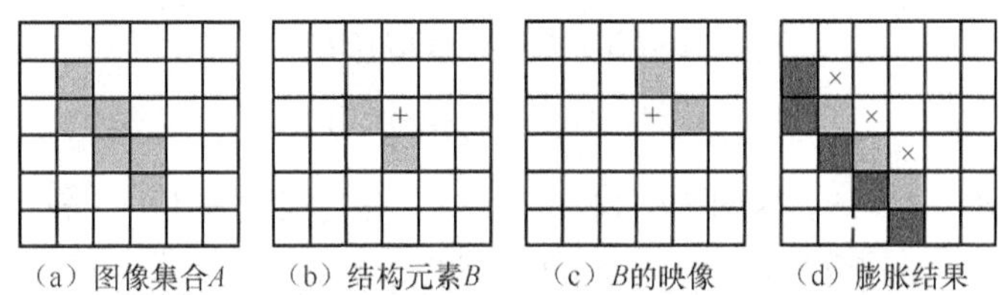
（a）图像集合A　（b）结构元素B　（c）B的映像　（d）膨胀结果

图 5.2-3　原点不包含在结构元素中时的膨胀运算示意图

对于腐蚀运算来说，如果原点不包含在结构元素中，那么会有两种可能，一种为

$$A\Theta B \subseteq A \tag{5.2-7}$$

另一种为

$$A\Theta B \not\subset A \tag{5.2-8}$$

图 5.2-4 和图 5.2-5 分别给出了当原点不包括在结构元素中时以上两种情况的腐蚀运算示意图，图中的深色阴影部分表示腐蚀结果。

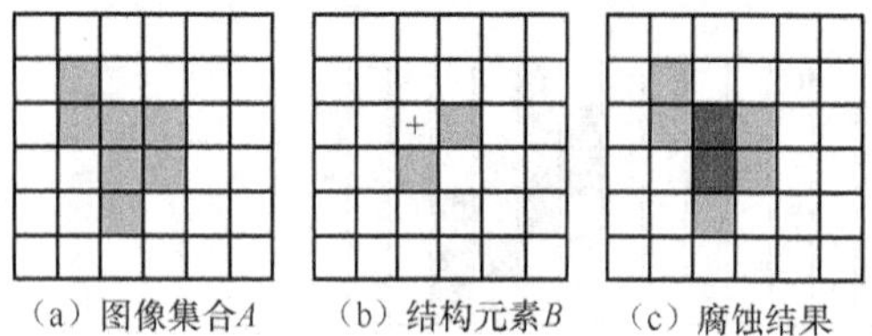

图 5.2-4　当原点不包含在结构元素中时腐蚀运算示意图一

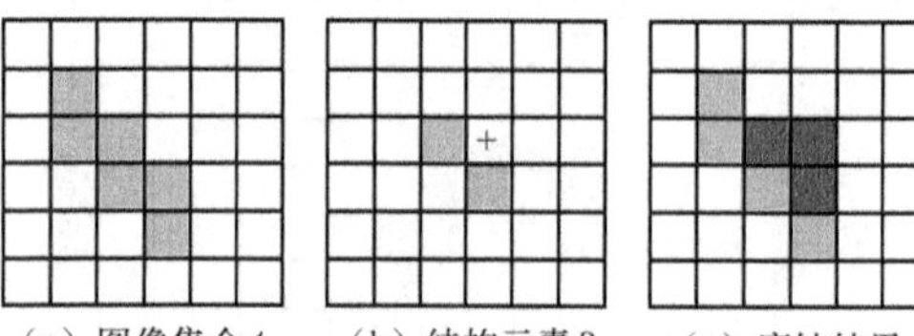

图 5.2-5　当原点不包含在结构元素中时腐蚀运算示意图二

5.2.2　腐蚀和膨胀的性质

二值形态学腐蚀和膨胀运算有许多有用的性质，现在总结如下。

1. 对偶性

$$(A\oplus B)^C = A^C\Theta(-B),\ (A\Theta B)^C = A^C\oplus(-B) \tag{5.2-9}$$

腐蚀和膨胀运算的对偶性意味着膨胀对应于补集的腐蚀，反之亦然。

2. 单调性

$$A' \subseteq A \Rightarrow A'\Theta B \subseteq A\Theta B,\quad A'\oplus B \subseteq A\oplus B \tag{5.2-10}$$

$$B' \subseteq B \Rightarrow A\Theta B' \subseteq A\Theta B,\quad A\oplus B' \subseteq A\oplus B \tag{5.2-11}$$

其中，B' 和 A' 分别是 B 和 A 的子集。

3. 递增（减）性

$$O\in B \Rightarrow A\Theta B \subseteq A,\quad A \subseteq A\oplus B \tag{5.2-12}$$

如果结构元素包含原点，A 腐蚀的结果是使图像 A 收缩，是 A 的一个子集，而 A 是膨胀结果的子集。

4. 交换律

$$A\oplus B = B\oplus A \tag{5.2-13}$$

需要说明的是腐蚀运算不满足交换律，即 $A\Theta B \ne B\Theta A$。

5. 结合律

$$A\Theta(B\oplus C) = (A\Theta B)\Theta C \tag{5.2-14}$$

$$A\oplus(B\oplus C) = (A\oplus B)\oplus C \tag{5.2-15}$$

式（5.2-14）、式（5.2-15）这两个公式十分重要，它们表明采用一个较大结构元素 $B\oplus C$ 的形态学运算可以由两个采用较小结构元素 B 和 C 的形态学运算的级联来实现。这在实际应用中对提高算法效率和硬件实现有重要的意义。

6. 分配律

$$t(A\oplus B)=tA\oplus tB \quad (5.2\text{-}16)$$

$$t(A\Theta B)=tA\Theta tB \quad (5.2\text{-}17)$$

7. 平移不变性

$$(A+x)\oplus B=(A\oplus B)+x\,,\quad A\oplus(B+x)=(A\oplus B)+x \quad (5.2\text{-}18)$$

$$(A+x)\Theta B=(A\Theta B)+x\,,\quad A\Theta(B+x)=(A\Theta B)-x \quad (5.2\text{-}19)$$

平移不变性意味着图像或结构元素的变化仅引起位置变化，而结果的形态无任何变化。但是，需要注意的是腐蚀的平移性，在对结构元素平移时，出现了一个负号，实际上这种情况下的腐蚀不满足严格意义上的平移不变性。

8. 与集合运算的关系

二值腐蚀、膨胀运算与基本的集合运算之间存在着一些对应关系，分别如下所示。

$$(A\cup C)\oplus B=(A\oplus B)\cup(C\oplus B) \quad (5.2\text{-}20)$$

$$A\oplus(B\cup C)=(A\oplus B)\cup(A\oplus C) \quad (5.2\text{-}21)$$

$$(A\cap C)\oplus B\subseteq(A\oplus B)\cap(C\oplus B) \quad (5.2\text{-}22)$$

$$A\Theta(B\cup C)=(A\Theta B)\cap(A\Theta C) \quad (5.2\text{-}23)$$

$$(A\cup C)\Theta B\supseteq(A\Theta B)\cup(C\Theta B) \quad (5.2\text{-}24)$$

$$(A\cap C)\Theta B=(A\Theta B)\cap(C\Theta B) \quad (5.2\text{-}25)$$

可以看出，对于大的图像或结构元素的二值形态腐蚀和膨胀运算，可以将其拆成不同的子集，形态处理后，再利用集合关系运算得到最终的结果。

5.2.3　二值图像腐蚀和膨胀的 MATLAB 实现

MATLAB 使用 imerode 函数进行图像腐蚀。imerode 函数需要两个基本输入参数：待处理的输入图像和结构元素对象。结构元素可以是由 strel 函数返回的对象，也可以是一个定义结构元素邻域的二进制矩阵。imerode 函数还可以接受三个可选参数：PADOPT、PACKOPT 和 M。PADOPT 参数可以影响输出图像的大小，而 PACKOPT 参数用来说明输入图像是否为打包二进制图像。如果图像是打包的二进制图像，那么 M 将指定原始图像的行数。

MATLAB 使用 imdilate 函数进行图像膨胀。imdilate 函数需要两个基本输入参数：待处理的输入图像和结构元素对象。imdilate 函数还可以接受两个可选参数：PADOPT 和 PACKOPT。这两个参数的含义与 imerode 函数的可选参数类似。

下面两个例子分别对图像进行腐蚀和膨胀运算。

【例 5-1】二值图像的腐蚀。

```
originalBW=imread('circles.png');
se=strel('disk',11);%生成圆盘形的结构元素
erodedBW=imerode(originalBW,se);%对图像进行腐蚀
subplot(121), imshow(originalBW), title('原始图像');
subplot(122), imshow(erodedBW), title('腐蚀后的图像');
```

程序运行结果如图 5.2-6 所示，左边为原始图像 circles；右边为腐蚀后的图像。可以看到腐蚀后的图像中圆形目标变小，也就是说腐蚀是指使目标对象被“腐蚀”，从而使目标对象变小，这与

膨胀的效果正好相反。

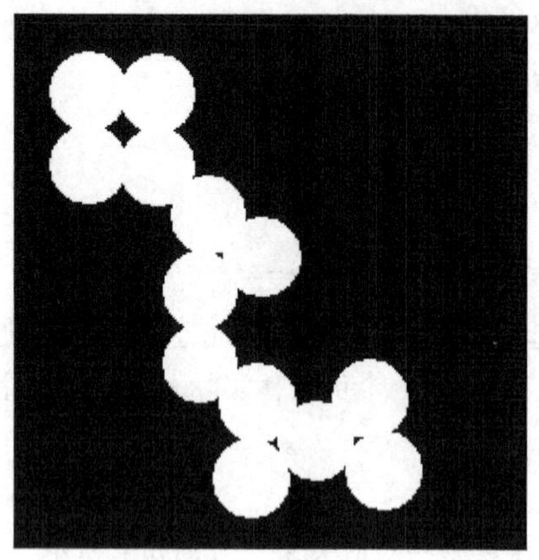

（a）原始图像

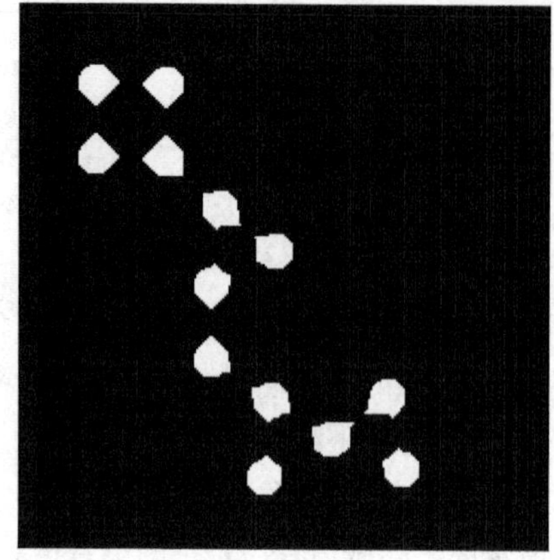

（b）腐蚀后的图像

图 5.2-6　二值图像的腐蚀

【例 5-2】二值图像的膨胀。

```
bw=imread('text.png');
se=strel('line',11.90);%生成线形的结构元素
bw2=imdilate(bw,se);%对图像进行膨胀
subplot(121),imshow(bw),   title('原始图像');
subplot(122),imshow(bw2),title('膨胀后的图像');
```

程序运行结果如图 5.2-7 所示，左边图像为原始图像 text；右边图像为膨胀后的图像，其中垂直方向的字母因为膨胀连接起来，而水平方向的字母没有连接起来。

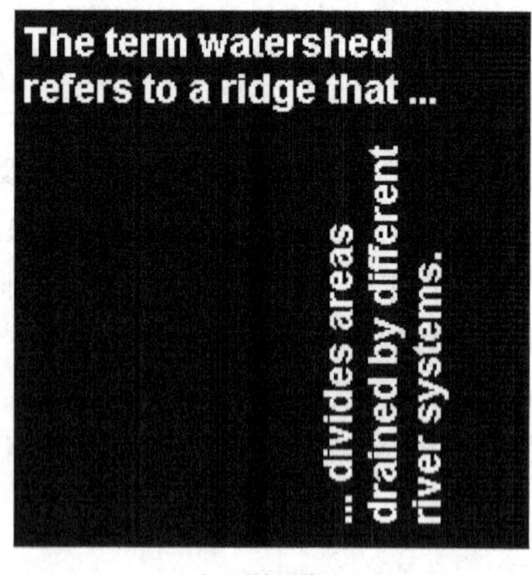

（a）原始图像

（b）膨胀后的图像

图 5.2-7　二值图像的膨胀

5.2.4　开运算、闭运算及其性质

在图像处理的实际应用中，有更多的组合形式来使用腐蚀和膨胀。一幅图像可以使用相同或不同的结构元素来进行一系列的腐蚀或膨胀运算。下面介绍两个重要的形态学算法，即开运算和闭运算。

1. **开运算**

结构元素 B 对集合 A 进行开运算，记为 $A \circ B$ ，定义为

$$A \circ B = (A \Theta B) \oplus B \tag{5.2-26}$$

即 B 对 A 进行开运算就是 B 对 A 先腐蚀，然后用 B 对结果进行膨胀。

开运算的另一个数学公式为

$$A \circ B = \bigcup \{ (B)_z \mid (B)_z \subseteq A \} \tag{5.2-27}$$

其中，$\bigcup\{\bullet\}$ 指大括号中所有集合的并集。式（5.2-27）可以理解为 $A \circ B$ 是指 B 在 A 内完全匹配的平移的并集。开运算能够消除不包含模板形状的对象区域，一般使对象的轮廓变得光滑，断开狭窄的连接和消除细的突出物。

2. **闭运算**

闭运算是开运算的对偶运算，结构元素 B 对集合 A 进行闭运算，记为 $A \bullet B$ ，定义为

$$A \bullet B = (A \oplus B) \Theta B \tag{5.2-28}$$

即 B 对 A 进行闭运算就是 B 对 A 先膨胀，然后用 B 对结果进行腐蚀。闭运算同样使轮廓线更为光滑，但与开运算不同的是，它通常消弭狭窄的间断和细长的鸿沟，能将狭窄的缺口连接起来，能填充比模板邻域小的洞，并填补轮廓线的断裂。

【例 5-3】形态学开运算和闭运算算法示例。

为了更好地看出开运算和闭运算的效果，现举例说明。采用 20×20 的结构元素，效果图如图 5.2-8 所示。其中，图 5.2-8（a）为原始图像，图 5.2-8（b）为开运算的结果，图 5.2-8（c）为闭运算的结果。

（a）原始图像

（b）开运算的结果

（c）闭运算的结果

图 5.2-8 开运算和闭运算的示例

开运算和闭运算也有一些性质，现简述如下。

1. **对偶性**

$$(A^C \circ B)^C = A \bullet B, \quad (A^C \bullet B)^C = A \circ B \tag{5.2-29}$$

2. **扩展（收缩）性**

$$A \circ B \subseteq A \subseteq A \bullet B \tag{5.2-30}$$

3. **单调性**

$$A \subseteq A' \Rightarrow A \circ B \subseteq A' \circ B, \quad A \bullet B \subseteq A' \bullet B$$

$$B \subseteq C, \quad C \circ B = C \Rightarrow A \circ B \supseteq A \circ C, \quad A \bullet B \supseteq A \bullet C \tag{5.2-31}$$

4. **幂等性**

$$(A \circ B) \circ B = A \circ B, \quad (A \bullet B) \bullet B = A \bullet B \tag{5.2-32}$$

5. 平移不变性

$$(A+x)\circ B=(A\circ B)+x$$
$$(A+x)\bullet B=(A\bullet B)+x \tag{5.2-33}$$

5.2.5 二值图像开运算、闭运算的 MATLAB 实现

MATLAB 使用 imopen 函数进行图像开运算。该函数首先对图像进行腐蚀，然后再进行膨胀。两个操作使用相同的结构元素。其调用格式为

```
IM=imopen(IM,SE)
```

其中，IM 为输入图像，SE 为结构元素。使用 imclose 函数进行图像闭运算，该函数首先对图像进行膨胀，然后再进行腐蚀。两个操作使用相同的结构元素。其调用格式为

```
IM=imclose(IM,SE)
```

下面两个例子分别对图像进行开运算和闭运算。

【例 5-4】利用 imopen 函数进行开运算。

```
BW1=imread('circbw.tif');%读取图像
subplot(121),imshow(BW1);title('原始图像');
SE=strel('rectangle',[40 30]);%生成矩形结构元素
BW2=imopen(BW1,SE);%对图像直接进行开运算
subplot(122),imshow(BW2);title('开运算后的图像');
```

程序运行结果如图 5.2-9 所示，其中左边图像为原始图像；右边图像为先腐蚀后膨胀的图像。直接使用 imopen 函数得到的结果与先使用 imerode 函数再使用 imdilate 函数得到的结果是相同的。

（a）原始图像　　（b）开运算后的图像

图 5.2-9　用 imopen 函数进行开运算得到的结果

【例 5-5】二值图像的闭运算。

利用 imclose 函数进行闭运算。

```
originalBW=imread('circles.png');
subplot(121),imshow(originalBW);title('原始图像');
se=strel('disk',10);
closeBW=imclose(originalBW,se);
subplot(122),imshow(closeBW);title('闭运算后的图像');
```

程序运行结果如图 5.2-10 所示，其中左边图像为原始图像 circles；右边图像为闭运算后的图像，可以看到闭运算可以填补图像中原有的空隙。

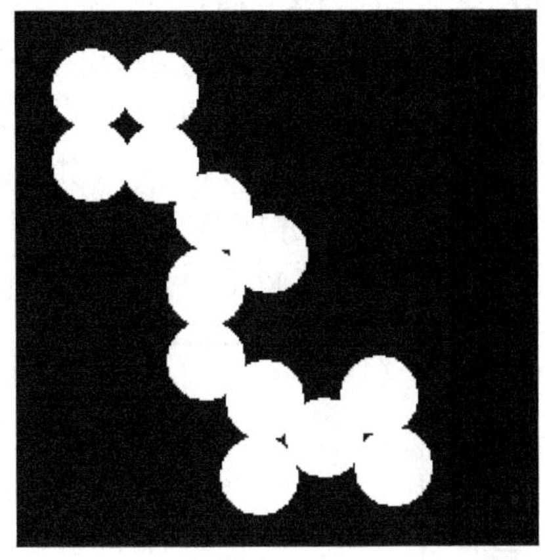
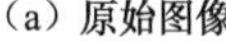
（a）原始图像

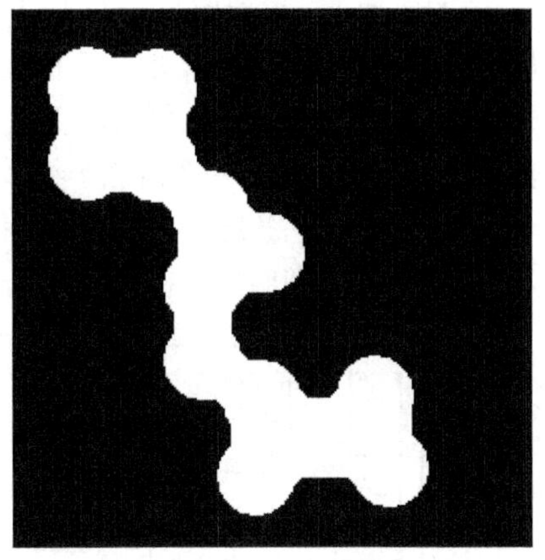
（b）闭运算后的图像

图 5.2-10　二值图像的闭运算

5.2.6　击中与未击中变换

在图像分析中同时分析图像的内部和外部，而不是仅分析图像的内部或图像的外部，对于研究图像中物体与背景之间的关系有时会得到较好的效果。数学形态学中的击中与未击中（Hit-Miss Transform，HMT）变换即可达到这个目的。HMT 与前面给出的 4 种变换不同，它不是基于结构元素是否含在集合 A 或它的补集 A^C 中，而是基于结构元素与 A 和 A^C 均相交，这种关系结构常常包含丰富的信息。

设 A 是目标区域，$B=(E,F)$ 是结构元素对，且 $E\cap F=\varnothing$，则击中未击中变换定义为

$$A\otimes B=A\otimes(E,F)=\{a\,|\,E_a\subseteq A,F_a\subseteq A^C\} \tag{5.2-34}$$

式（5.2-34）表示，当且仅当 E 平移到某一点可填入 A 的内部（即 E 击中 A），而 F 平移到该点可填入 A 外部（即 F 未击中 A）两个条件同时成立时，该点才在 HMT 中输出，如图 5.2-11 所示。

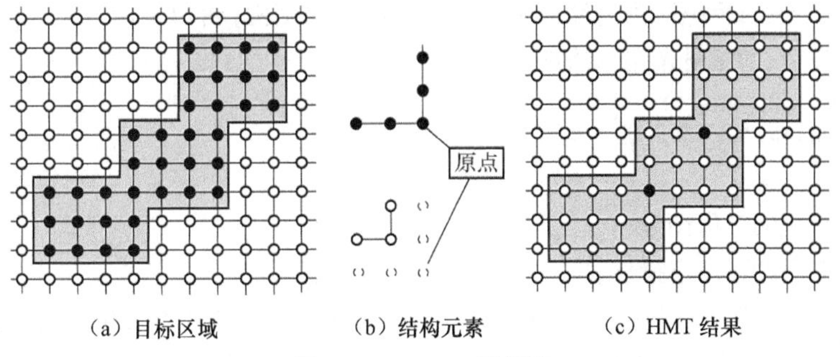

（a）目标区域　　（b）结构元素　　（c）HMT 结果

图 5.2-11　HMT 示意图

由定义可知，击中与未击中运算相当于一种条件比较严格的模板匹配。它不仅指出被匹配点所满足的性质，即模板的形状，同时也指出了这些点所不应满足的性质，即对周围背景的要求。由定义不难推出如下公式。

$$A \otimes B = (A \Theta E) \bigcap (A^C \Theta F) = (A \Theta E) \bigcap (A \oplus F)^C \qquad (5.2\text{-}35)$$

HMT 是一个基本形状检测工具，广泛应用于保持拓扑结构的形状细化、形状识别和定位。形状识别和定位的原理是，设给定图像 F 中包含 A 在内的多个不同物体，假定检测和定位目标 A，为此设置一个形状模板 A，此时，取一个比 A 稍大的区域 D 且使 A 不与 D 的边缘相交，令 $E = A$，$F = D - A$，则 $X(E,F)$ 将给出且仅给出 X 中所有与 A 全等的物体的位置。由图 5.2-12 给出运用 HMT 检测目标的示例。设有一个由三个物体组成的图像，如图 5.2-12（a）所示，其中有两个矩形和一个正方形。现在的任务是识别出正方形并且标出它的位置。选取结构元素对分别如图 5.2-12（b）和图 5.2-12（c）所示，利用击中和未击中算法识别出的结果如图 5.2-12（d）所示。

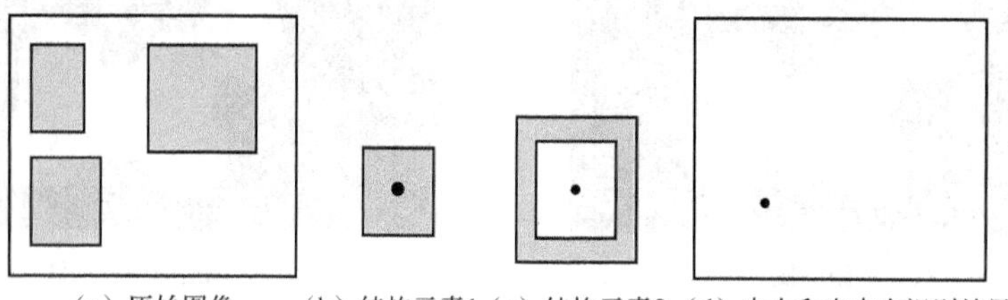

（a）原始图像 （b）结构元素1 （c）结构元素2 （d）击中和未击中识别结果

图 5.2-12 击中/未击中变换示例

上述方法仅仅给出了用 HMT 识别物体的原理。与大多数识别方法一样，当应用于实际图像识别时，往往存在很多问题。因为实际图像会存在噪声干扰，可能还有变形，因此，在实际应用时需要对算法做各种改进。

5.2.7 二值形态学应用

1. 以膨胀和腐蚀为基础的其他操作

除了开和闭运算外，MATLAB 图像处理工具箱还提供了其他以膨胀和腐蚀为基础的形态学操作算法，如 bwmorph（骨架提取）、bwperim（边缘检测）、bwhitmiss（逻辑与运算）等。另外还有 imtophat 和 imbothat 函数，imtophat 函数实现从原始图像中减去形态开启后的图像，可以用来增强图像的对比度，imbothat 函数实现从原始图像中减去经过形态关闭后的图像，该函数可以用来寻找图像中的灰度槽。

（1）骨架提取

为了把图像中的目标缩减为直线而不改变图像的主要结构，可以使用 bwmorph 函数来提取图像中目标的骨架。它的常见调用方法如下。

```
BW2=bwmorph(BW,'skel')
BW2=bwmorph(BW,'skel', n)
```

其中：

- BW 是输入的二值图像；
- skel 是专门的形态学操作；
- n 是指该形态学操作执行的次数，可以为无限次，直到图像不发生变化为止；
- BW2 是返回的提取骨架后的图像。

下面的例子对一幅图像进行了骨架提取。

【例 5-6】 图像的骨架提取。

```
BW1 = imread('circbw.tif');
BW2 = bwmorph(BW1, 'skel ' Inf);
```

```
subplot(121),imshow(BW1);title('原始图像');
subplot(122),imshow(BW2);title('骨架提取后的图像');
```

程序运行结果如图 5.2-13 所示，其中左边图像为原始图像；右边图像为骨架提取后的图像，从中可以看到图像的骨架。

（a）原始图像

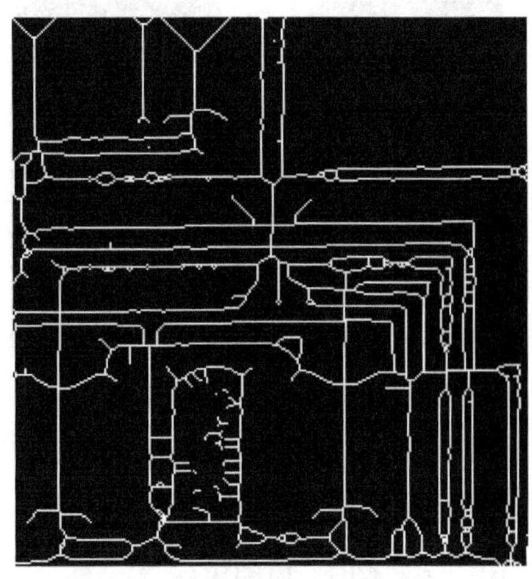
（b）骨架提取后的图像

图 5.2-13　图像的骨架提取

（2）边缘检测

对于二值图像来说，如果它的像素值为 1，而邻域中至少有一个像素值为 0，则称其为边缘像素。MATLAB 图像处理工具箱中使用 bwperim 函数来检测图像的边缘，它的常见调用方法如下。

```
BW2=bwperim(BW1)
BW2=bwperim(BW1,conn)
```

其中：

- BW1 是指输入的二值图像；
- conn 规定了连通性，对于二维图像来说，conn 可以为 4 或者 8，默认值为 4，对于三维图像来说，conn 可以为 6、18 或者 26，默认值为 6；
- BW2 是返回的边缘图像。

【例 5-7】图像的边缘检测

```
BW1 = imread('circbw.tif');
BW2 = bwperim(BW1, 8);
subplot(121),imshow(BW1);title('原始图像');
subplot(122),imshow(BW2);title('边缘检测后的图像');
```

程序运行结果如图 5.2-14 所示，其中左边图像为原始图像 circbw；右边为边缘检测后的图像。

2. 计算二值图像的欧拉数

MATLAB 图像处理工具箱中的 bweuler 函数返回一幅二值图像中的欧拉数。欧拉数是图像拓扑结构的一种测量，它定义为对象的总个数与对象中孔洞的个数的差。

bweuler 函数的常见调用方法如下。

```
eul=bweuler(BW)
eul=bweuler(BW,n)
```

（a）原始图像

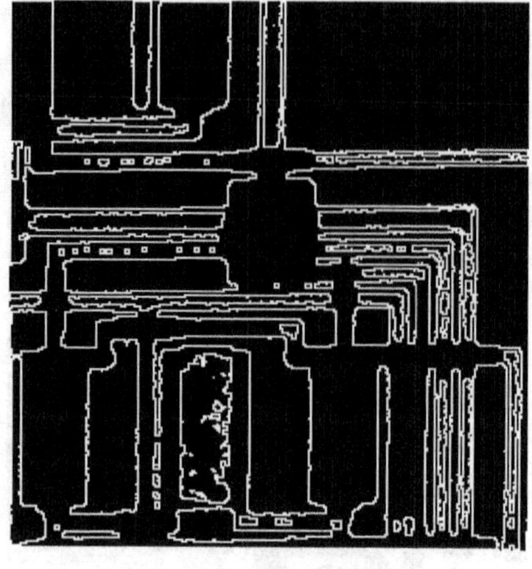
（b）边缘检测后的图像

图 5.2-14　边缘检测前后的图像

其中：

- BW 是输入的二值图像；
- n 规定了连通性，可以为 4 或者 8，默认值为 8；
- eul 是返回的欧拉数。

下面的例子显示了如何计算一幅图像中的欧拉数。

【例 5-8】计算二值图像的欧拉数。

```
BW=imread('circles.png');
imshow(BW);
eul=bweuler(BW)%计算欧拉数
```

程序运行结果 eul 值为-3，因为图像中只有一个对象，而有 4 个孔洞，因此欧拉数 1-4=-3，读者可参考图 5.2-15 自己验证。

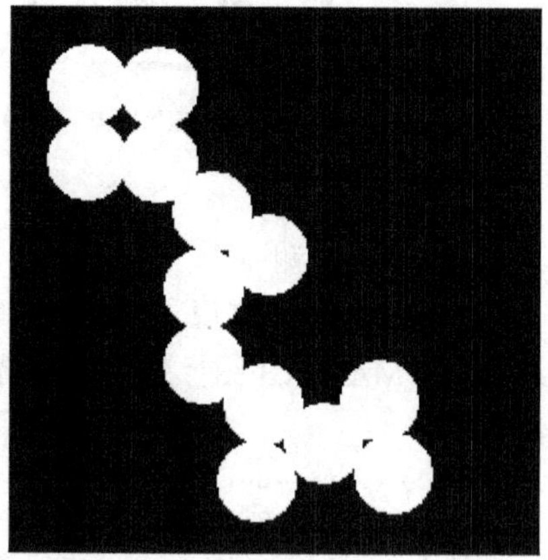
图 5.2-15　计算欧拉数时使用的图像

5.3　灰度图像的形态学处理

5.2 节中介绍的数学形态学的图像处理方法仅适用于二值图像，它是初期的数学形态学。到了 20 世纪 70 年代末 80 年代初，人们又开始对灰度形态学进行研究，从而使得数学形态学不仅可以用于二值图像，也可应用于各种灰度图像和彩色图像，尤其是灰度形态学方法近年来在图像理解和计算机视觉的研究中得到了广泛的重视。

灰度形态学是二值形态学向灰度图像空间的自然推广。在二值形态学中各种算法的操作对象是集合，而在灰度形态学中，其操作对象为图像函数，即用 $f(x,y)$ 和 $b(x,y)$ 分别作为输入图像和结构元素，函数中的 (x,y) 表示图像中像素点的坐标。在二值形态学中基本的交运算、并运算在灰度形态学中分别用最大值（maximum）和最小值（minimum）运算代替。

与前面的二值图像形态学处理方法相同，在灰度图像形态学中仍然是先介绍灰度形态学四种基本运算，即灰度膨胀算法、灰度腐蚀算法、灰度开运算及灰度闭运算，重点是运用灰度形态学提取描述和表示图像的有用成分。同时以形态学梯度算子为基础，介绍边缘提取和基于纹理的区域分割算法，以及讨论在预处理及后处理步骤中非常有用的平滑及增强处理算法。

5.3.1 灰度腐蚀算法

灰度图像腐蚀是求出邻域内的最小值作为输出，邻域仍然是由各种算子模板来定义的。在灰度图像中，用结构元素函数 $b(x,y)$ 对输入图像函数 $f(x,y)$ 进行腐蚀运算，可表示为 $(f \Theta b)(s,t)$，其定义式为

$$(f \Theta b)(s,t) = \min\{f(s+x,t+x) - b(x,y) \mid s+x, t+x \in D_f; x \in D_b\} \quad (5.3\text{-}1)$$

其中，D_f 和 D_b 分别表示 $f(x,y)$ 和 $b(x,y)$ 的定义域。与二值形态学腐蚀算法定义中的要求一样，x 和 y 必须在结构元素 $b(x,y)$ 的定义域之内，而平移参数 $s+x$ 和 $t+y$ 要求在 $f(x,y)$ 的定义域之内。但要注意，与二值腐蚀运算不同的是，在这里被平移的对象是输入 f，而不是结构元素 b。式（5.3-1）很类似于二维卷积运算，用最小值运算代替了相关运算中的求和（或积分），并以相减代替相关运算的卷积，结构元素可看成卷积运算中的滤波窗口。

为了便于对灰度腐蚀运算原理的理解和分析，可将式（5.3-1）进一步简化为一维函数形式，即

$$(f \Theta b)(s) = \min\{f(s+x) - b(x) \mid s+x \in D_f; x \in D_b\} \quad (5.3\text{-}2)$$

在相关运算中，$f(-x)$ 是 $f(x)$ 关于 x 轴原点的映射，且当 s 为正时，函数 $f(s+x)$ 将向左平移；当 s 为负时，函数 $f(s+x)$ 将向右平移。同时，要求 $s+x$ 必须在 f 的定义域内，x 的值必须在 b 的定义域内。

图 5.3-1 给出了输入图像和结构元素均为一维函数时腐蚀运算的原理示意图。其中，图 5.3-1（a）为输入图像 $f(x)$；图 5.3-1（b）为一维圆形结构元素 $b(x)$；图 5.3-1（c）为腐蚀后的运算结果。

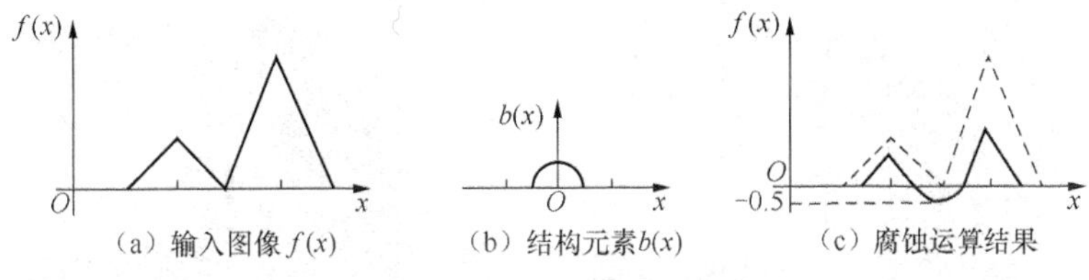

图 5.3-1 灰度腐蚀原理示意图

腐蚀操作是以结构元素定义的邻域中选择 $f(x)-b(x)$ 的最小值为基础的，所以灰度图像的腐蚀处理方法会得到双重结果。

（1）如果结构元素的值均为正，则输出图像会比输入图像暗。

（2）如果输入图像中亮细节的结构尺寸小于结构元素，则其视觉效果会被削弱，削弱的程度取决于膨胀操作中结构元素的形状和幅值。

【例 5-9】灰度腐蚀算法示例。

图 5.3-2（a）为灰度图像 A，图 5.3-2（b）为 3×3 的结构元素 B，其原点在中心位置上。以计算 A 的中心元素的腐蚀结果为例，说明灰度腐蚀的计算过程。

（1）将 B 的原点重叠在 A 的中心元素，如图 5.3-2（c）所示。

（2）依次用 A 的中心元素 3 减去 B 的各个元素并将结果放在对应的位置上，如图 5.3-2（d）所示。

（3）将 B 的原点移动到与 A 的中心元素相邻的 8 个元素上进行相同的操作，可得到 8 个平移相减的结果，图 5.3-2（e）所示为把 B 的原点移动到 A 的中心元素的左侧位置上。图 5.3-2（f）为此时的计算结果。

（4）取得的 9 个位置结果的最小值 0 作为 A 中心元素的腐蚀结果，如图 5.3-2（g）所示。

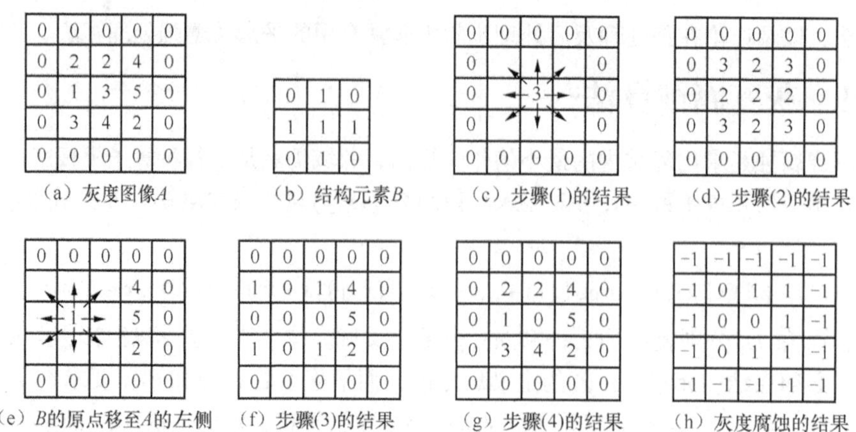

（a）灰度图像A　（b）结构元素B　（c）步骤(1)的结果　（d）步骤(2)的结果

（e）B的原点移至A的左侧　（f）步骤(3)的结果　（g）步骤(4)的结果　（h）灰度腐蚀的结果

图 5.3-2　灰度腐蚀算法示例

（5）依据该算法计算 A 中的其他元素，就可得到图像灰度 A 的腐蚀结果，如图 5.3-2（h）所示。

下面给出一个灰度腐蚀的 MATLAB 实现的例子。

【例 5-10】灰度图像的腐蚀。

```
I=imread('cameraman.tif');
se=strel('BAll',5,5);%生成球形的结构元素
I2=imerode(I,se);%对图像进行腐蚀
subplot(121),imshow(I),title('原始图像');
subplot(122),imshow(I2),title('腐蚀后的图像');
```

（a）原始图像

（b）腐蚀后的图像

图 5.3-3　灰度图像腐蚀

程序运行结果如图 5.3-3 所示，左边图像为原始图像，右边图像为腐蚀后的图像。

5.3.2　灰度膨胀算法

灰度膨胀是灰度腐蚀的对偶运算，其实质是求邻域内最大值作为输出。用结构元素函数 $b(x,y)$ 对输入图像 $f(x,y)$ 进行膨胀运算，表示为 $f \oplus b$，其定义为

$$(f \oplus b)(s,t) = \max\{f(s-x, s-y) + b(x,y) \mid s-x, t-y \in D_f; x, y \in D_b\} \qquad (5.3\text{-}3)$$

其中，D_f和 D_b 分别表示 $f(x,y)$ 和 $b(x,y)$ 的定义域。与二值形态学膨胀算法定义中要求的一样，x 和 y 必须在结构元素 $b(x,y)$ 的定义域之内，而平移参数 $s-x$ 和 $t-y$ 仍要求在 $f(x,y)$ 的定义域之内。但要注意，与二值膨胀运算不同的是，在这里被平移的对象是输入图像 f 而不是结构元素 B。式（5.3-3）很类似于二维卷积运算，只不过用最大值代替了卷积求和（或积分），并以相加代替了卷积中的相乘。

为了便于对灰度膨胀运算原理的理解和分析，可将式（5.3-3）进一步简化为一维函数形式，即

$$(f \oplus b)(s) = \max\{f(s-x)+b(x) \mid s-x \in D_f; x \in D_b\} \tag{5.3-4}$$

在相关运算中，$f(-x)$ 是 $f(x)$ 关于 x 轴原点的映射，且相对于正的 s，函数 $f(s-x)$ 将向右平移；对于 $-s$，函数 $f(s-x)$ 将向左平移。同上一样，仍然要求 $s-x$ 必须在 f 的定义域内，x 的值必须在 b 的定义域内。

从概念上讲，在膨胀运算中，$f(x,y)$ 和 $b(x,y)$ 是可以互换的，也就是说，用 $f \oplus b$ 来计算式（5.3-3），其结果是一样的，在这里 $b(x,y)$ 是平移函数。但要注意的是，腐蚀运算是不可交换的。

图 5.3-4 给出了输入图像和结构元素均为一维函数时膨胀运算的原理示意图。其中，图 5.3-4（a）为输入图像 $f(x,y)$；图 5.3-4（b）为一维圆形结构元素 $b(x)$；图 5.3-4（c）为膨胀后的运算结果。

膨胀操作是以在结构元素形状定义的区间中选择 $f(x)+b(x)$ 最大值为基础的，所以灰度图像的膨胀处理方法会得到双重结果。

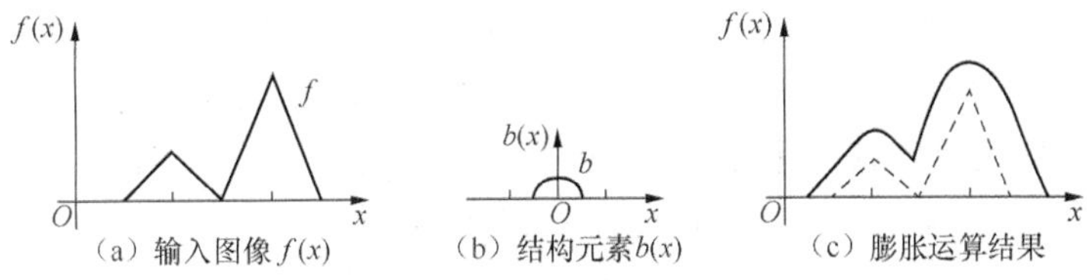

图 5.3-4　灰度膨胀原理示意图

（1）如果结构元素的值均为正，则输出图像会比输入图像亮。

（2）如果输入图像中亮细节的结构尺寸大于结构元素，则其视觉效果会被增强，增强的程度取决于膨胀操作中结构元素的形状和幅值。

下面给出一个灰度膨胀的 MATLAB 实现的例子。

【例 5-11】灰度图像的膨胀。

```
I=imread('cameraman.tif');
se=strel('BAll',5,5);%生成球形的结构元素
I2=imdilate(I,se);%对图像进行膨胀
subplot(121),imshow(I),title('原始图像');
subplot(122),imshow(I2),title('膨胀后的图像');
```

程序运行结果如图 5.3-5 所示，左边图像为原始图像 cameraman；右边图像为膨胀后的图像。可以看到这幅灰度图像中人物的像素值较低，而周围背景的像素值较高，因此是背景像素值在增大，而人物的像素值在减小。

（a）原始图像

（b）膨胀后的图像

图 5.3-5　灰度图像的膨胀

5.3.3 灰度图像的开运算和闭运算

在膨胀与腐蚀运算的基础上可以定义开运算和闭运算。

数学形态学中关于灰度值开和闭运算的定义与它们在二值数学形态学中的对应运算是一致的。用结构元素 S（灰度图像）对灰度图像 f 做开运算记为 $f \circ S$，其定义为

$$f \circ S = (f \Theta S) \oplus S \tag{5.3-5}$$

用结构元素 S（灰度图像）对灰度图像 f 做闭运算记为 $f \bullet S$，其定义为

$$f \bullet S = (f \oplus S) \Theta S \tag{5.3-6}$$

灰度值开、闭运算也有简单的几何解释，如图 5.3-6 所示。在图 5.3-6（a）中，给出了一幅图像 $f(x,y)$ 在 y 为常数时的一个剖面 $f(x)$，其形状为一连串的山峰和山谷。假设结构元素 S 是球状的，投影到 x 和 $f(x)$ 平面上是个圆。下面分别讨论开、闭运算的情况。

用 S 对 f 做开运算，即 $f \circ S$，可看作将 S 贴着 f 的下沿从一端滚到另一端。图 5.3-6（b）给出了 S 在开运算中的几个位置，图 5.3-6（c）给出了开运算操作的结果。从图 5.3-6（c）可看出，所有比 S 直径小的山峰其高度和尖锐度都消减了。换句话说，当 S 贴着 f 的下沿滚动时，f 中没有与 S 接触的部位都削减到与 S 接触。实际中常用的开运算操作消除与结构元素相比尺寸较小的亮细节并同时减弱了图像亮度；第 2 步的膨胀增加了图像亮度，但又不重新引入前面去除的细节。

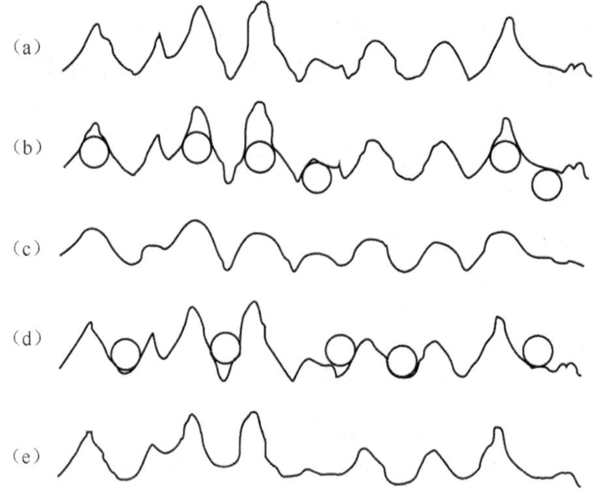

图 5.3-6　灰度图像的开闭运算

用 S 对 f 做闭运算，即 $f \bullet S$，可看作将 S 贴着 f 的上沿从一端滚到另一端。图 5.3-6（d）给出了 S 在闭运算中的几个位置，图 5.3-6（e）给出了闭运算操作的结果。从图 5.3-6（e）可看出，山峰基本没有变化，而所有比 S 直径小的山谷都得到了“填充”，使其与 S 接触。实际中常用闭运算操作消除与结构元素相比尺寸较小的暗细节，而保持图像整体灰度值和大的暗区域基本不受影响。具体地说，第 1 步的膨胀去除了小的暗细节并同时增强了图像亮度；第 2 步的腐蚀减弱了图像亮度但又不重新引入前面去除的细节。

下面给出几个开运算和闭运算案例分析。

【例 5-12】将图 5.3-7（a）所示灰度图像用 MATLAB 编程进行开和闭运算，要求：①利用线性模板对图像实施开闭运算；②用原点到顶点距离均为 2 的平坦菱形结构元素进行开和闭运算；③显示所有的开和闭运算的结果。

原程序代码如下，效果图如图 5.3-7 所示。

```
Bw1=imread('cameraman.tif');
figure(1);
imshow(Bw1);
se=strel('line',10,30);
Bw2=imopen(Bw1,se);
figure(2);
imwrite(Bw2,'1.tif');
imshow(Bw2);
Bw3=imclose(Bw1,se);
figure(3);
imshow(Bw3);
imwrite(Bw3,'2.tif');
s1=strel('diAmond',2);
Bw4=imopen(Bw1,s1);
figure(4);
imshow(Bw4);
imwrite(Bw4,'3.tif');
Bw5=imclose(Bw1,s1);
figure(5);
imshow(Bw5);
imwrite(Bw5,'5.tif');
```

（a）原始图像

（b）利用线性模板做开运算

（c）利用线性模板做闭运算

（d）用结构元素'diamond'做开运算

（e）用结构元素'diamond'做闭运算

图 5.3-7　用不同结构元素对图像做开闭运算

5.3.4　灰度形态学梯度

利用梯度进行边缘检测的基本原理是：如果在图像某点出现的梯度值大，则表示该点处图像的明暗变化剧烈，从而可能有边缘存在。在灰度值形态学中，利用扁平结构元素 g 对 f 做腐蚀和膨胀可以

得到 f 的局部极大和极小值，故与数字差分定义的梯度相对应，一种形态学梯度的定义为

$$GRAD(f) = (f \oplus g) - (f \Theta g) \tag{5.3.7}$$

式中，g 为以原点为中心的扁平结构元素。

为了更好地获得边缘检测的效果，与差分梯度的情况类似，可以将形态学梯度与阈值结合起来使用。图 5.3-8 为形态学梯度算法检测到的脑部核磁共振图片的边缘图像。

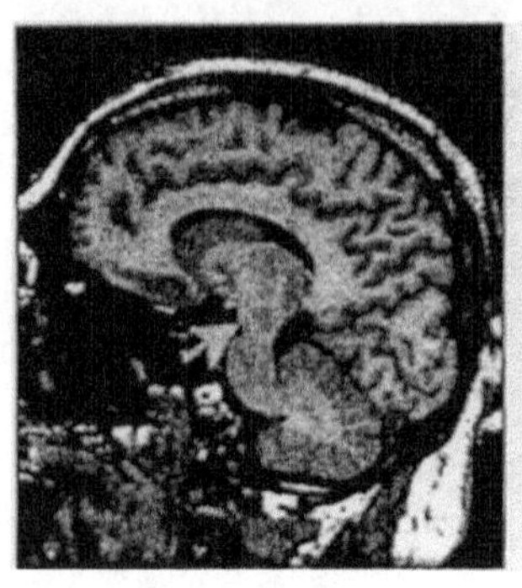

（a）原始图像

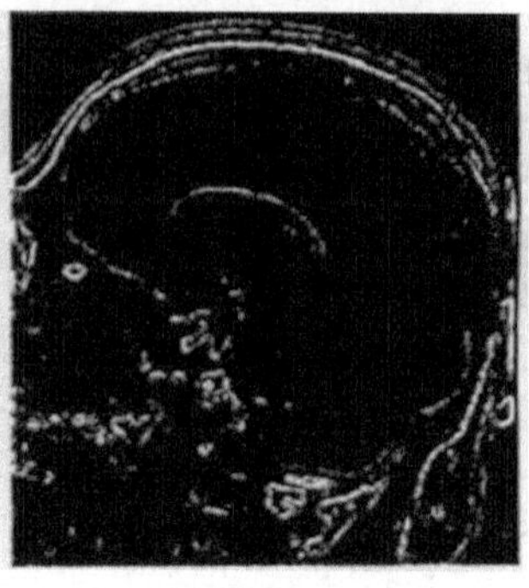

（b）形态学梯度

图 5.3-8　核磁共振图像的形态学梯度

5.3.5　高帽、低帽变换

通过这两种变换可以得到灰度图像中一些重要的标记点。例如，在较亮的背景中求暗的像素点或在较暗的背景中求亮的像素点，检测受到噪声污染图像中的边缘等。为了使上述效果更明显，对变换后的图像也可以做阈值处理。

高帽变换指从一幅原始图像 f 中减去对其做开运算后得到的图像 $THT(f)$，其定义为

$$THT(f) = f - (f \circ g) \tag{5.3-8}$$

其中，g 为结构元素。

高帽变换是一种波峰检测器，它在较暗的背景中求亮的像素点很有效。与它相对偶的算子是低帽变换，其定义为

$$BHT(f) = (f \bullet g) - f \tag{5.3-9}$$

显然，低帽变换是一种波谷检测器，适合于在较亮的背景中求暗的像素点。

图 5.3-9 说明了采用扁平结构元素 g，可以利用高帽变换求出图像 f 中的峰值，而利用低帽变换求出图像 f 中的谷值。

（a）房屋测试图像

（b）高帽变换

（c）低帽变换

图 5.3-9　利用高帽和低帽变换检测图像峰值和谷值

5.3.6　灰度形态学应用

1. 填充操作

MATLAB 图像处理工具箱中使用 imfill 函数对二值图像或者灰度图像进行填充操作。其常见调用方法如下。

```
BW2=imfill(BW,locations)
BW2=imfill(BW,'holes')
I2=imfill(I)
BW2=imfill(BW,locations,conn)
```

其中：

- BW 是指二值图像；
- locations 规定了填充操作的起始点；
- holes 规定了填充二值图像中的孔洞；
- I 是指灰度图像，即此函数可以填充灰度图像；
- conn 规定了连通性，其值对于二维图像来说可以为 4 或者 8。

【例 5-13】 对图像进行孔洞填充。

```
BW = im2bw(imread('coin.png')); %读取图像
BW1= imfill(BW, 'holes ' ); %对图像进行填充
subplot(121), imshow(BW) ; title('原始图像');
subplot(122), imshow(BW1) ; title('填充后的图像')
```

程序运行结果如图 5.3-10 所示，其中左边图像为原始图像；右边图像为填充后的图像。

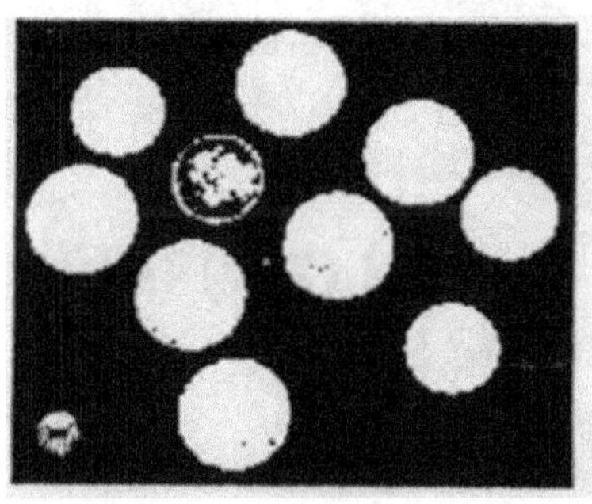

（a）原始图像

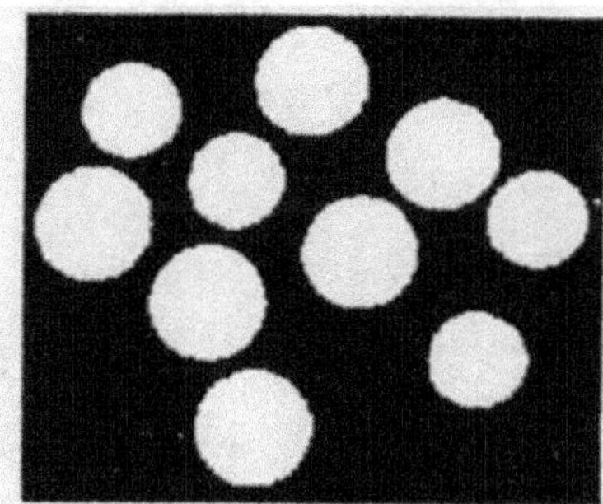

（b）填充后的图像

图 5.3-10　填充前后的图像

2. bottom-hat 滤波

在 MATLAB 图像处理工具箱中进行 bottom-hat 滤波的函数是 imbothat，用法与 imtophat 函数类似。这个函数的常见调用方法如下。

```
IM2=imbothat(IM,SE)
IM2=imbothat(IM,NHOOD)
```

其中：

- IM 是指输入的二值图像或者灰度图像；
- SE 为 strel 函数返回的结构元素，必须为单一结构元素；
- NHOOD 为元素值仅为 0 或者 1 的数组，刻画了结构元素邻域的大小和形状，等价于 imbothat(IM,strel(NHOOD))；

- IM2 是进行 bottom-hat 滤波后返回的图像。

下面的例子使用 top-hat 滤波和 bottom-hat 滤波来增强图像。

【例 5-14】使用 top-hat 和 bottom-hat 滤波对图像进行增强。

```
I=imread('pout.tif');
subplot(121), imshow(I); title(' 原始图像');
se=strel(' disk',3);%生成圆形的结构元素
I1=imtophat(I,se);%top-hAt 滤波
I2=imadd(I,I1);%原始图像加上 top-hat 滤波后的图像
I3=imbothat(I,se) ; %bottom-hat 滤波
J=imsubtract(I2, I3);%再减去 bottom-hat 滤波后的图像
subplot(122), imshow(J); title(' 增强后的图像');
```

程序运行结果如图 5.3-11 所示，其中左边图像为原图像 pout，右边图像为增强后的图像。

（a）原始图像

（b）增强后的图像

图 5.3-11　使用 top-hat 和 bottom-hat 对图像增强

【例 5-15】对图像进行 top-hat 滤波。

```
I=imread(' rice.png');
subplot(121), imshow(I);  title('原始图像');
se=strel(' disk', 12);  %生成圆盘形状的结构元素
J=imtophat(I,se);  %使用 top-hat 对图像进行滤波
subplot(122),  imshow(J);  title(' top-hat 滤波后的图像');
```

程序运行结果如图 5.3-12 所示，其中左边图像为原始图像，右边图像为 top-hat 滤波后的图像。

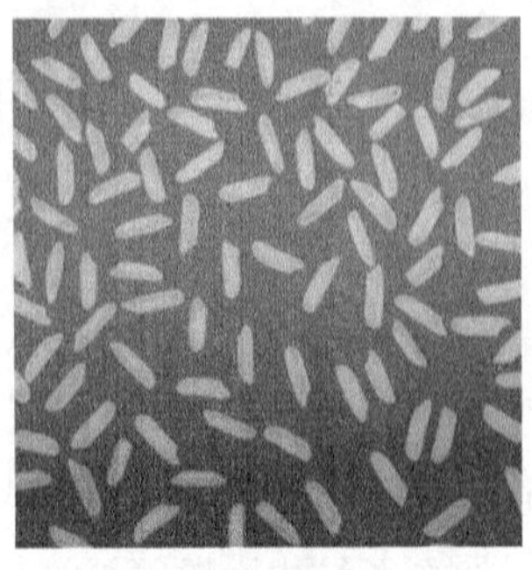

（a）原始图像

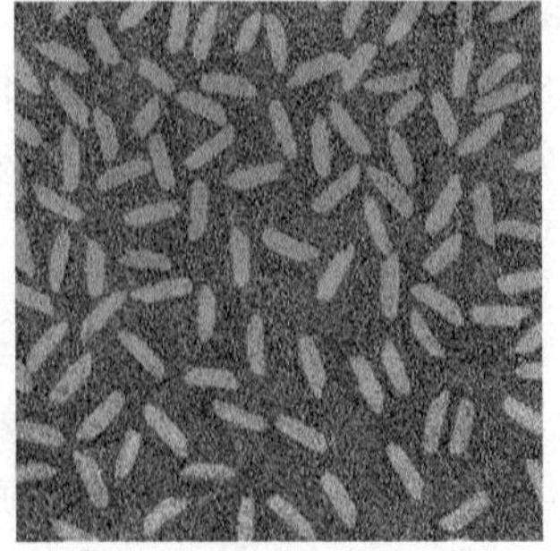

（b）top-hat 滤波后的图像

图 5.3-12　top-hat 滤波前后的图像对比

习　　题

1. 数学形态学主要包括哪些研究内容?
2. 基于数学形态学的图像处理有何特点?
3. 说明二值开运算和闭运算对图像处理的作用及其特点。
4. 开运算与腐蚀运算相比有何优越性?
5. 闭运算与膨胀运算相比有何优越性?
6. 数学形态学基本运算之间有何联系?各有什么特点?
7. 编写 MATLAB 程序,实现灰度图像的腐蚀、膨胀运算,研究其结果。

第6章 图像的分割

6.1 图像分割的定义和分类

6.1.1 图像分割的定义

图像分割是指把图像分成各具特性的区域并提取出感兴趣目标的技术和过程。

前面几章主要介绍对图像进行处理的方法和技术，图像经过处理后，得到的是改善后的另一幅图像，或更利于有效应用的另一幅图像。而在对图像的研究和应用中，人们往往仅对图像中的某些部分感兴趣，这些部分常称为目标或前景（其他部分称为背景），这些目标通常占据一定的区域，并且在某些特性（如灰度、轮廓、颜色和纹理等）上和周围的图像有差别。图像分割简单地讲，就是在一幅图像中，把目标从背景中分离出来，以便于对图像进行进一步处理的过程。它是一种重要的图像分析技术，在图像工程中占据重要的位置。图像工程分为三个层次（见第1章），包括图像处理、图像分析和图像理解。图像处理着重于对图像效果的改善，图像分析则主要是对图像的数学描述，图像理解是在图像分析的基础上，进一步研究图像中各目标的性质和它们之间的相互联系。图像分析的大致步骤如下。

（1）把图像分割成不同的区域或把不同的对象分开。

（2）找出各个区域的特征（特征提取）。

（3）识别图像中的内容，或对图像进行分类（识别分类）。

（4）得出结论（对象的描述、分类或其他）。

可见，图像分割是从图像处理到图像分析的关键步骤，图像分割的好坏直接影响到图像分析的结果。

多年来，人们对图像分割的含义提出了不同的解释和表述，借助集合概念对图像分割可给出如下比较正式的定义。

令集合 R 代表整个图像区域，对 R 的分割可看作将 R 分成 N 个满足以下5个条件的非空子集（子区域）$R_1, R_2, \cdots, R_N$。

（1）$\bigcup_{i=1}^{N} R_i = R$；

（2）对所有的 i 和 j，$i \neq j$，有 $R_i \cap R_j = \varnothing$；

（3）对 $i = 1,2,\cdots,N$，有 $P(R_i) = TRUE$；

（4）对 $i \neq j$，有 $P(R_i \cup R_j) = FALSE$；

（5）对 $i = 1,2,\cdots,N$，R_i是连通的区域。

其中，$P(R_i)$是对所有在集合 R_i 中元素的逻辑谓词，$\varnothing$ 代表空集。

条件（1）指出对一幅图像的分割结果中全部区域的总和（并集）应能包括图像中所有像素（即原始图像）；条件（2）指出分割结果中各个区域是互不重叠的，或者说在分割结果中一个像素不能同时属于两个区域；条件（3）指出属于同一个区域中的像素应该具有某些相同特性；条件（4）指出分割结果中属于不同区域的像素应该具有一些不同的特性；条件（5）要求分割结果中同一个区域内的任意两个像素在该区域内互相连通，或者说分割得到的区域是一个连通成分。

图像分割技术在理论和实际应用中多年来都得到了人们的广泛重视，至今已提出了上千种各种类型的分割算法。但是值得一提的是，还没有一种完善的分割方法可以按照人们的意愿准确地分割任何一种图像。

6.1.2　图像分割的方法分类

根据应用目的的不同，图像分割分为粗分割和细分割。对于模式识别应用，一个物体对象内部的细节与颜色或灰度渐变应被忽略,而且一个物体对象只应被表示为一个或少数几个分割区域，即粗分割；而对于基于区域或对象的图像压缩与编码，其分割的目的是为了得到颜色或灰度信息一致的区域，以利于高效的区域编码，若同一区域内含有大量变化细节，则难以编码，图像需要细分割，即需要捕捉图像的细微变化。

根据分割对象的属性，可分为灰度图像分割和彩色图像分割。

根据分割对象的状态，可分为静态图像分割和动态图像分割。

根据分割对象的应用领域，可分为遥感图像分割、交通图像分割、医学图像分割、工业图像分割、军事图像分割等。

根据分割方法的不同，通常有两种分类方法。

（1）根据图像的相似性和不连续特性分为基于边界的分割算法和基于区域的分割算法。区域内部的像素一般具有某种相似性，而在区域之间的边界上一般具有某种不连续性。分割算法可据此分为利用区域间不连续性的基于边界的图像分割算法和利用区域内相似性的基于区域的图像分割算法。

（2）根据分割的处理策略不同分为串行分割算法和并行分割算法。并行分割算法是指所有的判断和决策可以独立进行；而串行分割算法，后期的处理依赖前期的运算结果。后者运算时间较长，但抗干扰能力较强。

图 6.1-1 列举了常见的图像分割算法。

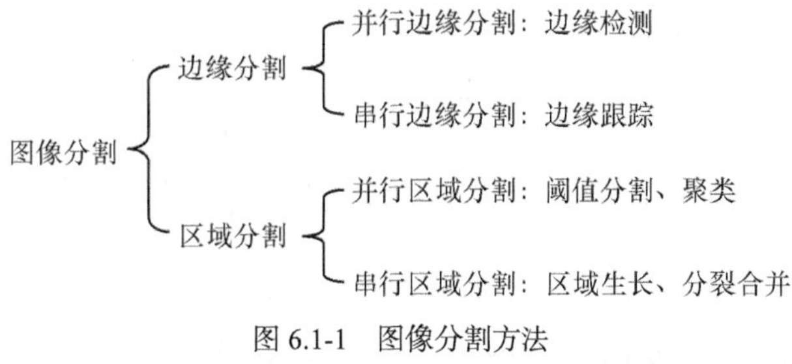

图 6.1-1　图像分割方法

下面从实际应用出发，根据图像具体分割方法的不同，对边缘检测、边缘跟踪、阈值分割、聚类、区域生长、分裂合并等分割方法进行详细介绍。

6.2 基于边缘的图像分割方法

基于边缘的分割方法是假设图像分割结果的某个子区域在原来图像中一定会有边缘存在，灰度或结构等信息的突变处称为边缘，图像的边缘能勾画出目标物体，使观察者一目了然，不同图像灰度不同，一般会有明显的边缘，利用此特征可以分割图像。

基于边缘的分割法首先检测边缘像素，再将边缘像素连接起来构成边界形成分割。这里，边缘是指图像中像素灰度有阶跃变化或屋顶状变化的那些像素的集合。它存在于目标与背景、目标与目标、区域与区域、基元与基元之间。它对图像识别和分析十分有用，能勾画出目标物体轮廓，使观察者一目了然。另外边缘包含了丰富的信息（如方向、阶跃性质、形状等），是图像识别中抽取的重要属性。边缘与边界有所区别，边缘检测得到的是边缘像素点，是局部的；而边界则用于区分图像中的不同目标或物体区域。

根据分割特点的不同，将边缘分为边缘检测和边缘跟踪两个方面介绍。

6.2.1 边缘检测

边缘检测是一种并行的边缘分割方法，使用数学方法提取图像像素中亮度值（灰度）空间方向梯度大的边、线特征，其目的是标识数字图像中亮度变化明显的点。

边缘大致可分为阶跃状和屋顶状两种。阶跃状边缘位于其两边的像素灰度值有明显不同的地方；屋顶状边缘位于灰度值从增加到减少的转折处。还有一种脉冲状边缘，是屋顶状边缘的特殊情况。

边缘是灰度值不连续的结果，这种不连续常可利用求导数方便地检测到，一般常用一阶和二阶导数来检测边缘。如图 6.2-1 所示，第一行是一些具有边缘的图像示例，第二行是沿图像水平方向的剖面图，第三行和第四行分别为剖面的一阶和二阶导数。第一列和第二列是阶跃状边缘，第三列是屋顶状边缘，第四列是脉冲状边缘。

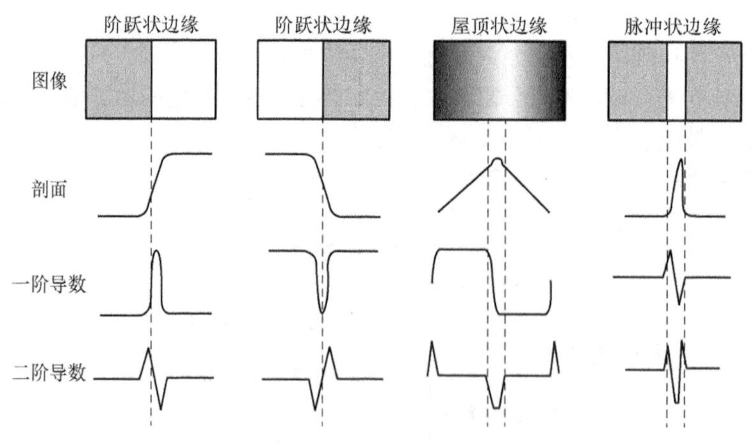

图 6.2-1 边缘及其导数

可用一阶导数的幅度值来检测边缘的存在，幅度峰值一般对应边缘位置。可用二阶导数的过零点检测边缘位置，而用二阶导数在过零点附近的符号确定边缘像素在图像边缘的暗区或明区。利用边缘灰度变化的一阶或二阶导数特点，可以将边缘点检测出来。

在实际的图像分割中，往往只用到一阶和二阶导数，虽然原理上可以用更高阶的导数，但是因为噪声的影响，三阶以上的导数信息往往失去了应用价值。二阶导数还可以说明灰度突变的类型。在有些情况下，如灰度变化均匀的图像，只利用一阶导数可能找不到边缘，此时二阶导数就能提供很有用的信息。二阶导数对噪声也比较敏感，解决的方法是先对图像进行平滑滤波，消除部分噪声，再进行边缘检测。不过，利用二阶导数信息的算法是基于过零检测的，因此得到的边缘点数比较少。

图像的其他特征都是由边缘和区域这些基本特征推导出来的,边缘具有方向和幅度两个特征。沿边缘走向，像素值变化比较平缓；而垂直于边缘走向，则像素值变化比较剧烈。而这种剧烈可能呈现阶跃状，也可能呈现斜坡状。边缘上像素值的一阶导数较大；二阶导数在边缘处值为零，呈现零交叉。

自 1965 年 L.G.Robert 提出边缘检测算子以来，边缘检测算子常分为经典算子、最优算子、多尺度方法及自适应平滑滤波方法。近年来又提出了将模糊数学、神经元网络和数学形态学应用于边缘检测的思想。基于一阶导数的边缘检测算子包括 Roberts 算子、Sobel 算子、Prewitt 算子、Kirsch 算子等，在算法实现过程中，通过 2×2 模块或者 3×3 模块与图像中的每个像素点做卷积和运算，然后选取合适的阈值以提取边缘。拉普拉斯（Laplacian）边缘检测算子是基于二阶导数的边缘检测算子，该算子对噪声敏感。一种改进方式是先对图像进行平滑处理，然后再应用二阶导数的边缘检测算子，其代表是 LoG（Laplacian of Gaussianl）算子。

1. Roberts 边缘检测算子

Roberts 边缘检测算子是交叉的梯度算子，根据任意一对互相垂直方向上的差分计算梯度，是利用局部差分来寻找边缘的。其对应的模板如图 4.5-2 所示。适当取门限 T，若判断梯度幅值大于门限 T，则当前点为阶跃状边缘点。Roberts 算子采用对角线方向相邻两像素之差近似梯度幅值检测边缘，检测水平和垂直边缘的效果好于斜向边缘，定位精度高，对噪声敏感。

2. Prewitt 和 Sobel 边缘检测算子

为了检测边缘的同时减少噪声的影响，Prewitt 从加大边缘检测算子的模板大小出发，扩大到 3×3 来计算差分算子，其对应的模板如图 4.5-3 所示。采用 Prewitt 算子不仅能检测边缘点，而且能抑制噪声的影响。

Sobel 在 Prewitt 算子的基础上，对 4-邻域采用带权的方法计算差分，该算子不仅能检测边缘点，而且能进一步抑制噪声的影响，但检测的边缘较宽。

3. LoG 算子

在实际应用中，图像一般都混有噪声，而导数对噪声的敏感（二阶导数对于噪声更为敏感），使得如何消除由噪声干扰带来的伪边缘，并且同时保证边缘定位的准确性成为边缘检测需要解决的一个重要问题。拉普拉斯算子是二阶导数运算（见 4.5.2 节），由于导数运算对噪声的增强，所以在使用拉普拉斯算子进行边缘检测之前，应预先对图像进行平滑滤波，以抑制或消除噪声，这样做可以改善边缘检测的结果，产生较平滑的边界。Marr 和 Hildreth 将高斯滤波和拉普拉斯边缘检测结合在一起，形成 LoG 算法，也称之为拉普拉斯高斯算法。LoG 边缘检测器的基本特征是：平滑滤波器是高斯滤波器；增强步骤采用二阶导数；边缘检测判据是二阶导数零交叉点并对应一阶导数的较大峰值；使用线性内插方法在子像素分辨率水平上估计边缘的位置。

首先对原始图像运用式（6.2-1）所示的高斯函数进行平滑滤波以减小噪声的影响，然后再对图像运用拉普拉斯算子进行边缘检测，利用零交叉的性质寻找边缘，这是由 Marr 在拉普拉斯算子的基础上提出的。

$$h(x, y)=\mathrm{e}^{-\frac{x^2+y^2}{2\sigma^2}} \tag{6.2-1}$$

将高斯函数 $h(x, y)$与原始图像 $f(x, y)$进行卷积后，得到平滑后的图像 $g(x, y)$如式（6.2-2）所示。

$$g(x, y)= h(x, y)* f(x, y) \tag{6.2-2}$$

再对平滑后的图像 $g(x, y)$运用拉普拉斯算子，函数的拉普拉斯算子即为其二阶导数，从而得到式（6.2-3）。

$$\nabla^2 h(x,y) \xleftrightarrow{\text{令} r^2=x^2+y^2} h''(x)=\left(\frac{r^2-\sigma^2}{\sigma^4}\right)\mathrm{e}^{-\frac{r^2}{2\sigma^2}} \tag{6.2-3}$$

$\nabla^2 h(x,y)$ 就是高斯型的拉普拉斯边缘检测算子，即 LoG 边缘检测算子，其图形如图 6.2-2 所示，因其形状酷似一顶草帽，故有“墨西哥草帽”之称。

常用的 5 × 5 的 LoG 边缘检测算子的模板如图 6.2-3 所示。

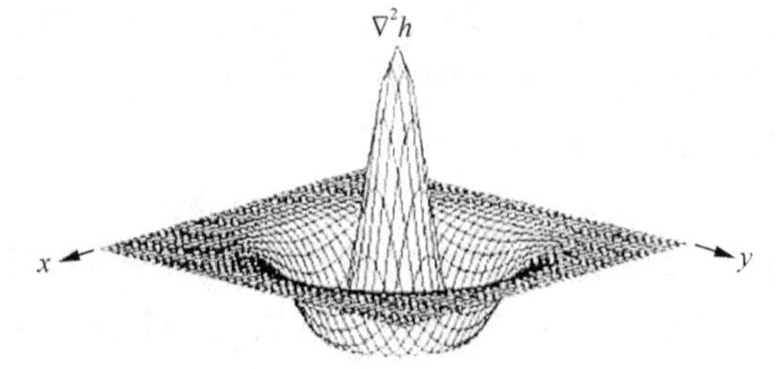

图 6.2-2 LoG 边缘检测算子

−2	−4	−4	−4	−2
−4	0	8	0	−4
−4	8	24	8	−4
−4	0	8	0	−4
−2	−4	−4	−4	−2

图 6.2-3 5 × 5 的 LoG 边缘检测算子模板

4. 坎尼边缘检测算子

坎尼（Canny）边缘检测算子是一种基于二阶导数的算子，在边缘提取的过程中需要计算边缘的一阶导数。Canny 算子提取的边缘比较完整，提取的边缘线型的连接程度也比较好，但受噪声的影响较大。为了获得理想的边缘检测结果，必须将其与理想滤波器结合使用，因此实现起来比较复杂。

Canny 算子利用高斯函数的模型，将边缘检测转化为函数极大值的检测，是一种较好的边缘检测算子。首先，将原始图像与高斯函数进行卷积，得到的图像与原始图像相比有些模糊，但很大程度上降低了噪声。其次，检测图像中水平、垂直及对角线方向的边缘，并标识最大值和生成边缘的方向，即由原始图像生成灰度梯度图及灰度梯度的方向，可以把边缘的梯度方向大致分为水平、竖直、45° 方向和 135° 方向，通过梯度的方向，就可以找到这个梯度方向的邻接像素。然后进行非最大值抑制，遍历图像，若某个像素的灰度值与其梯度方向上前后两个像素的灰度值相比不是最大的，则将这个像素值置 0，即不是边缘像素。再使用累计直方图计算两个阈值，凡是大于高阈值的一定是边缘，凡是小于低阈值的一定不是边缘，如果检测结果大于低阈值而小于高阈值，则要看这个像素的邻接像素中有没有超过高阈值的边缘像素，如果有它就是边缘，否则就不是边缘。坎尼算法的步骤如下。

（1）利用高斯函数平滑图像。设高斯函数为

$$G(x,y)=\frac{1}{2\pi\sigma^2}\mathrm{e}^{-\frac{x^2+y^2}{2\sigma^2}} \tag{6.2-4}$$

计算二维卷积$\nabla G(x,y)*f(x,y)$实现方向平滑。

（2）计算滤波后的边缘强度和方向，通过阈值来检测边缘。将$\nabla G(x,y)$的二维卷积模板分解成两个一维滤波器。

$$\frac{\partial G(x,\ y)}{\partial x}=kx\mathrm{e}^{-\frac{x^2}{2\sigma^2}}\mathrm{e}^{-\frac{y^2}{2\sigma^2}}=h_1(x)h_2(y) \tag{6.2-5}$$

$$\frac{\partial G(x,\ y)}{\partial y}=kx\mathrm{e}^{-\frac{y^2}{2\sigma^2}}\mathrm{e}^{-\frac{x^2}{2\sigma^2}}=h_1(y)h_2(x) \tag{6.2-6}$$

式中

$$h_1(x)=\sqrt{k}x\mathrm{e}^{-\frac{x^2}{2\sigma^2}};\quad h_2(x)=\sqrt{k}\mathrm{e}^{-\frac{y^2}{2\sigma^2}} \tag{6.2-7}$$

$$h_1(y)=\sqrt{k}y\mathrm{e}^{-\frac{y^2}{2\sigma^2}};\quad h_2(x)=\sqrt{k}\mathrm{e}^{-\frac{x^2}{2\sigma^2}} \tag{6.2-8}$$

可见

$$h_1(x)=xh_2(x);\quad h_1(y)=yh_2(y) \tag{6.2-9}$$

然后把这两个模板分别与$f(x,y)$进行卷积，得到

$$E_x=\frac{\partial G(x,\ y)}{\partial x}*f;\quad E_y=\frac{\partial G(x,\ y)}{\partial y}*f \tag{6.2-10}$$

令

$$A(x,y)=\sqrt{E_x^2+E_y^2};\quad a(x,y)=\arctan\left[\frac{E_y(x,y)}{E_x(x,y)}\right] \tag{6.2-11}$$

则 A 反映边缘强度，a 为垂直于边缘的方向。

（3）判断一个像素为边缘点的条件为：像素（x，y）的边缘强度大于沿梯度方向的两个邻接像素的边缘强度；与该像素梯度方向上相邻两点的方向差小于 45°；以该像素为中心的 3 × 3 邻域中的边缘强度的极大值小于某个阈值。

图 6.2-5（f）所示是应用坎尼算子对图 6.2-5（a）进行边缘检测的结果。可见坎尼算子的检测比较优越，它可以减小模板检测中的边缘中断，有利于得到较完整的边缘。

5. 凯西边缘检测算子

凯西（Kirsch）边缘检测算子是基于方向的一阶导数算子，通过对图像的每一个像素点分别计算 8 个方向的局部差分，取这 8 个方向模板卷积后的最大值作为该像素点的输出值。虽然 Kirsch 边缘检测算子的计算量大，但能检测出边缘的方向性信息，并能抑制噪声，从而可以产生最大梯度边界。

凯西边缘检测算子对应的 8 个方向的 3 × 3 模板如图 6.2-4 所示。

通过以上对经典边缘检测算子的分析，得出以下结论。

Roberts 算子简单直观，水平和垂直边缘效果较好，可提供最精确的边缘方向估计；但是计算量大，边缘也比较粗。Sobel 算子和 Prewitt 算子具有平滑作用，能滤去一些噪声，去掉部分伪边缘，但同时也平滑了真正的边缘，定位精度不高。Canny 算子提取的边缘最为完整，

而且边缘的连续性很好。它们共同的优点是计算简单、速度较快，缺点是对噪声的干扰都比较敏感。

如果边缘很明显，而且噪声极低，那么可以将边缘图像二值化并将其细化为单像素宽的闭合连通边缘图。然而在非理想的条件下，这种边缘图像会有间隙出现，需要加以填充。

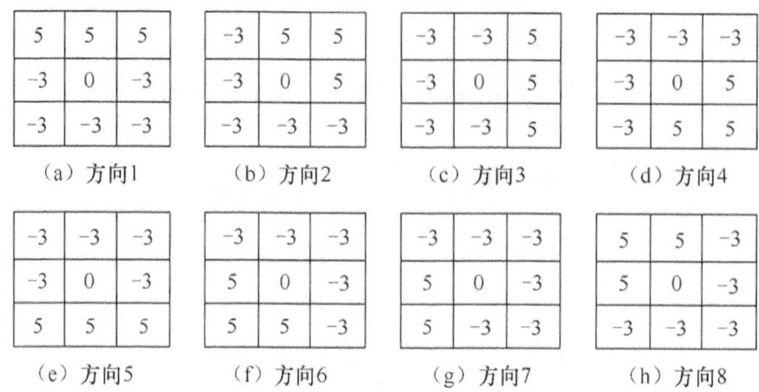

5	5	5
−3	0	−3
−3	−3	−3

（a）方向1

−3	5	5
−3	0	5
−3	−3	−3

（b）方向2

−3	−3	5
−3	0	5
−3	−3	5

（c）方向3

−3	−3	−3
−3	0	5
−3	5	5

（d）方向4

−3	−3	−3
−3	0	−3
5	5	5

（e）方向5

−3	−3	−3
5	0	−3
5	5	−3

（f）方向6

−3	−3	−3
5	0	−3
5	−3	−3

（g）方向7

5	5	−3
5	0	−3
−3	−3	−3

（h）方向8

图 6.2-4　Kirsch 边缘检测算子的 8 个方向模板

填充小的间隙可以简单地实现，通过搜索一个以某端点为中心的方块或更大的邻域，在邻域中找出其他端点并填充上必要的边界像素，从而将它们连接起来。为了避免过度的分割，可以规定两个端点只有在边缘强度和走向相近的情况下才能连接。

6.2.2　边缘检测方法的 MATLAB 实现

在 MATLAB 中，利用图像处理工具箱中的 edge 函数可以实现基于各种算子的边缘检测功能。edge 函数提供许多微分算子模板，对于某些模板可以指定其是对水平边缘还是对垂直边缘（或者两者都有）敏感（即主要检测的是水平边缘还是垂直边缘）。edge 函数在检测边缘时可以指定一个灰度阈值，只有满足这个阈值条件的点才视为边界点。edge 函数的基本调用格式如下：

```
BW=edge(I,'type',parameter,...)
```

其中 I 表示输入图像，type 表示使用的算子类型，parameter 则是与具体算子相关的参数。例如，以下语句将指定 sobel 算子检测边界的阈值和敏感方向：

```
BW=edge(I,'sobel',THRESH,DIRECTION)
```

【例 6-1】利用梯度算子对图像进行边缘检测。

```
I=imread('blood1.tif');
imshow(I);
BW1=edge(I,'roberts');
BW2=edge(I,'prewitt');
BW3=edge(I,'sobel');
BW4=edge(I,'log');
BW5=edge(I,'canny');
figure,imshow(BW1,[]);
figure,imshow(BW2,[]);
figure,imshow(BW3,[]);
figure,imshow(BW4,[]);
figure,imshow(BW5,[]);
```

图 6.2-5（b）～图 6.2-5（f）分别给出了利用 Roberts、Prewitt、Sobel、LoG 和 Canny 五个算子进行边缘检测的不同效果。

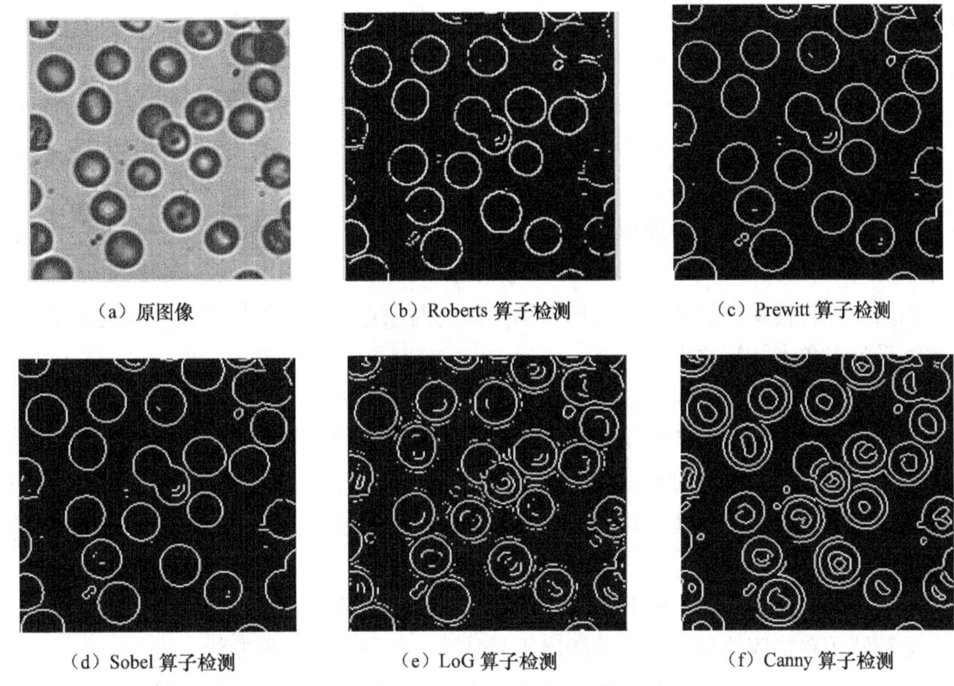

（a）原图像　（b）Roberts 算子检测　（c）Prewitt 算子检测

（d）Sobel 算子检测　（e）LoG 算子检测　（f）Canny 算子检测

图 6.2-5　不同微分算子对边缘检测的效果

6.2.3　边缘跟踪

将检测的边缘点连接成线就是边缘跟踪。在实际应用中，由于获取图像时噪声、光照等因素的影响，用上面各种算子得到的边缘像素常常是孤立的或者是分小段连续的，很少能完整地描绘一条边缘。为了将检测到的边缘像素组合成一条有意义的闭合边缘，通常在使用了边缘检测算法后，紧接着使用边缘跟踪的方法将边缘像素连接起来。

边缘跟踪是一种串行边缘分割方法。串行边缘分割技术通常是通过顺序地搜索边缘点来工作的，一般有三个步骤：第一确定起始边缘点；第二确定搜索准则，然后根据这个准则确定下一个边缘点；第三确定终止条件，即设定搜索过程结束的条件。

实现串行边缘分割即边缘跟踪由梯度图中一个边缘点出发，搜索并连接边缘点进而逐步检测所有边缘。在并行边缘分割法中，边缘像素不一定能够组合成闭合的曲线，因为边缘上有可能会遇到缺口。缺口可能太大而不能用一条直线或曲线连接，也有可能不是一条边缘上的缺口。边缘跟踪的方法则可以在一定程度上解决这些问题，对某些图像，这种方法的分割结果更好。

连接边缘的方法很多，下面分别介绍光栅跟踪法和“爬虫”法。

1. 光栅跟踪法

光栅跟踪法采用设定一定的阈值对图像多次进行行扫描和列扫描实现跟踪。采用光栅行扫描顺序，结合阈值检测，对遇到的像素进行分析，从而确定是否为边缘。下面结合一个实例介绍这种方法。

图 6.2-6（a）是一幅含有三条曲线的模糊图像，假设在任何一个点上，曲线斜率都不超过 90°，现在要从该图中检出这些曲线。光栅跟踪的具体步骤如下。

（1）确定一个比较高的阈值 d，把高于该阈值的像素作为对象点，称该阈值为“检测阈值”，设 d=7。

（2）用检测阈值 d 对图像第一行像素进行检测，凡超过 d 的点都接受为对象点，并作为下一步跟踪的起始点，本例检测结果如图 6.2-6（b）所示。

（3）选取一个比较低的阈值 t 作为跟踪阈值，该阈值可以根据不同准则来选择。本例中，取相邻对象点之灰度差的最大值 4 作为跟踪阈值，如图 6.2-6（c）所示，有时还利用其他参考准则，如梯度、方向、对比度、颜色等。

（4）确定跟踪邻域。本例中取像素（i，j）的下一行像素（i+1，j−1），（i+1，j），（i+1，j+1）为跟踪邻域。

（5）扫描下一行像素，凡和上一行已检测出来的对象点相邻接的像素，其灰度差小于跟踪阈值的，都接受为对象点，反之去除。

（6）对于已检测出的某一对象点，如果在下一行跟踪邻域中，没有任何一个像素被接受为对象点，那么，这一条曲线的跟踪便可结束。如果同时有两个，甚至三个邻域点均被接受为对象点，则说明曲线发生分支，跟踪将对各分支同时进行。如果若干分支曲线合并成一条曲线，则跟踪可集中于一条曲线上进行。一条曲线跟踪结束后，采用类似上述步骤从第一行的其他检出点开始下一条曲线的跟踪。

（7）对于未被接受为对象点的其他各行像素，再次用检测阈值进行检测，并以新检出的点为起始点，重新使用跟踪阈值程序，以检测出不是从第一行开始的其他曲线。

（8）当扫描完最后一行时，跟踪便可结束。本例的跟踪结果如图 6.2-6（d）所示。

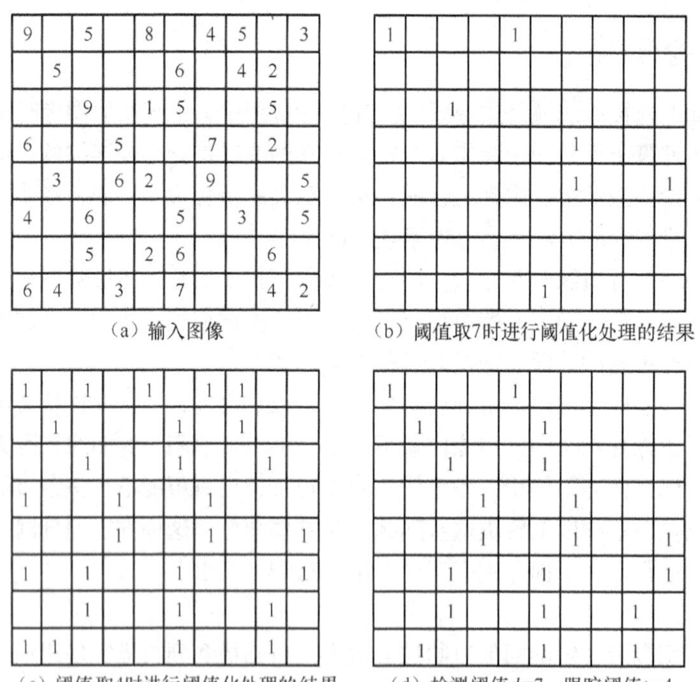

9		5		8		4	5		3
	5				6		4	2	
		9		1	5			5	
6			5			7		2	
	3		6	2		9			5
4		6			5		3		5
		5		2	6			6	
6	4		3		7			4	2

（a）输入图像

1				1					
		1							
						1			
						1			1
					1				

（b）阈值取7时进行阈值化处理的结果

1		1		1		1	1		
	1				1		1		
		1			1			1	
1			1			1			
			1			1			1
1		1			1				1
		1			1			1	
1	1				1			1	

（c）阈值取4时进行阈值化处理的结果

1				1					
	1				1				
		1			1				
			1			1			
			1			1			1
		1			1				1
		1			1			1	
	1				1			1	

（d）检测阈值d =7，跟踪阈值t =4时进行跟踪的结果

图 6.2-6　光栅扫描跟踪

由结果可以看出，本例原始图像中存在着三条曲线，两条从顶端开始，一条从中间开始。然而，如果不用跟踪法，只用一种阈值 d 或 t，检测均不能得到满意的结果。图 6.2-6（b）和（c）所示的检测结果就较差。

应该指出，检测和跟踪所选择的特征可以不是灰度级，而是其他反映局部性质的量，如对比度、梯度等。跟踪准则也可以不仅仅针对每个已检测出的点，而是针对已检出的一组点。这时，可以对先后检出的点赋予不同的值，譬如说，后检出的点给以较大的权，而早先检出的点赋予相对小一些的权，利用被检测点性质的加权均值进行比较，以决定接受或拒绝。

光栅扫描跟踪和扫描方向有关，因此最好沿其他方向再跟踪一次，如逆向跟踪，将两种跟踪的结果综合起来能得到更好的结果。另外，若边缘和光栅扫描方向平行时效果不好，则最好在垂直扫描方向跟踪一次，它相当于把图像转置 90° 后再进行光栅扫描跟踪。

2. "爬虫"法

"爬虫"法是边缘跟踪中最常用的一种方法，它采用如下规则进行处理。

（1）靠近边界任取一点作为起始点，每次只前进一步，步距为一个像素。

（2）跨步由背景区进入目标区后各步向左转，直到穿出目标区为止。

（3）跨步由目标区进入背景区后各步向右转，直到穿出背景区为止。围绕目标物循环一周后，便会回到起始点，那么所走过的轨迹便是对象物的轮廓。

这种方法存在如下问题。

（1）目标的某些小凸部可能被迂回过去，如图 6.2-7 所示。

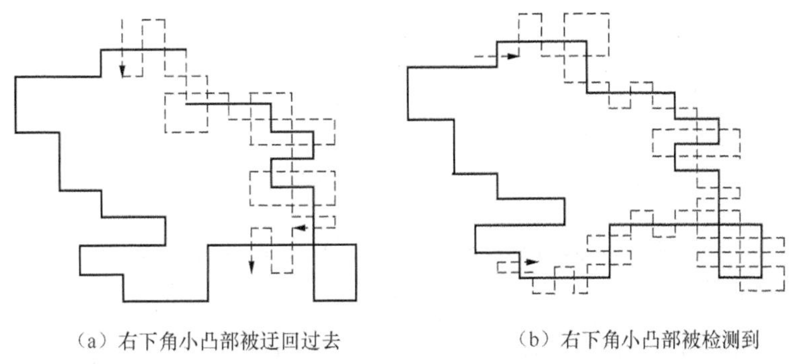

（a）右下角小凸部被迂回过去　　（b）右下角小凸部被检测到

图 6.2-7　"爬虫"法确定目标边界

要想避免这种情况，就要多选一些起始点并取不同起始方向重复进行，然后取相同的轨迹作为目标轮廓。重复的次数视图像的复杂程度而定，但即便重复多次也未必能避免这种问题。

（2）"爬虫"可能会掉进陷阱，即围绕某个局部封闭的区域重复爬行，回不到起始点。为避免这个问题可以设置智能"爬虫"，即让"爬虫"具有记忆功能，当其发现在重复已走过的路径时（掉入陷阱），便重新选择起始点和爬行方向。

6.2.4　边缘跟踪方法的 MATLAB 实现

MATLAB 提供了追踪二值图像中单个边界的函数。

（1）形式 1

```
B=bwtraceboundary(BW,P,fstep)
```

该函数跟踪二值图像 BW 中的对象轮廓，返回值 B 是一个 Q×Q 矩阵，Q 是区域边界像素的数量。B 保存有边界像素的行、列坐标。对象由非零像素组成，零像素构成背景。P 是一个指定行、列坐标的二元向量，表示对象边界上的起始跟踪点。fstep 是一个表示初始查找方向的字符串，以寻找对象中与 P 相连的下一个像素。例如，字符串"N"表示 north，"NE"表示 northeast。

图 6.2-8 说明了 fstep 的所有可能值，中央的灰色部分为当前的跟踪点。

（2）形式 2

```
B=bwtraceboundary(BW,P,fstep,com)
```

该函数要求指定追踪边界使用的连通性 com。com 可以是 4 和 8 两种数值之一。

（3）形式 3

```
B=bwtraceboundary(…,N,dir)
```

该函数指定 N 为边界像素提取的最大数值，dir 为搜寻边界的方向。当 N 被设置为 Inf 即默认值时，则该算法识别边界上所有的像素点。dir 值可以取‘clockwise’（顺时针，默认值）和‘counterclockwise’（逆时针）两者之一。

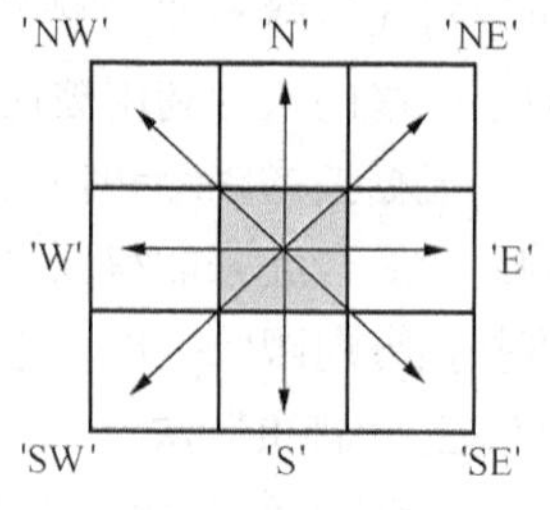

图 6.2-8　fstep 的所有可能值

【例 6-2】 利用 bwtraceboundary 函数对图像进行边缘跟踪。

读入并显示一幅二值图像。从左上角开始，寻找第一个非零像素。使用该像素的坐标作为边缘追踪的开始点。包括开始点在内，提取 50 个边界像素，把它们覆盖在图像上。使用一个绿色的 x 标识开始点。程序如下：

```
BW=imread('blobs.png');
imshow(BW,[]);
s=size(BW);
for row=2:55:s(1)
   for col=1:s(2)
      if BW(row,col),break;
      end
   end
coutour=bwtraceboundary(BW,[row,col],'W',8,50,'counterclockwise');
if(~isempty(coutour));
   hold on
   plot(contour(:,2),contour(:,1),'g',LineWidth',2);
   hold on;
   plot(col,row,'gx','LineWidth',2);
else
   hold on;plot(col,row,'rx','LineWidth',2);
end
```

运行结果如图 6.2-9 所示。

图 6.2-9　二值边缘跟踪结果

边缘检测分割利用不同区域间像素灰度不连续的特点检测出区域间的边缘实现图像分割。图像中相邻的不同区域间总存在边缘，边缘处像素的灰度值不连续，这种不连续性可通过求导数来检测到，因此常用灰度的一阶或二阶微分算子进行边缘检测。而边缘跟踪是先检测到边缘再串行连接成闭合边界的方法，此方法很容易受开始点的影响。

边缘检测的难点在于边缘检测时抗噪性和检测精度之间的矛盾。若提高检测精度，则噪声产生的伪边缘会导致不合理的轮廓；若提高抗噪性，则会产生轮廓漏检和位置偏差。因此提出了各种多尺度边缘检测方法，根据实际问题设计多尺度边缘信息的结合方案，可以较好地兼顾抗噪性和检测精度。

6.3 基于区域的分割

图像中属于同一区域的像素应具有相同或相似的属性，不同区域的像素属性不同。因此，图像的分割就要寻求具有代表性的属性，利用这类属性进行划分，使具有相同或相似属性的像素归属同一区域，不同属性的像素归属不同区域。此时，图像区域分割就成为确定属性阈值的问题。根据分割特点的不同，基于区域的分割方法主要有阈值分割和特征空间聚类法，区域生长和分裂合并法等。前两种方法属并行区域分割方法，后两种属于串行区域分割方法。

6.3.1 阈值分割法

阈值分割的基本思想是先确定一个阈值，然后把每个像素点的像素值和阈值相比较，根据比较的结果把像素划分为两类，前景或背景。

直接的阈值分割一般不适用于复杂景物的正确分割，如自然场景，因为复杂景物的图像，有的区域很难判断究竟是前景还是背景。但是阈值分割在处理前景和背景对比很强的图像时特别有用，此时需要的计算复杂度小。当物体的灰度级比较集中时，简单的设置灰度级阈值提取物体是一个有效的办法。

阈值分割法一般分三个步骤：（1）确定阈值；（2）将阈值和像素值比较；（3）把像素归类。分割的关键是确定一个最优的阈值，就可以对图像进行正确、方便的分割。阈值分割法可分为单阈值分割法、多阈值分割法和自适应阈值分割法。

1. 单阈值分割法

单阈值分割法是仅使用一个阈值分割图像的方法，单阈值灰度直方图如图 6.3-1 所示。

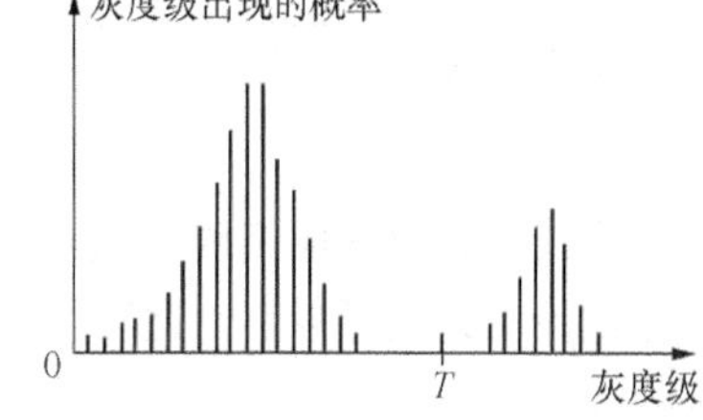

图 6.3-1 单阈值灰度直方图

首先，确定一个合适的阈值 T；其次，将大于等于阈值的像素作为物体或背景，生成一个二值图像。

$$g(x,y)=\begin{cases}1, & f(x,y)\geqslant T \\ 0, & 其他\end{cases} \tag{6.3-1}$$

在图像的阈值化处理过程中，选用不同的阈值其处理结果差异很大。阈值过大，会提取多余的部分；而阈值过小，又会丢失所需的部分。因此，阈值的选取非常重要。四种比较经典的阈值选取方法分别是极小值点阈值选取方法、最优阈值选取方法、迭代阈值选取方法和利用灰度统计直方图的直方图凹性分析的阈值选取方法。

极小值点阈值选取方法通过寻找直方图的极小值点确定分割阈值，在确定极小值点的过程中通常需要对直方图进行平滑。图像的灰度直方图是离散分布的，其包络曲线则是一条连续的曲线，求其包络曲线 $h(z)$极小值作为阈值。实际图像由于各种因素的影响，其灰度直方图往往存在许多起伏，不经预处理将会产生若干虚假的“谷”。一般先对其进行平滑处理，然后再取包络，这样将在一定程度上消除虚假“谷”对分割阈值的影响。

在具体应用时，多使用高斯函数 $g(z,\sigma)$ 与直方图的原始包络函数 $h(z)$相卷积而使包络曲线得到一定程度的平滑。

$$h(z,\ \sigma)=h(z)\bullet g(z,\ \sigma)=\int h(z-\mu)\frac{1}{\sqrt{2\pi}\sigma}\frac{-z^2}{2\sigma^2}\mathrm{d}\mu \tag{6.3-2}$$

最优阈值选取方法是假设一幅图像仅包含两个主要的灰度级区域。如图 6.3-2 所示。令 z 表示灰度级值，则两个灰度区域的直方图可以看作它们概率密度函数（Probability Density Function；PDF）的估计 $p(z)$；$p(z)$是两个密度的和或混合。一个是图像中亮区域的密度，另一个是暗区域的密度；如果 $p(z)$已知或假设，则它能够确定一个最佳阈值（具有最低的误差）将图像分割为两个可区分的区域。

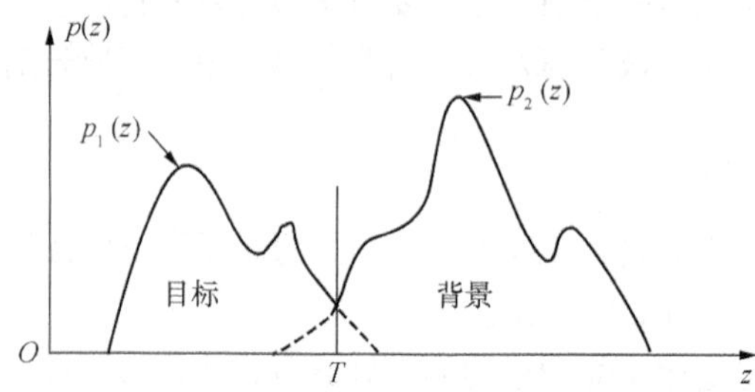

图 6.3-2　最优阈值选取法中图像的灰度区域

假设概率密度函数 $p_2(z)$对应于背景的灰度级，而 $p_1(z)$描述了图像中目标的灰度级。则整体灰度级的混合概率密度函数可以表示成：

$$p(z)=P_1p_1(z)+P_2p_2(z) \tag{6.3-3}$$

这里 P_1 和 P_2 分别是两类像素出现的概率，并且满足下列条件：

$$P_1+P_2=1 \tag{6.3-4}$$

当我们选取阈值 T 时，使得所有灰度值小于 T 的像素被认为是目标点，而所有灰度值大于 T 的像素被认为是背景点。此时，将背景点误判为目标点的概率为：

$$E_1(T)=\int_{-\infty}^{T}p_2(z)\mathrm{d}z \tag{6.3-5}$$

这表示在曲线 $p_2(z)$下方位于阈值左边区域的面积。

将目标点误判为背景点的概率为：

$$E_2(T)=\int_{T}^{+\infty}p_1(z)\mathrm{d}z \tag{6.3-6}$$

总的误判概率为：

$$E(T)=P_2E_1(T)+P_1E_2(T) \tag{6.3-7}$$

为了找到一个阈值 T 使得上述的误判概率为最小，必须将 $E(T)$对 T 求微分，并令其结果等于零。由此可以得到如下的关系：

$$P_2p_1(T)=P_2p_2(T) \tag{6.3-8}$$

解出 T，即为最佳阈值。如果 $P_1=P_2$，则最佳阈值位于曲线 $p_1(z)$和 $p_2(z)$的交点处。

迭代阈值选取方法利用程序自动搜寻出比较合适的阈值。第一步首先选取图像灰度范围的中值作为初始估计值 T。第二步用 T 分割图像，这样便会生成两组像素集合：G_1 由所有灰度值大于 T 的像素组成，而 G_2 由所有灰度值小于或等于 T 的像素组成。第三步对 G_1 和 G_2 中所有像素计算平均灰度值 μ_1 和 μ_2。第四步计算新的阈值：$T=(\mu_1+\mu_2)/2$。重复第二步到第四步，直到得到的 T 值之差小于一个事先定义的参数 T_0。

$$\mu_1 = \frac{\sum_{k=0}^{T_i} n_k \cdot k}{\sum_{k=0}^{T_i} n_k} \qquad \mu_2 = \frac{\sum_{k=T_{i+1}}^{L-1} n_k \cdot k}{\sum_{k=T_{i+1}}^{L-1} n_k} \tag{6.3-9}$$

n_k是灰度为 k 的像素点个数。

2. 多阈值分割法

多阈值分割法的基本思想是如果图像中有多个灰度值不同的区域，那么可以选择一系列的阈值以将每个像素分到合适的类别中去，这种用多个阈值分割的方法称为多阈值分割方法，如图 6.3-3 所示。

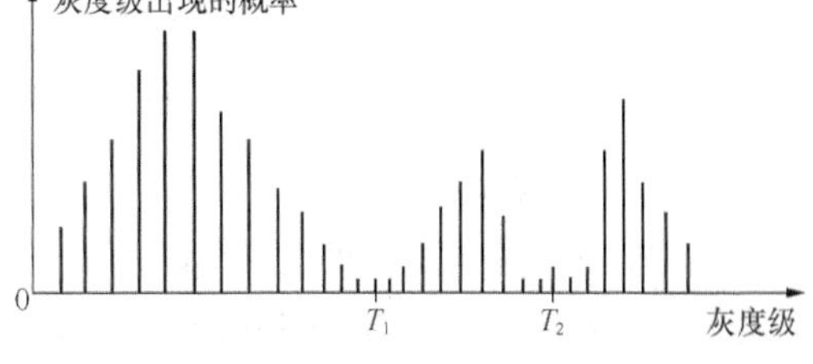

图 6.3-3　多阈值的灰度直方图

3. 自适应阈值分割法

自适应阈值分割法是当阈值 T 取决于空间坐标，阈值就是动态的或自适应的。当光照不均匀、有突发噪声，或者背景灰度变化比较大时，整幅图像分割将没有合适的单一门限，因为单一的阈值不能兼顾图像各个像素的实际情况。这时可对图像按照坐标分块，对每一块分别选取阈值进行分割。

自适应阈值选取时，比较简单的方法是对每个像素确定以它为中心的一个邻域窗口，计算窗口内像素的最大和最小值，然后取它们的均值作为阈值。对图像分块后的每一个子块可以采用直方图分析，如果某个子块内有目标和背景，则直方图呈双峰。如果块内只有目标或背景，则直方图没有双峰，可根据邻域各块分割得到的参数插值进行分割。实际的自适应阈值分割完全可以根据图像的实际性质，对每个像素设定阈值，但这个过程要考虑到实际的要求和计算的复杂度问题。

阈值分割法优点是计算简单、运算效率较高、速度快。全局阈值对于灰度相差很大的不同目标和背景能进行有效的分割。当图像的灰度差异不明显或不同目标的灰度值范围有重叠时，应采用局部阈值或动态阈值分割法。另一方面，这种方法只考虑像素本身的灰度值，一般不考虑空间特征，因而对噪声很敏感。在实际应用中，阈值分割法通常与其他方法结合使用。

6.3.2　特征空间聚类法

前面介绍的方法中，一般要求类别数已知。实际图像分割中，可能不具备任何有关模式的先验知识，既不知道它的分布，也不知道它该分成多少类，当然更不知道各类的参数，如均值、方差等。这时，特征空间聚类法就显示出它解决此类问题的独特优越性。

根据特征进行模式分类是指根据提取的特征值将一组目标划分到各类中的技术。利用特征空间聚类的方法进行图像分割，可看成是对阈值分割概念的推广。它将图像空间中的像素用对应的特征空间点表示，根据它们在特征空间的聚集对特征空间进行分割，然后将它们映射回原图像空间，得到分割的结果。

一般的阈值分割可看成是以像素的灰度为特征，灰度直方图代表特征空间，用阈值将灰度直方图特征空间划分，把得到的特征类映射回图像空间，不同灰度的像素构成不同的区域。除像素灰度外，其他图像特征也可用于聚类。

与阈值分割类似，聚类方法也是一种全局的方法，比基于边缘检测的方法更抗噪声。特征空间聚类常采用多个特征。在高维特征空间聚类可克服仅用一个特征不能解决的问题。例如，在图 6.3-4

中，两个类团在两个方向上都有一定的交叠，所以图 6.3-4（a）或图 6.3-4（b）那样仅用任一个特征都不能将两个类团分开，而图 6.3-4（c）表明在二维特征空间可以方便地分开两个类团。

集群分类的方法很多，如 K-均值聚类算法、ISODATA 和 C-均值聚类算法等。

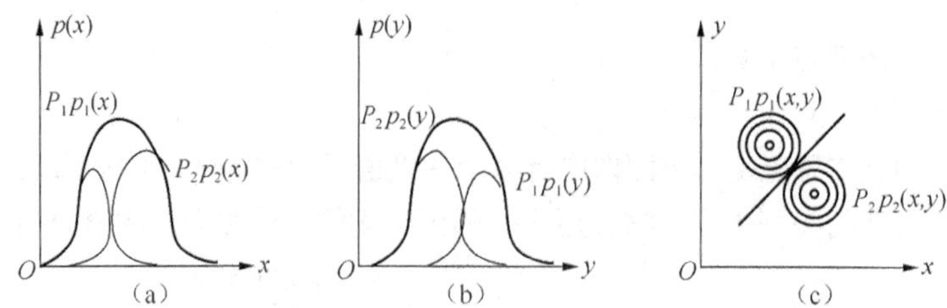

图 6.3-4　特征空间聚类分割示意图

1. K-均值聚类算法

K-均值聚类算法是一种迭代算法，每迭代一次，类中心就刷新一次，经过多次迭代，使类中心趋于稳定为止。K-均值聚类算法可以归结为以下几步。

（1）任意选择 K 个初始类均值 z_1，z_2，…，z_K。

（2）使用最小距离判别法将任一样本分至 K 类中的某一类。若对所有的不等于 i 的 j，有

$$|x-z_i|<|x-z_j| \tag{6.3-10}$$

则判定 x 属于第 i 类。

（3）使用步骤（2）的分类结果，计算类均值，并以此作为新的类均值。

（4）比较所有新旧类均值，若它们之差小于某一阈值，则认为中心已经稳定，可以终止算法，输出结果；否则，返回步骤（2），继续进行。

一般来说，K-均值聚类算法需要预先设定类的数目，实际中常使用试探法确定 K。即采用不同的 K 值进行聚类，根据聚类品质确定最后的类别数。为此需要评价聚类品质，常用的判别准则多基于分割后类内和类间特征值的散布图，要求类内接近而类间区别大。虽然 K-均值聚类算法的收敛问题一直没有得到理论证明，但在很多情况下，其分类结果并不受初始中心的影响，因此 K-均值聚类算法不失为一个很好的分割算法。

2. ISODATA

在 K-均值聚类算法的基础上，又发展起了更完善的 ISODATA（Iterative Self-Organizing Data Analysis Technique's Algorithm，迭代自组织分析算法）。它与 K-均值聚类算法的主要区别有两点：第一，它不是每调整一个样本的类别就重新计算一次各类样本的均值，而是在每次把所有样本都调整完毕后才重新计算各类样本的均值，前者称为逐个样本修正法，后者称为成批样本修正法；第二，ISODATA 不仅可以通过调整样本归属类别完成样本的聚类分析，而且可以自动进行类别的“分裂”与“合并”，从而得到类数比较合理的聚类结果。

ISODATA 主要步骤如下。

（1）设定 N 个聚类中心位置的初始值。

（2）对每个模式（像素）求取离其最近的聚类中心位置，通过对像素赋值把图像分成 N 个区域。

（3）分别计算属于各聚类模式的平均值。

（4）将最初的聚类中心位置与新的平均值比较，如果相同则停止，如果不同返回步骤（2）继续进行。

3. C-均值聚类算法

（1）凭经验选择初始类心。

（2）将模式随机地分成 C 类，计算每类中心，以其作为初始类心。

（3）求以每个特征点为球心、某一正数 d_0 为半径的球形域中特征点的个数，这个数称为该点的密度。选取密度最大的特征点作为第一个初始类心 Z_1，然后在与 Z_1 大于某个距离 d 的那些特征点中选取具有“最大”密度的特征点作为第二个初始类心 Z_2，如此进行，选取 C 个初始聚类中心。

（4）用相距最远的 C 个特征点作为初始类心。具体地讲，是按前述的最大最小距离算法求取 C 个初始聚类中心。

（5）当 N 较大时，先随机地从 N 个模式中取出一部分模式用谱系聚类法聚成 C 类，以每类的重心作为初始类心。

（6）设已标准化的待分类模式集为 $\{\vec{x}_1,\vec{x}_2,\cdots,\vec{x}_N\}$，希望将它们分为 C 类。

设已标准化的待分类模式集为

$$\vec{x}_i=(x_{1i},x_{2i},\cdots,x_{ni})'$$

计算：

$$\text{sum}(i)=\sum_{k=1}^{n}x_{ki} \tag{6.3-11}$$

$$MA=\max_i\left[\text{sum}(i)\right] \tag{6.3-12}$$

$$MI=\min_i\left[\text{sum}(i)\right] \tag{6.3-13}$$

$$a_i=\frac{(c-1)\left[\text{sum}(i)-MI\right]}{MA-MI}+1\quad(i=1,2,\cdots,N) \tag{6.4-14}$$

显然 $0\leqslant a_i\leqslant C$，若 a_i 最接近整数 j，则把 x_i 分划至 w_j。对所有样本都实行上述处理，就可实现初始分类，从而产生聚类中心。

6.3.3　区域生长法

图像灰度阈值分割技术没有考虑图像像素之间的连通性，而区域生长法在考虑区域连通性的情况下，对图像进行分割。所谓区域生长法就是一种根据事先定义的准则，将像素或者子区域聚合成更大区域的过程。基本思想是以一组生长点（可以是单个像素，也可以是某个小区域）开始，搜索其邻域，把图像分割成特征相似的若干小区域，比较相邻小区域和生长点特征的相似性。若它们足够相似，则作为同一区域合并，形成新的生长点。以此方式将特征相似的小区域不断合并，直到不能合并为止，最后形成特征不同的各区域。这种分割方式也称为区域扩张法。区域生长法是一种串行区域分割算法。生长点和相邻小区域的相似性判据可以是灰度、纹理，也可以是色彩等多种图像特征的量化数据。在实际应用区域生长法时需要解决三个问题。

（1）选择或确定一组能正确代表所需区域的种子像素。通常，这可借助具体问题的特点进行。例如，在军用红外图像中检测目标时，由于一般情况下目标辐射较大，所以可选用图中最亮的像素作为种子像素。

（2）确定在生长过程中能将相邻像素包括进来的准则。生长准则的选取不仅依赖于具体问题本身，也和所用图像数据的种类有关。例如，当图像为彩色时，仅用单色准则的效果就会受到影响。另外还需要考虑像素间的连通性和邻近性，否则有时会出现无意义的分割结果。

（3）制定让生长过程停止的条件或规则。一般生长过程在进行到再没有满足生长准则需要的像素时停止。但常用的基于灰度、纹理、色彩的准则大都基于图像中的局部性质，并没有充分考虑生长的历史。为增加区域生长的能力，常需考虑一些与尺寸、形状等图像和目标的全局性质有关的准则。在这种情况下，需对分割结果建立一定的模型或辅以一定的先验知识。

区域生长法的实现方法是对每一像素点提取点或局部小邻域的特征，然后判断这一像素点的特征值与其周围像素点的特征值是否相近，若相近就用一条弧将这两个点连接起来，对所有的像素点进行以上操作后，有弧连接的像素点即属于同一类。即是一种根据事前定义的准则将像素或子区域聚合成更大区域的过程。基本的方法是以一组种子像素开始将与之性质相似的相邻像素附加到生长区域的种子像素上，如图 6.3-5 所示。

从某个像素出发，按照一定的准则，逐步加入邻近像素，当满足一定的条件时，区域生长终止。

图 6.3-6 给出已知种子像素进行区域生长的一个示例。图 6.3-6（a）给出了需分割的图像，设已知有两个种子像素（斜体黑色的两个像素点），先要进行区域生长。假设这里采用的准则是：如果所考虑的像素与种子像素的灰度值差的绝对值小于某个门限，则将该像素包括进种子像素所在的区域；图 6.3-6（b）给出了 T=3 时的区域生长结果，整幅图被较好地分成两个区域；图 6.3-6（c）给出了 T=1 时的区域生长结果，有些像素无法判定。由此例可见门限的选择是很重要的。

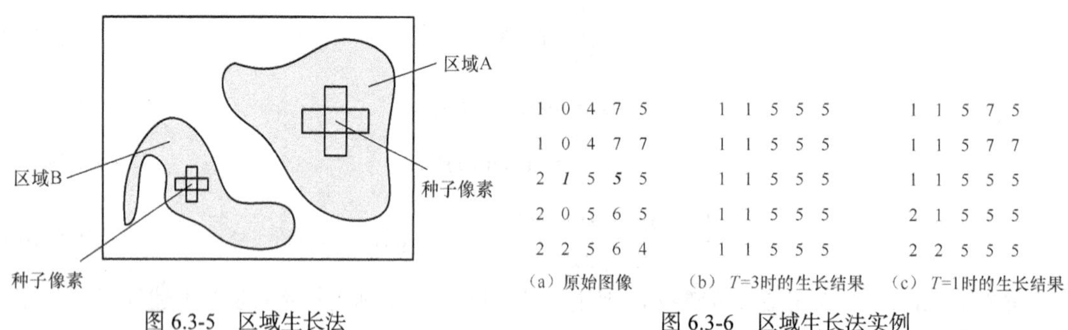

图 6.3-5　区域生长法　　图 6.3-6　区域生长法实例

区域生长法针对不同的实际应用，需要根据具体图像的具体特征来确定种子像素和生长与停止准则。下面介绍一种基于区域灰度差分法，该方法选取像素与邻域像素间的灰度差进行相似性判别。

基于区域灰度差分法的实现步骤。

（1）对像素进行扫描，找出尚没有归属的像素。

（2）以该像素为中心检查它的邻域像素，即将邻域中的像素逐个与它比较，如果灰度差小于预先确定的阈值 T，将它们合并。

（3）以新合并的像素为中心，返回到步骤（2），检查新像素的邻域，直到区域不能进一步扩张。

（4）返回到步骤（1），继续扫描直到所有像素都有归属，则结束整个生长过程。

【例 6-3】下面举例说明用灰度差别准则的合并法形成区域的过程。设本例中阈值 T=2，基本单元为像素，在 3×3 的微区域中与 $f(m, n)$像素相邻的像素有 8 个，如图 6.3-7 所示。

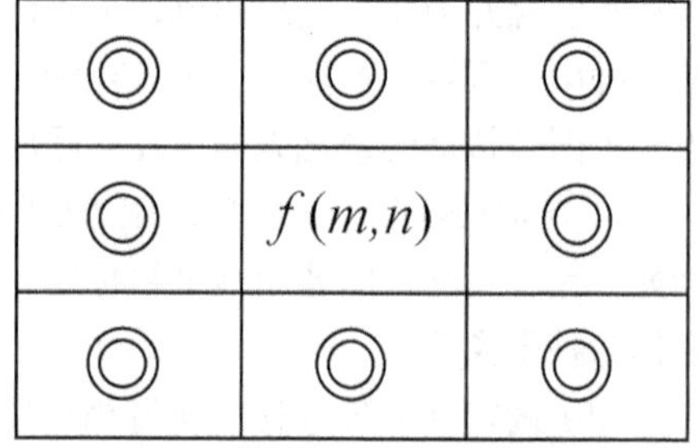

图 6.3-7　$f(m, n)$的 3×3 邻域

本例中，在图 6.3-8 中区域标记为 A、B、C。原图像灰度值见图 6.3-8（a）。

用光栅扫描顺序确定合并起点的基本单元，第 1 个合并起点如图 6.3-8（b）所示，标记为 A，灰度值 f_A=2。分别比较该基本单元与其 3 个邻点 1、5、1 的灰度值，由判别准则和设置的阈值 T 可得 2 个邻点 1、1 与基本单元合并，只有 1 个邻点 5 不能合并，其结果如图 6.3-8（c）所示，由此计算合并后小区域中基本单元的平均灰度为 f_A=(2+1+1)/3。然后确定以此小区域中的 3 个基本单元 A、A、A 为中心的不属于任何区域的邻点有 5 个，并分别做相似判别得结果如图 6.3-8（d）所示。以此类推，得到小区域 A 不能再扩张的结果如图 6.3-8（e）所示，至此第 1 次合并结束。图 6.3-8（e）中的 B 为第 2 个起点，重复上述过程，得到与区域 A 灰度特征不同的区域 B，如图 6.3-8（f）所示。最终结果将图像分割成 A、B、C 三个区域，如图 6.3-8（g）所示。

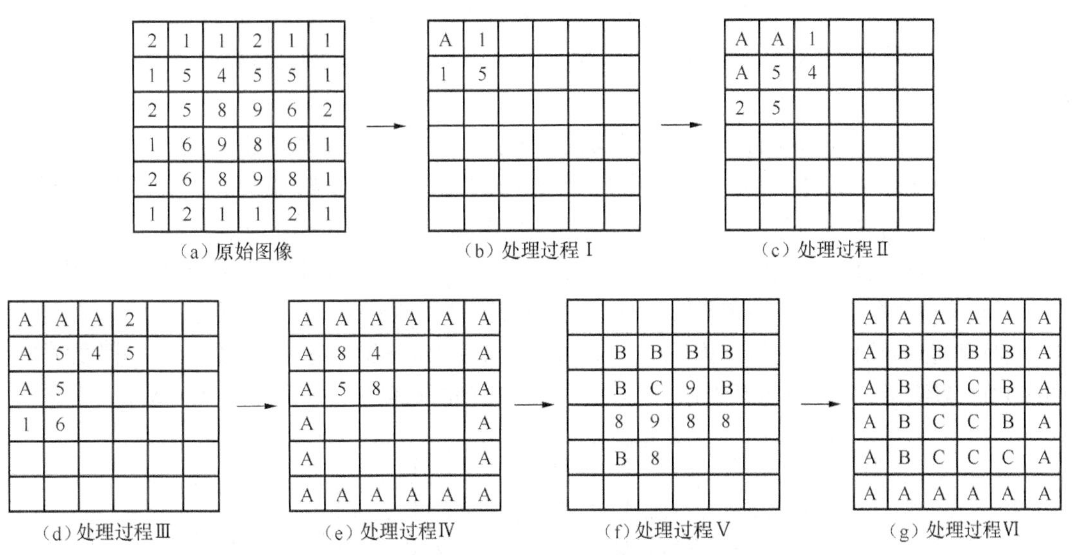

图 6.3-8　灰度差判别准则的区域合并

6.3.4　分裂合并法

区域生长过程是从一组生长点开始，通过不断扩大新像素最后得到整个区域。另一种可作为替换的方法是在开始时将图像分割成一系列任意不相交的区域，然后将它们进行合并或分裂得到各个区域。在这类方法中，最常用的方法是四叉树分解法。下面介绍这种算法。

令 R 表示整个图像区域，如图 6.3-9 所示，P 表示逻辑谓词。对 R 进行分割的一种方法是反复将分割得到的结果区域再次分为 4 个区域，直到对任何区域 R_i，满足 $P(R_i)=true$ 为止。$P(R)=true$ 代表在 R 中的所有像素都具有相同的灰度值。

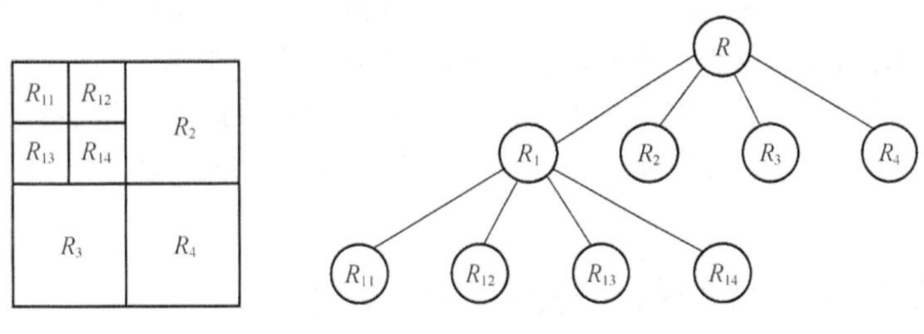

图 6.3-9　图像四叉树分解示意图

具体的分割过程是，从整幅图像开始，如果 $P(R_i)=false$，就将图像分割为 4 个区域；对分割后得到的任何区域，如果依然有 $P(R_i)=false$，就可以将这个区域再次分割为 4 个区域，以此类推，直到 R_i 为单个像素。这种分割技术用所谓的四叉树形式表示最方便。也就是说，每个非叶子节点正好有 4 个子树。图 6.3-9 中树的根对应于整幅图像，每个节点对应于划分的子部分。

如果仅仅使用分裂，最后得到的分裂结果可能包含具有相同性质的相邻区域。为解决这个问题，可以采用在分裂的同时允许进行区域合并的措施。其合并规则是，只要 $P(R_i \cup R_j) = ture$，则可以将两个相邻的区域 R_i 和 R_j 进行合并。

总结前面的结论，可以得到基本的分裂合并算法步骤如下。

（1）对任何区域 R_i，如果 $P(R_i \cup R_j) = false$，就将每个区域都分裂为 4 个不相连的不重叠区域。

（2）对相邻的两个区域 R_i 和 R_j，如果满足 $P(R_i \cup R_j) = ture$，则进行合并。合并的两个区域可以大小不同。

（3）当再也没有可以进行合并或者分裂的区域，则分裂–合并操作停止。

图 6.3-10 给出了区域分裂与合并方法分割图像的步骤。设阴影区域为目标，白色区域为背景，其灰度值为常数。对整个图像 R，$P(R)=false$，所以先将图 R 分裂为图 6.3-10（a）所示的 4 个正方形区域。由于左上角区域满足 $P(R)=true$，所以不继续分裂，其他 3 个区域需要继续分裂而得到图 6.3-10（b）。此时除包括目标下部的两个子区域外，其他区域都满足 $P(R)=true$，对于相邻两个区域此时可以分为目标和背景分别进行合并。对需要分割的两个子区域继续分裂得到图 6.3-10（c），因为此时所有的区域都已经满足 $P(R)=true$，所以最后一次合并可以得到图 6.3-10（d）所示的分割结果。

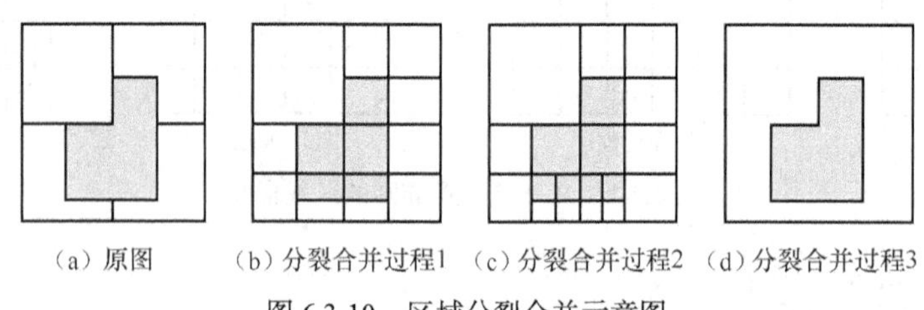

（a）原图　（b）分裂合并过程1　（c）分裂合并过程2　（d）分裂合并过程3

图 6.3-10　区域分裂合并示意图

分裂合并法主要适用于目标与背景区域本身具有某种均匀性，而目标与背景之间不具有这种均匀性的场合。首先将一整幅图像作为一个区域，对于图像中的任一区域使用某种均匀性测度作为依据，判断这一区域是否均匀，若不均匀，将这一区域分为四块，重复以上的判断和分裂过程直到没有需要分离的区域，然后再用这个均匀性测度判断任一相邻的区域是否均匀，如果均匀就将这两个区域合并，重复以上的判断合并过程直到没有区域可以合并即完成分割。分裂合并法常用的均匀性测度值有区域中灰度的方差、区域中灰度的最大值和最小值之差等。

区域分割把具有某种相似性质的像素连通，从而构成最终的分割区域。它利用了图像的局部空间信息，可有效地克服边缘检测存在的图像分割空间不连续的缺点。

基于区域的分割方法往往会造成图像的过度分割，而单纯的基于边缘检测方法有时不能提供较好的区域结构，为此可将基于区域的方法和边缘检测的方法结合起来，发挥各自的优势以获得更好的分割效果。

6.3.5　基于区域分割的 MATLAB 实现

【例 6-4】利用阈值分割法对图像 cameraman.tif 进行分割。取不同的阈值时，分割结果如图 6.3-11 所示。

```
% MATLAB 对图像基于全局阈值的分割程序
% function test2(a)
clear all
a=150;                          % a 为可设定的全局阈值
I=imread('cameraman.tif');  % 输入灰度图像
figure(1),imshow(I);          % 显示原始灰度图像
for i=1:256
   for j=1:256
      if double(I(i,j))>a
         I(i,j)=255;
      end
      if double(I(i,j))<=a
         I(i,j)=0;
      end
   end
end
figure(2),imshow(I)            % 显示分割处理后的二值图像
```

（a）原始图像

（b）a=100 时分割后的图

（c）a=150 时分割后的图

图 6.3-11　选取不同阈值图像分割的效果

【例 6-5】选择一幅灰度图像，用区域生长法进行分割。

首先指定几个种子点，其次把图像中灰度值等于种子点处的像素点也作为种子点，然后以种子点为中心，各像素点与种子点的灰度值的差不超过某个阈值，则认为该像素点和种子点具有相似性。

区域生长法是通过 MATLAB 图像处理工具箱中的函数 imreconstruct 来完成的。imreconstruct 函数的调用语法为

```
outim=imreconstruct(markerim,maskim)
```

其中，markerim 为标记图像，maskim 为模板图像，outim 为输出图像。imreconstruct 函数的工作过程是一个迭代过程。

对一幅灰度图像用区域生长法进行分割。利用 MATLAB 工具箱进行实验编程。其参考程序设计如下。

```
f=imread('AT3_1m4_10.tif');
subplot(1,2,1);
imshow(f);
seedx=[256,128,480];
seedy=[128,256,384];
hold on
plot(seedx,seedy,'gs','linewidth',1);
title('原始图像及种子位置');
```

```
f=double(f);
markerim=f==f(seedy(1),seedx(1));
for i=2:length(seedx)
   markerim=markerim|(f==f(seedy(i),seedx(i)));
end
thresh=[15,10,15];
maskim=zeros(size(f));
for i=1:length(seedx)
   g=abs(f-f(seedy(i),seedx(i)))<=thresh(i);
   maskim=maskim|g;
end
[g,nr]=bwlabel(imreconstruct(markerim,maskim),8);
g=mat2gray(g);
subplot(1,2,2);
imshow(g);
title('三个种子点区域生长结果');
```

实验结果如图 6.3-12 所示。

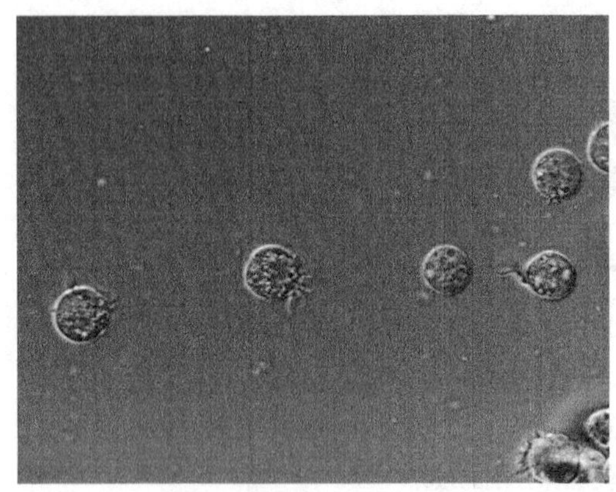

（a）原始图像及种子位置　　（b）三个种子点区域生长结果

图 6.3-12　图像及其区域生长法分割结果

【例 6-6】利用分裂合并法对图像进行分割。

下面的 MATLAB 程序调用 split_merge 函数完成区域分裂合并运算，split_merge 函数中区域分裂是通过 MATLAB 工具箱中的函数 qtdecomp 完成的，其调用格式如下。

```
S=qtdecomp(I,fun)
```

其中，I 为待分裂的图像；fun 为用户提供用于判断是否对当前图像进行分裂的函数。假设 qtdecomp 刚分裂得到 k 个 $m\times m$ 大小的图像块，它会把这 k 个图像组成一个 $m\times m\times k$ 大小的数组作为参数调用 fun 函数，fun 函数应返回一个有 k 个元素的数组，数组的元素为 1 表明相应的图像块应继续分裂，为 0 则停止分裂。S 为图像分裂的结果，用稀疏矩阵表示，如果 $S(i,j)$非空，则（i,j）为图像块的左上角坐标，$S(i,j)$为这个图像块的大小。程序中该函数为 split_test_fun，它通过调用 predicate_fun 函数判断图像子块的一致性，一致性谓词使用灰度方差来定义。

$$P(R)=\begin{cases}1,\text{方差小于某一阈值}\\0,\text{其他}\end{cases}$$

MATLAB 提供的 std2 函数可用于计算图像的标准方差。

6.4 运动图像目标分割

运动目标分割所研究的对象通常是图像序列，运动目标分割的目的是从序列图像中将变化区域从背景图像中提取出来。静态图像 $f(x,y)$ 是空间位置的函数，它与时间变化无关，只有单幅静止图像，无法描述物体的运动。而图像序列的每一幅称为一帧，图像序列一般可以表示为 $f(x,y,t)$，和静态图像相比，多了一个时间参数 t。当采集的多帧图像获取时间间隔相等时，图像序列也可以表示为 $f(x,y,i)$，i 为图像帧数。通过分析图像序列，获取景物的运动参数及各种感兴趣的视觉信息是计算机视觉的重要内容，而运动分割是其关键技术。

现有的运动分割算法大体可分为差分法运动分割、光流场运动分割以及基于块的运动分割等三类。

6.4.1 差分法运动分割

差分法是最为常用的运动目标检测和分割方法之一。此方法的特点是速度快，适用于实时性要求较高的应用环境；不足之处在于算法对环境噪声较为敏感，并且基于差分法的运动目标分割精度没有保证。差分法又可分为帧间差分法和背景差分法两种。

帧间差分法是一种背景减除方法，其方法是利用一帧减去另一帧，或者另几帧，然后将差别比较大的分割为前景目标。该方法利用了摄像机获取视频的连续性特点，从而较好地捕捉到运动目标的边缘。若图像序列中存在运动目标，则两帧或若干帧之间的差异显著。反之亦然。图6.4-1为帧间差分法的整体框图，步骤如下。

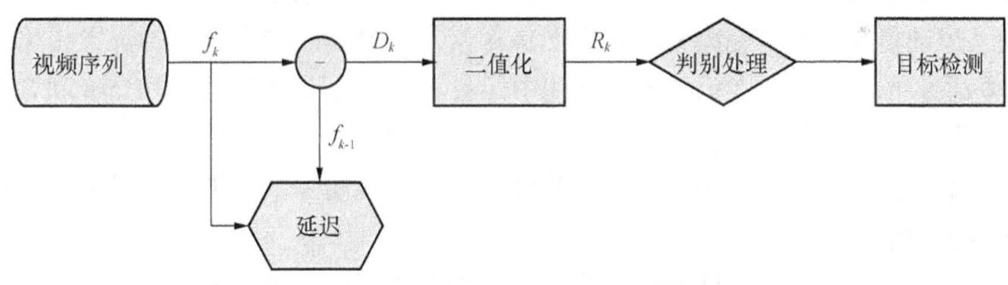

图6.4-1 帧间差分法的整体框图

步骤一，计算出 t 时刻图像与 t-1 时刻图像的差分结果。

步骤二，使用判别公式（6.4-1）来进行判断，当差分结果大于给定阈值T时，则判定该像素为前景目标，反之则判定该像素为背景像素。

$$D_k=(x,y)=|f_k(x,y)-f_{k-1}(x,y)| \tag{6.4-1}$$

步骤三，分析判别后的图像，当连通区域特征符合要检测的运动目标特征时，则可判断该区域为前景目标。判别式为

$$R_k(x,y)=\begin{cases}0, & \text{background}D_k(x,y)<\mathrm{T}\\1, & \text{foreground}D_k(x,y)<\mathrm{T}\end{cases} \tag{6.4-2}$$

帧间差分法就是一种通过对视频图像序列中相邻两帧做差分运算来分割运动目标的方法。而若在一段视频序列中，连续帧之间相似性较大，就很容易受到噪声影响。在实际问题

中，需要在差分出前景目标的同时，去除图像中的噪声信号。由于噪声往往不具有空间相关性，故而空域分析法可以很方便地去除图像中的离散噪声。三帧或者多帧差分法可以提高自适应性，其利用多帧图像取平均值的方法来过滤掉图像中产生的瞬时噪声，可更好地分割前景运动目标。

背景差分法，即背景的减除，是视频检测应用领域最基本的图像处理操作，其主要原理就是由背景参考模型得到背景帧后，通过与视频图像序列当前帧比较来分割运动目标，可以说是一种特殊的帧差法。设背景帧为 $b(x,y)$，让每一帧图像的灰度值减去背景的灰度值就得到一个差值图像 $id(x,y,i)$。

$$id(x,y,i)=f(x,y,i)-b(x,y) \tag{6.4-3}$$

然后通过设置一个阈值 T 对差值图像进行二值化，得到分割后的图像。

$$bid(x,y,i)=\begin{cases}1 & |id(x,y,i)\geqslant T| \\ 0 & |id(x,y,i)<T|\end{cases} \tag{6.4-4}$$

取值为 1 和 0 的像素分别对应于前景（运动目标区域）和背景（非运动区域），阈值 T 的选择可采用静态图像中阈值分割所使用的方法。背景差分图像这种方法利用了常见的视频检测系统中摄像机大多是固定的这一有利条件，适合于检测背景环境变化小的情况。

6.4.2 光流场运动分割

光流（Optical flow or optic flow）是关于时域中物体运动检测的概念，可以定义为：在图像序列中，运动物体单个像素的瞬时运动速度即为光流。光流定义的是一种图像序列中像素数值表示的变化趋势，相对于灰度图像来说，就是图像中像素灰度值在时域中的变化趋势，或者称为变化率，用来描述相对于观察者的运动所造成的观测目标、表面或边缘的运动。

它利用了运动目标的结构完整性，以及图像像素点在连续图像序列中的位置相关性。如果规定方向与坐标系，光流矢量则表示了图像序列中像素灰度值的瞬时变化率。Horn 和 Schunck 基于光流的概念，提出了光流场运动检测方法。光流场方法利用了运动目标随时间变化的光流特性，利用图像灰度值的运动变化来近似计算目标物体的运动，使用一个二维矢量场来表示各像素点的瞬时运动速度矢量信息。

光流法又可以分为稠密光流法和稀疏光流法。稠密光流法，即图像中的每个像素都与速度关联起来。Horn-Schunck 方法计算的就是稠密光流的速度场。而另一种比较简单直接的方法就是，对前后连续两帧的一个像素点的邻域进行匹配。这种方法被称为块匹配（Block Matching）。这两种方法都属于稠密光流法。

但在实际应用中，稠密光流法的计算量巨大，很难应用到实时分割系统中。例如，分割一张白纸的运动，上一帧中的白色像素在下一帧中仍然为白色，而只有与运动方向垂直的边缘部分像素点才会发生变化。稠密光流法需要使用插值方法，在比较容易跟踪的像素之间进行插值以解决那些运动不明确的像素，这样就需要相当大的计算量。

稀疏光流法需要在开始计算之前指定一组需要跟踪的点。如果这些点具有某种明显的特性，那么跟踪就会相对地稳定和准确。在具体的实际应用中，稀疏光流法的计算量比稠密光流法要小得多。光流可以看作在图像中像素点灰度值变化快慢与方向的瞬时速度场。推导光流方程如下。假设 $I(x,y,t)$ 为（x,y）点在时刻 t 的灰度。设 $t+\mathrm{d}t$ 时刻该点运动到（$x+\mathrm{d}x$, $y+\mathrm{d}y$）点，它的灰度为 $I(x+\mathrm{d}x,y+\mathrm{d}y,t+\mathrm{d}t)$。由于对应同一个点，所以光流约束方程式为

$$I(x,y,t)=I(x+\mathrm{d}x,y+\mathrm{d}y,t+\mathrm{d}t) \tag{6.4-5}$$

将式（6.4-5）右边通过泰勒公式展开，得到

$$I\left(x+\mathrm{d}x,\ y+\mathrm{d}y,t+\mathrm{d}t\right)=I\left(x,y,t\right)+\frac{\partial I}{\partial x}\frac{\mathrm{d}x}{\mathrm{d}t}+\frac{\partial I}{\partial y}\frac{\mathrm{d}y}{\mathrm{d}t}+\frac{\partial I}{\partial t}\frac{\mathrm{d}t}{\mathrm{d}t}+\varepsilon \tag{6.4-6}$$

由于时间间隔 $\mathrm{d}t\to 0$，所以忽略式（6.4-6）中的 ε，则式（6.4-5）和式（6.4-6）相结合可得

$$\frac{\partial I}{\partial x}\frac{\mathrm{d}x}{\mathrm{d}t}+\frac{\partial I}{\partial y}\frac{\mathrm{d}y}{\mathrm{d}t}+\frac{\partial I}{\partial t}=0 \tag{6.4-7}$$

令 $I_x=\frac{\partial I}{\partial x}$ 为图像灰度随 x 的变化率，$I_y=\frac{\partial I}{\partial y}$ 为图像灰度随 y 的变化率，$I_t=\frac{\partial I}{\partial t}$ 为图像灰度随 t 的变化率；$u=\frac{\mathrm{d}x}{\mathrm{d}t}$ 和 $v=\frac{\mathrm{d}y}{\mathrm{d}t}$ 分别表示参考点沿着 x 和 y 方向的运动速度，也就是光流。所以式（6.4-7）可写成

$$I_xu+I_yv+I_t=0 \tag{6.4-8}$$

式（6.4-7）成为光流的基本约束方程，是所有基于梯度光流计算方法的基础。也可写成向量形式为

$$\nabla IU+I_t=0 \tag{6.4-9}$$

式中，$\nabla I=\left[I_x,I_y\right]$ 表示梯度方向；$U=[u,v]^{\mathrm{T}}$ 表示光流。u、v 表示速度场中矢量的两个分量，两个参数都是未知的，计算光流场的过程就是求解 u、v 的过程，但是方程中有两个未知数，却只有一个等式，因此是一个病态问题。要想求得 u、v 的值还要有更多的约束条件。其中最典型的就是 Horn 和 Schunck 等人提出的光流场整体平滑约束条件和 Lucas 与 Kanade 提出的基于局部平滑约束条件。下面详细介绍这两种算法的基本原理。

1. Horn-Schunck 光流算法

为了从基本的光流等式中求解到光流矢量的两个分量 u、v，Horn 等人提出把基本等式和光流场的整体平滑假设结合起来求解光流矢量。一般情况下物体的运动矢量在局部是平滑的，u、v 的变化也是缓慢的，若目标在运动过程中做的是刚体运动且形体没有变形的情况下同属于一个目标的像素的运动也应该是相同的。对于局部区域来说，空间运动的速度变化率，其对应的光流场梯度也趋于零。Horn-Schunck 光流算法的平滑约束条件就是使光流尽可能地平滑，就是极小化平滑约束项 S。平滑约束项 S 表示为

$$S=\iint\left(u_x^2+u_y^2+v_x^2+v_y^2\right)\mathrm{d}x\mathrm{d}y \tag{6.4-10}$$

在实际情况下，式(6.4-10)可以使用下面的表达式代替

$$E=\iint\left(u-\bar{u}\right)^2+\left(v-\bar{v}\right)^2\mathrm{d}x\mathrm{d}y \tag{6.4-11}$$

其中，$\bar{u}$ 和 $\bar{v}$ 分别表示 u 邻域和 v 邻域中的均值。

依据光流基本方程式（6.4-8），考虑光流误差，Horn-Schunck 算法将光流求解归结成求解极值的问题，如式（6.4-12）所示。

$$F=\iint\left[\left(I_xu+I_yv+I_t\right)^2+\lambda\left(u-\bar{u}\right)^2+\left(v-\bar{v}\right)^2\right]\mathrm{d}x\mathrm{d}y \tag{6.4-12}$$

其中，λ 为平滑控制因子，表示图像数据和约束条件的置信度，它的值受图像中存在的噪声的影响，如果噪声较强，则说明图像数据本身的置信度较低，需要更多地依赖光流约束，所以 λ 可以取较大的值；反之，如果图像质量较高，I_x、I_y、I_t 可以精确地计算出来，就可以取较小的 λ，减小对平滑约束条件的依赖。

分别对式（6.4-12）的 u 和 v 求导，当导数为零时对该式取极值。

$$\begin{cases} 2I_x\left(I_x u + I_y v + I_t\right) + 2\lambda\left(u - \bar{u}\right) = 0 \\ 2I_y\left(I_x u + I_y v + I_t\right) + 2\lambda\left(v - \bar{v}\right) = 0 \end{cases} \tag{6.4-13}$$

采用迭代法对式（6.4-13）进行求解。

$$\begin{cases} u^{(k+1)} = \bar{u}^{(k)} - I_x \dfrac{I_x \bar{u}^{(k)} + I_y \bar{v}^{(k)} + I_t}{\lambda^2 + I_x^2 + I_y^2} \\ v^{(k+1)} = \bar{v}^{(k)} - I_y \dfrac{I_x \bar{u}^{(k)} + I_y \bar{v}^{(k)} + I_t}{\lambda^2 + I_x^2 + I_y^2} \end{cases} \tag{6.4-14}$$

以上就是 Horn-Schunck 算法的整个推理过程，通过全局平滑与光流基本约束方程相结合就可以达到求解两个未知数的目的，从而可以计算出光流。光流矢量的初始值通常设为（0,0），当相邻两次迭代结果的差值小于设定的阈值，达到终止条件，迭代终止。这种算法可以得到稠密的光流。

2. Lucas-Kanade 光流算法

Lucas-Kanade 光流算法的核心思想是假设一个像素与它某个邻域内的所有像素有着同样的光流矢量，然后用加权最小二乘法对邻域内所有的像素基于光流基本等式求解光流矢量。Lucas-Kanade 光流算法是一种稀疏光流场的计算方法，相对于计算稠密光流场的 Horn-Schunck 算法可以节省很多计算开销，但是在计算前要指定一组图像上的点。该算法的缺陷是对纹理信息少的目标容易跟丢。

Lucas-Kanade 光流算法基于三个基本假设：一是亮度恒定，即目标在整个被跟踪期间在不同帧上的外观亮度保持不变；二是帧间的相对运动比较小，也就是目标在图像上的位置变化非常慢，甚至在一个时间间隔内图像是不变的；三是空间一致，空间坐标下目标上有着相似运动特性的相邻区域投影在图像上的位置仍然是相邻的。

假设在 (x,y) 的小邻域 Ω 内，所有像素点的光流基本相同，均可大致近似为 (u,v)，再赋予区域内各点不同的权重，根据权重 (u,v)，计算 (x,y) 点处的精确光流。

设邻域 Ω 内有 n 个像素点，每个像素点对应的 (u,v) 应满足式（6.4-15）中 n 个基本方程。

$$I_{xi}u + I_{yi}v + I_{ti} = 0 \quad i = 1,2,\cdots,n \tag{6.4-15}$$

根据亮度恒定假设，光流基本约束方程的误差为式（6.4-16）。

$$E_c\left(u,v\right) = \iint\left[I_x u + I_y v + I_t\right]^2 \mathrm{d}x\mathrm{d}y \tag{6.4-16}$$

在邻域 Ω 内，Lucas-Kanade 光流的误差式为式（6.4-17）。

$$E_{LK}\left(u,v\right) = \iint W^2\left(x,y\right)\cdot\left(I_x u + I_y v + I_t\right)^2 \mathrm{d}x\mathrm{d}y \tag{6.4-17}$$

其中，$W\left(x,y\right) = \left\{w_i \middle| i = 1,2,\cdots,n\right\}$ 是邻域 Ω 内各点的权重，其分布特点为中心重，越偏离中心，相应的权重值越小。

对式（6.4-17）做离散化处理，才能求得实际的水平方向光流 u 和垂直方向光流 v。代入处理后，可以得到点 (x,y) 处的 Lucas-Kanade 光流为：

$$\begin{bmatrix} \sum_{i=1}^{n} w_i^2 I_{xi}^2 & \sum_{i=1}^{n} w_i^2 I_{xi} I_{yi} \\ \sum_{i=1}^{n} w_i^2 I_{xi} I_{yi} & \sum_{i=1}^{n} w_i^2 I_{yi}^2 \end{bmatrix} \begin{bmatrix} u \\ v \end{bmatrix} = -\begin{bmatrix} \sum_{i=1}^{n} w_i^2 I_{xi} I_{ti} \\ \sum_{i=1}^{n} w_i^2 I_{xi} I_{ti} \end{bmatrix} \tag{6.4-18}$$

其中，I_{xi}、I_{yi}、I_{ti} 为邻域 Ω 内像素点 i 沿 x、y、t 三个方向的梯度值，w_i 为该点的权重。如果令式（6.4-19）成立：

$$A = \begin{bmatrix} I_{x1} \dots I_{xn} \\ I_{y1} \dots I_{yn} \end{bmatrix}^{\mathrm{T}}, W = diag(w_1, w_2, \dots, w_n), b = [I_{t1}, I_{t2}, \dots, I_{tn}]^{\mathrm{T}} \tag{6.4-19}$$

则式（6.4-18）可表示为式（6.4-20）。

$$A^{\mathrm{T}} W^2 A \begin{bmatrix} u \\ v \end{bmatrix} = A^{\mathrm{T}} W^2 \mathrm{b} \tag{6.4-20}$$

式（6.4-20）的解可记为式（6.4-21）。

$$\begin{bmatrix} u \\ v \end{bmatrix} = \left(A^{\mathrm{T}} W^2 A\right)^{-1} A^{\mathrm{T}} W^2 b \tag{6.4-21}$$

以上就是 Lucas-Kanade 光流算法的求解过程，通过此方法可以克服 Horn-Schunck 算法中假设图像为全局平滑带来的误差，不过此方法通过将图像化为一个一个小区域，假设区域内无平滑，最后得到的是稀疏光流。

3. 光流法存在的问题

光流法不仅可以检测出运动物体，而且可以计算出目标的运动方向和运动速度，而其他方法达不到理想效果，所以进行光流的研究很有必要。光流也存在着如下的不足。

（1）存在光照变化问题。光流基本约束方程在图像灰度一致的假设条件下成立，现实应用场景中很难保证这一点，由于光照的变化影响图像灰度发生轻微变化，从而使检测精度降低。

（2）存在摄像机抖动问题。现在越来越多的图像来自于摄像机运动时的拍摄，即无人机拍摄的图片、行车记录仪拍摄的照片等。

（3）存在大位移问题。目前大多数算法都只能处理小位移运动物体的检测，对于速度过快的运动物体的检测还需要进一步研究。

6.4.3　基于块的运动分割

基于块（block-based）的运动分析在图像运动估计和其他图像处理和分析中得到了广泛的应用，比如在数字视频压缩技术中，MPEG-1 和 MPEG-2 均采用了基于块的运动分析和补偿算法。块运动估计与光流计算不同，它无须计算每一个像素的运动，而只是计算若干个像素组成的像素块的运动，对于许多图像分析和估计应用来说，块运动分析是一种极好的近似。

块运动通常分为平移、旋转、仿射、透视等运动形式，一般情况下，块运动是这些运动的组合，称为变形运动（deformation motion）。基于块的运动分析的一般步骤如图 6.4-2 所示。在基于块的运动分析中最重要的就是块的匹配。下面将介绍块的匹配方法。

块匹配算法的基本思想为：在第 k 帧中选择以 (x,y) 中心、大小为 $m \times n$ 的块 W，然后在第 $k+1$ 帧中的一个较大的搜索窗口内寻找与块 W 尺寸相同的最佳匹配块的中心的位移矢量 $r=(\Delta x,\Delta y)$。搜索窗口一般是以第 k 帧中的块 W 为中心的一个对称窗口，其大小常常根据先验知识或经验来确定。各种块匹配算法的差异主要体现在以下几个方面：匹配准则、搜索策略和尺寸选择方法。

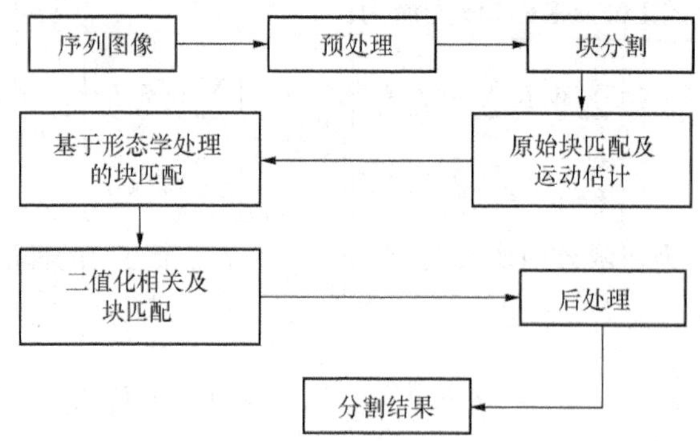

图 6.4-2　基于块的运动分析的步骤

下面从匹配准则和搜索策略来介绍块匹配算法。

1. 匹配准则

典型的匹配准则有最大互相关准则、最小均方差准则、最小平均绝对差准则、最大匹配像素数量准则等。

最小均方差（Mean Square Error，MSE）准则定义如下：

$$\mathrm{MSE}(\Delta x,\Delta y)=\frac{1}{mn}\sum_{(x,y)\in W}\left[I(x,y,k)-I(x+\Delta x,y+\Delta y,k+1)\right]^2 \tag{6.4-22}$$

通过求上式的极小化可以估计出矢量位移 $r=(\Delta x,\Delta y)$，即

$$[\Delta x,\Delta y]^{\mathrm{T}}=\arg\min_{(\Delta x,\Delta y)}\mathrm{MSE}(\Delta x,\Delta y) \tag{6.4-23}$$

对 MSE 求极小化的准则可以认为是给窗口内所有像素强加一个光流约束。

最小均方差准则很少通过超大规模集成电路（VLSI）来实现，主要原因是用硬件实现平方运算比较困难。通过超大规模集成电路来实现的准则是最小平均绝对差准则。

最小平均绝对差（Mean Absolute Difference，MAD）准则定义如下：

$$\mathrm{MAD}(\Delta x,\Delta y)=\frac{1}{mn}\sum_{(x,y)\in W}\left|I(x,y,k)-I(x+\Delta x,y+\Delta y,k+1)\right| \tag{6.4-24}$$

位移矢量 $r=(\Delta x,\Delta y)$ 的估计值为

$$[\Delta x,\Delta y]^{\mathrm{T}}=\arg\min_{(\Delta x,\Delta y)}\mathrm{MAD}(\Delta x,\Delta y) \tag{6.4-25}$$

众所周知，随着搜索区域的扩大，出现多个局部极小值的可能性增大，此时，MAD 准则性能恶化。

还有一种匹配准则是最大匹配像素数量（Matching Pel Count，MPC）准则，这种方法是将窗口内的匹配像素和非匹配像素根据下式分类。

$$T(x,y,\Delta x,\Delta y)=\begin{cases}1 & \left|I(x,y,k)-I(x+\Delta x,y+\Delta y,k+1)\right|\leqslant T\\ 0 & 其他\end{cases} \tag{6.4-26}$$

T 是预先确定的阈值。这样最大匹配像素数量准则为

$$\mathrm{MPC}(\Delta x,\ \Delta y)=\sum_{(x,y)\in W}T(x+\Delta x,y+\Delta y) \tag{6.4-27}$$

$$[\Delta x, \Delta y]^{\mathrm{T}} = \arg \min_{(\Delta x, \Delta y)} \mathrm{MPC}(\Delta x, \Delta y) \tag{6.4-28}$$

运动估计值 $r = (\Delta x, \Delta y)$ 对应匹配像素的最大数量。MPC 准则需要一个阈值比较器和计数器。

2. 搜索策略

为了求得最佳位移估计，可以计算所有可能的位移矢量对应的匹配误差，然后选择最小匹配误差对应的矢量（即最佳位移估计值），这就是全搜索策略。这种策略的最大优点是可以找到全局最优值，但十分浪费时间，因此，人们提出了各种快速搜索策略。尽管快速搜索策略得到的可能是局部最优值，但由于其快速计算的实用性，因此在实际应用中得到了广泛的应用。

6.5　现代图像分割技术

随着各学科许多新理论和新方法的提出，像神经网络、遗传算法、统计学理论、小波理论以及分形理论等，人们也提出了许多与此类特定理论、方法和工具相结合的分割技术。

1. 基于人工神经网络的分割方法

基于人工神经网络的分割方法是用训练样本集对神经网络进行训练，以确定节点间的连接和权值，再用训练好的神经网络分割新的图像数据。其优点是神经网络存在巨量的连接，容易引入空间信息，能较好地解决图像中的噪声和不均匀问题，但是选择何种网络结构是此方法要解决的主要问题。另外，这种方法较复杂，需要大量的训练数据，计算量较大，还有待进一步实用化。

2. 基于数学形态学的分割技术

数学形态学是以形态结构元素为基础对图像进行分析的数学工具。

基于数学形态学的分割技术是用具有一定形态的结构元素去量度和提取图像中的对应形状，以达到对图像分析和识别的目的。由于形态学对图像分割具有优异的特性，因此其在未来的图像分割中起主导作用。但该方法还不能很好地解决耗时问题，将其与一些节约时间的方法结合起来，是图像分割的一种趋势。

3. 遗传算法在图像分割中的应用

遗传算法是基于进化论自然选择机制的、并行的、统计的、随机化搜索的方法。因此可将其运用于各种类型的优化问题，在分割复杂的图像时，人们往往采用多参量进行信息融合，在多参量参与的最优值的求取过程中，优化计算是最重要的，把自然进化的特征应用到计算机算法中，将能解决很多困难。遗传算法的出现为解决这类问题提供了有效的方法，它不仅可以得到全局最优解，而且大大缩短了计算时间。

4. 基于图论的图像分割技术

基于图论的图像分割技术是近年来国际上图像分割领域的一个新的研究热点。该方法将图像映射为带权无向图，把像素视作节点。利用最小剪切准则得到图像的最佳分割，本质上将图像分割问题转化为最优化问题。

习　题

1. 简述图像分割的基本概念以及图像分割的基本方法。

2. 图像边缘有哪些特征？其含义是什么？
3. 试比较 Sobel 算子和 Prewitt 算子两者的优缺点。
4. 在边缘检测中，拉普拉斯算子有哪些特殊的功用？
5. 试述基于边缘的图像分割和基于区域的图像分割的区别。
6. 简述边缘检测分割的基本思想及其主要方法。它们各有什么优缺点？
7. 简述区域生长法图像分割方法的基本原理。其中 3 个关键问题是什么？
8. 什么是阈值分割技术？该技术适用于什么场景下的图像分割？
9. 噪声对利用直方图取阈值进行图像分割的算法会有哪些影响？
10. 简述分裂合并图像分割方法的基本思路。

第 7 章 图像的复原

7.1 概　　述

图像在摄取、传输、存储和处理的过程中不可避免地会出现某些失真而使图像退化。图像复原（image restoration）即利用退化过程的先验知识，恢复已退化图像的本来面目。

图像退化的典型表现为图像模糊、失真、有噪声等。造成图像退化的原因有很多，大致可分为以下几个方面。

（1）成像系统的像差、畸变、有限带宽等造成的图像失真。

（2）射线辐射、大气湍流等造成的照片畸变。

（3）携带遥感仪器的飞机或卫星运动的不稳定，以及地球自转等因素引起的照片几何失真。

（4）模拟图像在数字化的过程中会损失掉部分细节，造成图像质量下降。

（5）拍摄时，相机与景物之间的相对运动产生的运动模糊。

（6）镜头聚焦不准产生的散焦模糊。

（7）底片感光、图像显示时会造成记录显示失真。

（8）成像系统中存在的噪声干扰。

图像复原与图像增强技术一样，也是一种改善图像质量的技术，其目的是使退化了的图像尽可能恢复到原来的真实面貌，其方法首先从分析图像退化机理入手，即用数学模型来描述图像的退化过程，然后在退化模型的基础上，通过求其逆过程的模式计算，从退化图像中较准确地求出真实图像，恢复图像的原始信息。

可见，图像复原主要取决于对图像退化过程的先验知识所掌握的精确程度。图像复原的一般过程为：分析退化原因→建立退化模型→反向推演→恢复图像。

图像复原和图像增强两者的目的都是改善图像的质量。但图像增强不考虑图像是如何退化的，只通过试探各种技术来增强图像的视觉效果。因此，图像增强可以不考虑增强后的图像是否失真，只要感官舒适即可。而图像复原就完全不同，需要知道图像退化的机制和过程的先验知识，据此找出一种相应的逆过程解算方法，从而得到复原的图像。如果图像退化，应先做复原处理，再做增强处理。

7.2 图像退化的数字模型

成像系统受各种因素的影响，导致了图像质量的降低，称之为图像退化。图像复原技术的基础应该是图像退化的数学模型，不同成像系统具有的图像退化模型是不相同的。

7.2.1 图像退化模型

图 7.2 -1 给出一个简单的通用图像退化模型。在这个模型中，图像退化过程被模型化为一个作用在输入图像 $f(x,y)$ 上的系统 H，它与一个加性噪声 $n(x,y)$ 的联合作用导致产生退化图像 $g(x,y)$ 。根据这个模型恢复图像就是要在给定 $g(x,y)$ 和代表退化的 H 的基础上得到 $f(x,y)$ 的某个近似的过程。这里假设我们已知 $n(x,y)$ 的统计特性。

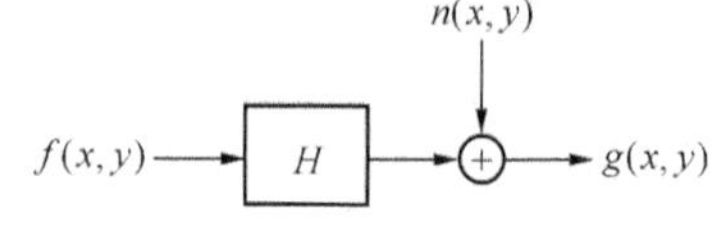

图 7.2-1 通用图像退化模型

图 7.2-1 中的输入和输出具有如下关系：

$$g(x,y)=H[f(x,y)]+n(x,y) \tag{7.2-1}$$

先假设 $n(x,y)=0$，我们来考虑 H 可有如下 4 个性质。

（1）线性。如果令 k_1 和 k_2 为常数，$f_1(x,y)$ 和 $f_2(x,y)$ 为两幅输入图像，则：

$$H[k_1f_1(x,y)+k_2f_2(x,y)]=k_1H[f_1(x,y)]+k_2H[f_2(x,y)] \tag{7.2-2}$$

（2）相加性。式（7.2-2）中如果 $k_1=k_2=1$，则变成：

$$H[f_1(x,y)+f_2(x,y)]=H[f_1(x,y)]+H[f_2(x,y)] \tag{7.2-3}$$

式（7.2-3）指出线性系统对两个输入图像之和的响应等于它对两个输入图像响应的和。

（3）一致性。式（7.2-2）中如果 $f_2(x,y)=0$，则变成：

$$H[k_1f_1(x,y)]=k_1H[f_1(x,y)] \tag{7.2-4}$$

上式指出线性系统对常数与任意输入乘积的响应等于常数与该输入的响应的乘积。

（4）位置（空间）不变性。如果对任意 $f(x,y)$ 以及 a 和 b,有：

$$H[f(x-a,y-b)]=g(x-a,y-b) \tag{7.2-5}$$

式（7.2-5）指出线性系统在图像任意位置的响应只与在该位置的输入值有关，与位置本身无关。

图 7.2-2 给出了四种常见具体退化模型的示意图。这四种模型中，图 7.2-2（a）、图 7.2-2（b）、图 7.2-2（c）所示是空间不变的，而图 7.2-2（b）、图 7.2-2（c）、图 7.2-2（d）所示可以是线性的。下面分别介绍。

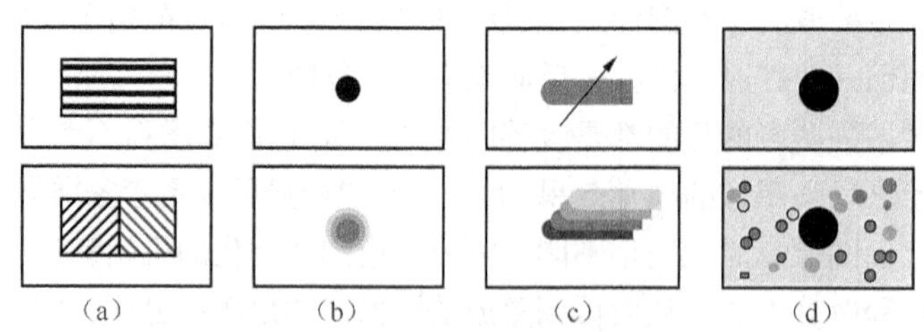

图 7.2-2 四种常见的退化模型

（1）图 7.2-2（a）是一种非线性退化的情况，摄影胶片的冲洗过程可用这种模型表示。摄影胶片的光敏特性是根据胶片上留下的银密度为曝光量的对数函数来表示的，光敏特性除中段基本特性外，两端都是曲线。

（2）图 7.2-2（b）表示的是一种模糊造成的退化，对许多实用的光学成像系统来说，由于孔径衍射产生的退化可用这种模型表示。

（3）图 7.2-2（c）表示的是一种目标运动造成的模糊退化。

（4）图 7.2-2（d）表示的是随机噪声的迭加，这也可以看作是一种具有随机性的退化。

7.2.2　连续函数的退化模型

根据冲激函数 δ 的筛选性质，可将 $f(x,y)$ 表示为下式：

$$f(x,y)=\int_{-\infty}^{+\infty}\int_{-\infty}^{+\infty}f(\alpha,\beta)\delta(x-\alpha,y-\beta)\mathrm{d}\alpha\mathrm{d}\beta \qquad (7.2\text{-}6)$$

其中 $\delta(x-\alpha,y-\beta)$ 定义为不在原点的二维 δ 函数，当 $x=\alpha,y=\beta$ 时，$\delta(x-\alpha,y-\beta)=\infty$，当 $x\neq\alpha$, $y\neq\beta$ 时，$\delta(x-\alpha,y-\beta)=0$。

设退化模型中的 $n(x,y)=0$，则有：

$$f(x,y)=H\cdot f(x,y)=\int_{-\infty}^{+\infty}\int_{-\infty}^{+\infty}H[f(\alpha,\beta)\delta(x-\alpha,y-\beta)]\mathrm{d}\alpha\mathrm{d}\beta \qquad (7.2\text{-}7)$$

由于 $f(\alpha,\beta)$ 与 x,y 无关，由线性齐次性可得：

$$g(x,y)=\int_{-\infty}^{+\infty}\int_{-\infty}^{+\infty}f(\alpha,\beta)H\delta(x-\alpha,y-\beta)\mathrm{d}\alpha\mathrm{d}\beta \qquad (7.2\text{-}8)$$

令 $h(x,\alpha,y,\beta)=H\delta(x-\alpha,y-\beta)$，$h(x,\alpha,y,\beta)$ 称为 H 的冲激响应，它表示系统 H 对坐标 (α,β) 处的冲激函数 $\delta(x-\alpha,y-\beta)$ 的响应。在光学中，冲激为一个光点，$h(x,\alpha,y,\beta)$ 一般也被称为点扩散函数。由此可得：

$$g(x,y)=\int_{-\infty}^{+\infty}\int_{-\infty}^{+\infty}f(\alpha,\beta)\delta(x-\alpha,y-\beta)\mathrm{d}\alpha\mathrm{d}\beta \qquad (7.2\text{-}9)$$

从此可见，由于把退化过程看成一个线性空间不变系统，因此系统输出的降质 $g(x,y)$ 应为输入图像和系统冲激响应的卷积积分。

对式（7.2-9）两边进行傅里叶变换，并由卷积定理可得：

$$G(u,v)=H(u,v)F(u,v) \qquad (7.2\text{-}10)$$

式中 $G(u,v)$，$F(u,v)$ 分别是 $g(x,y)$，$f(x,y)$ 的二维傅里叶变换，函数 $H(u,v)$ 称为退化系统的传递函数，它是退化系统冲激响应 $h(x,y)$ 的傅里叶变换。

在考虑加性噪声的情况下，连续函数的退化模型可表示为：

$$g(x,y)=\int_{-\infty}^{+\infty}\int_{-\infty}^{+\infty}f(\alpha,\beta)\delta(x-\alpha,y-\beta)\mathrm{d}\alpha\mathrm{d}\beta+n(x,y) \qquad (7.2\text{-}11)$$

或者

$$G(u,v)=H(u,v)F(u,v)+N(u,v) \qquad (7.2\text{-}12)$$

其中，$N(u,v)$ 为噪声函数 $n(x,y)$ 的傅里叶变换。

大多数情况下，都可以利用线性系统理论近似地解决图像复原问题。当然在某些特定的应用中，讨论非线性、空间可变性的退化模型更具普遍性，也会更加精确，但在数学上求解困难。因此，本章只讨论线性空间不变的退化模型。

7.2.3 离散的退化模型

数字图像讨论的是离散的图像函数，因此尚需对连续模型离散化，即将连续模型中的积分用求和的形式来表示。

1. 一维离散退化模型

在暂不考虑噪声项的情况下，设 $f(x,y)$ 被均匀采样后形成具有 A 个采样值的离散输入函数，$h(x)$ 被采样后形成具有 B 个采样值的退化系统冲激响应。由此，连续函数退化模型中连续卷积关系就演变为离散卷积关系。

如果 $f(x)$ 和 $h(x)$ 都是具有周期 N 的序列，那么离散的退化模型可表示为：

$$g(x)=\sum_{m} f(m)h(x-m) \tag{7.2-13}$$

显然，$g(x)$ 也是具有周期 N 的序列，周期卷积可用常规卷积法计算。

如果 $h(x)$ 和 $f(x)$ 均不具有周期性，则需要用添零延伸的方法使其扩展为周期函数 $f_e(x)$ 和 $h_e(x)$，可以令周期 $M \geqslant A+B-1$，则 $f_e(x)$ 和 $h_e(x)$ 可分别表示为：

$$f_e(x)=\begin{cases} f(x) & 0\leqslant x\leqslant A-1 \\ 0 & A-1<x\leqslant M-1 \end{cases}$$

$$h_e(x)=\begin{cases} h(x) & 0\leqslant x\leqslant B-1 \\ 0 & B-1<x\leqslant M-1 \end{cases} \tag{7.2-14}$$

这样，可得到如下离散卷积退化模型：

$$g(x)=\sum_{m} f_e(m)h_e(x-m) \tag{7.2-15}$$

式中 $x=0,1,2,\ldots,M-1$。显然，$g_e(x)$ 也是周期为 M 的函数。

式（7.2-15）还可以用矩阵的形式来表示：

$$[\boldsymbol{g}]=[\boldsymbol{H}]\cdot[\boldsymbol{f}] \tag{7.2-16}$$

其中

$$[\boldsymbol{f}]=\begin{bmatrix} f_e(0) \\ f_e(1) \\ \vdots \\ f_e(M-1) \end{bmatrix} \tag{7.2-17}$$

$$[\boldsymbol{g}]=\begin{bmatrix} g_e(0) \\ g_e(1) \\ \vdots \\ g_e(M-1) \end{bmatrix} \tag{7.2-18}$$

$[\boldsymbol{H}]$是 $M\times M$ 阶矩阵：

$$[\boldsymbol{H}]=\begin{bmatrix} h_e(0) & h_e(-1) & h_e(-2) & \cdots & h_e(-M+1) \\ h_e(1) & h_e(0) & h_e(-1) & \cdots & h_e(-M+2) \\ h_e(2) & h_e(1) & h_e(0) & \cdots & h_e(-M+3) \\ \vdots & \vdots & \vdots & & \vdots \\ h_e(M-1) & h_e(M-2) & h_e(M-3) & \cdots & h_e(0) \end{bmatrix} \tag{7.2-19}$$

因为 $h_e(x)$ 为周期函数，故有 $h_e(x)=h_e(M+x)$，利用此性质，式（7.2-19）可改写为：

$$[\boldsymbol{H}]=\begin{bmatrix} h_e(0) & h_e(M-1) & h_e(M-2) & \cdots & h_e(1) \\ h_e(1) & h_e(0) & h_e(M-1) & \cdots & h_e(2) \\ h_e(2) & h_e(1) & h_e(0) & \cdots & h_e(3) \\ \vdots & \vdots & \vdots & & \vdots \\ h_e(M-1) & h_e(M-2) & h_e(M-3) & \cdots & h_e(0) \end{bmatrix} \tag{7.2-20}$$

从中可以看出 $[\boldsymbol{H}]$ 是一个循环矩阵，即一行中最右端的元素等于下一行中最左端的元素，并且此循环性一直延伸到最末一行的最右端元素，又回到第一行之首。

【例 7-1】 设 A=4，B=3，M 为 $A+B-1=6$，则有：

$$f_e(x)=\begin{cases} f(x) & 0\leqslant x\leqslant 4-1 \quad x=0,1,2,3 \\ 0 & 4-1<x\leqslant 6-1 \quad x=4,5 \end{cases}$$

$$h_e(x)=\begin{cases} h(x) & 0\leqslant x\leqslant 3-1 \quad x=0,1,2 \\ 0 & 3-1<x\leqslant 6-1 \quad x=3,4,5 \end{cases} \tag{7.2-21}$$

在此情况下，$[\boldsymbol{H}]$ 为 6×6 矩阵。其循环矩阵 $[\boldsymbol{H}]$ 表示为：

$$[\boldsymbol{H}]=\begin{bmatrix} h_e(0) & h_e(5) & h_e(4) & h_e(3) & h_e(2) & h_e(1) \\ h_e(1) & h_e(0) & h_e(5) & h_e(4) & h_e(3) & h_e(2) \\ h_e(2) & h_e(1) & h_e(0) & h_e(5) & h_e(4) & h_e(3) \\ h_e(3) & h_e(2) & h_e(1) & h_e(0) & h_e(5) & h_e(4) \\ h_e(4) & h_e(3) & h_e(2) & h_e(1) & h_e(0) & h_e(5) \\ h_e(5) & h_e(4) & h_e(3) & h_e(2) & h_e(1) & h_e(0) \end{bmatrix} \tag{7.2-22}$$

将式（7.2-21）代入式（7.2-22）则有：

$$[\boldsymbol{H}]=\begin{bmatrix} h_e(0) & 0 & 0 & 0 & h_e(2) & h_e(1) \\ h_e(1) & h_e(0) & 0 & 0 & 0 & h_e(2) \\ h_e(2) & h_e(1) & h_e(0) & 0 & 0 & 0 \\ 0 & h_e(2) & h_e(1) & h_e(0) & 0 & 0 \\ 0 & 0 & h_e(2) & h_e(1) & h_e(0) & 0 \\ 0 & 0 & 0 & h_e(2) & h_e(1) & h_e(0) \end{bmatrix} \tag{7.2-23}$$

2. 二维离散退化模型

现将一维模型推广到二维数字图像。设输入的数字图像 $f(x,y)$ 和冲激响应 $h(x,y)$ 分别具有 $A\times B$ 和 $C\times D$ 个元素，为避免交叠误差，同样用添零延伸的方法，将它们扩展成 $M\times N$ 个元素的周期扩展图像，其中 $M\geqslant A+C-1$，$N\geqslant B+D-1$，即：

$$f_e(x,y)=\begin{cases} f(x,y) & 0\leqslant x\leqslant A-1,\ 0\leqslant y\leqslant B-1 \\ 0 & A-1<x\leqslant M-1,\ B-1<y\leqslant N-1 \end{cases}$$

$$h_e(x,y)=\begin{cases} h(x,y) & 0\leqslant x\leqslant C-1,\ 0\leqslant y\leqslant D-1 \\ 0 & C-1<x\leqslant M-1,\ D-1<y\leqslant N-1 \end{cases} \tag{7.2-24}$$

这样拓展后，$f_e(x,y)$ 和 $g_e(x,y)$ 分别成为二维周期函数，在 x 和 y 方向上的周期分别为 M 和 N，则输出的退化数字图像为：

$$g_e(x,y)=\sum_m \sum_n f_e(m,n)h_e(x-m,y-n) \tag{7.2-25}$$

式中 $x=0,1,2\cdots,M-1$; $y=0,1,2,\cdots,N-1$。$g_e(x,y)$ 具有与 $f_e(x,y)$ 和 $h_e(x,y)$ 相同的周期，如考虑噪声项，只需在式（7.2-25）后加上一个 $M\times N$ 的扩展离散噪声项 $n(x,y)$，即可得到完整的二维离散退化模型：

$$g_e(x,y)=\sum_m\sum_n f_e(m,n)h_e(x-m,y-n)+n(x,y) \tag{7.2-26}$$

式中 $x=0,1,2\cdots,M-1$; $y=0,1,2,\cdots,N-1$。

与一维情况类似，二维离散退化模型也可用矩阵来表示：

$$[\boldsymbol{g}]=[\boldsymbol{H}]\cdot[\boldsymbol{f}] \tag{7.2-27}$$

其中，$[\boldsymbol{g}]$ 和 $[\boldsymbol{f}]$ 代表 $M\times N$ 维列向量。这些列向量是由 $M\times N$ 维的函数矩阵 $f_e(x,y)$、$g_e(x,y)$ 的各个行堆积而成的。如 $[\boldsymbol{f}]$ 可表示为：

$$[\boldsymbol{f}]=\begin{bmatrix} f_e(0,0) \\ f_e(0,1) \\ \vdots \\ f_e(0,N-1) \\ f_e(1,0) \\ f_e(1,1) \\ \vdots \\ f_e(1,N-1) \\ \vdots \\ f_e(M-1,0) \\ f_e(M-1,1) \\ \vdots \\ f_e(M-1,N-1) \end{bmatrix} \tag{7.2-28}$$

$[\boldsymbol{g}]$ 的形式与 $[\boldsymbol{f}]$ 完全相同。$[\boldsymbol{H}]$ 为 $MN\times MN$ 维矩阵，这是一个块循环矩阵，表示为：

$$[\boldsymbol{H}]=\begin{bmatrix} [\boldsymbol{H}_0] & [\boldsymbol{H}_{M-1}] & [\boldsymbol{H}_{M-2}] & \cdots & [\boldsymbol{H}_1] \\ [\boldsymbol{H}_1] & [\boldsymbol{H}_0] & [\boldsymbol{H}_{M-1}] & \cdots & [\boldsymbol{H}_2] \\ [\boldsymbol{H}_2] & [\boldsymbol{H}_1] & [\boldsymbol{H}_0] & \cdots & [\boldsymbol{H}_3] \\ \vdots & \vdots & \vdots & & \vdots \\ [\boldsymbol{H}_{M-1}] & [\boldsymbol{H}_{M-2}] & [\boldsymbol{H}_{M-3}] & \cdots & [\boldsymbol{H}_0] \end{bmatrix} \tag{7.2-29}$$

其中，每个分块 $[\boldsymbol{H}_j]$ 是由扩展函数 $h_e(x,y)$ 的第 j 行组成的，即：

$$[\boldsymbol{H}_j]=\begin{bmatrix} h_e(j,0) & h_e(j,N-1) & h_e(j,N-2) & \cdots & h_e(j,1) \\ h_e(j,1) & h_e(j,0) & h_e(j,N-1) & \cdots & h_e(j,2) \\ h_e(j,2) & h_e(j,1) & h_e(j,0) & \cdots & h_e(j,3) \\ \vdots & \vdots & \vdots & & \vdots \\ h_e(j,N-1) & h_e(j,N-2) & h_e(j,N-3) & \cdots & h_e(j,0) \end{bmatrix} \tag{7.2-30}$$

上述离散退化模型都是在线性和空间不变性的前提条件下推导出来的。因此，在此条件下，图像复原的问题在于：给定退化图像 $g(x,y)$，并已知退化系统的冲激响应 $h(x,y)$ 和相加性噪声 $n(x,y)$，根据 $g=Hf+n$ 如何估计出理想图像 $f(x,y)$。但是对于实用大小的图像来说，这一过程是非常烦琐的。例如，若 $M=N=512$，H 的大小为 $M^2\times N^2=262144\times262144$。可见，为了计算得到$[f]$，则需求解 262144 个联立线性方程组，其计算量之大是不难想象的。因此需要研究一些算法以便简化复原运算的过程，利用$[\boldsymbol{H}]$的循环性质即可大大减少计算工作量。

7.3　代数复原方法

图像复原的目的是在假设已知有关 g、H 和 n 的某些知识的情况下，寻求估计原图像 f 的方法。这种估计应在某种预先选定的最佳准则下，具有最优的性质。

本节集中讨论在均方误差最小意义下，原图像 f 的最佳估计，因为它是各种可能准则中最简单易行的。事实上，由它可以导出许多实用的恢复方法。

7.3.1　无约束复原

由式（7.2-1）可得退化模型中的噪声项为

$$n = g - Hf \tag{7.3-1}$$

当对 n 一无所知时，有意义的准则函数是寻找一个 $\hat{f}$，使得 $H\hat{f}$ 在最小二乘意义上近似于 g，即要使噪声项的范数尽可能小，也就是使

$$\|n\|^2 = \|g - H\hat{f}\|^2 \tag{7.3-2}$$

为最小。这一问题可等效地看成求准则函数

$$J(\hat{f}) = \|g - H\hat{f}\|^2 \tag{7.3-3}$$

关于 $\hat{f}$ 最小的问题。

令

$$\frac{\partial J(\hat{f})}{\partial \hat{f}} = 2H'(g - H\hat{f}) = 0 \tag{7.3-4}$$

可推出

$$\hat{f} = (H'H)^{-1}H'g \tag{7.3-5}$$

令 $M = N$，并设 H^{-1} 存在，则式（7.3-5）化为

$$\hat{f} = H^{-1}(H')^{-1}H'g = H^{-1}g \tag{7.3-6}$$

式（7.3-6）给出的就是逆滤波恢复法。对于位移不变产生的模糊，可以通过在频率域进行去卷积加以说明。即

$$\hat{F}(u,v) = \frac{G(u,v)}{H(u,v)} \tag{7.3-7}$$

若 $H(u,v)$ 有零值，则 H 为奇异的，无论 H^{-1} 或 $(H'H)^{-1}$ 都不存在。这会导致恢复问题的病态性或奇异性。

7.3.2　约束最小二乘复原

为了克服恢复问题的病态性质，常需要在恢复过程中施加某种约束，即约束复原。令 Q 为 f 的线性算子，约束最小二乘法复原问题是使形式为 $\|Q\hat{f}\|^2$ 的函数，在约束条件 $\|g - H\hat{f}\|^2 = \|n\|^2$ 时

为最小。这可以归结为寻找一个 $\hat{f}$，使下面准则函数最小。

$$J(\hat{f})=\left\|Q\hat{f}\right\|^2+\lambda\left\|g-H\hat{f}\right\|^2-\left\|n\right\|^2 \quad (7.3\text{-}8)$$

其中 λ 为一个常数，称为拉格朗日系数。按一般求极小值的解法，令 $J(\hat{f})$ 对 $\hat{f}$ 的导数为零，有

$$\frac{\partial J(\hat{f})}{\partial \hat{f}}=2Q'Q\hat{f}-2\lambda H'(g-H\hat{f})=0 \quad (7.3\text{-}9)$$

解得

$$\hat{f}=(H'H+\gamma Q'Q)^{-1}H'g \quad (7.3\text{-}10)$$

其中，$\gamma=1/\lambda$。这是求约束最小二乘复原图像的通用方程式。

通过指定不同的 Q，可以得到不同的复原图像。下面根据通用方程式给出几种具体恢复方法。

1. 能量约束恢复

若取线性运算

$$Q=I \quad (7.3\text{-}11)$$

则得

$$\hat{f}=(H'H+\gamma I)^{-1}H'g \quad (7.3\text{-}12)$$

此解的物理意义是在约束条件为式（7.3-2）时，复原图像能量 $\left\|\hat{f}\right\|$ 为最小。也可以说，当用 g 复原 f 时，能量应保持不变。事实上，上式完全可以在 $\hat{f}'\hat{f}=g'g=c$ 的条件下使 $\left\|g-H\hat{f}\right\|$ 为最小推导出来。

2. 平滑约束恢复

把 $\hat{f}$ 看成 x,y 的二维函数，平滑约束是指原图像 $f(x,y)$ 为最光滑的，那么它在各点的二阶导数都应最小。顾及二阶导数有正负，约束条件是应用各点二阶导数的平方和最小。Laplacian 算子为

$$\frac{\partial^2 f(x,y)}{\partial x^2}+\frac{\partial^2 f(x,y)}{\partial y^2}=f(x+1,y)+f(x-1,y)+f(x,y+1)+f(x,y-1)-4f(x,y) \quad (7.3\text{-}13)$$

则约束条件为

$$\sum_{x=0}^{M-1}\sum_{y=0}^{N-1}[f(x+1,y)+f(x-1,y)+f(x,y+1)+f(x,y-1)-4f(x,y)]^2 \quad (7.3\text{-}14)$$

取最小。

式（7.3-13）还可用卷积形式表示如下

$$\overline{f}(x,y)=\sum_{m=0}^{2}\sum_{n=0}^{2}f(x-m,y-n)C(m,n) \quad (7.3\text{-}15)$$

其中

$$[c(m,n)]=\begin{bmatrix}0 & 1 & 0\\ 1 & -4 & 1\\ 0 & 1 & 0\end{bmatrix} \quad (7.3\text{-}16)$$

于是，复原就是在约束条件式（7.3-2）下使 $\left\|c\hat{f}\right\|$ 为最小。令 $Q=C$，最佳复原解为

$$\hat{f}=(H'H+\gamma C'C)^{-1}H'g \quad (7.3\text{-}17)$$

3. 均方误差最小滤波（维纳滤波）

将 f 和 n 视为随机变量，并选择 $\boldsymbol{Q}$ 为

$$\boldsymbol{Q}=\boldsymbol{R}_f^{-1/2}\boldsymbol{R}_n^{1/2} \tag{7.3-18}$$

使 $\boldsymbol{Q}\hat{f}$ 最小。其中 $\boldsymbol{R}_f=\varepsilon\{ff'\}$ 和 $\boldsymbol{R}_n=\varepsilon\{nn'\}$，分别为信号和噪声的协方差矩阵。可推导出

$$\hat{f}=(H'H+\gamma\boldsymbol{R}_f^{-1}\boldsymbol{R}_n)^{-1}H'g \tag{7.3-19}$$

一般情况下，$\gamma\neq1$ 时为含参维纳滤波，$\gamma=1$ 时为标准维纳滤波。在用统计线性运算代替确定性线性运算时，最小二乘滤波将转化成均方误差最小滤波。尽管两者在表达式上有着类似的形式，但意义却有本质的不同。在随机性运算情况下，最小二乘滤波是对一组图像在统计平均意义上给出最佳恢复的；而在确定性运算的情况下，最佳恢复是针对一幅退化图像给出的。

7.4　频率域恢复方法

7.4.1　逆滤波恢复法

对于线性位移不变系统而言

$$g(x,y)=\iint_{-\infty}^{\infty}f(\alpha,\beta)h(x-\alpha,y-\beta)\mathrm{d}\alpha\mathrm{d}\beta+n(x,y)=f(x,y)*h(x,y)+n(x,y) \tag{7.4-1}$$

上式两边进行傅里叶变换得

$$G(u,v)=F(u,v)H(u,v)+N(u,v) \tag{7.4-2}$$

其中，$G(u,v)$、$F(u,v)$、$H(u,v)$ 和 $N(u,v)$ 分别是 $g(x,y)$、$f(x,y)$、$h(x,y)$ 和 $n(x,y)$ 的二维傅里叶变换。$H(u,v)$ 称为系统的传递函数，从频率域角度看，它使图像退化，因而反映了成像系统的性能。

通常在无噪声的理想情况下，式（7.4-2）可为

$$G(u,v)=F(u,v)H(u,v) \tag{7.4-3}$$

则

$$F(u,v)=G(u,v)/H(u,v) \tag{7.4-4}$$

$1/H(u,v)$ 称为逆滤波器。对式（7.4-4）再进行傅里叶反变换可得到 $f(x,y)$。但实际上碰到的问题都有噪声，因而只能求 $F(u,v)$ 的估计值 $\hat{F}(u,v)$。

$$\hat{F}(u,v)=F(u,v)+\frac{N(u,v)}{H(u,v)} \tag{7.4-5}$$

做傅里叶反变换得

$$\hat{f}(x,y)=f(x,y)+\iint_{-\infty}^{\infty}[N(u,v)H^{-1}(u,v)]e^{\mathrm{j}2\pi(ux+vy)}\mathrm{d}u\mathrm{d}v \tag{7.4-6}$$

这就是逆滤波复原的基本原理。其复原过程可归纳如下。

（1）对退化图像 $g(x,y)$ 做二维离散傅里叶变换，得到 $G(u,v)$。

（2）计算系统点扩散函数 $h(x,y)$ 的二维傅里叶变换，得到 $H(u,v)$。

这一步值得注意的是，通常 $h(x,y)$ 的尺寸小于 $g(x,y)$ 的尺寸。为了消除混叠效应引起的误差，需要把 $h(x,y)$ 的尺寸延拓。

（3）按式（7.4-4）计算 $\hat{F}(u,v)$。

（4）计算 $\hat{F}(u,v)$ 的傅里叶反变换，求得 $\hat{f}(x,y)$。

若噪声为零，则采用逆滤波恢复法能完全再现原图像。若噪声存在，而且 $H(u,v)$ 很小或为零，则噪声被放大。这意味着退化图像中小噪声的干扰在 $H(u,v)$ 较小时，会对逆滤波恢复的图像产生很大的影响，有可能使恢复的图像 $\hat{f}(x,y)$ 和 $f(x,y)$ 相差很大，甚至面目全非。

为此改进的方法如下。

（1）在 $H(u,v)=0$ 及其附近，人为地仔细设置 $H^{-1}(u,v)$ 的值，使 $N(u,v)H^{-1}(u,v)$ 不会对 $\hat{F}(u,v)$ 产生太大影响。图 7.4-1 给出了 $H(u,v)$、$H^{-1}(u,v)$ 和改进的滤波器 $H_l(u,v)$ 的一维波形，从中可以看出与正常逆滤波的差别。

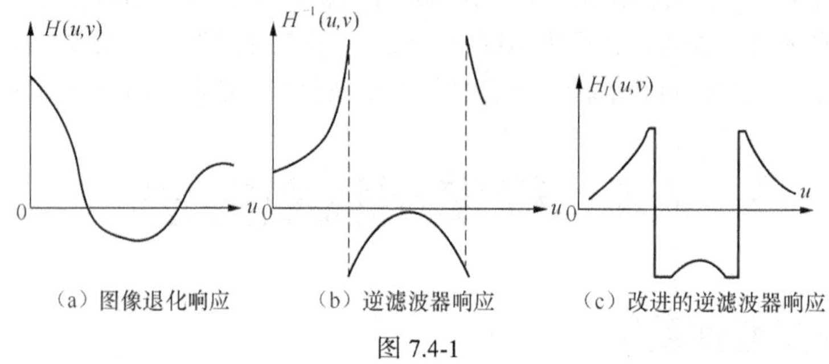

图 7.4-1

（2）使 $H^{-1}(u,v)$ 具有低通滤波性质。即使

$$H^{-1}(u,v)=\begin{cases}\dfrac{1}{H(u,v)} & D\leqslant D_0\\ 0 & D>D_0\end{cases} \tag{7.4-7}$$

其中，D_0 为逆滤波器的截止频率，$D=\sqrt{u^2+v^2}$。

7.4.2 去除由匀速运动引起的模糊

在获取图像过程中，景物和摄像机之间的相对运动往往造成图像的模糊。其中匀速直线运动所造成的模糊图像的恢复问题更具有一般性和普遍意义。因为变速的、非直线的运动在某些条件下可以看成是匀速的、直线运动的合成结果。

设图像 $f(x,y)$ 有一个平面运动，令 $x_0(t)$ 和 $y_0(t)$ 分别为在 x 和 y 方向上运动的变化分量。t 表示运动的时间。记录介质的总曝光量是在快门打开到关闭这段时间的积分。则模糊后的图像为

$$g(x,y)=\int_0^T f[x-x_0(t),y-y_0(t)]\mathrm{d}t \tag{7.4-8}$$

式中，$g(x,y)$ 为模糊后的图像。上式就是由目标物或摄像机相对运动造成图像模糊的模型。

令 $G(u,v)$ 为模糊图像 $g(x,y)$ 的傅里叶变换，对上式两边傅里叶变换得

$$\begin{aligned}G(u,v)&=\int_{-\infty}^{+\infty}\int_{-\infty}^{+\infty}g(x,y)\mathrm{e}^{-j2\pi(ux+vy)}\mathrm{d}x\mathrm{d}y\\&=\int_{-\infty}^{+\infty}\int_{-\infty}^{+\infty}\left\{\int_0^T f[x-x_0(t),y-y_0(t)]\mathrm{d}t\right\}\mathrm{e}^{-j2\pi(ux+vy)}\mathrm{d}x\mathrm{d}y\end{aligned} \tag{7.4-9}$$

改变式（7.4-9）的积分次序，则有

$$G(u,v)=\int_0^T\left\{\int_{-\infty}^{+\infty}\int_{-\infty}^{+\infty}f[x-x_0(t),y-y_0(t)]\mathrm{e}^{-j2\pi(ux+vy)}\mathrm{d}x\mathrm{d}y\right\}\mathrm{d}t \tag{7.4-10}$$

由傅里叶变换的位移性质，可得

$$G(u,v)=\int_0^T F(u,v)\mathrm{e}^{-j2\pi[ux_0(t)+vy_0(t)]}\mathrm{d}t$$

$$=F(u,v)\int_0^T \mathrm{e}^{-j2\pi[ux_0(t)+vy_0(t)]}\mathrm{d}t \tag{7.4-11}$$

令

$$H(u,v)=\int_0^T \mathrm{e}^{-j2\pi[ux_0(t)+vy_0(t)]}\mathrm{d}t \tag{7.4-12}$$

由式（7.4-11）可得

$$G(u,v)=H(u,v)F(u,v) \tag{7.4-13}$$

这是已知退化模型的傅里叶变换式。若 $x(t)$、$y(t)$ 的性质已知，传递函数可直接由式（7.4-12）求出。因此，$f(x,y)$ 可以恢复出来。下面直接给出沿水平方向和垂直方向匀速运动造成的图像模糊的模型及其恢复的近似表达式。

（1）由水平方向匀速直线运动造成的图像模糊的模型及其恢复用以下两式表示：

$$g(x,y)=\int_0^T f[(x-\frac{at}{T}),y]\mathrm{d}t \tag{7.4-14}$$

$$f(x,y)\approx A-mg'[(x-ma),y]+\sum_{k=0}^{m}g'[(x-ka),y]，0\leqslant x,y\leqslant L \tag{7.4-15}$$

其中，a 为总位移量，T 为总运动时间，是 $\frac{x}{a}$ 的整数部分，$L=ka$（k 为整数）是 x 的取值范围，$A=\frac{1}{k}\sum_{k=0}^{k-1}f(x+ka)$。

式（7.4-14）和式（7.4-15）的离散式如下：

$$g(x,y)=\sum_{t=0}^{T-1}f[x-\frac{at}{T},y]\bullet\Delta x \tag{7.4-16}$$

$$f(x,y)\approx A-m\{[g[(x-ma),y]-g[(x-ma-1),y]]/\Delta x\}+$$

$$\sum_{k=0}^{m}\{[g[(x-ka),y]-g[\{(x-ka-1),y]]/\Delta x\},\quad 0\leqslant x,y\leqslant L \tag{7.4-17}$$

（2）由垂直方向匀速直线运动造成的图像模糊模型及恢复用以下两式表示：

$$g(x,y)=\sum_{t=0}^{T-1}f(x,y-\frac{bt}{T})\bullet\Delta x \tag{7.4-18}$$

$$f(x,y)\approx A-m\{[g[x,(y-mb)]-g[x,(y-mb-1)]]/\Delta y\}+$$

$$\sum_{k=0}^{m}\{[g[x,(y-kb)]-g[x,(y-kb-1)]]/\Delta y\} \tag{7.4-19}$$

图 7.4-2 所示是沿水平方向匀速运动造成的模糊图像的恢复处理例子。

（a）模糊图像

（b）恢复后的图像

图 7.4-2　水平匀速运动模糊图像的恢复

7.5 维纳滤波复原方法

维纳滤波（N.Wiener 最先在 1942 年提出的方法）是一种最早也最为人们熟知的线性图像复原方法。维纳滤波器寻找一个使统计误差函数 $e^2=E\{(f-\hat{f})^2\}$ 最小的估计 $\hat{f}$。其中，E 是期望值操作符，f 是未退化的图像。该表达式在频域可表示为

$$\hat{F}(u,v)=[\frac{1}{H(u,v)}\frac{|H(u,v)|^2}{|H(u,v)^2+s_\eta(u,v)/s_f(u,v)|}]G(u,v)$$

其中，$H(u,v)$ 表示退化函数，$|H(u,v)|^2=H^*(u,v)H(u,v)$，$H^*(u,v)$ 表示 $H(u,v)$ 的复共轭，$s_\eta(u,v)=|N(u,v)|^2$ 表示噪声功率谱，$s_f(u,v)=|F(u,v)|^2$ 表示未退化图像的功率谱，比率 $s_\eta(u,v)/s_f(u,v)$ 称为噪信功率比。我们看到，若对于 u 和 v 的所有相关值，噪声功率谱为零，则这个比率就变为零，且维纳滤波器就成为前一节中讨论的逆滤波器。

我们感兴趣的两个量为平均噪声功率和平均图像功率，分别定义为 $\eta_A=\frac{1}{MN}\sum_u\sum_v s_\eta(u,v)$ 和 $f_A=\frac{1}{MN}\sum_u\sum_v s_f(u,v)$，其中，$M$ 和 N 分别表示图像和噪声数组的垂直和水平大小。这些量都是标量常量，且它们的比率 $R=\frac{\eta_A}{f_A}$ 也是一个标量，有时用来代替函数 $s_\eta(u,v)/s_f(u,v)$，以便产生一个常量数组。在这种情况下，即使真实的比率未知，交互式地变化常量并观察复原结果的实验也变成了一件简单的事。当然，假设函数为常量是一种粗糙的近似。

在前述的滤波器方程中，用一个常量数组来代替 $s_\eta(u,v)/s_f(u,v)$ 就产生了所谓的参数维纳滤波器。

7.6 图像复原的 MATLAB 实现

7.6.1 模糊及噪声

设原始图像为 f，用来表示没有失真前的图像。通过在原始图像中添加运动模糊和各种噪声来模拟失真后的退化图像。因此，首先介绍 MATLAB 图像模糊化和添加噪声的函数。

综合所有退化因素得到的系统函数 $h(x,y)$ 称为点扩展函数（PSF）。为了创建模糊化的图像，通常使用 MATLAB 的图像处理工具箱函数 fspecial 创建一个确定类型的 PSF，然后使用这个 PSF 对原始图像进行卷积，从而得到模糊化的图像。

fspecial 的格式：

```
h=fspecial('type',parameters)
```

其中，参数 type 指定滤波器的种类，parameters 是与滤波器种类有关的具体参数。

当 type 取运动滤波器时，其调用格式为：

```
h=fspecial('motion',len, theta)
```

该表示形式指定按照角度 theta 移动 len 个像素的运动滤波器。

下面的两个实例说明如何使用 fspecial 函数来模糊一幅图像。

【例 7-2】创建一个仿真运动模糊的 PSF 来模糊图 7.6-1（a）所示的图像，指定运动位移为 31 个像素，运动角度为 11°。

首先要使用 fspecial 函数创建 PSF，然后调用 imfilter 函数使用 PSF 对原始图像进行卷积，这就可以得到一幅模糊图像 Blurred。

```
I = imread('flowers.tif');
I = I(10+[1:256],222+[1:256],:);    %剪裁图像
subplot(1,2,1); imshow(I);
LEN = 31;
THETA = 11;
PSF = fspecial('motion',LEN, THETA);
Blurred = imfilter(I, PSF, 'circular','conv');
subplot(1,2,2); imshow(Blurred);
```

模糊化的图像如图 7.6-1（b）所示。

（a）模糊前的图像

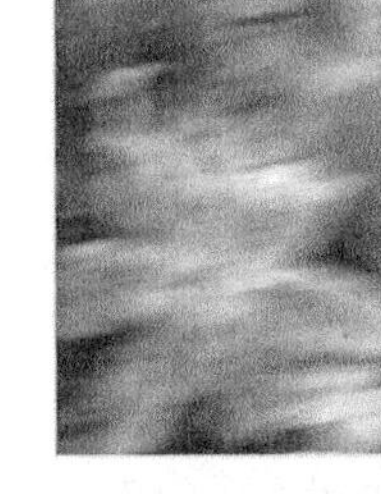

（b）模糊后的图像

图 7.6-1　模糊化前、后图像显示效果比较

【例 7-3】对图 7.6-1（a）所示的图像分别采用运动 PSF 和均值滤波 PSF 进行模糊，观察不同的 PSF 产生的效果。

```
I = imread('flowers.tif');
H = fspecial('motion',50,45);          %运动 PSF
MotionBlur = imfilter(I,H);
subplot(1,2,1);  imshow(MotionBlur);
H = fspecial('disk',10);               %均值 PSF
blurred = imfilter(I,H);
subplot(1,2,2);  imshow(blurred);
```

两种 PSF 产生的不同模糊化图像分别如图 7.6-2（a）和图 7.6-2（b）所示。

（a）运动 PSF 的模糊图像

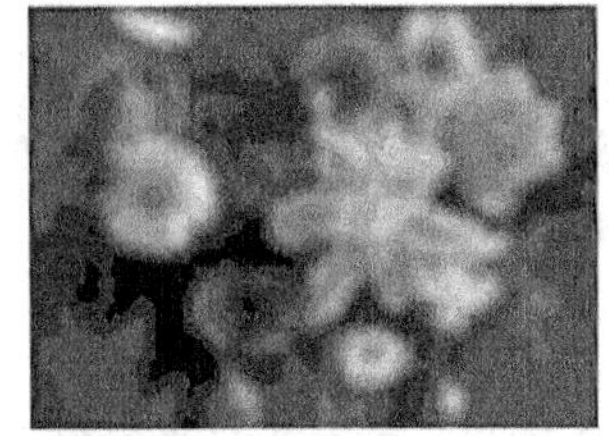

（b）均值滤波 PSF 的模糊图像

图 7.6-2　运动 PSF 和均值滤波 PSF 产生的模糊图像效果比较

一般在需要复原的图像中不但包含模糊部分，而且还有一些额外的噪声成分。在 MATLAB 中可以使用两种方法模拟图像噪声：一种是使用 imnoise 函数直接对图像添加固定类型的噪声；

另一种是创建自定义的噪声，然后使用 MATLAB 图像代数运算函数 imadd 将其添加到图像中去。这两种方法中用到的函数在前面的章节中已经做过介绍，此处不再赘述。以下给出两个例子说明这两种方法的具体操作。

【例 7-4】给图 7.6-1（a）所示的图像添加均值为 0，方差为 0.02 的高斯噪声。

对于高斯噪声、泊松噪声、椒盐噪声等 MATLAB 系统预定义的噪声类型来说，使用 imnoise 函数将其添加到图像中是 MATLAB 噪声模拟最简单的方法。本例使用的程序代码如下。

```
I = imread('flowers.tif');
I = I(10+[1:256],222+[1:256],:);
V = .02;
Noisy = imnoise(I,'gaussian',0,V);
figure
imshow(Noisy);
```

添加了高斯噪声后的图像如图 7.6-3 所示。

【例 7-5】给图 7.6-1（a）所示的图像添加随机噪声。

由于 imnoise 函数不提供随机噪声添加功能，所以使用以上介绍的第二种方法来完成所需工作。程序代码如下：

```
I = imread('flowers.tif');
I = I(10+[1:256],222+[1:256],:);
noise = 0.1*randn(size(I));
Noisy = imadd(I,im2uint8(noise));
figure
imshow(Noisy);
```

添加了随机噪声后的图像如图 7.6-4 所示。

图 7.6-3　添加高斯噪声后的图像效果

图 7.6-4　添加随机噪声后的图像效果

7.6.2　维纳滤波复原的 MATLAB 实现

通过调用 deconvwnr 函数可以利用维纳滤波方法对图像进行复原处理。当图像的频率特性和噪声已知（至少部分已知）时，维纳滤波的效果非常好。deconvwnr 函数的调用格式如下。

```
J = DECONVWNR(I, PSF, NCORR, ICORR)
```

或

```
J = DECONVWNR(I, PSF, NSR)
```

其中，I 表示输入图像，PSF 表示点扩散函数，NSR（默认值为 0）、NCORR 和 ICORR 都是可选参数，分别表示信噪比、噪声的自相关函数、原始图像的自相关函数。输出参数 J 表示复原后的图像。下面给出两个例子说明使用 deconvwnr 函数进行图像复原的具体实现方法，读者可以从中体会各个参数的用途。

【例 7-6】使用函数 deconvwnr 对图 7.6-1（b）所示的无噪声模糊图像进行复原重建，观察所得结果，并与原始图像（见图 7.6-1（a））进行比较。

在对图 7.6-1（b）所示的无噪声模糊图像进行复原时，首先假设真实的 PSF 是已知的，读入图像后使用以下程序代码实现图像复原。

```
I = imread('flowers.tif');              %读入原始图像
I = I(10+[1:256],222+[1:256],:);        %剪裁图像
subplot(1,2,1); imshow(I);
LEN = 31;
THETA = 11;
PSF = fspecial('motion',LEN, THETA);
Blurred = imfilter(I,PSF, 'circular', 'conv');
wnrl = deconvwnr(Blurred,PSF);
figure
imshow(wnrl);
```

图 7.6-5　维纳滤波复原后的图像

复原结果如图 7.6-5 所示。在实际应用过程中，真实的 PSF 通常是未知的，需根据一定的先验知识对 PSF 进行估计，再将估计值作为参数进行图像复原。

7.6.3　约束最小二乘方滤波复原的 MATLAB 实现

使用 deconvreg 函数可以利用约束最小二乘方滤波对图像进行复原。约束最小二乘方滤波方法可以在噪声信号已知有限的条件下很好地工作。deconvreg 函数的调用格式如下。

```
[J  LRANGE] = DECONVREG(I, PSF, NP, LRANGE, REGOP)
```

其中，I 表示输入图像，PSF 表示点扩散函数，NP、LRANGE（输入）和 REGOP 是可选参数，分别表示图像的噪声强度、拉氏算子的搜索范围（该函数可以在指定的范围内搜索最优的拉氏算子）和约束算子，这三个参数的默认值分别为：0、$[10^{-9},10^{9}]$ 和平滑约束拉氏算子。返回值 J 表示复原后的输出图像。返回值 LRANGE 表示函数执行时最终使用的拉氏算子。下面给出一个例子来说明约束最小二乘方复原方法的实现过程。

【例 7-7】对图 7.6-6（b）给出的有噪声模糊图像（其原始图像见图 7.6-6（a））使用最小二乘方滤波方法进行复原重建，要求尽量提高重建图像的质量。

（a）原始图像

（b）有噪声模糊图像

图 7.6-6　原始图像及其有噪声模糊化图像

使用以下代码说明以上介绍的参数的使用方法。

```
…%读入模糊图像并命名为 BlurredNoisy
V = .02;
NP = V*prod(size(I));
Edged = edgetaper(BlurredNoisy,PSF);
[reg1 LAGRA] = deconvreg(Edged,PSF,NP);   %低噪声强度约束最小二乘方滤波复原
subplot(1,2,1),  imshow(reg1), title('Restored with NP');
reg2 = deconvreg(Edged,PSF,NP*1.2);   %高噪声强度约束最小二乘方滤波复原
```

```
subplot(1,2,2);  imshow(reg2);
reg3 = deconvreg(Edged,PSF,[],LAGRA);  %小搜索范围约束最小二乘方滤波复原
figure;
subplot(1,2,1);  imshow(reg3);
reg4 = deconvreg(Edged,PSF,[],LAGRA*50);   %大搜索范围约束最小二乘方滤波复原
subplot(1,2,2);  imshow(reg4);
REGOP = [1 -2 1];
reg5 = deconvreg(Edged,PSF,[],LAGRA,REGOP);  %平滑约束算子复原
figure;  imshow(reg5);
```

以上代码生成的复原图像分别如图 7.6-7、图 7.6-8 和图 7.6-9 所示，通过这些图像可以分析各个参数对图像复原质量的影响。在实际应用中，读者可以根据这些经验来选择最佳的参数进行图像复原。

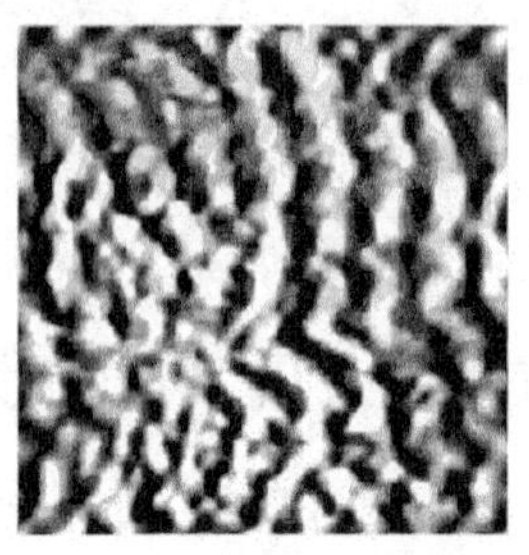

（a）低噪声强度图像复原

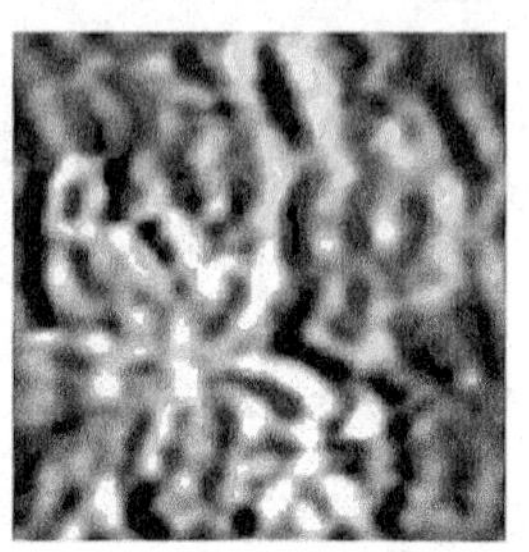

（b）高噪声强度图像复原

图 7.6-7　不同信噪比复原结果比较

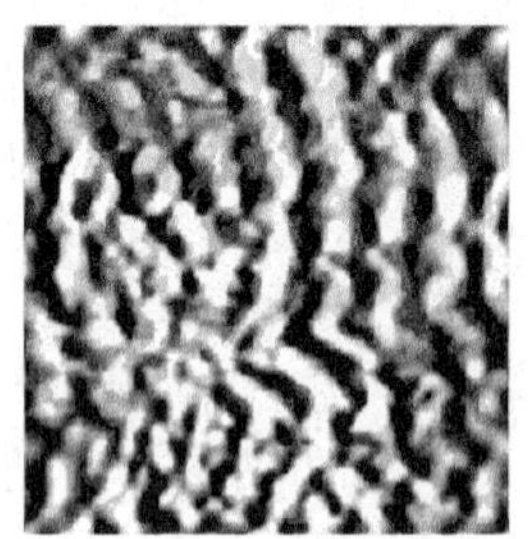

（a）小搜索范围图像复原

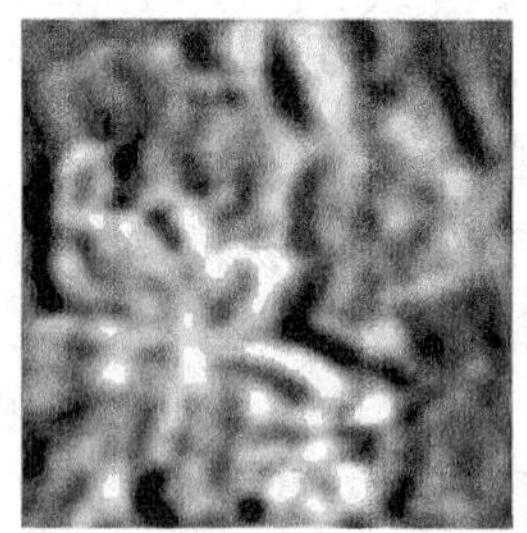

（b）大搜索范围图像复原

图 7.6-8　不同拉氏算子搜索返回复原效果比较

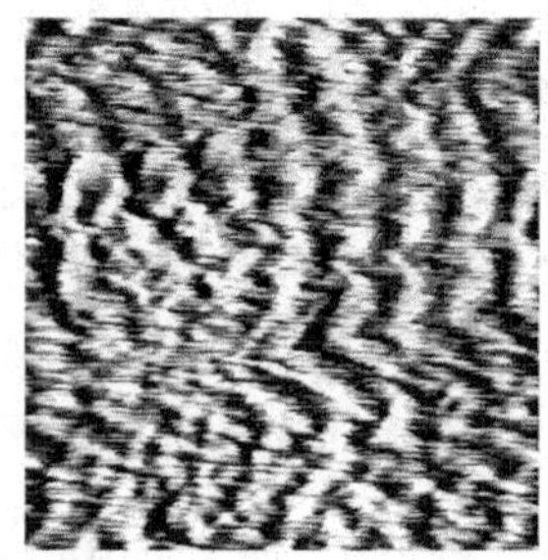

图 7.6-9　平滑约束复原效果

习　　题

1. 描述图像退化的基本模型，并画出框图。
2. 写出离散退化模型以及连续退化模型。
3. 简述图像复原与图像增强的区别。
4. 什么是约束复原？什么是无约束复原？它们有什么区别？
5. 简述逆滤波复原的基本原理。
6. 比较逆滤波复原与维纳滤波复原的优缺点，并说明如何克服逆滤波的缺点。
7. 如何对由于运动引起的模糊图像进行复原？
8. 用约束最小二乘方滤波复原时，不同的噪声强度、拉氏算子的搜索范围和约束算子对复原效果有何影响？

第 8 章 图像编码与压缩技术

8.1 概　　述

从信息论角度看，信源编码的一个最主要的目的，就是解决数据的压缩问题。数据压缩是指以最少的数码表示信源所发出的信号，减少容纳给定消息集合或数据采样集合的信号空间。图像编码与压缩的目的就是对图像数据按一定的规则进行变换和组合，从而达到以尽可能少的代码（符号）表示尽可能多的图像信息。

图像数字化之后，其数据量是非常庞大的，例如，一幅中分辨率（640 像素 × 480 像素）的彩色图像（24bit/像素），其数据量约为 921.6KB，如果以每秒 30 帧的速度播放，则每秒钟的数据量为 $640 \times 480 \times 24 \times 30 = 221.12$Mbit，需要 221Mbit/s 的通信回路。在多媒体中，海量图像数据的存储和处理是难点之一。如不进行编码压缩处理，一张存 600MB 的光盘仅能存放 20 秒左右的 640 像素 × 480 像素的图像画面。

总之，大数据量的图像信息会给存储器的存储容量、通信干线信道的带宽以及计算机的处理速度增加极大的压力。单纯靠增加存储器容量，提高信道带宽以及计算机的处理速度等方法来解决这个问题是不现实的。没有压缩技术的发展，大容量图像信息的存储与传输是难以实现的，多媒体通信技术也难以获得实际应用和推广。因此，图像数据在传输和存储中，数据的压缩是必不可少的。

图像编码的国际标准主要是国际标准化组织（International Standardization Organization，ISO）和国际电信联盟（International Telecommunication Union，ITU）制定的。其主要目的包括：（1）提供高效的压缩编码算法；（2）提供统一的压缩数据流格式。经过大量严格的试验测试，从算法压缩性能到实现的复杂度等综合因素的考虑比较之后，最终形成了两个著名的里程碑式的国际标准，这就是人们熟知的用于连续色调静止图像压缩编码的 JPEG 标准和码率为 $p \times 64$kbit/s(p=1,2,…,30) 的数字视频压缩编码标准 H.261 建议。

所谓静止图像，是指观察到的图像内容和状态是不变的。静止图像有两种情况，一种是信源为静止的；另一种是从运动图像中截取的某一帧图像。由于静止图像用于静态的显示，人眼对图像细节观察得较仔细，因此对它的编码来说，提供高的图像清晰度是一个重要的指标，也就是说，希望解码出来的图像与原始图像的近似程度尽量高。从图像的传输速度和传输效率考虑，静止图像的编码器要求能提供灵活的数据组织和表示功能，如渐近传输方式等。另外，编码码流还需要能够适应抗误码传输的要求。

活动图像是指电视、电影等随时间而变化的视频图像，它由一系列周期呈现的画面所组成，每幅画面称为一个帧，帧是构成活动图像的最小和最基本的单元。和静止图像相比，在对数字化的活动图像进行编码时，需要多考虑一个时间变量。由于实际的图像都是一帧一帧传输的，所以，通常可以将活动图像看作一个沿时间分布的图像序列，在一帧图像之内，可以不考虑时间的因素，因此，所有对静止图像的编码方法，都可以用于对一帧图像的编码。而静止图像编码方法都利用了图像中像素的相关性，这种相关性同样在活动图像的一帧图像之内存在，称为帧内相关性。除此之外，相邻或相近的帧之间，通常也存在较强的相关性，这种时间上的相关性叫作帧间相关性。对活动图像的压缩编码，也应充分利用这两种相关性。

本章主要介绍静止图像的编码和压缩技术。

8.1.1 图像的信息冗余

图像数据的压缩是基于图像存在冗余这种特性。压缩就是去掉信息中的冗余，即保留不确定的信息，去掉确定的信息（可推知的）；也就是用一种更接近信息本身的描述来代替原有冗余的描述。

一般说来，图像数据中存在的冗余有以下几种。

（1）空间冗余。在同一幅图像中，规则物体或规则背景的物理表面特性具有的相关性，这种相关性会使它们的图像结构趋于有序和平滑，表现出空间数据的冗余。邻近像素灰度分布的相关性很强。

（2）时间冗余。对于动画或电视图像所形成的图像序列（帧序列），相邻两帧图像之间有较大的相关性，其中有很多局部甚至完全相同，或变化极其微细，这就形成了数据的时间冗余。

（3）信息熵冗余。信息熵是指一组数据（信源）所携带的平均信息量。一般定义为：

$$H=-\sum_{i=0}^{N-1} P_i \log_2 P_i \tag{8.1-1}$$

其中，N 为数据类或码元数（例如，具有 256 级灰度等级的黑白图像就是 256 个码元），P_i 为码元 y_i 发生的概率。如果令 $b(y_i)$ 是分配给码元 y_i 的比特数，则从理论上说应该取 $b(y_i)=-\log_2 P_i$。实际的数据 $d=-\sum\limits_{i=0}^{N-1} P_i b(y_i)$ 必然大于 H。由此产生的冗余称为信息熵冗余，又称为编码冗余。

（4）结构冗余。有些图像存在纹理或图元（分块子图）的相似结构，如布纹图像等，这就是图像结构上的冗余。

（5）知识冗余。对有些图像的理解与某些知识有相当大的相关性。例如，对某一类军舰或飞机图像的理解可以由先验知识和背景知识得到，只要抓住了它们的某些特征就能加以识别而无需更多的数据量。这一类为知识冗余。

（6）视觉冗余。人类视觉对于图像场的任何变化并不是都能感知的。如果因为噪声的干扰使图像产生的畸变不足以被视觉感知的话，则认为这种图像仍然足够好。事实上，人眼的一般分辨能力约为 2^6 灰度等级，而一般图像的量化采用 2^8 灰度等级，我们把这类冗余称为视觉冗余。

（7）其他冗余。例如，由图像的空间等其他特性所带来的冗余。

8.1.2 图像编码压缩技术的分类

图像压缩编码的方法很多，其分类方法视出发点不同而有差异。

从图像压缩技术发展过程可将图像压缩编码分为两代：第一代是指 20 世纪 80 年代以前，图像压缩编码主要是根据传统的信源编码方法，研究的内容是有关信息熵、编码方法以及数据压缩比；第二代是指 20 世纪 80 年代以后，它突破了信源编码理论，结合分形、模型基、神经网络、小波变换等数学工具，充分利用视觉系统生理特性和图像信源的各种特性。

图像压缩编码系统的组成框图如图 8.1-1 所示。

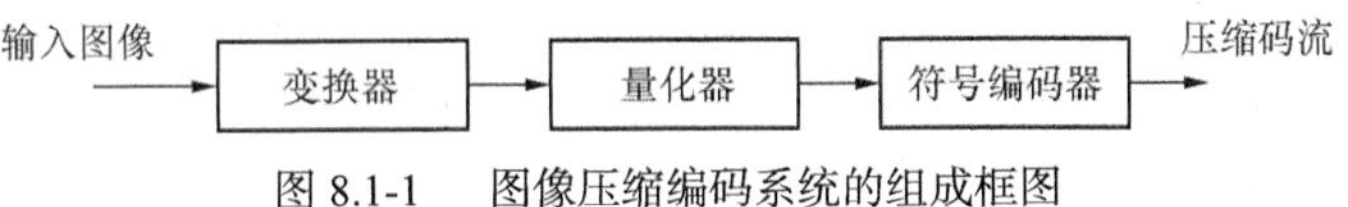

图 8.1-1　图像压缩编码系统的组成框图

图像数据压缩过程有三个基本环节：变换、量化和编码。变换的作用是将原始图像表示在另一个量化和编码数据较少的域中，对变换器的要求应是高度去相关的、重建均方差最小的、可逆的和方法简便的。常见的变换包括线性预测、正交变换、多分辨率变换、二值图像的游程变换等。量化器要完成的功能是按一定的规则对取样值做近似表示，使量化器输出幅值的大小为有限个数。量化器可分为无记忆量化器和有记忆量化器两大类。编码器为量化器输出端的每个符号分配一个码字或二进制比特流，编码器可采用等长码或变长码。不同的图像编码系统可能采用上述框图中的不同组合。

根据解压重建后的图像和原始图像之间是否具有误差，图像编码压缩分为无损（也称无失真、无误差、信息保持、可逆压缩）编码和有损（有误差、有失真、不可逆）编码两大类。无损编码中删除的仅仅是图像数据中冗余的数据，经解码重建的图像相对原始图像没有任何失真，压缩比不大，通常只能获得 1～5 倍的压缩比，常用于复制、保存十分珍贵的历史、文物图像等场合；有损编码是指解码重建的图像与原始图像相比有失真，不能精确地复原，但视觉效果基本上相同，是实现高压缩比的编码方法，数字电视、图像传输和多媒体等常采用这类编码方法。

在以上框图中，变换器和编码器是无损的，而量化器是有损的。

根据编码的作用域划分，图像编码分为空间域编码和变换域编码两大类。但是，近年来，随着科学技术的飞速发展，许多新理论、新方法的不断涌现，特别是受通信、多媒体技术、信息高速公路建设等需求的刺激，一大批新的图像压缩编码方法应运而生，其中有些是基于新的理论和变换，有些是两种或两种以上方法的组合，有的既在空间域也要在变换域进行处理，将这些方法归于其他方法。

图 8.1-2 为图像编码压缩技术的分类。

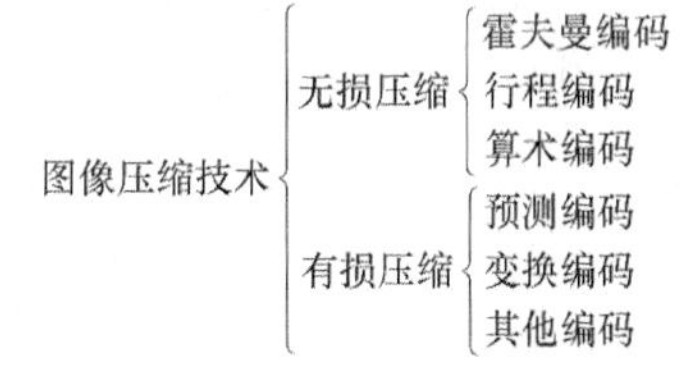

图 8.1-2　图像编码压缩技术的分类

8.2　图像压缩编码评价

图像信号在编码和传输过程中会产生误差，尤其是在熵压缩编码中，产生的误差应在允许的范围内。数据压缩编码的优劣主要从压缩比以及压缩后的数据所恢复的图像的质量两个方面来衡量。除此之外，算法的复杂性、延时等也是应当考虑的因素。

8.2.1　基于压缩编码参数的评价

1. 图像熵

设数字图像像素灰度级集合为 $\{d_1, d_2, \dots, d_m\}$，其对应的概率分别为：$p(d_1), p(d_2), \dots, p(d_m)$。

按信息论中信源信息熵的定义，图像的熵定义为：

$$H=-\sum_{i=1}^{m}P(d_i)\log_2 P(d_i)\ \text{比特/字符} \tag{8.2-1}$$

图像的熵表示像素各个灰度级位数的统计平均值，给出了对此输入灰度级集合进行编码时所需的平均位数的下限。

2. **平均码字长度**

设 β_i 为数字图像中灰度级 d_i 所对应的码字长度（二进制代码的位数）。其相应出现的概率为 $P(d_i)$，则该数字图像所赋予的平均码字长度为：

$$R=\sum_{i=1}^{m}\beta_i P(d_i) \tag{8.2-2}$$

3. **编码效率**

$$\eta=\frac{H}{R}\times 100\% \tag{8.2-3}$$

根据信息论中信源编码理论，可以证明在 $R \geqslant H$ 条件下，总可以设计出某种无失真编码方法。当然如果编码结果使 R 远大于 H，表明这种编码方法效率很低，占用比特数太多。最好的编码结果是使 R 等于或接近于 H。这种状态的编码方法，称为最佳编码。

4. **压缩比**

压缩比是指编码前后平均码长之比，如果用 n 表示编码前每个符号的平均码长，通常为用自然二进制码表示时的位数，则压缩比可表示为：

$$r=\frac{n}{R} \tag{8.2-4}$$

一般来讲，压缩比大，则说明被压缩掉的数据量多。一个编码系统要研究的问题是设法减小编码平均长度 R，使编码效率 η 尽量趋于 1，而冗余度趋于 0。

例如，一个有 6 个符号的信源 X，其霍夫曼编码为：

$$X=\begin{cases}\text{符号：} & u_1 & u_2 & u_3 & u_4 & u_5 & u_6\\ \text{概率：} & 0.25 & 0.25 & 0.20 & 0.15 & 0.10 & 0.05\\ \text{码字：} & 01 & 10 & 11 & 000 & 0010 & 0011\end{cases} \tag{8.2-5}$$

根据以上数据，可分别计算其信源的熵、平均码长、编码效率及冗余度。

熵：
$$\begin{aligned}H(X)&=-\sum_{i=1}^{6}P_k\log_2 P_k\\&=-0.25\log_2 0.25-0.25\log_2 0.25-0.20\log_2 0.2-\ldots\\&=2.42\end{aligned} \tag{8.2-6}$$

平均码长：
$$\begin{aligned}R(X)&=\sum_{i=1}^{6}\beta_i P_i\\&=2\times0.25+2\times0.25+2\times0.2+3\times0.15+4\times0.05\\&=2.45\end{aligned} \tag{8.2-7}$$

编码效率：
$$\eta=\frac{H}{R}=\frac{2.42}{2.45}\times100\%=98.8\% \tag{8.2-8}$$

冗余度：
$$r=1-\eta=1.2\% \tag{8.2-9}$$

对上述信源 X 的霍夫曼编码，其编码效率已达 98.8%，仅有 1.2%的冗余。

8.2.2 图像的逼真度准则

描述解码图像相对原始图像偏离程度的测度一般称为保真度（逼真度）准则。常用的准则可分为两大类：客观保真度准则和主观保真度准则。

1. 客观保真度准则

最常用的客观保真度准则是原始图像和解码图像之间的均方根误差和均方根信噪比。令 $f(x,y)$ 代表大小为 $M\times N$ 的原始图像，$\hat{f}(x,y)$ 代表解压缩后得到的图像，对任意 x 和 y，$f(x,y)$ 和 $\hat{f}(x,y)$ 之间的误差定义为：

$$e(x,y)=\hat{f}(x,y)-f(x,y) \tag{8.2-10}$$

则均方根误差 e_{rms} 为：

$$e_{\mathrm{rms}}=\{\frac{1}{MN}\sum_{x=0}^{M-1}\sum_{y=0}^{N-1}[\hat{f}(x,y)-f(x,y)]^2\}^{1/2} \tag{8.2-11}$$

如果将 $\hat{f}(x,y)$ 看作原始图像 $f(x,y)$ 和噪声信号 $e(x,y)$ 的和，那么解压图像的均方根信噪比 SNR_{rms} 为：

$$SNR_{\mathrm{rms}}=\frac{\sum_{x=0}^{M-1}\sum_{y=0}^{N-1}\hat{f}(x,y)^2}{\sum_{x=0}^{M-1}\sum_{y=0}^{N-1}[\hat{f}(x,y)-f(x,y)]^2} \tag{8.2-12}$$

实际使用中常将 SNR_{rms} 归一化并用分贝（dB）表示。令

$$\bar{f}=\frac{1}{MN}\sum_{x=0}^{M-1}\sum_{y=0}^{N-1}f(x,y) \tag{8.2-13}$$

则有

$$SNR=10\lg\left\{\frac{\sum_{x=0}^{M-1}\sum_{y=0}^{N-1}[f(x,y)-\bar{f}]^2}{\sum_{x=0}^{M-1}\sum_{y=0}^{N-1}[\hat{f}(x,y)-f(x,y)]^2}\right\} \tag{8.2-14}$$

如果令 $f_{\max}=\max[f(x,y)]$，$x=0, 1,\ldots, M-1, y=0,1,\ldots, N-1$，则可得到峰值信噪比 $PSNR$：

$$PSNR=10\lg\frac{f^2{}_{\max}}{\sum_{x=0}^{M-1}\sum_{y=0}^{N-1}[\hat{f}(x,y)-f(x,y)]^2} \tag{8.2-15}$$

2. 主观保真度准则

尽管客观保真度准则提供了一种简单、方便的评估信息损失的方法，但很多解压图像最终是供人观看的。对具有相同客观保真度的不同图像，人的视觉可能产生不同的视觉效果。这是因为客观保真度是一种统计平均意义下的度量准则，无法反映图像中的细节，而人的视觉能够觉察出来。这种情况下，用主观的方法来评价图像的质量更为合适。一种常用的方法是让一组（不少于 20 人）观察者观看图像并打分，将他们对该图像的评分取平均，用来评价一幅图像的主观质量。

主观评价也可对照某种绝对尺度进行。如评价广播电视图像质量时多采用表 8.2-1 所示的国

际上规定的五级评分量和妨碍度。

表 8.2-1　　国际上规定的五级评分量和妨碍度

分数	妨碍尺度	质量尺度
5 分	丝毫看不出图像质量变坏	非常好
4 分	能看出图像质量变化但并不妨碍观看	好
3 分	清楚地看出图像质量变坏，对观看稍有妨碍	一般
2 分	对观看有妨碍	差
1 分	非常严重地妨碍观看	非常差

8.3　图像的统计编码

统计编码是指一类建立在图像的统计特性基础之上的压缩编码方法，根据信源的概率分布特性，分配不同长度的码字，减少平均码字长度，以提高传输速度，节省存储空间。

8.3.1　行程编码

由于二值图像只有两个亮度值，所以采集时每像素用一个比特表示，用“1”代表“黑”，“0”代表“白”，或者反之，这通常称为直接编码。直接编码时，代表一帧图像的码元数等于该图像的像素数。

二值图像的质量一般用分辨率来表示，它是一个单位长度所包含的像素数。分辨率越高，图像细节越清晰，图像质量越高，但同时，表示一幅图像的比特数就越多。

二值图像的相邻像素之间也存在很强的相关性。其突出的表现为，图像中的黑点或白点都是以很大的概率连续出现的，这种相关性构成了研究和设计二值图像编码方法的基础。

常用的二值图像编码有两种，行程编码和二值图像方块编码。

行程长度编码，又叫作游程编码（RLC，Run-Length Coding），其基本思想是：当按照二值图像从左到右的扫描顺序去观察每一行时，一定数量的连续白点和一定数量的连续黑点总是交替出现。如图 8.3-1 所示。我们把具有相同灰度值的相邻像素组成的序列称为一个游程，游程中像素的个数称为游程长度，简称游长，把连续白点和黑点的数目分别叫作“白行程”和“黑行程”。如果对于不同的行程长度根据其概率分布分配相应的码字，可以得到较好的压缩。在进行行程编码时可以将黑行程与白行程合在一起统一编码，也可以将它们分开，单独进行编码。

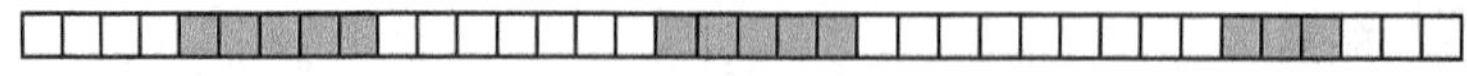

图 8.3-1　白游长和黑游长

行程长度编码先对每一行交替出现的白游长（白长）和黑游长（黑长）进行统计，然后进行变长编码。在进行变长编码时，经常采用霍夫曼编码，在大量统计的基础上，得到每种白长和黑长的发生概率。其概率可分为两种情况：一种是白长和黑长各自发生的概率分布；另一种是游长的概率分布，而不区分白长和黑长。对于第一种情况，要分别建立白长和黑长的霍夫曼码表；对于第二种情况，只需建立游长的霍夫曼码表。在编码时，对每一行的第一个像素要有一个标志码，以区分该行是以白长还是黑长开始，对于后面的游长，按照其值，查相应的霍夫曼码表，并输出对应的码字。由于白长和黑长是交替出现的，所以在解码时，只要知道了每一行是以白长还是黑长开始的，以后各游长是白还是黑就自然确定了。

图 8.3-1 可写成 4，5，7，5，9，3，3（其含义为：4 个白，5 个黑，7 个白，5 个黑，9 个白，3 个黑，3 个白），然后再对游长进行变长编码，根据其不同的出现概率分配以不同长度的码字。

设行程长度编码的信息符号集由长度为 1，2，…，N 的各种游程组成。这里 N 是一条扫描线上的像素总数。如果不分黑、白游长而进行统一编码，并设 P_i 为长度为 I 的游长的概率，则游长的熵 H 和平均游长 $\overline{L}$ 分别为：

$$H = -\sum_{i=1}^{N} p_i \log_2 p_i \tag{8.3-1}$$

$$\overline{L} = \sum_{i=1}^{N} i p_i \tag{8.3-2}$$

行程长度的符号熵（即平均每个像素的熵）为：

$$h = \frac{H}{L} \tag{8.3-3}$$

当根据各游长的概率，利用霍夫曼编码时，则每个行程的平均长度 $\overline{N}$ 满足下列不等式：

$$H \leqslant \overline{N} \leqslant H + 1 \tag{8.3-4}$$

将该不等式两边同时除以平均游长 L，可得每个像素的平均码长 n 的估计值为：

$$h \leqslant n \leqslant h + 1 \tag{8.3-5}$$

因此，每个像素的熵 h 即为游长编码可达到的最小比特率的估值。

游长编码主要应用于 ITU（CCITT）为传真制定的 G3 标准中，在该标准中，游长的霍夫曼编码分为行程码和终止码两种。0～63 的游长，用单个的码字，即终止码表示；大于 63 的游长，用一个行程码和一个终止码的组合表示，其中，行程码表示实际游长中含有 64 的最大倍数，终止码表示其余小于 64 的差值。

8.3.2　霍夫曼编码

霍夫曼编码是一种常用的数据压缩编码方法，是 Huffman 于 1952 年建立的一种非等长最佳编码方法。所谓最佳编码，即在具有相同输入概率集合的前提下，其平均码长比其他任何一种唯一可译码都短。

霍夫曼编码的理论依据是变字长编码理论。在变字长编码中，编码器的输出码字是字长不等的码字，按编码输入信息符号出现的统计概率不同，给输出码字分配以不同的码长。在编码输入中，对于那些出现概率大的信息符号编以较短字长的码，而对于那些出现概率小的信息符号编以较长字长的码。可以证明，按照概率出现大小的顺序，对输出码字分配不同码字长度的变字长编码方法，其输出码字的平均码长最短，与信源熵值最接近。

在讲霍夫曼编码之前，先举个例子。

假设一个文件中出现了 8 种符号 S_0、S_1、S_2、S_3、S_4、S_5、S_6、S_7，那么每种符号编码至少需要 3bit，假设编码成 S_0=000, S_1=001, S_2=010, S_3=011, S_4=100, S_5=101, S_6=110, S_7=111。

那么，符号序列 S_0 S_1 S_7 S_0 S_1 S_6 S_2 S_2 S_3 S_4 S_5 S_0 S_0 S_1 编码后变成 000 001 111 000 001 110 010 010 011 100 101 000 000 001（共 42bit）。

我们发现 S_0、S_1、S_2 这三个符号出现的频率比较大，其他符号出现的频率比较小，如果我们采用一种编码方案使得 S_0、S_1、S_2 的码字短，其他符号的码字长，这样就能够减少上述符号序列占用的位数。例如，我们采用这样的编码方案：

S_0=01, S_1=11, S_2=101, S_3=0000, S_4=0010, S_5=0001, S_6=0011, S_7=100

那么上述符号序列变成：

01 11 100 01 11 0011 101 101 0000 0010 0001 01 01 11（共 39bit）

尽管有些码字如 S_3、S_4、S_5、S_6 变长了（由 3 位变成 4 位），但使用频繁的几个码字如 S_0、S_1 变短了，使得整个序列的编码缩短了，从而实现了压缩。

编码不能出现一个码字和另一个码字的前几位相同的情况，比如说，如果 S_0 的码字为 01，S_2 的码字为 011，那么当序列中出现 011 时，便不知道是 S_0 的码字后面跟了个 1，还是完整的一个 S_2 码字。我们给出的编码就能够保证这一点，它是按照霍夫曼编码算法得到的。

下面给出具体的霍夫曼编码算法。

（1）首先统计出每个符号出现的频率，上例 S_0～S_7 的出现频率分别为 4/14、3/14、2/14、1/14、1/14、1/14、1/14、1/14。

（2）从左到右把上述符号按频率从小到大的顺序排列。

（3）每一次选出最小的两个值，作为二叉树的两个叶子节点，将和作为它们的根节点，这两个叶子节点不再参与比较，新的根节点参与比较。

（4）重复（3），直到最后得到的和为 1 的根节点。

（5）将形成的二叉树的左节点标 0，右节点标 1。把从最上面的根节点到最下面的叶子节点途中遇到的 0，1 序列串起来，就得到了各个符号的编码。在本例中，最终的各符号的霍夫曼编码如下。

S_0：01　S_1：11　S_2：101　S_3：0000

S_4：0001　S_5：0010　S_6：0011　S_7：100

上面的例子用霍夫曼编码的过程如图 8.3-2 所示，其中圆圈中的数字是新节点产生的顺序。

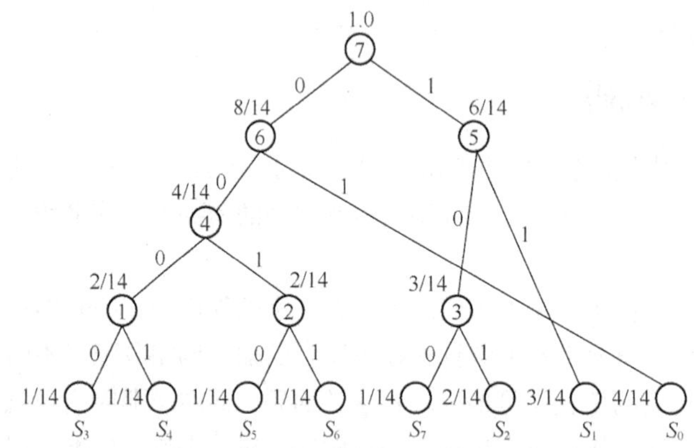

图 8.3-2　霍夫曼码树及编码过程

霍夫曼编码时，对同一源图像序列，霍夫曼编码并不是唯一的。在图 8.3-2 中，如果二叉树的左节点标 1，右节点标 0，则相应的霍夫曼编码如下。

S_0：10　S_1：00　S_2：010　S_3：1111

S_4：1110　S_5：1101　S_6：1100　S_7：011

对照两组霍夫曼编码不难看出，尽管两者的组成不同，但两者的平均码长是一致的，均为 3.25bit/字符。

一旦获得霍夫曼编码后，编码和解码都可用简单的查表方式实现。这种码具有以下特点。

- 这种编码方法形成的码字是可辨别的，即一个码字不能成为另一码字的前缀。
- 霍夫曼编码对不同的信源其编码效率不同，适合于对概率分布不均匀的信源编码。

由此，任何霍夫曼码串都可通过从左到右检查各个符号进行编码，例如，根据上例的编码，可求出码串 0000011011010011 对应符号串为 S_3 S_0 S_2 S_2 S_6。

霍夫曼编码是依据符号出现的概率对符号进行编码，需要对原始数据扫描两遍。第一遍扫描要精确地统计出原始数据中每个符号出现的概率；第二遍是建立霍夫曼树并进行编码。由于需要建立二叉树并遍历二叉树生成编码，因此当源数据成分复杂时，霍夫曼编码非常麻烦与耗时，从而限制了霍夫曼编码的实际应用。所以在一些图像压缩标准中普遍采用霍夫曼编码表以省去对原始数据的统计，这些码表是经过对许多图像测试而得到的平均结果。对大多数图像来说，利用码表做压缩，得到的结果差异并不大，即两种方法得到的压缩比相差较小，可见，采用霍夫曼编码表进行压缩是非常方便有效的。

8.3.3　方块编码

将一幅二值图像分成大小为 m 像素 × n 像素的子块，一共有 $2^{m\times n}$ 种不同的子块图案。采用霍夫曼编码为每个子块分配码字，可以得到最佳压缩。但如果子块尺寸大于 3 像素 × 3 像素，符号集将迅速增大，使得霍夫曼码的码表过于庞大而无法实际应用，因而在很多场合使用了降低复杂度的准最佳编码方案。

在实际中，大多数二值图像都是白色背景占大部分，黑像素只占图像像素总数的很少一部分，因此分解的子块中像素为全白的概率远大于其他情况，如果跳过白色区域，只传输黑色像素信息，就可使每个像素的平均比特下降。跳过白色块（WBS）编码正是基于这一思想提出的。

WBS 的编码方法是：对于出现概率大的全白子块，分配最短码字，用 1 比特码字“0”表示；对有 N 个黑色像素的子块用 N+1 比特的码字表示，第一个比特为前缀码“1”，其余 N 个比特采用直接编码，白为 0，黑为 1。

对图像分别逐行或逐列进行 WBS 编码，可用一维 WBS，此时 $N=1\times n$，即将图像的每条扫描线分成若干像素段，每一段的像素个数为 n。

例如：

某段像素值	相应编码
黑白白黑	11001
白白白白	0

将一维 WBS 的像素段扩大为像素块，按照 $m\times n$ 的方形块进行编码，被称为二维 WBS，$N=m\times n$。

WBS 编码的码字平均长度，即比特率 b_N 为：

$$b_N=\frac{p_N+(1-p_N)(N+1)}{N}=1+\frac{1}{N}-p_N \qquad (\text{bit/像素}) \qquad (8.3\text{-}6)$$

p_N 为 N 个像素为全白的子块的概率，可由实验确定。

如果能根据图像的局部结构或统计特性改变段或子块的大小，进行自适应编码，则编码效果会得到进一步的改善。下面是两个自适应编码的例子。

【例 8-1】图 8.3-3 是一种一维自适应 WBS 编码。设一行像素为 1024 个，编码时将 1024 个像素分成几段，每段长度分别为 1024、64、16、4，所设计的码字如图 8.3-3 所示。

【例 8-2】图 8.3-4 为二维自适应 WBS 编码的码字分配图。图像分为 $2^n\times 2^n$（n 为正整数）的子块，每一个子块按四叉树结构分为 4 个次子块，并依次分割下去，如图 8.3-4（a）所示；码字的构造与一维时的类似，如图 8.3-4（b）所示。在编码过程中，如某一块全白，则直接由图中得到码字；反之，依次考察下面 4 个子块，如果最小的 2×2 子块不是全白，则对其进行直接编码，并加前缀“1111”。

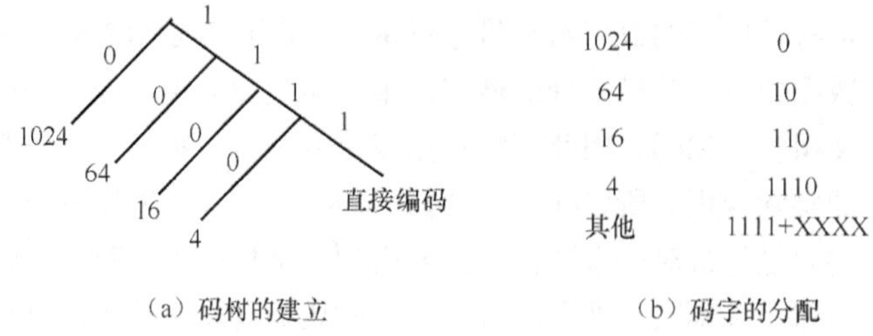

（a）码树的建立　　（b）码字的分配

图 8.3-3　一维自适应 WBS 编码的码字分配

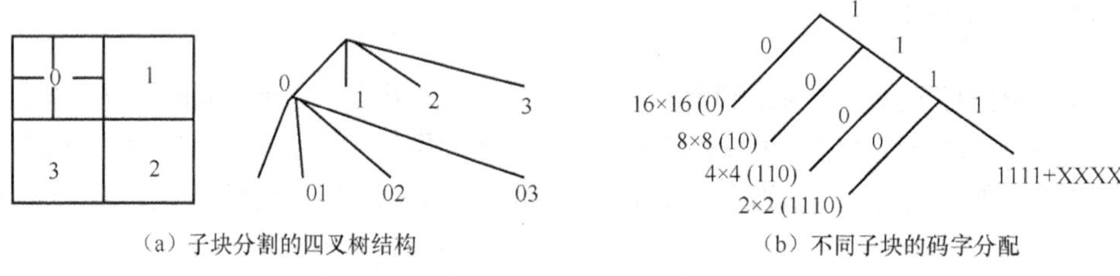

（a）子块分割的四叉树结构　　（b）不同子块的码字分配

图 8.3-4　二维自适应 WBS 编码的码字分配图

8.3.4　算术编码

算术编码是一种从整个符号序列出发，采用递推形式连续编码的方法。在算术编码中，源符号和码之间的一一对应关系并不存在。一个算术码字是赋给整个信源符号序列的，而码字本身确定 0 和 1 之间的一个实数区间。

下面通过一个实例来说明算术编码的方法。

令待编码的是来自一个 4 符号信源$\{a，b，c，d\}$的由 5 个符号组成的符号序列：$abccd$。设已知各个信源符号的概率为：$p(a)=0.2$，$p(b)=0.2$，$p(c)=0.4$，$p(d)=0.2$。

各数据符号在半封闭实数区间$[0,1)$内的赋值范围设定为

$$a=[0.0,0.2) \qquad b=[0.2,0.4)$$

$$c=[0.4,0.8) \qquad d=[0.8,1.0)$$

为讨论方便起见，再给出一组关系式

$$N\_area_s = F\_area_s + C\_flag_l \times L \tag{8.3-7}$$

$$N\_area_e = F\_area_s + C\_flag_r \times L \tag{8.3-8}$$

其中，N_area_s为新子区间的起始位置；N_area_e为新子区间的结束位置；F_area_s为前子区间的起始位置；L为前子区间的长度；C_flag_l为当前符号的区间左端；C_flag_r为当前符号的区间右端。

根据以上假定，本例的编码过程如下。

第一个符号为“a”，代码的取值范围为$[0,0.2)$。

第二个符号为“b”，由于前面的符号“a”已将取值区间限制在$[0,0.2)$，所以“b”的取值范围应在前符号区间$[0,0.2)$的$[0.2,0.4)$之内。由上式得：

$$N\_area_s = 0.0 + 0.2 \times 0.2 = 0.04 \quad (8.3\text{-}9)$$

$$N\_area_e = 0.0 + 0.4 \times 0.2 = 0.08 \quad (8.3\text{-}10)$$

即“b”的实际编码区间为$[0.04,0.08)$。

第三个符号为“c”，编码取值在$[0.04,0.08)$的$[0.4,0.8)$区间内

$$N\_area_s = 0.04 + 0.4 \times 0.04 = 0.056 \quad (8.3\text{-}11)$$

$$N\_area_e = 0.04 + 0.8 \times 0.04 = 0.072 \quad (8.3\text{-}12)$$

依次类推，第四个符号“c”编码取值在$[0.056,0.072)$的$[0.4,0.8)$区间内，第五个符号“d”的编码取值在第四个符号编码取值范围的$[0.8,1.0)$区间内。整个过程如图 8.3-5 所示。

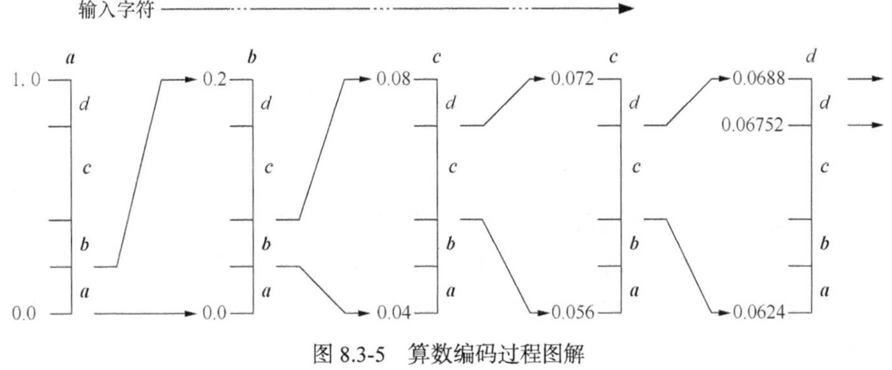

图 8.3-5　算数编码过程图解

由上面列出的编码过程可以看到，随着字符的输入，代码的取值范围越来越小。当数据串“$abccd$”全部编码后，“$abccd$”已被描述为一个实数区间$[0.06752,0.0688)$，任何一个该区间内的实数，如 0.068 就可以用来表示符号序列。这样，就可以用一个浮点数表示一个字符串，达到减少存储空间的目的。

与霍夫曼编码相比，算术编码更加复杂一些，对于“0”和“1”二值符号，算术编码可以提供更高的编码效率，尤其是在其中一个符号的出现概率占绝对优势的情况下，算术编码优势更加明显。例如，“0”的概率为 1/8，“1”的概率为 7/8，编码符号序列“11111110”，霍夫曼编码将用 8bit，而算术编码为 0.101_2（取 0.625，[0.6073，0.65639]），只用 3bit。这是因为霍夫曼编码为每个符号分配的码字必须为整数的缘故，而算术编码是根据符号序列的概率区间进行编码，不存在这个问题，最终结果能更好地体现小概率符号序列用长码，大概率符号序列用短码的编码原则。视频对象的二值形状特性正好与算术编码的优点相吻合，所以在 MPEG-4 标准中，对形状编码采用的是算术编码。

解码是编码的逆过程。根据编码时的概率分配表和压缩后数据代码所在的范围，确定代码所对应的每一个数据符号，由于任何一个码字必在某个特定的区间，所以解码具有唯一性。

8.3.5　行程编码和霍夫曼编码的 MATLAB 实现

MATLAB 的图像处理工具箱并没有提供直接进行图像编码的函数或命令，这是因为 MATLAB 的图像输入、输出和读、写函数能够识别各种压缩图像格式文件，利用这些函数就可以间接地实

现图像压缩。但是为了说明图像的编码过程，我们利用 MATLAB 的基本语法和某些基本图像函数来进行编码实现。

首先来看行程编码。在以上介绍的几种编码方法中，行程编码是最简单、最容易实现的。进行行程编码的方法可以是多种多样的，以下代码将每一个不同行程（即不同颜色的像素块）的起始坐标和灰度值都记录下来。

```
I=imread('code.gif');
[m n]=size(I);
c=I(1,1);E(1,1)=1;E(1,2)=1;E(1,3)=c;
t1=2;
for k=1:m
     for j=1:n
          if(not(and(k= =1,j= =1)))
               if(not(I(k,j)= =c))
                    E(t1,1)=k;E(t1,2)=j;E(t1,3)=I(k,j);
                          c=I(k,j);
                          t1=t1+1;
               end
          end
     end
end
```

编码后的图像存储在变量 E 中，该变量是一个三维数组，前两维表示起始像素的横、纵坐标，第三维表示该行程的颜色值。通过调用 imfinfo 函数观察返回变量 info 可以知道，原始图像的大小为 175 × 123，在 MATLAB 中的位深度为 8，所以存储该图像文件需要 21525 个字节，而调用 whos 命令可以知道 E 是一个 205 × 3 的数组，所以 E 仅仅占用 615 个字节，这就大大减少了图像的存储空间。

下面介绍霍夫曼编码的实现方法，进行霍夫曼编码首先要统计图像中各种颜色值出现的概率，然后再进行排序编码。这种编码方法较为复杂，但是相对于行程编码方法而言，其效果要好得多。霍夫曼编码的 MATLAB 实现代码如下。

```
[m,n]=size(I);
p1=1;s=m*n;
for k=1:m                    %获取图像中的颜色总数
     for l=1:n
          f=0;
          for b=1:p1-1
               if(c(b,1)==I(k,l))f=1;break;end
          end
          if(f==0) c(p1,1)=I(k,l);p1=p1+1;end
     end
end
for g=1:p1-1                    %计算各种颜色值出现的概率
     p(g)=0;c(g,2)=0;
     for k=1:m
          for l=1:n
               if(c(g,1)==I(k,l)) p(g)=p(g)+1;end
          end
     end
     p(g)=p(g)/s;
end
pn=0;po=1;
while(1)                      %按照概率排序生成一个符号（0或1）树并记录各节点
```

```
        if(pn>=1.0)break;
        else
            [pm, p2]=min(p(1:p1-1));p(p2)=1.1;
            [pm2,p3]=min(p(1:p1-1));p(p3)=1.1;
            pn=pm+pm2;p(p1)=pn;
            tree(po,1)=p2;tree(po,2)=p3;
            po=po+1;p1=p1+1;
        end
    end
    for k=1:po-1                    %沿符号树进行搜索生成霍夫曼编码
        tt=k;m1=1;
        if(or(tree(k,1)<9,tree(k,2)<9))
            if(tree(k,1)<9)
                c(tree(k,1),2)=c(tree(k,1),2)+m1;
                m2=1;
                while(tt<po-1)
                    m1=m1*2;
                    for l=tt:po-1
                        if(tree(l,1)==tt+g)
                            c(tree(k,1),2)=c(tree(k,1),2)+m1;
                            m2=m2+1;tt=1;break;
                        elseif(tree(l,2)==tt+g)
                            m2=m2+1;tt=1;break;
                        end
                    end
                end
                c(tree(k,1),3)=m2;
                end
                tt=k;m1=1;
        if(tree(k,2)<9)
            m2=1;
            while(tt<po-1)
                m1=m1*2;
                for l=tt:po-1
                    if(tree(l,1)==tt+g)
                        c(tree(k,2),2)=c(tree(k,2),2)+m1;
                        m2=m2+1;tt=1;break;
                    elseif(tree(l,2)==tt+g)
                        m2=m2+1;tt=1;break;
                    end
                end
            end
            c(tree(k,2),3)=m2;
        end
    end
```

以上代码中的输出数组 c 的第一维表示颜色值，第二维表示代码的数值大小，第三维表示该代码的位数，将这三个参数作为码表写在压缩文件头部，则其以下的数据将按照这三个参数记录图像中的所有像素颜色值，于是就可以得到霍夫曼编码的压缩文件。这里要注意的是，由于 MATLAB 不支持对某一位（bit）的读和写，所以利用该码表生成的每一个码字实际上还是 8 位的，最好使用其他软件（如 C 语言等）进行改写，以实现真正的压缩。事实上 MATLAB 将图像写成 JPEG 文件也是用 C 语言实现的。

8.4 预测编码

预测编码主要是减少数据在时间上和空间上的相关性。对于图像信源而言，预测可以在一帧图像内进行，即帧内预测，也可以在多帧图像之间进行，即帧间预测，无论是帧内预测还是帧间预测，其目的都是减少图像帧间和帧内的相关性。

预测编码就是用已传输的样本值对当前的样本值进行预测，然后对预测值与样本实际值的差值（即预测误差）进行编码处理和传输。预测编码有线性预测和非线性预测两类，目前应用较多的是线性预测，线性预测法通常称为差值脉冲编码调制法，即DPCM。

8.4.1 线性预测编码

线性预测（DPCM）系统的基本原理是基于图像中相邻像素之间具有较强的相关性。每个像素可以根据前几个已知的像素值来做预测。因此在预测编码中，编码与传输的值并不是像素取样值本身，而是这个取样值的预测值（也称估计值）与实际值之间的差值。

DPCM系统的原理框图如图8.4-1所示。

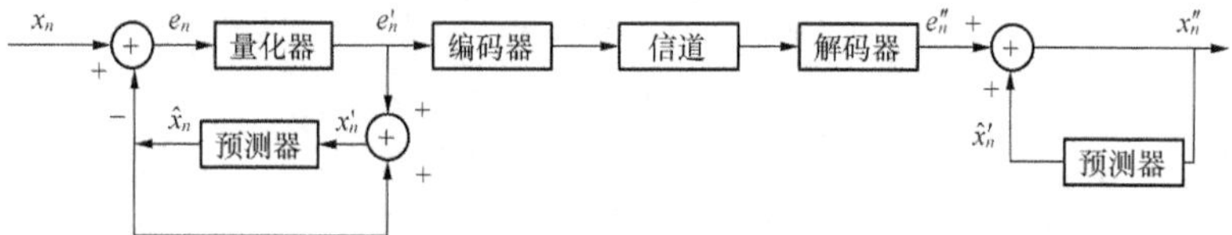

图8.4-1　DPCM系统的原理框图

设输入信号 x_n 为 t_n 时刻的取样值。$\hat{x}_n$ 是根据 t_n 时刻以前已知的 m 个取样值 x_{n-m}，…，x_{n-1} 对 x_n 所做的预测，即：

$$\hat{x}_n = \sum_{i=1}^{m} a_i x_{n-1} = a_1 x_{n-1} + \cdots + a_m x_{n-m} \tag{8.4-1}$$

式中，$a_i (i=1,\cdots,m)$ 称为预测系数，m 为预测阶数。

e_n 为预测误差信号，显然

$$e_n = x_n - \hat{x}_n \tag{8.4-2}$$

设 q_n 为量化器的量化误差，e'_n 为量化器输出信号，可见

$$q_n = e_n - e'_n \tag{8.4-3}$$

接收端解码输出为 x''_n，如果信号在传输过程中不产生误差，则有 $e'_n = e''_n$，$x'_n = x''_n$，$\hat{x}_n = \hat{x}'_n$。此时发送端的输入信号 x_n 与接收端输出信息 x''_n 之间的误差为

$$x_n - x''_n = x_n - x'_n = x_n - (e'_n + \hat{x}_n) = (x_n - \hat{x}_n) - e'_n = e_n - e'_n = q_n \tag{8.4-4}$$

可见，接收端和发送端的误差由发送端量化器产生，与接收端无关。接收端和发送端之间误差的存在使得重建图像质量会有所下降。因此，在这样的DPCM系统中就存在一个如何能使误差尽可能减少的问题。

8.4.2 最佳线性编码

在线性预测的预测表达式（8.4-1）中，预测值 $\hat{x}_n$ 是 $x_{n-m},\cdots,x_{n-1}$ 的线性组合，分析可知，需选

择适当的预测系数 a_i 使得预测误差最小，这是一个求解最佳线性预测的问题。一般情况下，应用均方误差为极少值准则获得的线性预测称为最佳线性预测。

在讨论如何确定预测系数 a_i 之前，先简单讨论一下线性预测 DPCM 中，对 x_n 做最佳预测时，如何取用以前的已知像素值 $x_{n-1}, x_{n-2}, \cdots, x_1$。$x_n$ 与邻近像素的关系示意图如图 8.4-2 所示。

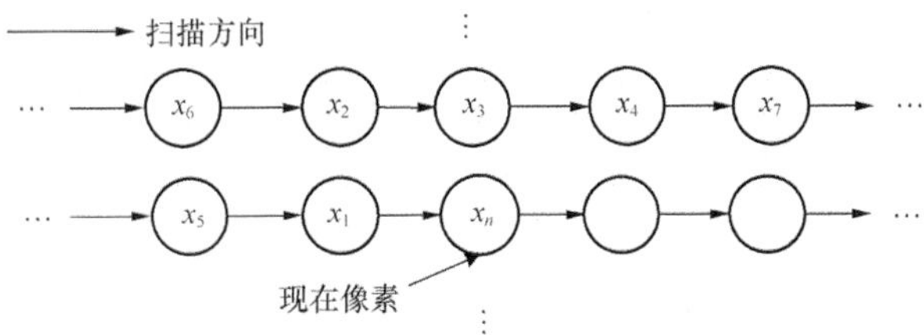

图 8.4-2　x_n 与邻近像素的关系示意图

（1）若取用现在像素 x_n 的同一扫描行中前面最邻近像素 x_1 来预测 x_n，即 x_n 的预测值 $\hat{x}_n = x_1$，则称为前值预测。

（2）若取用 x_n 的同一扫描行中前几个已知像素值，如 x_1，x_5，…来预测 x_n，则称为一维预测。

（3）若取用 x_n 的同一行和前几行若干个已知像素值，如 x_1，x_5，x_2，x_3，x_4，…来预测 x_n，则称为二维预测。

（4）若取用已知像素不但是前几行的而且还包括前几帧的，那么相应地称其为三维预测。在一维预测情况下不失一般性。设 x_n 是期望 $E\{x_n\} = 0$ 的广义平稳随机过程，则设

$$\sigma_{e_n}^2 = E\{e_n\} = E\{(x_n - \sum_{i=1}^{m} a_i x_{n-1})^2\} \tag{8.4-5}$$

为了使 $\sigma_{e_n}^2$ 最小，必定有

$$\frac{\partial \sigma_{e_n}^2}{\partial a_i} = -2E\{x_{n-i}(x_n - \sum_{k=1}^{m} a_k x_{n-k})\} = 0 \qquad i = 1,2,\ldots,m \tag{8.4-6}$$

解这 m 个联立方程可得 $a_i (i = 1,2,\ldots,m)$。x_n 的自相关函数为

$$R(k) = E\{x_n x_{n-k}\} \tag{8.4-7}$$

且 $R(-k) = R(k)$，代入式（8.4-6）得

$$R(i) - \sum^{m} a_k R(|k-i|) = 0 \qquad i = 1,2,\ldots,m \tag{8.4-8}$$

写成矩阵形式为

$$\begin{bmatrix} R(0) & R(1) & \cdots & R(m-1) \\ R(1) & R(0) & \cdots & R(m-2) \\ \vdots & \vdots & & \vdots \\ R(m-1) & R(m-2) & \cdots & R(0) \end{bmatrix} \begin{bmatrix} a_1 \\ a_2 \\ \vdots \\ a_m \end{bmatrix} = \begin{bmatrix} R(1) \\ R(2) \\ \vdots \\ R(m) \end{bmatrix} \tag{8.4-9}$$

上式最左边的矩阵是 x_n 的相关矩阵，为 Toeplitz 矩阵，所以用 Levinson 算法可解出各 $a_i (i = 1,2,\cdots,m)$，从而得到在均方误差最小值下的最佳线性预测。

式（8.4-5）也可以用自相关函数来表示，即

$$\sigma_{e_n}^2 = R(0) - \sum_{i=1}^{m} a_i R(i) \tag{8.4-10}$$

因为 $E\{x_n\}=0$，所以 $R(0)$ 即为 x_n 的方差 $\sigma_{x_n}^2$，可见 $\sigma_{e_n}^2<\sigma_{x_n}^2$。因而传送差值 e_n 比直接传送原始信号 x_n 更有利于数据压缩。$R(k)$ 越大，表明 x_n 的相关性越强，则 $\sigma_{e_n}^2$ 越小，所能达到的压缩比就越大。当 $R(k)=0(k>0)$ 时，即相邻点不相关时，$\sigma_{e_n}^2=\sigma_{x_n}^2$，此时预测并不能提高压缩比。

二维、三维线性预测的情况与一维完全类似，其推导的过程相对一维来说要复杂一些，这里不再推导，有兴趣的读者可以参考相关书籍。

应用均方差极小准则所获得的各个预测系数 a_i 之间有什么样的约束关系呢？

假设图像中有一个区域亮度值也是一个常数，那么预测器的预测值也应是一个与前面相同的常数，即

$$\hat{x}_n=x_{n-1}=x_{n-2}=\cdots=x_2=x_1=\text{常数}$$

将此结果代入式（8.4-1）得

$$\hat{x}_n=\sum_{i=1}^{n-1}a_i x_{n-1}=x_{n-1} \quad (8.4\text{-}11)$$

因此

$$\sum_{i=1}^{n-1}a_i=1 \quad (8.4\text{-}12)$$

1980 年 Pirsch 进一步研究并修正了这个结论。他认为，为了防止 DPCM 系统中出现“极限环”（Limit Circle）振荡和减少传输误码的扩散效应，应满足下列两个条件。

（1）预测误差 $e=0$ 应该是一个量化输出电平，也就是量化分层的总数 K 应是奇数。

（2）所有预测系数 a_i 除满足 $\sum_{i=1}^{n-1}a_i=1$ 外，还应满足

$$\sum_{i=1}^{n-1}|a_i|=1 \quad (8.4\text{-}13)$$

对于一幅二维图像，常常使用以下简化预测公式进行预测：

$$f(m,n)=\frac{1}{2}f(m,n-1)+\frac{1}{4}f(m-1,n)+\frac{1}{8}f(m-1,n-1)+\frac{1}{8}f(m-1,n+1) \quad (8.4\text{-}14)$$

式（8.4-14）中的系数总和为 1，这是为了保持图像的平均亮度不变。

8.4.3 线性预测编码系统中的图像降质

由于预测器和量化器的设计以及数字信道传输误码的影响，在 DPCM 系统中会出现一些图像降质的现象。经过许多实验可总结为下列几种。

（1）斜率过载引起图像中黑白边沿模糊，分辨率减低。这主要是当扫描到图像中黑白边沿时，预测误差信号比量化器最大输出电平还要大得多，从而引起很大的量化噪声。

（2）颗粒噪声。颗粒噪声主要是最小的量化输出电平太大，而图像中灰度缓慢变化区域输出可能在两个最小的输出电平之间随机变化，从而使画面出现细斑，而人眼对灰度平坦区域的颗粒噪声又很敏感，从而使人主观感觉上图像降质严重。

（3）假轮廓图案。假轮廓图案主要是由于量化间隔太大，而图像灰度缓慢变化区域的预测误差信号太少，就会产生像地形图中等高线一样的假轮廓图案。

（4）边沿忙乱。边沿忙乱主要是在电视图像 DPCM 编码中出现，因为不同帧在同一像素位置上量化噪声各不相同，黑白边沿在电视上将呈现闪烁跳动的犬齿状边沿。

（5）误码扩散。任何数字信道中总是存在着误码。在 DPCM 系统中，假使某一位码有差错，对图像一维预测来讲，将使该像素以后的同一行各个像素都产生差错。而对二维预测，误码引起的差错还将扩散到以下各行。这样将使图像质量大大下降，其影响的程度取决于误码在信号代码中的位置以及有误码的数码所对应的像素在图像中的位置。

一般来说，一维预测误码呈水平条状图案，而二维预测误码呈“彗星状”向右下方扩散。二维预测比一维预测抗误码能力强得多。对电视图像来讲，要使图像质量达到人不能察觉的降质，实验表明，对 DPCM 系统要求传输误码应优于 5×10^{-6}，而对于一维前值预测 DPCM 系统则应优于 10^{-9}，二维 DPCM 系统应优于 10^{-8}。

8.4.4　预测编码的 MATLAB 实现

以下代码将使用简化预测公式（8.4-14）进行线性预测编码。这里以灰度图像为例，通过使用 MATLAB 的文件读写函数 fopen、fwrite 和 fclose，将计算所得的误差以最小的位深度（在 MATLAB 中为 8 位）写入文件中。对于真彩色图像，只需对三个颜色通道调用以下代码即可：

```
I2=imread('cell.tif');   %读入图像
I=double(I2);
fid=fopen('mydata.dat','w');
[m,n]=size(I);
J=ones(m,n);
J(1:m,1)=I(1:m,1);
J(1,1:n)=I(1,1:n);
J(1:m,n)=I(1:m,n);
J(m,1:n)=I(m,1:n);
for k=2:m-1
   for l=2:n-1
        J(k,l)=I(k,l)-(I(k,l-1)/2+I(k-1,l)/4+I(k-1,l-1)/8+I(k-1,l+1)/8);
   end
end
J=round(J);
cont=fwrite(fid,J,'int8');
cc=fclose(fid);
```

显然，以下代码实现的压缩比为 4:1（即双精度数据位数与 8 位符号整数位数的比值）。调用以下代码对以上预测编码文件进行解码，并通过显示原始文件和解压后的文件来比较压缩效果：

```
fid=fopen('mydata.dat','r');
I1=fread(fid,cont,'int8');
tt=1;
for l=1:n
    for k=1:m
         I(k,l)=I1(tt);
         tt=tt+1;
    end
end
I=double(I);
J=ones(m,n);
J(1:m,1)=I(1:m,1);
J(1,1:n)=I(1,1:n);
J(1:m,n)=I(1:m,n);
J(m,1:n)=I(m,1:n);
    for k=2:m-1
         for l=2:n-1
```

```
            J(k,l)=I(k,l)+(J(k,l-1)/2+J(k-1,l)/4+J(k-1,l-1)/8+J(k-1,l+1)/8);
        end
    end
    cc=fclose(fid);
    J=uint8(J);
    subplot(1,2,1),imshow(I2);
    subplot(1,2,2),imshow(J);
```

原始图像如图 8.4-3（a）所示，编码后的解码图像如图 8.4-3（b）所示，两幅图像稍有差别。

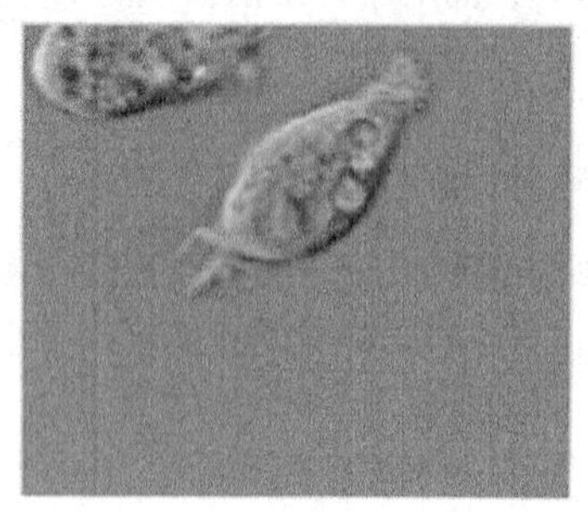

（a）编码前图像

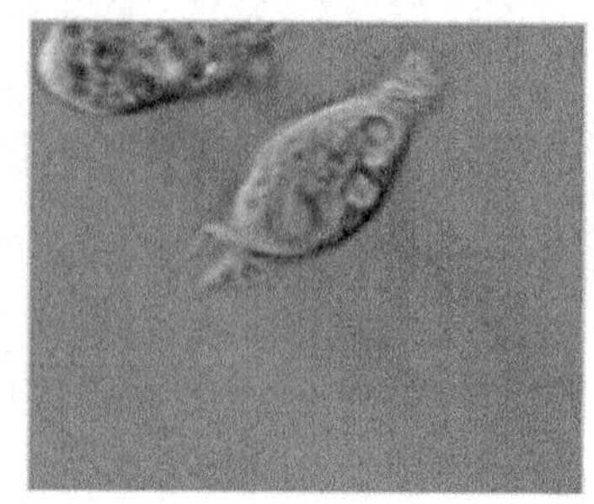

（b）编码后图像

图 8.4-3　图像预测编码前、后显示效果比较

8.5　比特面编码

比特面编码（Bit Plane Coding）是一种非常简单的编码方法，它把灰度图像的编码转换为对各比特面的二值编码。假如灰度图像为 8 bit/像素，将每个像素的第 j 个比特抽取出来，就得到一个称为比特面的二值图像，于是图像完全可以用一组（共 8 个）比特面来表示，对灰度图像的编码转化为对比特面的编码。通常将每个比特面分为不重叠的 $m \times n$ 个元素的子块，然后再进行二值编码。图 8.5-1 是对 8bit 的灰度图像的比特面分解情况。

由于在进行比特面转换过程中实际上自然进行了对数据按重要性进行分割，可以实现逐渐显示的编码，因此比特面编码得到了广泛的应用。例如，在 JPEG 扩展模式中，基于 DCT 的渐显方式就是采用比特面编码，在 JPEG2000 中对各子带 DWT 量化系数也是用比特面编码，以便实现渐显方式的编码。

图 8.5-1　8 bit 灰度图像的比特面分解（以一个像素点为例）

1．次最佳方块编码

统计分析表明，比特面中有两种结构的方块经常出现：$m \times n$ 个全“0”和全“1”，并且前者出现的概率多于后者。于是可得出如下的次最佳方块编码方案。

全“0”子块：码字为“0”

全“1”子块：码字为“11”

其他情况：码字为“10”+“× × × … ×”

"× × × ... ×"为将子块的比特内容直接输出，故又称为直接编码。

这种编码方案的平均码长为 L：

$$\begin{aligned} L &= P(0;\ n,m) + 2P(1;n,m) + (2+nm)[1-P(0;n,m)-p(1;n,m)] \\ &= nm[1-P(0;m,n)-P(1;n.m)] + 2 - P(0;n,m) \end{aligned} \tag{8.5-1}$$

其中，$P(0;n,m)$ 和 $P(1;n,m)$ 分别为 $m\times n$ 个全"0"和全"1"子块出现的概率。

压缩比 $C_r = nm/L$，将 L 代入可得：

$$C_r = \frac{1}{1-P(0;n,m)-P(1;n,m)+[2-P(0;n,m)]/nm} \tag{8.5-2}$$

可见，C_r 是 $P(0;n,m)$ 和 $P(1;n,m)$ 的递增函数。

2. 用格雷码表示像素亮度

通常，数字化后像素的电平值都是 PCM 自然二进制码，这种码的特点是高位最重要的比特面图像简单，并适用于上述方块编码，但重要性稍差的比特面图像相当复杂，尤其是低位最不重要的比特面噪声为主要成分，因而不适宜用方块编码。这样，由高位 4 个最重要的比特面获得的压缩效益将被其他几个低位比特面所抵消，其原因在于对于 PCM 编码，若相邻像素的灰度值变化了一个等级，其码字可能相差好几个比特。例如，灰度图像中相邻像素的值分别为 63 和 64，其自然二进制码为 00011111 和 01000000，相邻像素间只发生了细微的灰度变化，却引起比特面的突变。因此，常常采用格雷（Gray）码来表示像素的灰度值。由于格雷码的特点是码距为 1，两个相邻值的格雷码之间只有一个比特是不同的，使得比特面上取值相同的面积增大，即 $P(0;n,m)$ 和 $P(1;n,m)$ 增大，因而增大了压缩比。表 8.5-1 列出了部分自然二进制码和格雷码的对照。

表 8.5-1　　部分自然二进制码和格雷码的对照

自然二进制码	格雷码
000	000
001	110
010	011
011	010
100	110
101	111
110	101
111	100

自然二进制码和格雷码之间的转换规则如下。

若自然二进制码为 $b_{k-1},\cdots,b_1,b_0$，相应的格雷码为 $g_{k-1},\cdots,g_1,g_0$，则有 $g_{k-1}=b_{k-1}$及$g_i = b_{i+1}\oplus b_i (0\leqslant i<k-1)$，式中"⊕"表示模二相加。

3. 视觉心理编码

采用视觉心理编码是指允许恢复图像有一定的失真，只要视觉感觉不出，或可以容忍。具体做法是把子块内不超过 K 个"1"的子块视为全"0"子块，而把不超过 K 个"0"的子块视为全"1"子块，这样也等效于取值相同的面积增大，即 $P(0;n,m)$ 和 $P(1;n,m)$ 增大，因而也提高了压缩比。

实验表明，若子块大小为 n=m=4，当 K=6 时引起的失真人眼尚可接受。

4. 方块尺寸的选择

在压缩比 C_r 的表示中，它与 n，m 的关系是复杂的。当 mn 增加时，1/mn 减少，但很可能导致 $P(0;n,m)$ 和 $P(1;n,m)$ 减少。因而 nm 不能盲目增大。实验表明，取 n=m=4 较为合适。

5. 逐渐浮现的编码传输

将图像按最高到最低位的次序依次传送比特面，接收端将各比特面累加可以得到由粗到细的显示图像，这种编码传输方式是一种简单的逐渐浮现编码方式。如果对每一个比特面采用前述的比特面编码方法，还可以提高传输速率。

8.6 变换编码

变换编码就是对图像数据进行某种形式的正交变换，并对变换后的简单数据进行编码，从而达到数据压缩的目的。无论是对单色图像、彩色图像、静止图像，还是运动图像，变换编码都能够获得较好的压缩比。

变换编码的基本过程是将原始图像分块，然后对每一块进行某种形式的正交变换，也可以简单地理解为将小块图像由时域变换到频域,使变换图像的能量主要集中在直流分量和低频分量上。在误差允许的条件下，用直流和部分低频分量来代表原始数据，从而达到数据压缩的目的。在解压缩时，利用已压缩的数据计算并补充高频分量，经过反变换就可恢复原始数据。显然，变换编码减少了图像的信息熵，造成了信息量的减少，从而带来了一定的图像失真。

变换编码采用的正交变换种类很多，比如傅里叶变换、沃尔什-哈达玛变换、Harr 小波变换、斜变换、余弦变换、正弦变换，还有基于统计特性的 K-L 变换等。K-L 变换后的各系数相关性小，能量集中，压缩生成的误差最小，但是计算复杂，执行速度慢。由于离散余弦变换（DCT）与 K-L 变换性能最为接近，而且具有易于硬件实现的快速算法，所以得到了广泛的应用。在前面的章节中已经介绍过 DCT 的概念，下面主要介绍 DCT 在变换编码中的具体应用。

用 DCT 实现图像的压缩编码需经过变换、压缩和编码三个步骤。二维 DCT 编码压缩和解压缩的框图如图 8.6-1 所示。

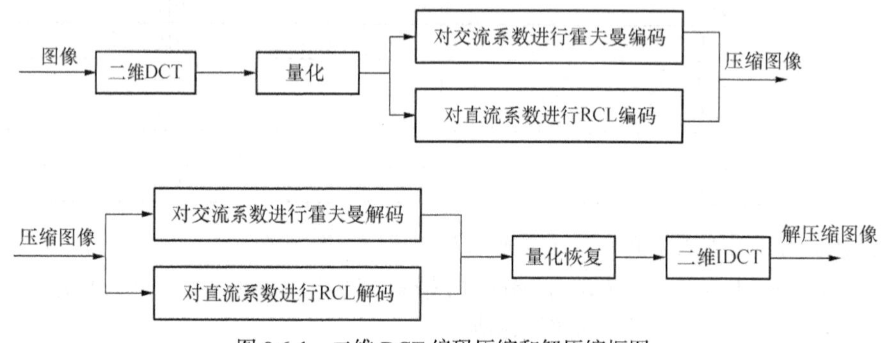

图 8.6-1　二维 DCT 编码压缩和解压缩框图

利用二维 DCT 进行图像数据压缩时，首先要将输入图像分成若干 $N \times N$ 的图像块。由于 N 取值小到一定程度时，采用变换处理可能会出现块与块之间边界上存在边界效应的现象（即存在不连续点）。当 $N<8$ 时，边界效应比较明显，所以要求 $N \geqslant 8$。在实际应用中一般取 $N=8$。二维快速 DCT 则是把 8×8 个图像不断分成更小的无交叠子块，然后直接再对数据块进行运算操作。

8×8 数据块将输入分解成 64 个正交基信号后，每个基信号都对应于 64 个独立二维空间中的某一个频率。DCT 编码输出这 64 个 DCT 系数值（即基信号的幅值），这些变换系数中包括一个代表直流分量的 DC 系数和 63 个代表交流分量的 AC 系数，DCT 的解压过程就是对这 64 个 DCT

系数进行反变换运算，重建一个 64 点的输出图像。

为了达到压缩数据的目的，对 DCT 系数 $F(u,v)$ 还需做量化处理。量化就是通过减少精确度来减少存储整数所需比特数的过程。图像经过 DCT 压缩后，离原点 $(0,0)$ 越远的元素对图像的贡献就越小，因而也就越不关心此处取值的精确性。量化首先要对每个系数确定一个量化步长（量化间隔），然后用对应的量化步长去除对应的 DCT 系数并对其求整。

8.7 静止图像压缩编码标准

图像编码技术的发展给图像信息的处理、存储、传输和广泛应用提供了可能性，但要使这种可能性变为现实，还需要做很多工作。因为图像压缩编码只是一种基本技术，只能把待加工的数据速率和数字图像联系起来。然而数字图像存储和传输在压缩格式上需要国际广泛接受的标准，使得不同厂家的各种产品能够兼容和互通。目前，图像压缩标准化工作主要由国际标准化组织（ISO）、国际电工委员会（IEC）和国际电信联盟（ITU-T）进行，在它们的主持下形成的专家组征求一些大的计算机及通信设备公司、大学和研究机构所提出的建议，然后以图像质量、压缩性能和实际约束条件为依据，从中选出最好的建议，并在此基础上做出一些适应国际上原有的不同制式的修改，最后形成相应的国际标准。

8.7.1 JPEG 标准

JPEG 是 ISO/IEC 和 ITU－T 的联合图片专家组（Joint Photographic Experts Group）的简称，成立于 1986 年，是从事静态图像压缩标准制定的委员会。现在人们也用 JPEG 表示静态图像压缩标准，其国际标准号为 ISO/IEC 10918。该标准于 1992 年正式通过，它的正式名称为“信息技术连续色调静止图像的数字压缩编码”。JPEG 标准描述了关于连续色调（即灰度级或彩色）静态图像的一系列压缩技术，由于图像中涉及数据量和心理视觉冗余，因此 JPEG 采用基于变换编码的有损压缩方案。

JPEG 标准的目标和适应性如下。

（1）适用于任何连续色调的数字图像，对彩色空间、分辨率、图像内容等没有任何限制。

（2）采用先进的算法，图像的压缩比及保真度可在较大范围内调节，由用户根据应用情况进行选择。

（3）压缩/还原的算法复杂度适中，使软件实现时（在一定处理能力的 CPU 上）能达到一定的性能，硬件实现时成本不太高。

（4）有多种操作模式可供设计和使用时选择。主要包括以下内容。

- 无损编码模式（Lossless Encoding Mode）。这种模式保证准确恢复数字图像的所有样本数据，与原始数字图像相比不会产生任何失真。
- 基于 DCT 的顺序编码（DCT-based Sequential Encoding）模式。它以 DCT 为基础，按照从左到右、从上到下的顺序对原始图像数据进行压缩编码。图像还原时，也是按照上述顺序进行。
- 基于 DCT 的累进编码（DCT-based Progressive Encoding）模式。它也以 DCT 为基础，但使用多次扫描的方法对图像数据进行编码，以由粗到细逐步累加的方式进行。解码时，重建图像的过程也是如此。
- 基于 DCT 的分层编码（DCT－based Hierarchical Encoding）模式。它以多种分辨率进行图像编码，先从低分辨率开始，逐步提高分辨率直到与原始图像分辨率相同为止。解码的过程也是如此，效果与基于 DCT 的累进编码模式类似，但处理更复杂，压缩比可更高一些。

1. 无损编码

为了满足某些应用领域的要求，如传真机、静止画面的电话电视会议等，JPEG 选择了一种简单的线性预测技术，即差分脉冲调制（DPCM）作为无损压缩编码的方法。这种方法简单、易于实现，重建的图像质量好，其编码框图如图 8.7-1 所示。

其中，预测器的 3-邻域预测模型如图 8.7-2 所示，以 A、B、C 分别表示当前取样点 x 的三个相邻点 a、b、c 的取样值，则预测器可按式（8.7-1）进行选择。然后，预测值与实际值之差再进行无失真的熵编码，编码方法可选用霍夫曼法和二进制算术编码。

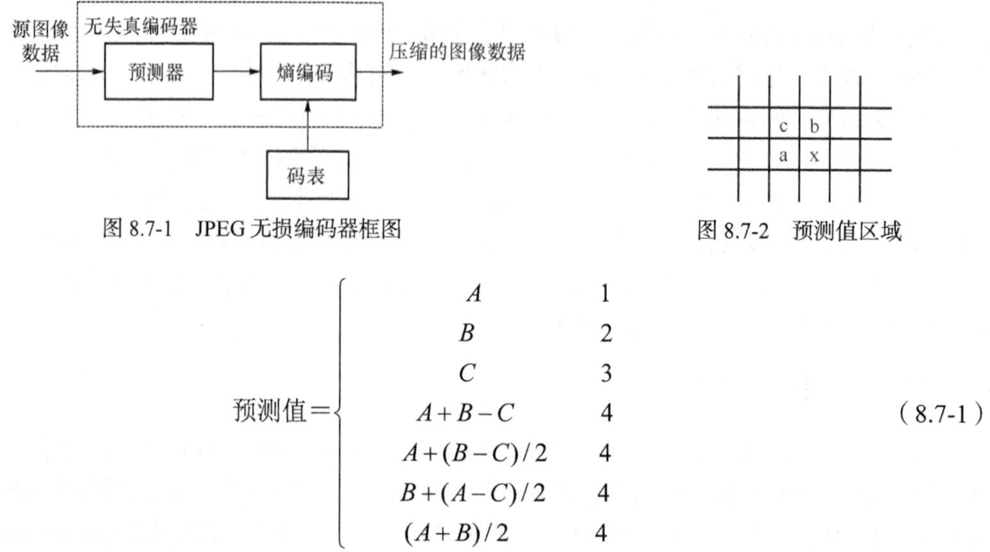

图 8.7-1 JPEG 无损编码器框图

图 8.7-2 预测值区域

$$
\text{预测值}=\begin{cases} A & 1 \\ B & 2 \\ C & 3 \\ A+B-C & 4 \\ A+(B-C)/2 & 4 \\ B+(A-C)/2 & 4 \\ (A+B)/2 & 4 \end{cases} \qquad (8.7\text{-}1)
$$

2. 基于 DCT 的顺序编码模式

基于 DCT 的顺序编码模式是先对源图像中的所有 8×8 子图像进行 DCT，然后再对 DCT 系数进行量化，并分别对量化以后的系数进行差分编码和游程长度编码，最后再进行熵编码。整个压缩编码过程如图 8.7-3 所示。

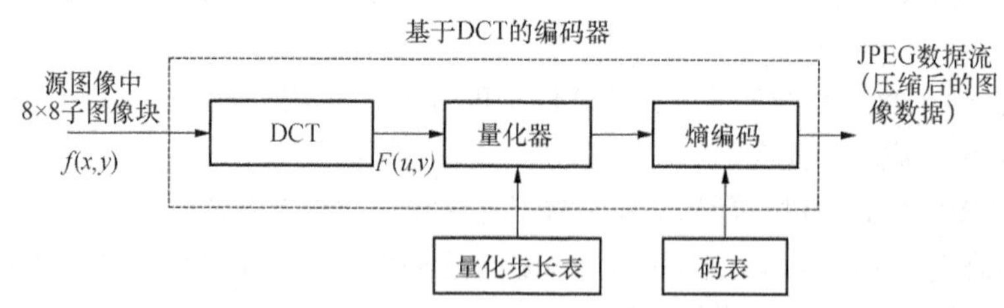

图 8.7-3 基于 DCT 的顺序编码过程

图 8.7-4 表示基于 DCT 的顺序解码过程。这两个图表示的是一个单分量（如图像的灰度信息）的压缩编码和解码过程。对于彩色图像，可以看作多分量进行压缩和解压缩过程。

整个压缩编码的处理过程大体分成以下几个步骤。

（1）离散余弦变换（DCT）

JPEG 采用 8×8 大小的子图像块进行二维的离散余弦变换。在变换前要将数字图像采用数据从无符号整数转换到带正负号的整数，即把范围为 $[0, 2^8-1]$ 的整数映射为 $[-2^{8-1}-1, 2^8-1]$ 范围内的整数。这时的子图像采样精度为 8 位，以这些数据作为 DCT 的输入，在解码器的输出端经 IDCT 后，得到一系列 8×8 图像数据块，并须将其位数范围由 $[-2^{8-1}-1, 2^8-1]$ 再变回到 $[0, 2^8-1]$ 范围内的无符号整数，才能重构图像。DCT 可以看作是把 8×8 的子图像块分解为 64 个正交的基信号，变换后输出的 64 个系数就是这 64 个基信号的幅值，其中第 1 个是直流系数，其他 63 个都是交流系数。

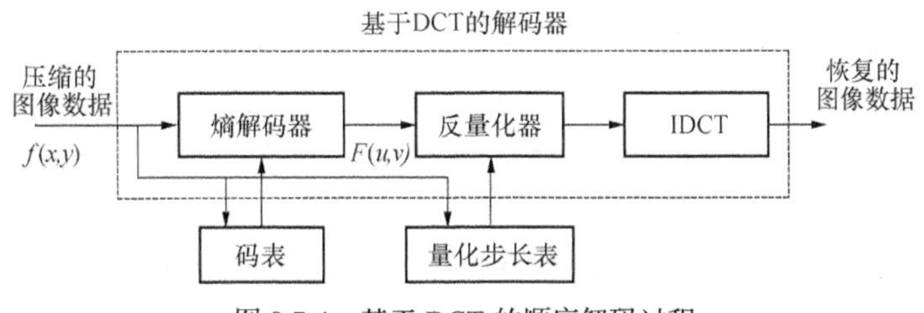

图 8.7-4　基于 DCT 的顺序解码过程

（2）量化

DCT 输出的数据 $F(u,v)$ 还必须进行量化处理。这里所说的量化并非 A/D 转换，而是指从一个数值到另一个数值范围的映射，是为了减少 DCT 系数的幅值，增加零值，以达到压缩数据的目的。JPEG 采用线性均匀量化器，将 64 个 DCT 系数分别除以它们各自相应的量化步长（量化步长范围是 1～255），四舍五入取整数。64 个量化步长构成了一张量化步长表，供用户选用。

量化的作用是在图像质量达到一定保真度的前提下，忽略一些次要信息。由于不同频率的基信号（余弦函数）对人眼视觉的作用不同，因此可以根据不同频率的视觉范围值来选择不同的量化步长。通常人眼总是对低频成分比较敏感，所以量化步长较小；对高频成分人眼不太敏感，所以量化步长较大。量化处理的结果一般都是低频成分的系数比较大，高频成分的系数比较小，甚至大多数是 0。表 8.7-1 和表 8.7-2 给出了 JPEG 推荐的亮度和色度量化步长。

量化处理是压缩编码过程中图像信息产生失真的主要原因。

表 8.7-1　　JPEG 推荐的亮度量化步长表

16	11	10	16	24	40	51	61
12	12	14	19	26	58	60	55
14	13	16	24	40	57	69	56
14	17	22	29	51	87	80	62
18	22	37	56	68	109	103	77
24	35	55	64	81	104	113	92
49	64	78	87	103	121	120	101
72	92	95	98	112	100	103	99

表 8.7-2　　JPEG 推荐的色度量化步长表

17	18	24	47	99	99	99	99
18	21	26	66	99	99	99	99
24	26	56	99	99	99	99	99
47	66	99	99	99	99	99	99
99	99	99	99	99	99	99	99
99	99	99	99	99	99	99	99
99	99	99	99	99	99	99	99
99	99	99	99	99	99	99	99

（3）DC 系数的差分编码与 AC 系数的游程长度编码

64 个 DCT 系数中，直流系数（DC）实际上等于源子图像中 64 个采样值的均值，源图像是划分成许多 8×8 子图像进行 DCT 处理的，相邻子图像的 DC 系数有较强的相关性。JPEG 把所有子图像量化以后的 DC 系数集合在一起，采用差分编码的方法来表示，即用两相邻的 DC 系数的差值（$\Delta_j = DC_j - DC_{j-1}$）来表示。

子图像中其他 63 个交流系数（AC）量化后往往会出现较多的零值，JPEG 标准采用游程长度编码方法对 AC 系数进行编码，并建议在 8×8 矩阵中按照“Z”形次序进行（或称“之”字形扫描），如图 8.7-5 所示，这样可以增加连续的零值的个数。扫描后将二维 DCT 系数矩阵重组为一个一维数组。

（4）熵编码

经过以上转换后的符号通过熵编码过程进一步压缩。JPEG 建议的熵编码方法有两种，一种是霍夫曼编码，另一种是算术编码。前者使用霍夫曼码表，而后者使用算术码的条件码表。

3. 基于 DCT 的累进编码模式

累进编码模式与压缩编码的算法相同，但每个图像分量的编码要经过多次扫描才能完成，每次扫描均传输一部分 DCT 量化系数。第一次扫描只进行粗糙的压缩，以很快的速度传送出粗糙的图像，接收方据此可重建一幅质量较低但尚可识别的图像。在随后几次的扫描中再对图像做较细的压缩处理，这时只传送增加的一些信息，接收方收到后把可重建图像的质量逐步提高。这样逐步累进，直到全部图像信息处理完毕为止。

为实现累进编码的操作模式，必须在图 8.7-3 中量化器的输出与熵编码的输入之间增添缓冲存储器，用来存放一幅图像量化后的全部 DCT 系数值，然后对缓冲器中存储的 DCT 系数进行多次扫描，分批进行熵编码。

累进编码的操作方式可以有两种做法。

（1）频谱选择法（Spectral Selection）

频谱选择法指每一次扫描 DCT 系数时，只对 64 个 DCT 系数中的某些频段的系数进行压缩编码和传送。随后进行的扫描中，再对余下的其他频段进行编码和传送，直到全部系数都处理完毕为止。

（2）连续逼近法（Successive Approximation）

连续逼近法指沿着 DCT 系数的高位到低位的方向逐渐累进编码。例如，第一次扫描只取高 n 位进行编码和传送，然后在随后的几次扫描中，再对剩余的位数进行编码和传送。

4. 基于 DCT 的分层编码模式

分层编码的操作模式是把一幅原始图像的空间分辨率分成多个低分辨图像进行“锥形”编码。例如，水平方向和垂直方向分辨率均以 2^n 的倍数改变，如图 8.7-6 所示。

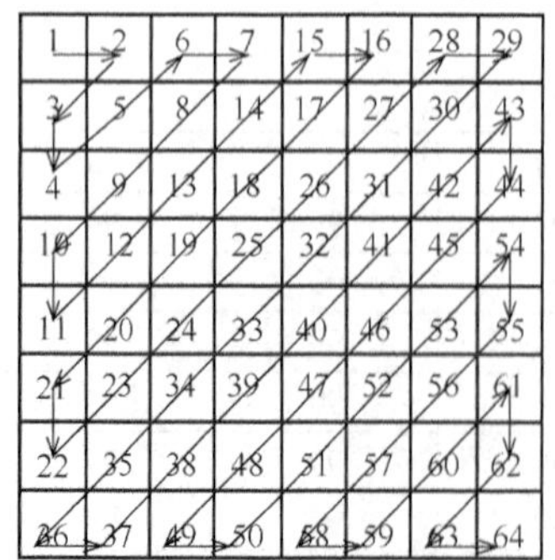

图 8.7-5　AC 系数进行游程长度编码的“Z”形扫描顺序

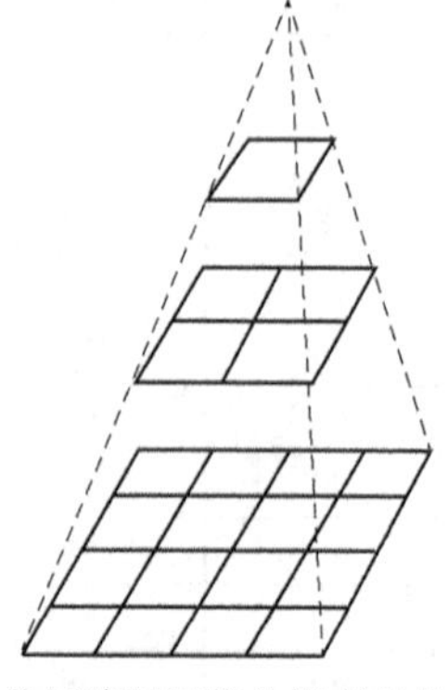

图 8.7-6　分层编码图像分辨率的分层降低示意图

分层编码的处理过程如下。

（1）把原始图像的分辨率分层降低。

（2）对已降低分辨率的图像（可看成小尺寸图像）采用无失真预测编码，基于 DCT 的顺序编码或基于 DCT 的累进编码中任何一种方式进行压缩编码。

（3）对低分辨率图像进行解码，重建图像。

（4）使用插值、滤波的方法，使重建图像的分辨率提高至下一层图像分辨率的大小。

（5）把升高分辨率的图像作为原始图像的预测值，将它与原始图像的差值采用三种方式中的任何一种进行编码。

（6）重复上述步骤（3）（4）（5）直到图像达到原始图像的分辨率为止。

5. JPEG 实现

JPEG 标准规定，JPEG 算法结构由三个主要部分组成。

（1）独立的无损压缩编码。采用线性预测编码和霍夫曼编码（或算术编码），可保证重建图像与原始图像完全一致（均方误差为零）。

（2）基本系统。提供最简单的图像编码/解码能力，实现图像信息的有损压缩，对图像主观评价能达到损伤难以觉察的程度。采用了 8×8 DCT 线性量化和霍夫曼编码等技术，只有顺序操作模式。

（3）扩充系统。它在基本系统的基础上再扩充了一组功能，例如，熵编码采用二进制算术编码，并使用累进构图操作模式、累进无损编码模式等。它是基本系统的扩展或增强。因此也必须包含基本系统。

实践表明，基于 DCT 的 JPEG 压缩编码算法，其压缩的效果与图像和内容有较大的关系，高频成分少的图像可以得到较高的压缩比，且图像仍能保持较好的质量。对于给定的图像品质系数（Q 因子，可分为 1～255 级），必须选用相应的量化步长表和编码参数等，才能达到相应的压缩效果。

8.7.2　JPEG 2000 标准

JPEG 静止图像压缩标准在高速率上有较好的压缩效果，但是，在低比特率情况下，重构图像存在方块效应，不能很好地适应当代对网络图像传输的需求。虽然 JPEG 标准有四种操作模式，但是大部分模式是针对不同的应用提出的，不具有通用性，这给变换、传输压缩图像带来了很大的麻烦。

JPEG 2000 是 JPEG 工作组制定的最新的静止图像压缩编码的国际标准，标准号为 ISO/IEC 15444(ITU-T T.800)，并于 2000 年底陆续公布。它与传统 JPEG 的最大不同，在于它放弃了 JPEG 所采用的以离散余弦变换（DCT）为主的区块编码方式，而采用以小波变换算法为主的多解析编码方式，其主要目的是将影像的频率成分抽取出来。离散小波变换是现代谱分析工具，在包括压缩在内的图像处理与图像分析领域得到越来越广泛的应用。此外，JPEG 2000 还将彩色静态图像采用的 JPEG 编码方式与二值图像采用的 JBIG 编码方式统一起来，成为对应各种图像的通用编码方式。

JPEG 2000 主要由以下 6 部分组成。

（1）图像编码系统，这是标准的核心系统，规定了实现 JPEG 2000 功能基本部分的编解码方案。

（2）编码扩展，规定了核心编码系统不具备的功能扩展。

（3）运动 JPEG 2000，针对运动图像提出的解决方案，规定了以帧内编码形式将 JPEG 2000 用于运动图像压缩的扩展功能。

（4）一致性测试，规定了用于依据性测试的规程。

（5）参考软件，提供了实现标准可参考的样本软件。

（6）混合图像文件格式，规定了以图形文字混合图像为对象的代码格式，主要是针对印刷和传真应用。

其中，第一部分为编码的核心部分，具有相对而言最小的复杂性，可以满足约 80%的应用需要，它是公开的并可免费使用。它对于二值、灰度或彩色静止图像的编码定义了一组有损和无损的方法。具体地说，有以下规定。

（1）规定了解码过程，以便于将压缩的图像数据转换成重建图像数据。

（2）规定了码流的语法，由此包含了对压缩图像数据的解释信息。

（3）规定了 JP2 文件格式。

（4）提供了编码过程的指导，由此可以将原始图像数据转变为压缩图像数据。

（5）提供了在实际进行编码处理时的实现指导。

JPEG 2000 有如下主要特点。

1. 良好的低比特率压缩性能

这是 JPEG 2000 标准最主要的特征。JPEG 标准对于细节分量多的灰度图像，当压缩数码率低于 0.25 bit/像素时，视觉失真大。JPEG 2000 格式的图片压缩比可在 JPEG 标准的基础上再提高 10%～30%，而且压缩后的图像显得更加细腻平滑。尤其在低比特率下，具有良好的率失真性能，以适应窄带网络、移动通信等带宽有限的应用要求。

2. 连续色调和二值图像压缩

JPEG 2000 的目标是成为一个标准编码系统，既能压缩连续色调图像又能压缩二值图像。该标准对于每一个彩色分量使用不同的动态范围进行压缩和解压。

3. 同时支持无损和有损压缩

针对渐近解压的应用提供了自然的无损压缩。例如，医学图像一般是不允许失真的，在图像检索中，重要的图像要求高质量保存，而显示则可以降低质量。JPEG 2000 提供的是嵌入式码流，允许从有损到无损的渐近解压。

4. 按像素精度和图像分辨率的渐近传输

通过不断向图像中插入像素以不断提高图像的空间分辨率或增加像素精度实现图像的渐近传输（Progressive Transmission）。用户根据需要，对图像传输进行控制，在获得所需的图像分辨率或质量要求后，在不必接收和解码整个图像的压缩码流的情况下便可终止解码。

5. 感兴趣区域编码

ROI 编码可以将一些内容比较重要的部分定义为感兴趣的区域，在对这些区域压缩时，指定特定的压缩质量，或在恢复时指定解压要求。也就是说，可以对 ROI 采用低压缩比以获取较好的图像质量，而对其他部分采用高压缩比以节省空间。同时还允许对 ROI 部分进行随机处理，即对码流进行旋转、移动、滤波和特征提取等操作。

6. 良好的抗误码性

在传输图像时，JPEG 2000 系统采取一定的编码措施和码流格式来减少因解码失败而造成的图像失真。

7. 开放的框架结构

开放的框架结构为不同的图像类型和应用提供最优化的系统。

JPEG 2000 的特点还有：基于内容的描述，增加附加通道空间信息，图像保密性，与 JPEG 兼容等。

JPEG 2000 图像编码系统基于 David Taubman 提出的 EBCOT（Embedded Block Coding with Optimized Truncation of the embedded bits streams）算法，使用小波变换，采用两层编码策略，对压缩位流分层组织，不仅可获得较好的压缩效率，而且压缩码流具有较大的灵活性。其编码器和解码器的原理框图如图 8.7-7 和图 8.7-8 所示。

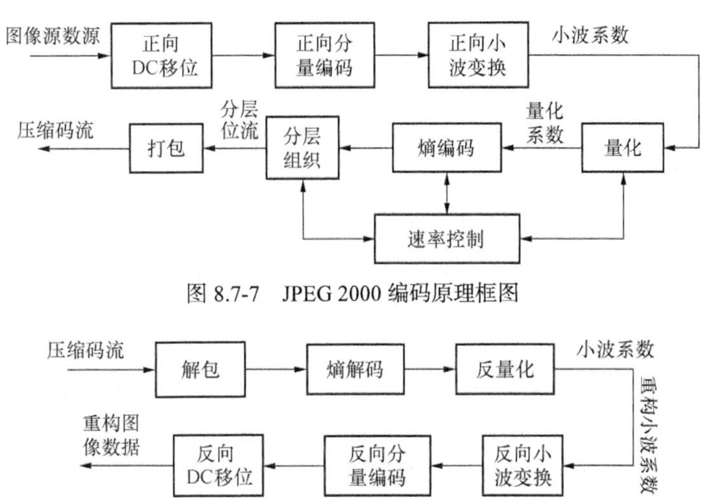

图 8.7-7　JPEG 2000 编码原理框图

图 8.7-8　JPEG 2000 解码原理框图

在编码时，首先对源图像进行离散小波变换，根据变换后的小波系数特点进行量化。将量化后的小波系数划分成小的数据单元——码块，对每个码块进行独立的嵌入式编码。将得到的所有码块的嵌入式位流，按照率失真最优原则分层组织，形成不同质量的层。对每一层，按照一定的码流格式打包，输出压缩码流。

解码过程相对比较简单。根据压缩码流中存储的参数，对应于编码器各部分进行逆向操作，输出重构图像数据。

1. DC 电平位移

对图像的无符号分量进行 DC 电平位移，目的是去掉图像的直流分量，从而使小波变换后系数取正负值的概率基本相等，提高后续的自适应熵编码的效率。若无符号图像分量用 p 位二进制数表示，则对这些无符号分量样本值减去 2^{p-1}。

2. 分量变换

许多图像是由多个分量组成的，如彩色图像。分量之间存在一定的相关性，通过解相关的分量变换，可减小数据间的冗余度，提高压缩效率。

在 JPEG 编码系统中，分量变换是可选的，采用了两种变换：可逆的分量变换（RCT, Reversible Component Transformation）和不可逆的分量变换（ICT，Irreversible Component Transformation）。可逆的分量变换既可用于无损压缩，也可用于有损压缩；而不可逆的分量变换只能用于有损压缩。

3. 小波变换

小波分解可采用提升小波变换快速算法。提升小波变换的优点在于速度快、运算复杂度低、所需存储空间少。而且，得到的小波系数与使用传统小波变换结果相同。首先对二维图像数据进行列方向和行方向上的一维滤波，然后把滤波后的数据进行解交织，得到相应的 LL、HL、LH 和 HH 子带。与正向提升小波变换过程相反，反向提升小波变换则先把 LL、HL、LH 和 HH 子带交织成一个二维矩阵，然后进行行方向和列方向上的反向一维滤波。

4. 量化

小波变换后虽然变换系数的个数没有减少（与原始图像采样点个数相比），但信息的分布发生了很大的变化，大部分能量集中在少数的小波系数中。通过量化，将会进一步减少大量幅度很小的系数所携带的能量，从而提高整体压缩效率。量化的关键是根据变换后图像的特征、重构图像质量要求等因素设计合理的量化步长。

5. 熵编码

图像经过变换、量化后，在一定程度上减少了空域和频域上的冗余度，但是这些数据在统计意义上还存在一定的相关性，为此采用熵编码来消除数据间的统计相关。

6. 码率控制

在编码器中，可以通过两种机制来实现码率控制：一是量化步长的选择；二是编码流中编码通道的选择。如果采用的是整数模式（如整数到整数），因为量化步长固定为 1，那么只能使用机制二来实现码率控制；如果采用的是实数模式（如实数到实数），则可以同时使用这两种机制或其中之一来实现码率控制。

JPEG 2000 作为一种新型图像压缩技术标准，其涉及的应用领域比 JPEG 广泛得多，包括互联网、彩色传真、打印、扫描、数字摄像、遥感、移动通信、医疗图像和电子商务等。在一些低复杂度的应用中，JPEG 2000 不可能代替 JPEG，因为 JPEG 2000 的算法复杂度不能满足这些领域的要求，但是，如果有较好的图像质量、较低的比特率或者是一些特殊要求（渐近传输和感兴趣区域编码等），JPEG 2000 将是最好的选择。

习　题

1. 图像数据压缩的目的是什么？
2. 讨论图像压缩方法的分类及其各自的特点。
3. 数字图像的信息冗余包括哪几个方面？数据没有冗余度能否进行压缩？为什么？
4. 如何衡量图像压缩编码方法的性能？
5. 简述霍夫曼编码的基本过程。
6. 简述算术编码的基本过程。它有何优点？举例说明其适用范围。
7. 图像压缩编码采用了正交变换的哪些性质？
8. 静止图像压缩编码的技术标准 JPEG 由哪些部分组成？
9. JPEG 算法中的 DCT 系数采用 Z 字形重排有何作用？

第 9 章 数字图像的应用与发展

9.1 指纹识别技术

9.1.1 概述

生物识别技术是利用人体生物特征进行身份认证的一种技术。由于每个人的生物特征有与其他人不同的唯一性和在一定时期内不变的稳定性，不易伪造和假冒，所以利用生物识别技术进行身份认定，安全、可靠、准确。此外，生物识别技术产品均借助于现代计算机技术实现，很容易配合计算机和安全、监控、管理系统整合，实现自动化管理。

常见的生物识别技术主要有 9 种：指纹、脸形、虹膜、视网膜、手写体、声音、掌纹、手形和脸部热谱图等，指纹识别是生物识别技术的一种。迄今为止，最为人们所关注、最为成熟的生物识别技术就是指纹识别。

近年来，国内外学者对自动指纹识别技术进行了深入和广泛的研究，取得了较大的进展，研究的重点主要集中在如何提高识别的准确率和速度。目前，已经有很多自动指纹识别的产品面市，并开始逐步在企业考勤、门禁、金融、公安和网络安全等领域得到应用。以指纹识别为代表的生物识别技术的发展和应用，不仅可以开发相关的系列产品，获得巨大的经济效益，还可以带动图像处理、模式识别、光学、电子、生理学和计算机应用等相关学科的发展，具有很高的学术价值，会产生巨大的社会效益。以指纹识别为代表的生物识别技术的发展和应用已被公认将会给身份识别领域带来一场革命，并已经成为各国学术界和工业界研究的热点之一。

9.1.2 指纹识别系统分类

自动指纹识别系统的工作模式可以分为两类：验证模式（verification）和辨识模式（identification）。验证就是通过把一个现场采集到的指纹与一个已经登记的指纹进行一对一的比对（one to one matching），来确认身份的过程。作为验证的前提条件，他或她的指纹必须在指纹库中已经注册。指纹以一定的压缩格式存储，并与其姓名或其标识（ID，PIN）联系起来。随后在比对现场，先验证其标识，然后，利用系统的指纹与现场的指纹比对来证明其标识是否是合法的。验证过程如图 9.1-1 所示。

辨识则是把现场采集到的指纹同指纹数据库中的指纹逐一对比，从中找出与现场指纹相匹配的指纹。这也叫“一对多匹配（one to many matching）”。辨识过程如图 9.1-2 所示。

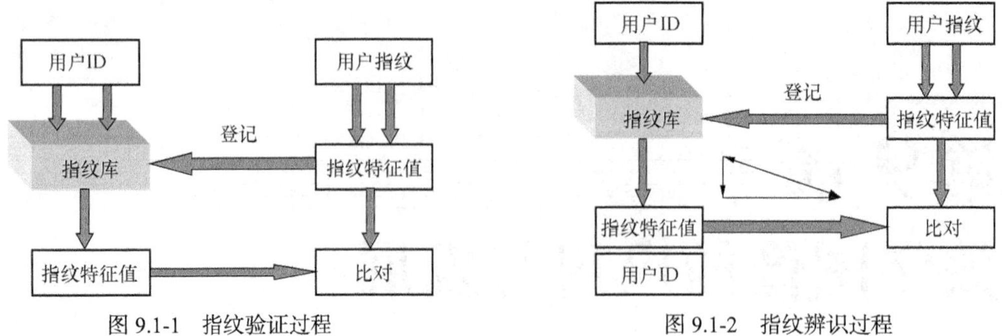

图 9.1-1　指纹验证过程　　图 9.1-2　指纹辨识过程

9.1.3　指纹识别系统工作原理

一般来讲，自动指纹识别算法体系大致由指纹图像采集、指纹图像预处理、特征提取、指纹分类和指纹比对等几个部分组成，如图 9.1-3 所示。

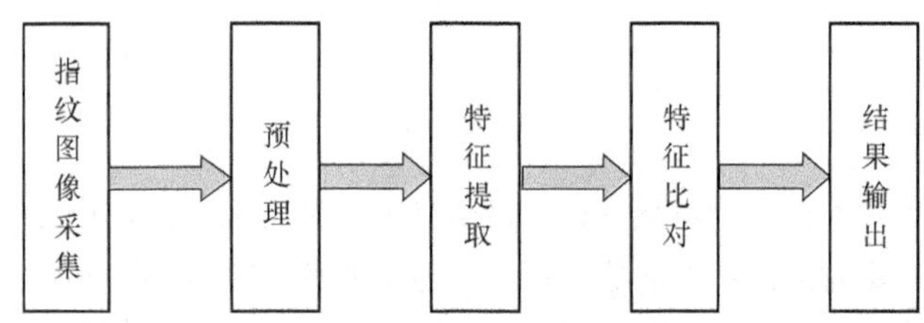

图 9.1-3　指纹识别系统框图

1. 指纹图像采集

较早出现的活体指纹采集设备是光电式的，现在仍为大多数自动指纹识别系统所使用。后来出现的电容式和电感式的采集设备，在某些条件下可提高指纹采集的质量，但在耐磨性和稳定性等方面还存在一些问题。对干、湿、脏的指纹或磨损严重的指纹均能可靠、正确地进行采集和尽量减少采集时的变形是指纹采集技术需要解决的主要问题。

到目前为止，光学采集头提供更加可靠的解决方案。通过改进原来的光学取像技术，新一代的光学指纹采集器更是以无可挑剔的性能与相对非常低的价格使电容方案相形见绌。

光学技术需要一个光源从棱镜反射到按在取像采集头上的手指，光线照亮指纹从而采集到指纹。光学取像设备依据的是光的全反射原理（FTIR）。光线照到压有指纹的玻璃表面，反射光线由电荷耦合器件（CCD）去获得，反射光的量依赖于压在玻璃表面指纹的脊和谷的深度与皮肤和玻璃间的油脂和水分。光线经玻璃射到谷的地方后在玻璃与空气的界面发生全反射，光线被反射到 CCD，而射向脊的光线不发生全反射，而是被脊与玻璃的接触面吸收或者漫反射到别的地方，这样就在 CCD 上形成了指纹的图像。

由于最近光学设备的革新，极大地降低了设备的体积。这些进展取决于多种光学技术的发展而不是 FTIR 的发展。例如：可以利用纤维光束来获取指纹图像。纤维光束垂直射到指纹的表面，它照亮指纹并探测反射光。另一个方案是把含有微型三棱镜矩阵的表面安装在弹性的表面上，当手指压在此表面上时，由于脊和谷的压力不同而改变了微型三棱镜的表面，这些变化通过三棱镜光的反射而反映出来。

2. 预处理

通常，指纹采集器采集到的指纹是低质量的，存在的噪声较多。通过预处理，将采集到的指纹灰度图像通过预滤波、方向图计算、基于方向图的滤波、二值化、细化等操作转化为单像素宽的脊线线条二值图像，基于此二值图像对指纹的中心参考点以及细节特征点特征等进行提取。指纹图像预处理是自动指纹识别系统的基础，是进行指纹特征提取和指纹识别不可缺少的重要步骤。好的预处理方法可以使得到的单像素宽脊线线条二值图像更接近被提取者的指纹，更准确地反映被提取指纹的特征。因此可以使后续处理中提取的指纹特征更准确，特征提取更迅速。指纹图像预处理的一般过程如图 9.1-4 所示。

指纹图像的预处理一般采用图像增强、二值化和细化的方法来抽取脊的骨架。这类方法受指纹图像质量的影响比较大，难以得到令人满意的结果。很多研究者提出了不同的预处理方法，这些方法是用局部脊方向和局部自适应阈值来增强指纹图像，但各自都有一些局限性。例如，用分块的方法实现局部自适应阈值并得到该块内的脊方向，这些方法通常是分别得到骨架和方向流结构，缺乏相关性。

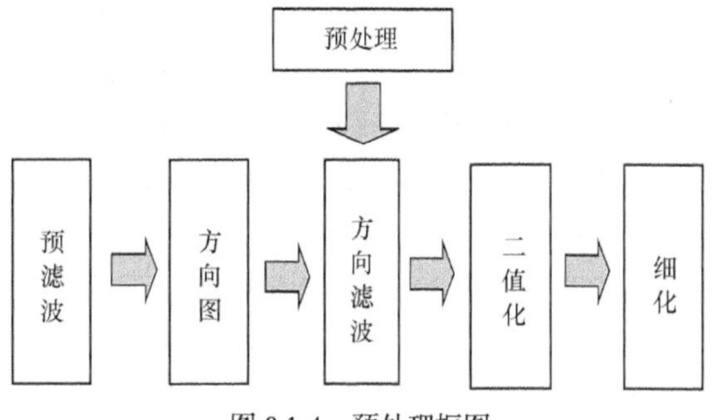

图 9.1-4　预处理框图

3. **特征提取**

指纹的特征点分为全局特征（如奇异点、中心点）和局部特征（指纹细节点）。在考虑局部特征的情况下，英国的 E.R.Herry（E.R.亨利）认为，在比对时只要 13 个特征点重合，就可以确认是同一个指纹，对于不同的应用情况，要求匹配的特征点的个数会有所不同，例如，用在公安刑侦时要求匹配特征点的个数就要比用在指纹考勤时多。指纹的细节特征可以有 150 种之多，但这些特征出现的概率并不相等，很多特征是极其罕见的。一般在自动指纹识别技术中只使用两种细节特征：纹线端点与分叉点。纹线端点指的是纹线突然结束的位置，而纹线分叉点则是纹线突然一分为二的位置。大量统计结果和实际应用证明，这两类特征点在指纹中出现的机会最多、最稳定，而且比较容易获取。更重要的是，使用这两类特征点足以描述指纹的唯一性。通过算法检测指纹中这两类特征点的数量以及每个特征点的类型、位置和所在区域的纹线方向是特征提取的任务。

4. **指纹分类**

指纹分类的主要目的是方便大容量指纹库的管理，减小搜索空间，加速指纹匹配过程。指纹分类技术越完善，能够划分的类型越细，样本数据库每个类别中所包含的样本数量就会越少，对一次识别任务来讲，需要比对的次数和时间开销就会越少。在大部分研究中，指纹一般分为 5 类：漩涡型（whorl）、左环型（left loop）、右环型（right loop）、拱型（arch）、尖拱型（tented arch）。对于要求严格的指纹识别系统，仅按此分类是不够的，还需要进一步更加细致地分类。

5. **指纹比对**

指纹比对指的是通过对两枚指纹的比较来确定它们是否同源的过程，即两枚指纹是否来源于同一个手指。指纹比对主要是依靠比较两枚指纹的局部纹线特征和相互关系来决定指纹的唯一性。指纹的局部纹线特征和相互关系通过细节特征点的数量、位置和所在区域的纹线方向等参数来度量。细节特征的集合形成一个拓扑结构，指纹比对的过程实际就是两个拓扑结构的匹配问题。由于采集过程中的变形、特征点定位的偏差、真正特征点的缺失和伪特征点的存在等问题，即使是两枚同源的指纹，所获得的特征信息也不可能完全一样，指纹比对的过程必然是一个模糊匹配问题。

6. **可靠性问题**

计算机处理指纹图像时，只是涉及了指纹有限的信息，而且比对算法不是精确的匹配，因此其结果不能保证 100%准确。指纹识别系统的重要衡量标志是识别率，它主要由两部分组成：拒判率（False Reject Rate, FRR）和误判率（False Accept Rate, FAR）。我们可以根据不同的用途来调整这两个值，FRR 和 FAR 是成反比的。图 9.1-5 的 ROC(Receiver Operating Curve，接受者操作特征曲线）给出了 FAR 和 FRR 之间的关系。尽管指纹识别系统存在可靠性问题，但其安全性也比相同可靠性级别的“用户 ID 十密码”方案的安全性高得多。例如，采用四位数字密码的系统，不安全概率为 0.01%，如果同采用误判率为 0.01%指纹识别系统相比，由于不诚实的人可以在一段时间内试用所有可能的密码，因此四位数密码并不安全，但是他绝对不可能找到一千个人去为他把所有的手指（十个手指）都试一遍。正因为如此，权威机构认为在应用中 1%的误判率就可以接受。FRR 实际上也是系统易用性的重要指标。由于 FRR 和 FAR 是相互矛盾的，这就使得在实际应用系统的设计中，要权衡易用性和安全性。一个有效的办法是比对两个或更多的指纹，从而在不损失易用性的同时，最大限度地提高了系统的安全性。

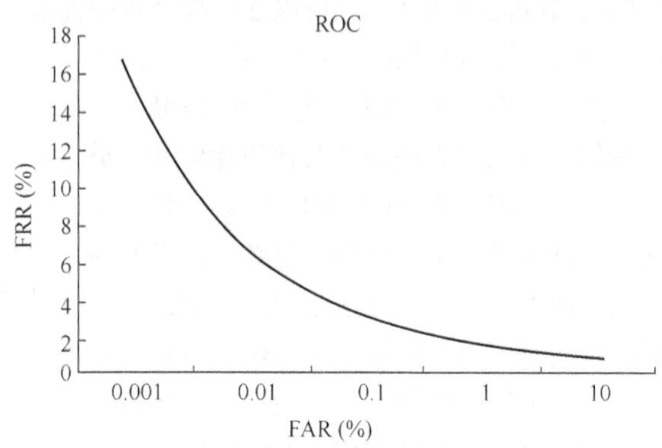

图 9.1-5　FAR 和 FRR 之间的 ROC 关系曲线

9.1.4　指纹识别模块算法

1. 预处理

指纹的特征是指指纹脊线的某种构型，如端点、分叉等。为了提取这些特征，必须先把灰度的指纹图处理为二值线型图，此过程即指纹图像预处理。图像预处理是指纹自动识别过程的第一步，它的好坏直接影响着指纹识别的效果。图像预处理通常包括增强、分割、细化等几个步骤。增强是通过平滑、锐化、灰度修正等手段，改善图像的视觉效果；分割则是把图像划分为若干个区域，分别对应不同的物理实体；细化则是把分割后的图像转为只有一个像素点宽度的线型图，以便特征提取。

在预处理过程中，必须保证尽可能不出现伪特征，并尽量保持其真实特征不受损失。这里所谓的真实特征是指实际存在的指纹脊线构型，而不是指纹图上表现出的构型。由于在指纹摄取时手指用力不均匀，在用力的区域纹线可能会出现误连，而在用力小的区域可能会出现纹线误断。在这种情况下，用通常的基于灰度的预处理方法就会产生伪特征。为了避免这种情况，可以利用指纹图的局部方向特性，即在纹线的切线方向上进行平滑，在其法线方向上进行边缘锐化，以求得最接近指纹实际构型的处理结果。

2. 方向滤波算法

指纹图像获取时，由于噪声及压力不同等的影响，将会导致两种破坏纹线的情况：断裂及叉连。这两种噪声均必须清除，否则会造成假的特征点，影响指纹的识别。如断裂可能被认为是两个端点，而叉连可能被当作两个分叉点。为了消除干扰及增强纹线，针对指纹纹线具有较强方向性的特点，我们采用方向滤波算法对其进行增强，为此必须利用指纹图上各个像素点上的局部方向性。

（1）方向图的获取

方向图是用每一个像素点的方向来表示指纹图像。像素点的方向是指其灰度值保持连续性的方向，可以根据像素点邻域中的灰度分布来判断，反映了指纹图上纹线的方向。我们设定 8 个方向，如图 9.1-6 所示，各方向之间夹角为 $\pi/8$，以 1～8 表示。每个像素点上方向值的判定是在其 $N\times N$ 邻域窗口中得到的。邻域窗口的尺寸并无严格限定，但其取值与图像的分辨率直接有关。如果邻域取得过小，则难以从其中的灰度分布得出正确的方向性；若取值过大，则在纹线曲率较大的区域窗口内纹线方向不一致，会对以后的滤波操作造成不良影响。一般可取 N 为 1～2 个纹线周期。实验中取 $N=9$，该 9×9 邻域窗口如图 9.1-7 所示。

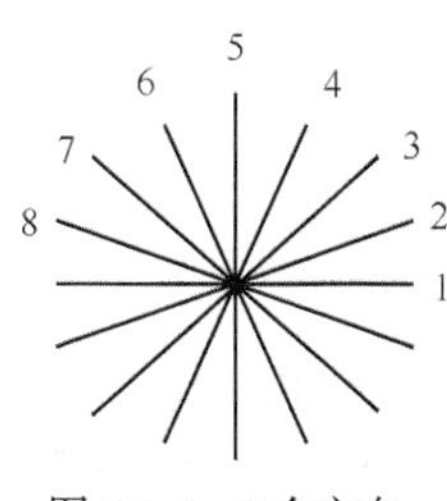

图 9.1-6　8 个方向

p_{71}		p_{61}		p_{51}		p_{41}		p_{31}
p_{81}		p_{72}	p_{62}	p_{52}	p_{42}	p_{32}		p_{21}
		p_{82}				p_{11}		
p_{14}		p_{13}				p_{12}		p_{22}
		p_{23}				p_{83}		
p_{24}		p_{33}	p_{43}	p_{53}	p_{63}	p_{73}		p_{84}
p_{34}		p_{44}		p_{54}		p_{64}		p_{74}

图 9.1-7　9×9 邻域窗口

分别求出沿各个方向的灰度变化

$$S_d=\sum_{k=1}^{4}\left|f(i,j)-f_{dk}(i_k,j_k)\right| \quad d=1,2,3\cdots,8 \tag{9.1-1}$$

$$S_{d'}=\sum_{k=1}^{4}\left|f(i,j)-f_{d'k}(i_k,j_k)\right| \tag{9.1-2}$$

其中 d'代表与 d 垂直的方向，即 $d'=(d+4)\text{mod}8$；$f(i,j)$是点 $p(i,j)$的灰度值；i_k 是 d 方向上的第 k 点；$s_{d'}(i_k,j_k), j_{d'k}(i_k,j_k)$分别是点 p_{dk} 与 $p_{d'k}$ 的灰度值。

点 $p(i,j)$的方向应该是 s_d 取值最小、$s_{d'}$ 取值最大的方向。这不仅考虑了指纹纹线的切线方向灰度变化最小，同时考虑了它的法线方向应是灰度变化最大的方向。当 $d=1,2,\ldots,8$ 时分别求出 $s_d/s_{d'}$，进一步得到其最小值 $S=\min(s_d/s_{d'})$, $p(i,j)$的方向取与 S 对应的 d。

对指纹图中的每一像素都按如上算法操作，可以得指纹的方向图。将方向图中各像素点的方向值乘以 30，并作为该点的灰度值。根据各点的亮暗可判断其方向值。

（2）方向图的平滑算法

方向图求出后，由于纹线中的毛刺、背景中的细小污点等影响，会存在一定的噪声，需要对其进行平滑。方向图平滑的基本思想是：指纹纹线的走向是连续变化的，邻近像素点上的方向不应该有突然的大角度转折。平滑也是在窗口中进行的，窗口中心像素点上的平滑结果由窗口中各像素点方向值及其分布确定。

设 $N(d)$ 是某一像素在 8 邻域中方向为 d 的像素个数，$N(d)$ 的最大值定义为 $N(D_1)$，次大值定义为 $N(D_2)$，其对应的方向值分别是 D_1 和 D_2,$C(i,j)$ 是点（i,j）校正后的方向代码。按如下算法平滑：

$$C(i,j)=\begin{cases} D_1, & 5\leqslant N(D_1)\leqslant 8 \\ (D_1+D_2)/2, & 3\leqslant N(D_1)\leqslant 5且N(D_2)\geqslant 2 \\ & 且N(D_1)-N(D_2)\leqslant 2 \\ D(i,j), & 其他 \end{cases} \tag{9.1-3}$$

上式中的各界值由实验确定。经过以上处理后，方向图得到了平滑。

（3）方向滤波器的设计

在得到指纹的方向图后，可以根据每个像素点的方向值利用方向滤波器对指纹进行滤波，以消除噪声，增强纹线，提高脊和谷之间的反差。一般情况下处理图像只需一个滤波器，而方向滤波器是一系列与像素点方向有关的滤波器，使用时根据某一块区域的方向特征，从一系列滤波器中选择一个相应的滤波器来对这一块进行滤波。由于其应用的特殊性，决定其特殊的设计方法。

滤波器设计原则如下。

① 滤波器模板的尺寸要合适。模板过小难以达到良好的去噪声、清晰化效果；模板过大则可能在纹线曲率较大处破坏纹线构型。一般取模板边长为 1～1.5 个纹线周期。

② 模板边长为奇数，模板关于其朝向轴及朝向垂直方向轴均对称。

③ 为提高脊、谷之间的灰度反差，达到边缘锐化的效果，模板应设计为：在垂直于朝向方向上，中央部分系数为正，两边系数为负。

④ 滤波结果应与原图的平均灰度无关，因此模板中所有系数的代数和应为零。

根据以上设计原则，先求水平方向的滤波器，其他方向的滤波器可以通过旋转得到。

3. 局域自适应二值化算法

以上所得的是增强后的 256 级灰度图像，需要将其进一步二值化。二值化指纹图像是将灰度图像变成 0、1 两个灰度级的图像，前景点（指纹脊线）取作 1，背景点取作 0，以把指纹脊线提取出来，便于后续处理。根据指纹图中脊线与谷线宽度大致相等的特点，即二值化后黑白像素的个数应大致相同，采用局部域值自适应算法。把指纹图分成 $w\times w$（w 为一个纹线周期）的子块，在每一子块内计算灰度均值：

$$AV=\frac{1}{w\times w}\sum_i\sum_j f(i,j) \tag{9.1-4}$$

$f(i,j)$为子块内(i,j)的灰度值。在该块内若某一点的灰度值$f(i,j)>$ AV，则$f(i,j)=1$；若$f(i,j)\leqslant$ AV，则$f(i,j)=0$。对每一块都进行这样的处理，可得到指纹的二值图像。

4. 二值化后的去噪

由于灰度去噪的不完全及二值化过程又可能引入噪声，所以对二值化后的指纹图像还需要进行一次二值滤波去噪，目的是去除或减弱图像中的噪声，增强图像中有意义的部分。这一过程可以填补二值化后纹线上的孔洞或者删除模式上的“毛刺”和孤立的值为 1 的像素，即包括填充和删除两个算法。

（1）填充

填充算法把同时满足以下条件的像素 p 值取为 1。

① p 为 0 像素。

② p 的四邻域中有三个以上的邻点为 1 像素。

图 9.1-8 表示填充算法的一个例子。

（2）删除

删除算法把同时满足以下条件的像素 p 值取为 0。

① p 为 1 像素。

② $(p_1+p_2+p_3)(p_5+p_6+p_7)+(p_3+p_4+p_5)(p_7+p_8+p_1)=0$。

③ p 不是端点。

图 9.1-9 表示删除过程的一个例子。

其中 p_1～p_8（值为 0 或 1）定义如图 9.1-10 所示。经过去噪后，原二值图中的大部分孔洞和“毛刺”被有效地清除了。

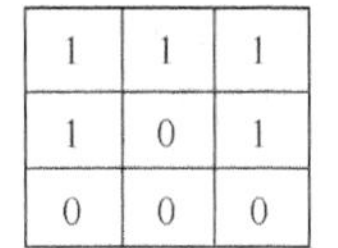

1	1	1
1	0	1
0	0	0

1	1	1
1	1	1
0	0	0

图 9.1-8　填充过程实例

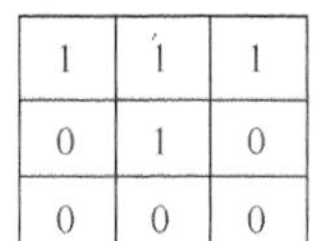

1	1	1
0	1	0
0	0	0

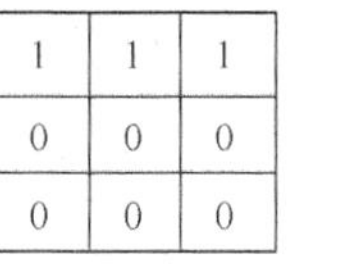

1	1	1
0	0	0
0	0	0

图 9.1-9　删除过程实例

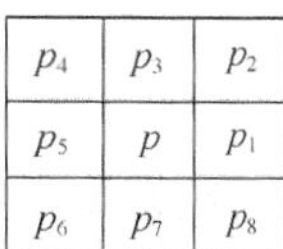

p_4	p_3	p_2
p_5	p	p_1
p_6	p_7	p_8

图 9.1-10　模板

5. 细化及细化后的去噪处理

细化是图像分析、信息压缩、特征提取和模式识别常用的基本技术，它使图像的每条纹线都变为单像素宽的“点线”，且细化后的纹线近似处于原图的“中轴”。在指纹的自动识别过程中，需要把二值指纹图进行细化，可以大大减少冗余的信息，突出指纹纹线的主要特征，从而便于后面的特征提取。

细化过程中，在判断是否删除一个前景像素点时，需要考虑其 3×3 邻域中除其自身外的 8 个像素点中的连接成分数。如果此连接成分数为 1，则说明删除当前像素点不会改变原图的连通性；若大于 1，则改变了原图的连通性。令 N_c 为 p 的 8 邻域中的连接成分数，则其由序列 $p_1p_2p_3p_4p_5p_6p_7p_8p_1$ 中 0→1 变化的次数可以得到。

本文采用逐层迭代算法。本算法把一次迭代分作两次扫描，细化过程中由周边向中间逐层细化，使细化结果位于原图的“中轴”。

令 BN 为 3×3 窗口内目标像素的个数：$BN=\sum_{i=1}^{8}p_i$。两次扫描中需满足的条件为：

① $2\leqslant BN\leqslant 6$（排除 p 为端点和内部像素点的情况）；

② 若已标记 p_i 视为 1 时，有 $N_c=1$（保证删除当前像素不会改变原图的连通性）；

③ p 的值是 1（保证 p 为前景点）；

④ 当 p_3 或 p_5 已标记时，若视 p_3、p_5 为 0，依然有 $N_c=1$（保证宽度为 2 的线条只删除一层像素点，避免其断开）。

本细化算法重复执行如下两个步骤。

第一步：从左到右，从上到下顺序扫描图像，对同时满足以上条件的像素，如果 $p_1p_3p_7=0$ 且 $p_1p_5p_7=0$，则将其做上标记。

第二步：从左到右，从上到下顺序扫描图像，对同时满足以上条件的像素，如果 $p_1p_3p_5=0$ 且 $p_3p_5p_7=0$，则将其做上标记。

当扫描完整幅图像后，去掉做了标记的像素。重复第一、二步过程，直至得到单位宽度的线条为止。经过此细化算法处理后，得到单像素宽的 8 连通的指纹图像。经上述处理有利于特征提取。

9.1.5　指纹特征提取和比对

1. 指纹的特征提取和剪枝

由细化所得的指纹点线图，很容易找到指纹的细节特征：端点和分叉点，记录这些特征的位置、类型和方向。因为指纹预处理的不完善性，在细化后的纹线图中总存在或多或少的伪特征点。因此，就有必要对这些粗筛选出的特征进行剪枝，以达到去伪存真的目的。细节特征剪枝的标准主要依赖于以下三个条件。

（1）特征点到边缘的距离。

（2）细节特征间的距离和角度关系。

（3）指纹脊线和细节特征的空间分布。

根据以上三个条件组合各种特征剪枝的标准，凡符合标准的特征点被删除，其余的给予保留。保留下来的特征点以链码方式记录它们之间的相对位置关系，用以与指纹库中的数据比对匹配。

2. 指纹的比对

在进行指纹比对之前，一定要存在指纹数据库。建立指纹数据库，一般要采集同一枚指纹的 3～5 个样本，分别对这些样本进行预处理和特征抽取，由特征点间的相互位置关系确定样本图像是否两两匹配，根据特征点被匹配上的次数，确定该特征点的匹配权值，从所有样本图像中找出权值大于给定阈值的特征点，以这些特征为模板建立指纹数据库样本。对于待匹配的指纹图像，经预处理和特征提取后，形成一个坐标链码记录，根据这些特征的相互位置关系与指纹数据库中的样本做图形匹配，得到最终的识别结果。指纹图像的分割、增强和细化的结果如图 9.1-11 所示。

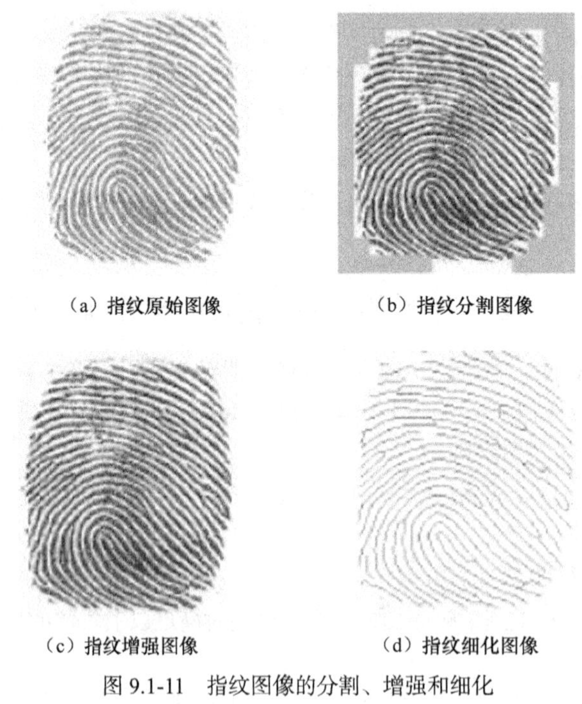

（a）指纹原始图像　（b）指纹分割图像

（c）指纹增强图像　（d）指纹细化图像

图 9.1-11　指纹图像的分割、增强和细化

9.2　图像型火灾探测技术

9.2.1　概述

当前室内火灾报警技术已经比较成熟。通过对光、烟、湿度等参考量加以判断，然后直接实

施灭火措施，进行断电、喷水等并报警。而对于室外的或大面积的监控对象（如高层建筑、船舶码头、油库、大型仓库等），相对来说可以使用的探测方式较少，利用图像进行火灾监控是目前主要的研究方向。由于图像包含的数据量很大，所以首先需要对图像进行预处理，通常包括图像增强、滤波、细化等几个方面。然后对图像进行分割。

分割的目的是把图像空间分成一些有意义的区域，可以逐像素为基础去研究图像分割，也可以利用在指定区域中的某些图像信息去分割。分割可以建立在相似性和非连续性两个基本概念上，其目的就是为下一步的图像识别打下坚实的基础。精确的分割处理是提高整个探测系统准确性、健壮性的前提条件，但同时由于各种环境下光照亮度的变化以及经常存在的干扰光源的影响，实现精确分割的难度较大。

9.2.2　火灾图像的分割处理

所谓图像分割是指将图像中具有特殊含义的不同区域分开来，这些区域是互不相交的，每一个区域都满足特定区域的一致性。

均匀性一般是指同一区域内的像素点之间的灰度值差异较小或灰度值的变化较缓慢。

图像分割方法很多，其中最常用的图像分割方法是将图像分成不同的等级，然后用设置灰度门限的方法确定有意义的区域或欲分割的物体的边界，这种方法也称为阈值分割法。阈值分割法就是简单地用一个或几个阈值将图像的灰度直方图分成几个类，并且认为图像中灰度值在同一个灰度类内的像素属于同一个物体。

1. 二维最大熵阈值法图像分割技术

要从复杂的景物中分辨出目标并将其提取出来，阈值的选取是图像分割技术的关键。如果阈值选得过高，则过多的目标点将被误归为背景，阈值选得过低，则会出现相反的情况，这将影响分割后图像中的目标大小和形状，甚至会使目标丢失。从最近几年有关的文献资料看，最大熵阈值法是一种颇受关注的方法。

熵定义为：

$$H = -\int_{-\infty}^{+\infty} p(x)\log p(x)\ \mathrm{d}x \qquad (9.2\text{-}1)$$

其中 $p(x)$是随机变量 x 的概率密度函数。对于数字图像，x 可以是灰度、区域灰度、梯度等特征。根据最大熵原理，用灰度的一维熵求取阈值就是选择一个阈值，使图像用这个阈值分割出的两部分的一阶灰度统计的信息量最大，即一维熵最大。一维最大熵阈值法基于图像的原始直方图，仅仅利用了点灰度信息而未充分利用图像的空间信息，当信噪比降低时，分割效果并不理想。Abutaleb 提出的二维最大熵阈值法利用图像中各像素的点灰度及其区域灰度均值生成二维直方图，并以此为依据选取最佳阈值，其原理如下。

若原始灰度图像的灰度级为 L，则原始图像中的每一个像素都对应于一个点灰度—区域灰度均值对，设 f_{ij} 为图像中点灰度为 i 及其区域灰度均值为 j 的像素点数，p_{ij} 为点灰度—区域灰度对（i, j）发生的概率，即 $p_{ij}=f_{ij}/N\times N$，其中 $N\times N$ 为图像大小，那么 $\left\{p_{ij} \mid i,\ j=1,2,3\cdots,\ L\right\}$ 就是该图像的关于点灰度—区域灰度均值的二维直方图。图 9.2-1 是一幅海上目标图像的二维直方图的 XOY 平面图，点灰度—区域灰度均

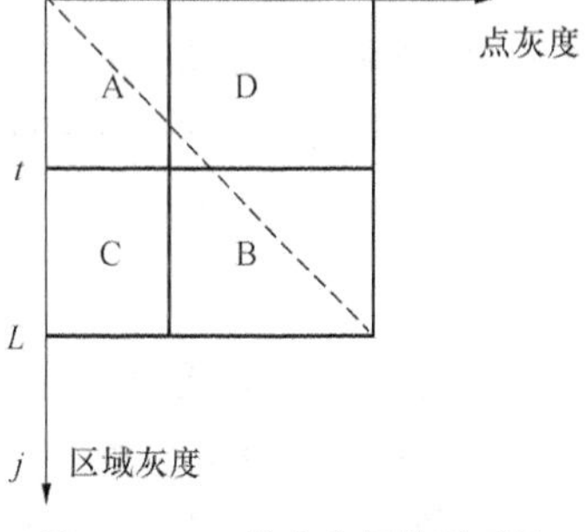

图 9.2-1　二维直方图的平面图

值对（i, j）的概率高峰主要分布在 XOY 平面的对角线附近，并且在总体上呈现出双峰和唯一波谷的状态，这是由于图像的所有像素中，目标点和背景点所占比例最大，而目标区域和背景区域内部的像素灰度级比较均匀，点灰度及区域灰度均值相关不大，所以都集中在对角线附近。偏离 XOY 平面对角线的坐标处，峰的高度急剧下降，这部分所反映的是图像中的噪声点、边缘点。

沿对角线分布的 A 区和 B 区分别代表目标和背景，远离对角线的 C 区和 D 区代表边界和噪声，所以应该在 A 区和 B 区上用点灰度—区域灰度均值二维最大熵法确定最佳阈值，使真正代表目标和背景的信息量最大。

设 A 区和 B 区各自具有不同的概率分布，如果阈值设为（s, t）则

$$P_{\mathrm{A}} = \sum_i \sum_j p_{ij}, i = 1, 2, 3, \cdots, s;\ j=1, 2, 3, \cdots, t \tag{9.2-2}$$

$$P_{\mathrm{B}} = \sum_i \sum_j p_{ij}, i = s+1, \cdots, L;\ j=t+1, \cdots, L \tag{9.2-3}$$

定义离散二维熵如下：

$$H = -\sum_i \sum_j p_{ij} \log p_{ij} \tag{9.2-4}$$

则 A 区和 B 区的二维熵分别为：

$$H(A) = -\sum_i \sum_j (p_{ij} / P_{\mathrm{A}}) \log (p_{ij} / P_{\mathrm{A}}) = \log P_{\mathrm{A}} + H_{\mathrm{A}} / P_{\mathrm{A}} \tag{9.2-5}$$

$$H(B) = -\sum_i \sum_j (p_{ij} / P_{\mathrm{B}}) \log (p_{ij} / P_{\mathrm{B}}) = \log P_{\mathrm{B}} + H_{\mathrm{B}} / P_{\mathrm{B}} \tag{9.2-6}$$

其中

$$H_{\mathrm{A}} = -\sum_i \sum_j p_{ij} \log p_{ij},\ i = 1, 2, \ldots, s;\ j = 1, 2, \ldots, t; \tag{9.2-7}$$

$$H_{\mathrm{B}} = -\sum_i \sum_j p_{ij} \log p_{ij},\ i = s+1, \cdots, L;\ j = t+1, \cdots, L; \tag{9.2-8}$$

由于 C 区和 D 区所包含的是关于噪声和边缘的信息，所以我们将其忽略不计，假设 C 区和 D 区的 $p_{ij} \approx 0$，$i = s+1, \cdots, L;\ j = 1, \cdots, t$ 以及 $i = 1, \cdots, s;\ j = t+1, \cdots, L$；可以得到

$$P_{\mathrm{B}} = 1 - P_{\mathrm{A}}$$

$$H_{\mathrm{B}} = H_L - H_{\mathrm{A}}$$

其中 $H_L = -\sum_i \sum_j p_{ij} \log p_{ij}$，$i = 1, \ldots, L; j = 1, \ldots, L$;

则

$$H(B) = \log(1 - P_{\mathrm{A}}) + (H_L - H_{\mathrm{A}}) / (1 - P_{\mathrm{A}}) \tag{9.2-9}$$

熵的判别函数定义为

$$\phi(s, t) = H(A) + H(B) = \log\left[P_{\mathrm{A}}(1 - P_{\mathrm{A}})\right] + H_{\mathrm{A}} / P_{\mathrm{A}} + (H_L - H_{\mathrm{A}}) / (1 - P_{\mathrm{A}})$$

选取得最佳阈值向量（s^*, t^*）满足

$$\phi(s^*, t^*) = Max\{\phi(s, t)\} \tag{9.2-10}$$

上式就是二维最大熵的表达式。

2. 区域生长法分割图像

分割的目的是要把一幅图像划分成一些小区域，最直接的方法是把一幅图像分成满足某种判

据的区域，也就是说，把点组成区域。与此相对应，数字图像处理中存在一种分割区域的方法称为区域生长或区域生成。

假定区域的数目以及在每个区域中单个点的位置已知，则可推导出一种算法。从一个已知点开始，加上与已知点相似的邻近点形成一个区域。这个相似性准则可以是灰度级、颜色、几何形状、梯度或其他特性。相似性的测度可以由所确定的阈值来判定。它的方法是从满足检测准则的点开始，在各个方向上生长区域。当其邻近点满足检测准则就并入小区域中，当新的点合并后再用新的区域重复这一过程，直到没有可接受的邻近点，生成过程终止。

当生成任意物体时，接受准则可以以结构为基础，而不是以灰度级或对比度为基础。为了把候选的小群点包含在物体中，可以检测这些小群点，而不是检测单个点，如果它们的结构与物体的结构充分并已足够相似时就接受它们。另外，还可以使用界线检测对生成建立“势垒”，如果在“势垒”的邻近点和物体之间有界线，则不能把该邻近点接受为物体中的点。

3. 最大方差自动取阈法

最大方差自动取阈法一直被认为是阈值自动选取方法的最优方法。该方法计算简单，在一定条件下不受图像对比度与亮度变化的影响，因而在许多图像处理系统中得到了广泛的应用。

图 9.2-2（a）为包含有两类区域的某个图像的灰度直方图，设 t 为分离两区域的阈值。由直方图经统计可得被 t 分离后的区域 1、区域 2 占整图像的面积比以及整幅图像、区域 1、区域 2 的平均灰度为

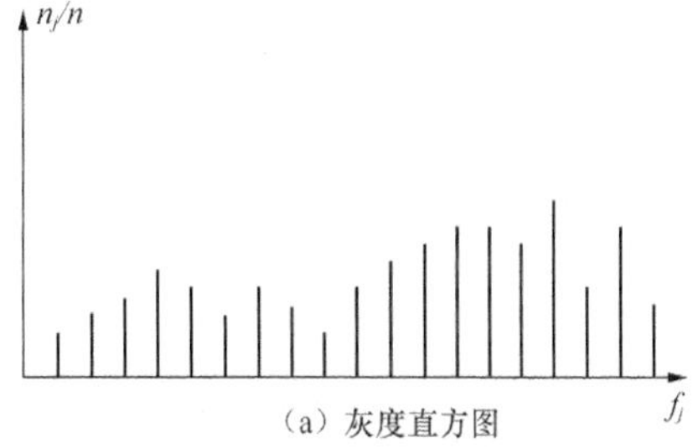

（a）灰度直方图

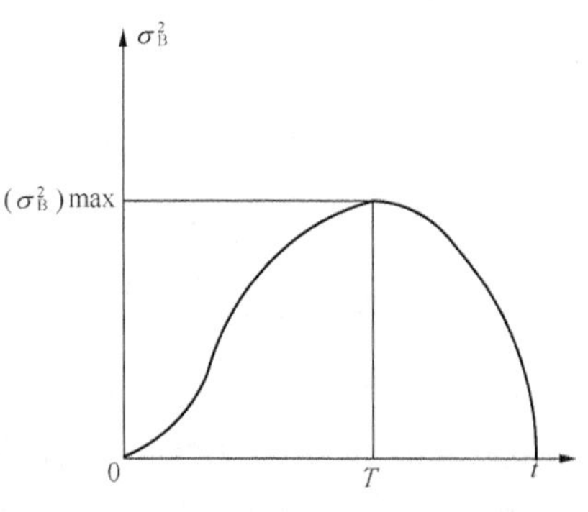

（b）区域间方差σ^2_B与阈值t的关系

图 9.2-2　最大方差自动取阈法

$$\left.\begin{aligned} &\text{区域1面积比} \quad \theta_1 = \sum_{j}^{t} \frac{n_j}{n} \\ &\text{区域2面积比} \quad \theta_2 = \sum_{j=t+1}^{G-1} \frac{n_j}{n} \end{aligned}\right\} \tag{9.2-11}$$

或者

$$\left.\begin{aligned} &\text{整幅图像的平均灰度} \quad \mu = \sum_{j=0}^{G-1} \left(f_j \times \frac{n_j}{n} \right) \\ &\text{区域1的平均灰度} \quad \mu_1 = \frac{1}{\theta_1} \sum_{j=0}^{t} \left(f_j \times \frac{n_j}{n} \right) \\ &\text{区域2的平均灰度} \quad \mu_2 = \frac{1}{\theta_2} \sum_{j=t+1}^{G-1} \left(f_j \times \frac{n_j}{n} \right) \end{aligned}\right\} \tag{9.2-12}$$

其中，G 为图像的灰度级数。

整幅图像平均灰度与区域 1、区域 2 平均灰度值之间的关系为

$$\mu = \mu_1 \theta_1 + \mu_2 \theta_2 \tag{9.2-13}$$

同一区域常常具有灰度相似特性，而不同区域之间则表现为明显的灰度差异，当被阈值 t 分离的两个区域间灰度相差较大时，两个区域的平均灰度 μ_1，μ_2 与整幅图像平均灰度 μ 之差也较大，区域间的方差就是描述这种差异的有效参数，其表达式为

$$\sigma^2{}_{\mathrm{B}} = \theta_1(\mu_1 - \mu)^2 + \theta_2(t)\left[(\mu_2(t) - \mu)\right]^2 \tag{9.2-14}$$

式中，σ_{B}^2 表示了图像被阈值 t 分割后两个区域之间的方差。显然，不同的 t 值，就会得到不同的区域间方差，也就是说，区域间方差、区域 1 的均值、区域 2 的均值、区域 1 面积比、区域 2 面积比都是阈值 t 的函数，因此式（9.2-14）要写成

$$\sigma_{\mathrm{B}}^2 = \theta_1(t)\left[\mu_1 - \mu\right]^2 + \theta_2(t)\left[\mu_2(t) - \mu\right]^2 \tag{9.2-15}$$

经数学推导，区域间方差可表示为

$$\sigma_{\mathrm{B}}^2 = \theta_1(t)\cdot\theta_2(t)\left[\mu_1(t) - \mu_2(t)\right]^2 \tag{9.2-16}$$

被分割的两区域间的方差达最大时，被认为是两区域的最佳分离状态，由此确定图 9.2-2 所示的阈值 T

$$T = \max\left[\sigma_{\mathrm{B}}^2(t)\right] \tag{9.2-17}$$

以最大方差决定阈值不需要人为设定其他参数，是一种自动选择阈值的方法，它不仅适用于两个区域的单阈值选择，也可扩展到多区域的多阈值选择中。

9.2.3 火灾图像识别

火灾中的燃烧过程是一个典型不稳定过程。由于可燃物、几何条件、环境和气候的影响，火灾燃烧过程要比一般动力装置中的燃烧过程更为复杂。同时，火灾现场存在各种干扰因素，如阳光、照明灯等。图像型火灾探测方法立足于早期火灾图像的基本特性，可以排除各种干扰，使火灾探测快速、可靠。

在早期火灾阶段，由于火焰从无到有，是一个发生发展的过程。这个阶段火焰的图像特征就更加明显。早期火灾火焰是非定常的，不同时刻火焰的形状、面积、辐射强度等都在变化。抓住火灾的这些特点可以为火灾的识别打下良好的基础。图像型火灾探测中的图像处理是动态图像的连续处理，对图像中的每个目标，根据一定的算法来确定它们同前一帧中目标的匹配关系，从而得到各个目标的边界变化规律。

1. 火焰面积增长判据

火灾早期是整个火灾过程的重要环节。所谓火灾早期，从安全的观点来看，它是指轰燃发生前的阶段。火灾的早期特性描述参量通常包括以下 5 个：（1）热释放速率；（2）烟气释放量及成分分析；（3）火焰影像面积；（4）烟气毒性分析；（5）熔点和滴点。严格来分，（2）和（4）可合并为一类。

火灾现象的物理化学特征主要包括了光（火焰）、热（辐射）、声（燃烧音）、烟（燃烧产物）等。火焰形状是火焰的重要特征之一，其在摄像机中的影像即可称为火焰影像。普通 CCD 摄像机是一种平面成像器件，通过上万个具有不同灰度值的像素点的有序组合，形成被摄物体的平面影像。对于 CCD 摄取的火焰影像，由于其影像灰度值固定在某个阈值范围内，因此首先利用分割方法来获得火焰目标，然后扫描火灾窗口以获得的像素点数的多少来描述火焰的影像面积。火焰是一个立体，影像只是反映该立体在某个观察方位上的投影。常用的算法是计算连续几帧图像的火焰面积，并计算其比值，以此来判断是否满足面积增大判据。

考虑到在图像处理中，面积是通过取阈值后统计图像的亮点（灰度值大于阈值）数获取的，

当其他高温物体向着摄像头移动或者移入视野时，探测到的目标面积也会逐渐增大，极容易造成干扰，致使系统产生误报警，因此，面积判据需要配合其他图像特性使用。

2. 火焰的边缘变化分析

早期火灾火焰是一种不稳定且不断发展的火焰，图像型火灾探测系统正是对早期火灾火焰特有的形状及辐射特征进行识别的。表 9.2-1 是早期火灾火焰和其他高温物体的特性比较，是根据图像型火灾监控系统的实验得到的。

表 9.2-1　　早期火灾火焰和其他高温物体的特性比较

特　性	早期火灾火焰	稳 定 火 焰	电　灯
面积连续增大	√	×	×
边缘抖动	√	×	×
闪动	√	×	×
整体移动	√	×	×

由上可知，单独用面积判据是不理想的，“边缘抖动”是早期火灾火焰的重要特征，它与面积判据联合起来就可以克服面积判据的不足，使火灾监控更加可靠和准确。这个判据实现的最大困难是：算法复杂，判别时间长。

不稳定火焰本身有很多尖角，火焰边缘抖动时一个明显的表现就是：火焰的尖角数目呈现无规则的跳动。由此，基于“边缘抖动”的火灾判据——尖角判据得到研究。实现尖角判据的核心问题有两个：①尖角的识别；②如何确定尖角跳动的阈值，即找出早期火灾火焰与其他发光物体尖角跳动的区别。

（1）尖角的识别

判别尖角的过程为：分割、特征提取、识别。

① 分割。分割的目的是把目标图像从背景中分离出来。

② 边缘增强与提取。边界或轮廓一般对应于景物的几何或物理性质的突变处，如高度、深度的突变等，边界提取或定位已成为图像处理技术研究中的一个重要课题。对分割后的图像进行边缘增强，将真实轮廓勾勒出来，可大大减少数据量，便于进行进一步的处理。通常，微分算子是考察函数变化特征的有效手段。

③ 特征点的提取和尖角的判别。提取的目标特征主要是几何形状特性：目标的高度、宽度、体态比以及面积等，由于火焰的识别是一种动态的目标识别，每一个几何形状特征都没有固定的值，而只能给出一个合适的范围。

④ 对火焰尖角来说，特征点首先应该是它的顶点，顶点是局部的极值点。尖角的顶点可能是多个点，那就都取为特征点。

尖角的另一个特征就是“尖”，给人的视觉效果是狭而长，这要求尖角的体态要符合一定的标准。尖角左右两边的夹角应满足一定的条件。在计算机中尖角是由一个个的点组成的。令尖角中某一行的亮点数为 $f(n)$，上一行的亮点数记为 $f(n-1)$，要求尖角狭长可以通过控制 $f(n)/f(n-1)$的值来实现。

对尖角的宽度和高度也有限制。尖角的高度应该有一个下限。CCD 在监测时往往因为这样那样的原因使图像发生微小的变动，随机地产生一些小突起，高度一般在三个像素点以下，这些干扰都应消除掉。

尖角的宽度应该有一个上限，以避免重复记数，提高尖角检测的精度。

（2）尖角的比较和尖角判据的检验

表 9.2-2 记录了早期火灾火焰和其他干扰情况下的尖角数目。数据均取自每一序列的连续五帧图像，取数据时遵循一个前提：该目标的变化特征满足面积连续增大判据。针对下表的实验结果可以得到以下结论：

① 火灾火焰的尖角数目随着时间推移呈现不规则变化。

② 水银灯、蜡烛等干扰物体即使向着摄像头方向运动，其尖角数目也基本不变。

为了得出具体的阈值，设在实验中通过第 i 帧计算得到的尖角数为 J_i，则在连续取 N 幅图像后，考察尖角数目的表达式如下：

$$\sigma=\sum_i |J_i-J_{i+1}| \quad i=1,2,\ldots, N \tag{9.2-18}$$

表 9.2-2　　火灾火焰及其他干扰情况下的尖角数目统计

序列图像编号	1	2	3	4	5
早期火灾火焰尖角个数	5	7	13	8	24
水银灯尖角个数	1	1	0	0	0
移动的电筒	1	2	1	0	0
晃动的蜡烛	2	1	1	1	0

3. 火焰的形体变化分析

对人的视觉系统而言，物体的形状是一个赖以分辨和识别的重要特征。用计算机图像处理和分析系统对目标提取形状特征的过程就称为形状和结构分析。

形状和结构分析的结果有两种形式，一种是数字特征，主要包括几何特征（如面积、周长、距离、凸性）、统计特性（投影等）和拓扑性质（如连通性、欧拉数等）；另一种是由字符串和图等所表示的句法语言，这种句法语言既可刻画某一目标不同部分间的相互关系，又可描述不同目标间的关系，从而可对含有复杂目标的景物图像进行描绘，为识别打下基础。

对目标进行形状和结构分析既可以基于区域本身也可以基于区域的边界。有时区域的骨架也包含了有用的结构信息，所以也可以基于区域的骨架。对于区域内部或边界来说，由于只关心它们的形状特征，其灰度信息往往可以忽略，只要能将它与其他目标或背景区分开来即可。

早期火灾火焰的形体变化反映了火灾火焰在空间分布的变化。在早期火灾阶段，火焰的形状变化、空间取向变化、火焰的抖动以及火焰的分合等，具有自己独特的变化规律。在图像处理中形体变化特性是通过计算火焰的空间分布特性，即像素点之间的位置关系来实现的。为了提高系统的运算速度，增强对火灾的反应能力，在计算目标的形体变化之前，要将目标图像二值化。考虑到火灾火焰特有的形状不规则变化的特殊性质，为了能够区分开其他的干扰现象，常采用图像的矩特性描述法和计算相邻帧变化相似度的办法来标识火灾火焰的形体变化特征。

（1）火焰图像的矩特性

矩是一种基于区域内部的数字特征，对于给定的二维连续函数 $f(x, y)$，其 pq 阶距表示如下。

$$M_{pq}=\int_{-\infty}^{+\infty}\int_{-\infty}^{+\infty} x^p y^q f(x, y)\,\mathrm{d}x\mathrm{d}y,\ p,q=0,1,2\cdots \tag{9.2-19}$$

对于一幅灰度图像 $f(x, y)$ 来说，其 pq 阶距为：

$$M_{pq}=\sum\sum f(x, y)\ x^p y^q \tag{9.2-20}$$

从矩出发可以定义几个数字特征：质心、中心矩、Hu 矩组、扁度等。从火焰识别的角度出发，采用了火焰图像的质心和中心矩特性。对于一幅火焰图像，首先计算其质心，表达式如下：

$$(\overline{x},\overline{y})=(M_{10}/M_{00},\ M_{01}/M_{00}) \tag{9.2-21}$$

得到目标的质心后，再计算 $\overline{x}$ 和 $\overline{y}$ 方向的一阶矩 $(M_{10},\ M_{01})$，对于二值图像来说，可以将其简化为 $\overline{x}$ 和 $\overline{y}$ 方向上的目标点的个数。计算图像矩特性是因为考虑到火焰的形状不断变化这一独特的性质反应在图像的数字特征上即表现为其一阶也应该是无序的变换，与此对应，如果 M_{10}、M_{01} 同时有规律地变化（如同时增大），则证明有高亮度的物体向摄像机方向移动，这样就可以将干扰现象排除。具体实验数据见表 9.2-3。

表 9.2-3　火灾火焰及干扰物体的矩特性统计

序列图像编号	1	2	3	4	5
火灾火焰矩特性	(11,14)	(13,11)	(9,16)	(11,15)	(14,19)
电筒矩特性	(70,76)	(70,76)	(72,78)	(73,78)	(76,81)
煤气火焰矩特性	(58,70)	(57,55)	(58,59)	(53,65)	(46,67)

从表 9.2-3 中的数据可以看出，火灾火焰的一阶矩呈现不规则的跳动，而电筒的矩特性则在水平和垂直方向呈现出扩张的趋势，煤气火焰的矩特性与火灾火焰类似，也呈现无规则的波动。

（2）火焰图像的形状的相似特性

图像的相似性描绘通常要借助于与已知描绘子的相似度来进行，这种方法可以在任何复杂的程度上建立相应的相似性测度。它可以比较两个简单的像素，也可以比较两个或两个以上的景物。

图像相似性通常包括距离测度、相关性和结构相似性。一般来说，结构相似性难以实现公式化，可以用作相似测度的典型结构描述子，包括线段的长度、线段之间的角度、亮度特性、区域的面积、在一幅图像中一个区域相对于另外一个区域的位置等。

火焰的序列图像从其几何性质上看，具有相邻帧图像的边缘不稳定、整体稳定的相似性以及图像的相似度在一定的区间内变化等特点。常见的干扰信号模式包括快速移动的固定亮点或者大面积的光照变化等。因此，在火焰的识别中，可以考虑利用早期火灾的火焰形体相似度的变化规律,这种变化规律实际上就是火灾火焰相对于其他常见的干扰现象来说具有形状变化的无规律性,但这种无规律性从其形体变化、空间变化、空间分布来说均具有一定的相似性，特别是对于间隔较短的连续帧图像来说，每幅连续帧图像的火焰形状特性有着一定程度的相似性。因此，可用连续图像的结构相似性来描述这种规律，这是考虑到虽然火灾火焰呈现不断发展变化的趋势，但可以采用计算连续帧互帧差相似度的方法来描述这一特征。

9.2.4　仿真及结果

1. 图像预处理

（1）灰度变换

一般成像系统只具有一定的亮度响应范围，常出现对比度不足的弊病，使人眼观看图像时视觉效果很差；另外，在某些情况下，需要将图像的灰度级整个范围或者其中某一段扩展或压缩到记录器件输入灰度级动态范围之内，如图 9.2-3 所示。

（2）直方图修正

① 直方图均衡化（见图 9.2-4）

② 直方图规定化（见图 9.2-5）

（a）原始图像

（b）对比度调整后的图像

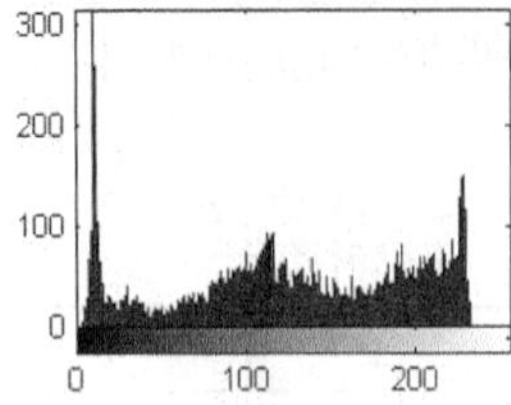

（c）原始图像的直方图

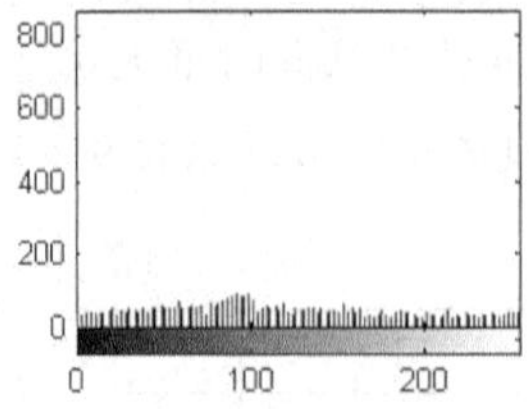

（d）对比度调整后的图像的直方图

图 9.2-3　对比度调整前后的图像及其直方图

（a）原始图像

（b）直方图均衡化后的图像

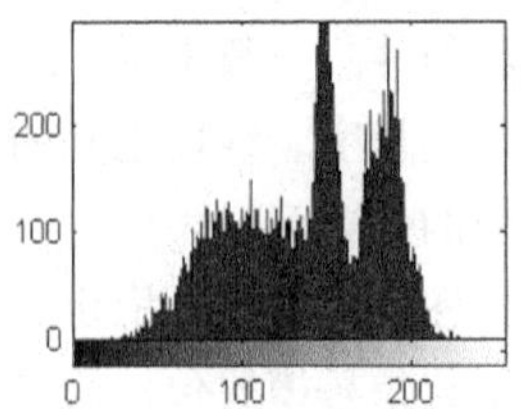

（c）原始图像的直方图

（d）直方图均衡化后的图像的直方图

图 9.2-4　原始图像与直方图及直方图均衡化后的图像与直方图

（a）原始图像

（b）直方图规定化后的图像

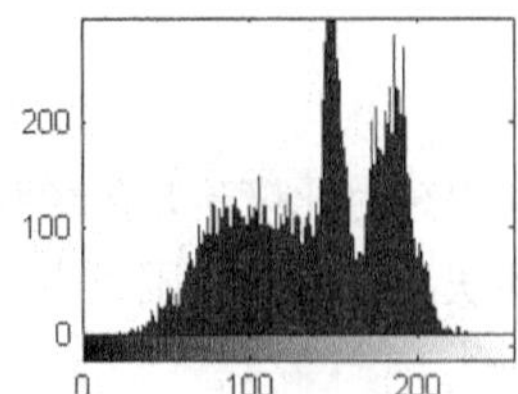

（c）原始图像的直方图

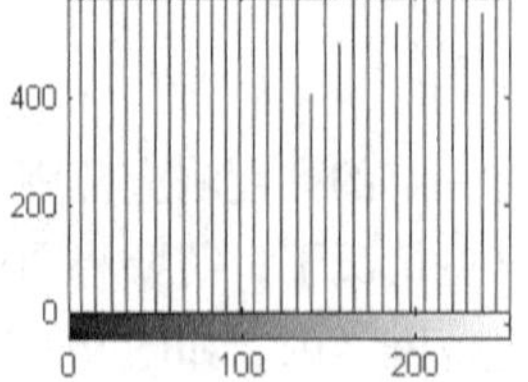

（d）直方图规定化后的图像的直方图

图 9.2-5　原始图像与直方图及直方图规定化后的图像与直方图

（3）图像的平滑（见图 9.2-6）

（4）图像的锐化（见图 9.2-7 和图 9.2-8）

图像在传输和变换过程中会受到各种干扰而退化，比较典型的就是图像模糊。图像锐化的目的就是使边缘和轮廓线模糊的图像变得清晰，并使其细节清晰。

（a）原始图像

（b）加入椒盐噪声后的图像

（c）低通滤波后的图像

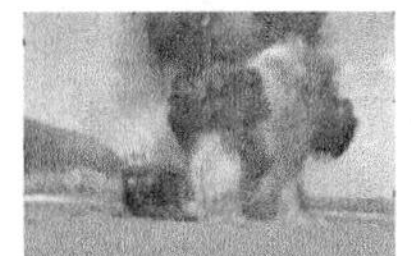
（d）中值滤波后的图像

图 9.2-6　对图像进行低通滤波和中值滤波

图 9.2-7　Sobel 算子对图像锐化结果

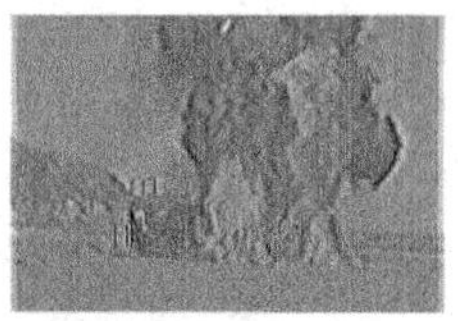
图 9.2-8　拉氏算子对图像锐化结果

2. 图像分割与特征提取

边缘检测结果如图 9.2-9 所示。

3. 灰度阈值分割结果

灰度阀值分割结果如图 9.2-10 所示。

（a）原始图像

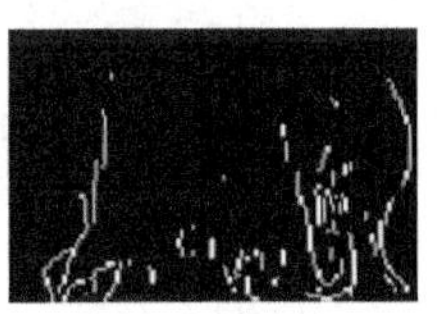
（b）Sobel边缘检测

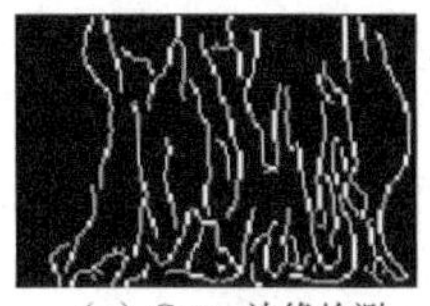
（c）Canny边缘检测

图 9.2-9　边缘检测结果

图 9.2-10　灰度阈值分割结果

9.3　数字图像水印技术

9.3.1　数字图像水印技术简介

计算机技术的快速发展和计算机网络的普及加速了媒体的数字化进程，使得数字媒体如数字文本、数字图像、数字视频和数字音频等的制作、发布、传播、获取和复制变得更加容易。在当今的信息社会，数字媒体正在取代传统媒体改变人们日常生活的很多方面，占有不可替代和十分重要的地位。

在数字媒体给社会带来进步、改善人们日常生活和工作的同时，数字媒体的非法篡改、复制和盗版现象也非常普遍，严重阻碍了媒体数字化进程和数字媒体的正常合法使用。因此，对数字媒体进行合法保护，如：有效阻止非法篡改、非法复制，盗版跟踪和版权保护，维护数字媒体所有者和消费者的合法利益变得十分迫切和必要。传统的加密技术只能保证媒体从发送到接收的安全传输，不能对媒体进行最终有效的保护，因为数据一旦被接收和解密，数字媒体的篡改、复制和传播就无法得到控制。另一方面，对媒体加密不利于媒体的发布，同时加密也限制了数字信息的交流。

数字水印（Digital Watermarking）技术是目前信息安全领域研究的前沿方向，弥补了传统加密技术的不足，为数字媒体的版权保护和合法使用提供了一种新的解决思路，引起了人们的广泛关注。数字水印技术的基本思想是将具有版权保护、防复制、防篡改和产品跟踪等作用的数字信息作为水印信息嵌入到图像、文本、视频和音频等数字媒体中，并且在需要时，能够通过一定的检测或提取方法检测或提取出水印信息，以此作为判断数字媒体的版权归属和跟踪起诉非法侵权的证据。数字水印技术为数字媒体在版权保护、认证、防复制、防篡改、保障数据安全和完整性等方面提供了有效的技术手段。

数字水印研究成果主要可应用于以下几个方面：①媒体所有权的版权认定和保护；②防止非法复制；③盗版跟踪；④基于内容的真伪鉴别；⑤隐蔽通信及其对抗；⑥多语言电影系统和电影分级。

9.3.2 数字图像水印的特点和分类

数字水印特性与数字水印的具体应用密切相关，不同用途和不同类型的数字水印具有不同的特性要求，根据数字水印的不同用途，其特性可概括如下。

1. 鲁棒性

指水印信息在经历多种无意或有意的信号处理后，仍能保持其完整性或仍能被准确鉴别的特性。可能的信号处理过程包括信道噪声滤波、数/模与模/数转换、重采样、剪切、位移、尺度变化以及有损压缩编码等。

2. 知觉透明性

数字水印的嵌入不应引起数字作品的视觉/听觉质量下降，即不向原始载体数据中引入任何可知觉的附加数据。

3. 内嵌信息量（水印的位率）

数字水印应该能够包含相当的数据容量，以满足多样化的要求。

4. 安全性

水印嵌入过程（嵌入方法和水印结构）应该是秘密的，嵌入的数字水印是统计上不可检测的，非授权用户无法检测和破坏水印。

5. 实现复杂度低

数字水印算法应该容易实现，在某些应用场合（如视频水印）下，甚至要求水印算法的实现满足实时性要求。

6. 可证明性

数字水印所携带的信息能够被唯一地、确定地鉴别，从而能够为已经受到版权保护的信息产品提供完全和可靠的所有权归属证明的证据。

数字水印的分类如下。

（1）按水印所附载的媒体分类，划分为图像水印、音频水印、视频水印、文本水印以及用于三维网格模型的网格水印等。

（2）按水印的特性分类，分为鲁棒数字水印和脆弱数字水印。鲁棒数字水印要求嵌入的水印能够抵抗各种有意或无意的攻击；脆弱数字水印主要用于完整性保护，要求对信息的改动敏感，人们根据脆弱数字水印的状态可以判断数据是否被篡改过。

（3）按水印的主观形式分类，分为可见数字水印和隐形数字水印两种。更准确地说应该是可觉察数字水印和不可觉察数字水印。

（4）按水印的检测过程分类，分为有源提取水印和无源提取水印。有源提取水印在检测过程中需要原始数据，而无源提取水印只需要密钥，不需要原始数据。

（5）按数字水印的嵌入位置分类，分为时（空）域数字水印、频域数字水印和时/频混合域数字水印三种。

（6）按数字水印的内容分类，分为有意义水印和无意义水印。有意义水印是指水印本身也是某个数字图像（如商标图像）或数字音频片段的编码；无意义水印则只对应于一个序列号。

9.3.3　数字水印原理

无论哪种水印应用都离不开水印算法的设计，不同媒体的水印算法设计都基本相同，即水印媒体的制作过程基本相同，包含水印生成、水印嵌入和水印提取及检测三个方面。下面以数字图像水印算法设计为例对这三个部分进行叙述。

1．水印生成

数字水印结构不仅影响水印算法的复杂性，而且对水印的鲁棒性也有影响。数字水印按表现形式可分为一维水印和两维水印两类：一维水印有伪随机序列、产品所有者 ID 号、产品序列号、文本等，二维水印有二维随机阵列、二值图像、灰度图像、彩色图像等。按内容又可将数字水印分为无意义水印和有意义水印两种。无意义水印是指用各种二进制或十进制随机序列或阵列作为水印，该类水印的产生较简单，一般用相关检测的方法进行检测，检测结果只能给出一位信息，即水印媒体中是否含有所加的水印信息，由于这种原因，其应用范围十分有限；有意义水印包括产品所有者 ID 号、产品序列号、文本、公司标志、数字签名等各种有意义的符号和图像（包括二值图像、灰度图像和彩色图像），该类水印的产生相对较复杂，给出的信息较多，可以满足不同应用的需要，且不同的水印对算法的鲁棒性要求不一样。例如：当用产品序列号作为水印时，就要求水印算法有极强的鲁棒性，不允许提取的水印发生任何错误，否则会得出错误的判断；而公司标志等图像水印（包括二值图像、灰度图像和彩色图像），由于图像存在大量视觉冗余，部分像素发生错误不会影响水印的正确识别，因此对算法的鲁棒性要求相对较低，换句话说，水印中的冗余信息可提高水印的鲁棒性。水印信息生成的典型过程如图 9.3-1 所示。

图 9.3-1 中，水印信息产生过程的输入是被保护的原始图像 I 和一个可选择的密钥 K_1，过程的输出为要产生的水印信息 W，G 表示水印产生函数，可用式（9.3-1）表示。用被保护的原始图像控制产生水印可以有效阻止逆水印攻击，密钥的选择可提高水印的安全性，但这两个参数并不是必不可少的，水印信息可由图像所有者或用户根据需要产生或提供。

$$W = G(K_1, I) \tag{9.3-1}$$

2. 数字水印的嵌入

数字水印的嵌入过程就是将水印信息加载到数字图像中，通常包括水印信息预处理和水印嵌入两个方面，如图 9.3-2 所示。

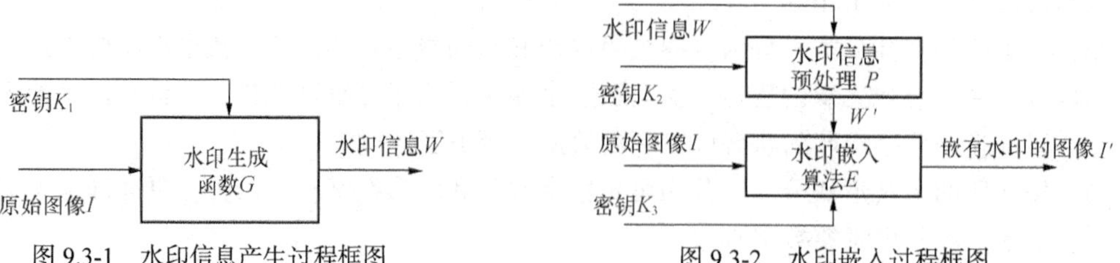

图 9.3-1　水印信息产生过程框图　　图 9.3-2　水印嵌入过程框图

3. 水印提取及检测

水印提取及检测是从加有水印的图像中提取水印信息或检测水印图像中是否含有所加入的水印信息。水印提取及检测过程如图 9.3-3 所示，系统的输入是待检测的图像、密钥 K_4 及原始水印和（或）原始未加水印图像信息。系统的输出是提取的水印信息或水印检测置信度值。

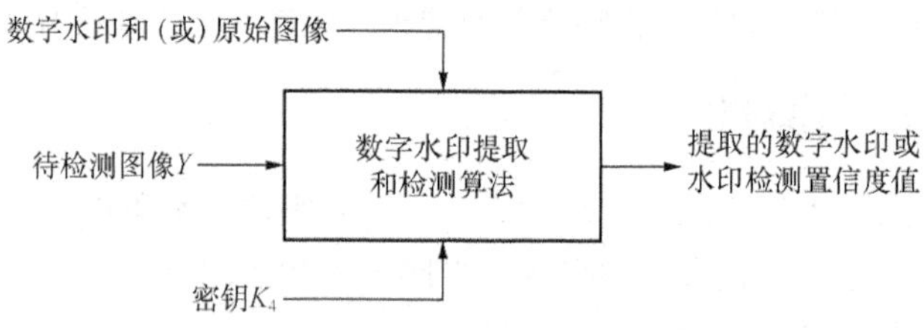

图 9.3-3　水印提取及检测过程框图

对于视觉可区分的数字水印，如有意义的图像（二值、灰度或彩色图像）水印，通过人眼就能判断水印图像中是否含有已知的水印信息。对于不能由人做出判断的水印信息，需用数学方法对提取的水印进行检测，水印检测通常使用相似检验法，其过程如下：计算提取的水印信息 W' 与嵌入的水印信息 W 的相似性 sim，设定一门限值 T_k，当 $sim \geqslant T_k$ 时，则表示图像中嵌有水印信息 W，否则表示没有嵌入水印信息 W。

$$sim(W,\ W') = \frac{W \cdot W'}{\sqrt{W \cdot W}} \tag{9.3-2}$$

9.3.4 DCT 域数字图像水印的嵌入

基于 DCT 的数字水印方法，计算量小，且与国际数据压缩标准（JPEG、MPEG、H261/263）兼容，便于在压缩域中实现。DCT 域数字图像水印嵌入原理如图 9.3-4 所示。

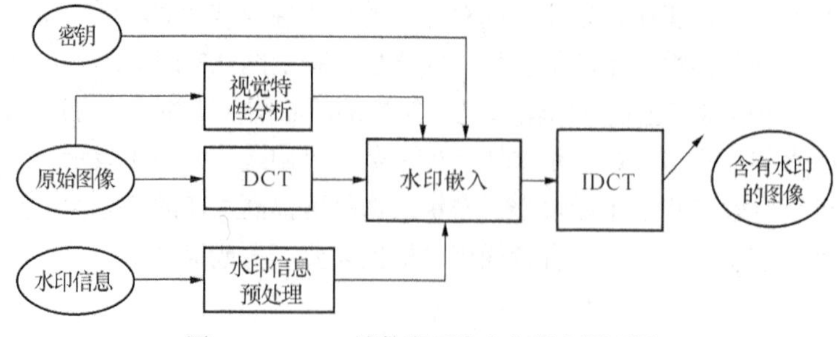

图 9.3-4　DCT 域数字图像水印嵌入原理图

基于 DCT 的数字水印算法，首先将原始图像分成 8×8 的块，根据 HVS 特性将图像块进行分类。然后，对所有图像块做 DCT。在 DCT 域，根据块分类的结果，不同强度的水印分量被嵌入到图像块的 DCT 系数中。图 9.3-5 是图像分块示意图，每一个 8×8 块的 DCT 系数排列顺序如表 9.3-1 所示。

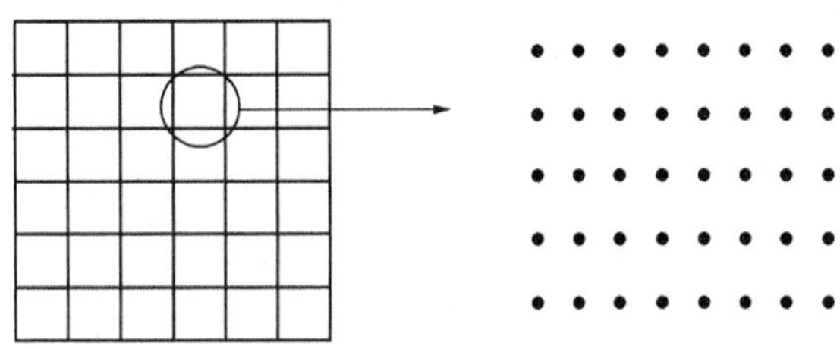

图 9.3-5　图像分块示意图

表 9.3-1　8×8 DCT 系数排列顺序

DC	C(0, 1)	C(0, 2)	C(0, 3)	C(0, 4)	C(0, 5)	C(0, 6)	C(0, 7)
C(1, 0)	C(1, 1)	C(1, 2)	C(1, 3)	C(1, 4)	C(1, 5)	C(1, 6)	C(1, 7)
C(2, 0)	C(2, 1)	C(2, 2)	C(2, 3)	C(2, 4)	C(2, 5)	C(2, 6)	C(2, 7)
C(3, 0)	C(3, 1)	C(3, 2)	C(3, 3)	C(3, 4)	C(3, 5)	C(3, 6)	C(3, 7)
C(4, 0)	C(4, 1)	C(4, 2)	C(4, 3)	C(4, 4)	C(4, 5)	C(4, 6)	C(4, 7)
C(5, 0)	C(5, 1)	C(5, 2)	C(5, 3)	C(5, 4)	C(6, 5)	C(5, 6)	C(5, 7)
C(6, 0)	C(6, 1)	C(6, 2)	C(6, 3)	C(6, 4)	C(7, 5)	C(6, 6)	C(6, 7)
C(7, 0)	C(7, 1)	C(7, 2)	C(7, 3)	C(7, 4)	C(8, 5)	C(7, 6)	C(7, 7)

如表 9.3-1 所示，DCT 系数按之字形顺序排列，左上角第一个系数是直流系数，接着排列的是低频系数，随着序号的增大，频率增高，最右下角对应最高频系数。因此，DCT 能够将图像的频谱按能量的大小进行区分，有利于进行相应的频谱操作。

根据人类视觉系统的特性，水印嵌入到原始载体信号的高频系数中，其视觉不可见性较好，但其鲁棒性较差；反之，由于直流和低频分量携带了较多的信号能量，在图像失真的情况下，仍能保留主要成分，因此，将数字水印嵌入到低频系数中其鲁棒性较好，但是其数字水印的不可见性较差。所以，一般的水印算法将水印信息嵌入到原始图像的中频系数中。

最常用的嵌入规则为：

$$\begin{cases} X' = X + \alpha W & \text{加法规则} \\ X' = X + \alpha WX & \text{乘法规则} \end{cases}$$

其中，W 为水印信息，X 为被保护的原始图像载体的 DCT 系数，X'为嵌入水印后的载体系数，α 为根据不同情况而变化的比例因子，它表示嵌入水印的强度，具体可由试验确定。基于人类视觉系统的自适应数字水印，其基本原理就是利用人类视觉特性中的视觉门限阈值 JND 决定是否加入水印及加入水印的强度。

图像二维 DCT 有许多优点。图像信号经过变换后，变换系数几乎不相关，经过反变换重构图像，信道误差和量化误差将像随机噪声一样分散到块中的各个像素中去，不会造成误差积累，并且变换能将数据块中的能量压缩到为数不多的几个低频变换系数中去（即 DCT 矩阵的左上角）。

如图 9.3-6 所示，在水印提取和检测阶段，首先对可能受到攻击的水印化图像或待检测图像进行 DCT 或分块 DCT，使用与水印嵌入相同的方法和密钥确定嵌有水印的 DCT 系数并提取水印信息，然后对提取的水印信息进行验证，判断是否与所加入的水印信息相同，或者使用相关检测方法检测所加入的水印信息是否存在于待检测图像中。在水印提取过程中，如果需要原始未加水印的图像，则该方法称为有源提取方法，否则称为无源提取方法。

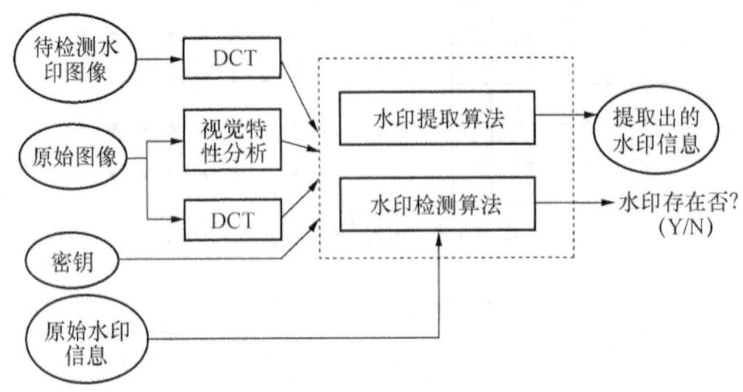

图 9.3-6　DCT 域数字图像水印提取或检测嵌入原理图

图 9.3-7 给出了一个数字水印的仿真的例子。可以看出在不受任何攻击时，提取出水印与原始水印图像基本一样，人眼不能分辨出它们的差别。

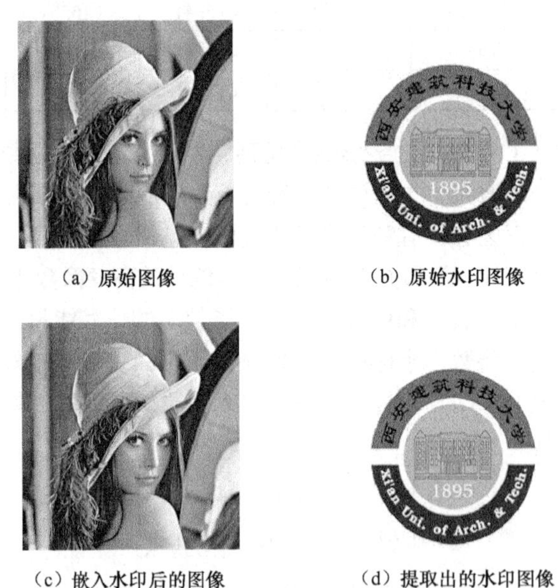

（a）原始图像　（b）原始水印图像

（c）嵌入水印后的图像　（d）提取出的水印图像

图 9.3-7　不受攻击时的嵌入和提取过程

图 9.3-8 给出了一个经剪切攻击后提取水印的例子，嵌入水印后的图像被剪切掉一部分后，仍能提取出水印图像。还可以进行其他的抗攻击实验，一个水印算法的抗攻击能力越强，说明该算法的鲁棒性越好。同时还应该兼顾良好的不可见性。

1. 噪声攻击

对于椒盐噪声选择不同的控制参数（0.01、0.02、0.03、0.04 和 0.05）对嵌有水印的图像进行攻击后，再从中提取水印，其仿真实验结果如图 9.3-9 所示。

（a）剪切后的嵌入水印的图像

（b）提取出的水印图像

图 9.3-8　剪切攻击和提取效果

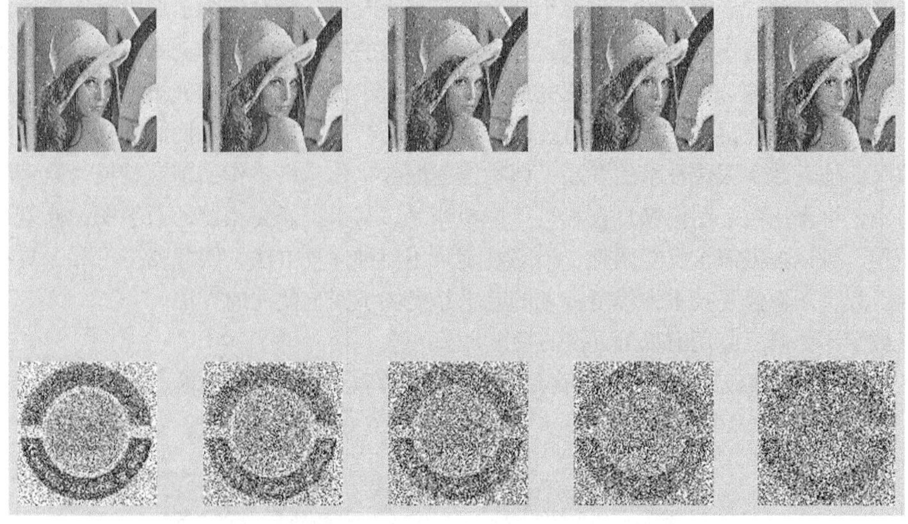

图 9.3-9　不同强度的椒盐噪声攻击和提取

2. JPEG 压缩

由于 JPEG 压缩标准采用的是分块 DCT 的思想，所以该算法具有较强的抵抗 JPEG 压缩的能力。质量压缩系数的取值分别为 100、95、90、85 和 80 时，仿真实验结果如图 9.3-10 所示。

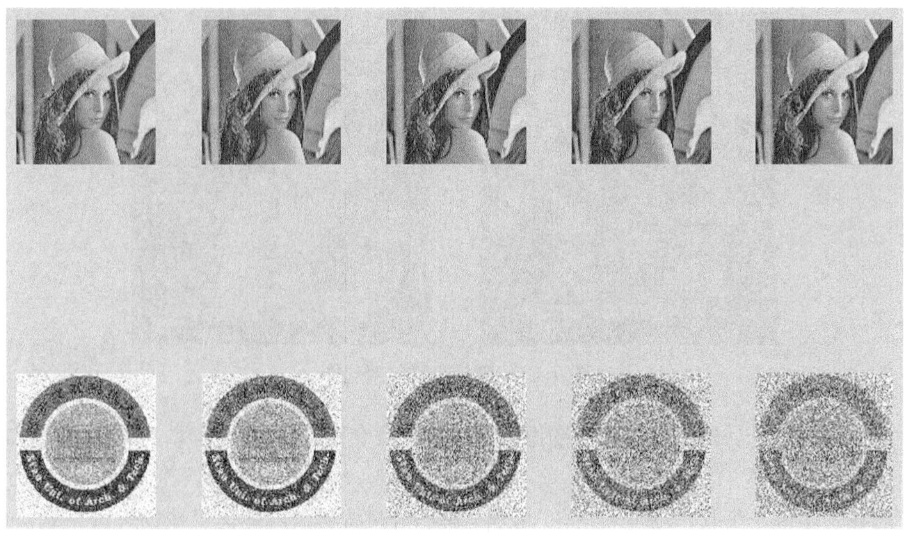

图 9.3-10　不同质量压缩系数时各种攻击和提取

9.4 数字图像修复技术研究

随着数字技术的不断发展和进步，数字图像已经得到了广泛应用，但有很多因素会引起图像局部信息的缺损，为保证图像信息的完整性，需要对受损图像进行填充、修复。图像修复是指对损坏的图像进行信息重建，其目的是恢复图像缺损信息，并尽量使观察者无法察觉图像曾经缺损或已被修补过。

图像修复是一项古老的技艺，起源于欧洲文艺复兴时期。当时，为了尽力还原美术作品中丢失或损坏的部分，保持作品的整体效果，人们凭借丰富的想象力来填补美术作品上的裂缝等，使画面接近其原貌。这种工作完全靠手工完成，只有经验丰富的专业技术人员才能驾驭，而且处理结果一旦形成就不可能再次更改，稍有疏漏将对珍贵的艺术品造成不可挽回的损伤，因而具有相当高的风险。随着数字图像技术的发展，博物馆逐渐数字化，许多作品都被扫描为数字图像存储在计算机中，可采用数字图像修复技术进行虚拟修复。与手工修复相比，数字图像修复不需要直接触碰原作，可以根据需求反复调整，最终确定采用何种修复方法，因此安全可靠，具有很高的实用价值。数字图像修复技术为修复古老的艺术品提供了安全便捷的方法。

常见数字图像修复应用有以下几个方面。

（1）扫描有划痕或破损的图片，对得到的图像进行修复，以老照片、珍贵文物为主，如图 9.4-1 所示。

图 9.4-1　破损与修复对比图

（2）为了某种特殊目的而移走数字图像上的目标物或文字，常见于影视特效的制作，如图 9.4-2 所示。

（3）对数字图像在获取、处理、压缩、传输、解压等过程中造成的信息缺损进行修复，如图 9.4-3 所示。

图 9.4-2　目标物移除对比图

图 9.4-3　数字图像信息缺损与修复对比图

随着数字时代的到来，越来越多的领域期待图像得到修复，达到人眼察觉不出问题的效果，因此，数字图像修复技术的应用领域远不止数字博物馆，其在文物保护、目标移除、影视特效制作、视频通信丢失信息恢复等方面有着重要的应用价值。

9.4.1　数字图像修复技术简介

在 2000 年新加坡的一次学术会议上，波托米奥（Bertalmio）、萨皮罗（Sapiro）、卡塞勒斯（Caselles）和巴勒斯特（Ballester）首次提出了数字图像修复技术的概念。数字图像修复指利用受损图像的已知信息，按照一定规则对图像受损区域进行修补，以达到恢复缺失信息的目的，且使观察者无法察觉图像经过了修补。

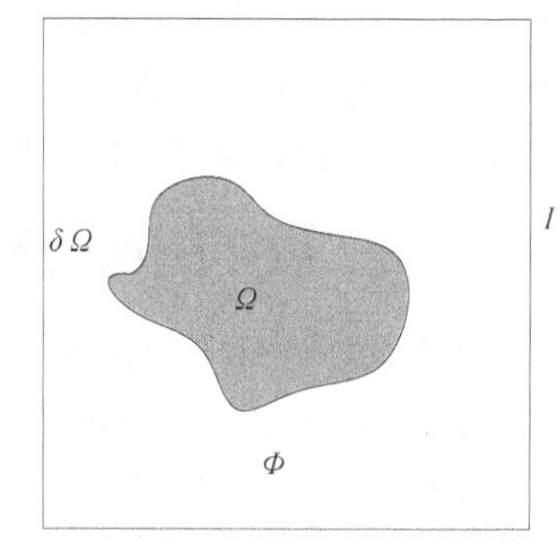

图 9.4-4　数字图像修复示意图

其数学描述如下。如图 9.4-4 所示，将图像定义为 I，图像中信息缺失的待修复区域为 Ω，图像中未缺失信息的已知部分为 Φ，即 $I=\Phi\cup\Omega$，待修复区域的边界为 $\delta\Omega$，$\delta\Omega\in\Phi$。图像修复就是根据已知信息 Φ，将图像信息填充到待修复区域 Ω 中的过程。

对图像进行修复处理，通常修复流程如图 9.4-5 所示。

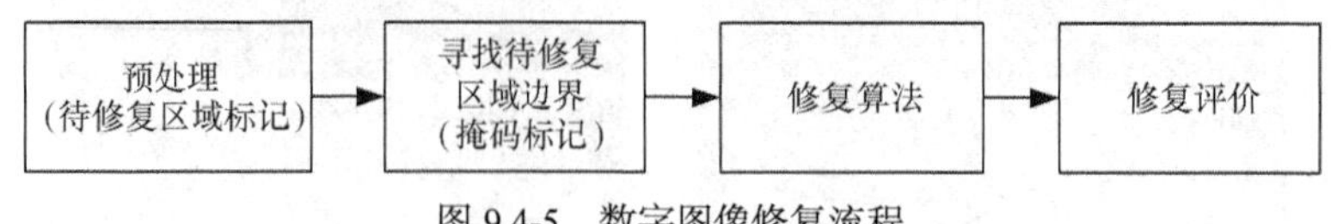

图 9.4-5　数字图像修复流程

在对受损区域进行修复前，需要先将待修复区域 Ω 标记出来，目前对待修复区域 Ω 进行标记主要有两种方法：手工标记和自动化标记。手工标记是指通过辅助工具如 Photoshop、AI 等操作，但手工标记不仅需要花费较多时间，而且受主观因素影响较大，精确度较低；自动化标记是指根据受损区域特征，设计一定的算法，利用程序自动识别受损区域进行标记，通过特征提取，使用图像分割技术，将受损区域分割出来。自动化标记不仅标记精确度较高，且可缩短修复周期，提高修复精度。例如，在对壁画文物图像裂缝区域进行修复时，首先根据裂缝一般呈现细长条状和低灰度的特性，利用形态学高帽变换、阈值分割、膨胀运算等多步骤实现对裂缝的自动识别与标记。

标记待修复区域 Ω 后，为使修复程序找到待修复区域边界 $\delta\Omega$，需要对标记后的待修复图像进行二值化处理，得到其掩码图像，通过掩码图像获取待修复区域边界并映射回标记后图像，以便后续修复算法的实现，如图 9.4-6 所示。

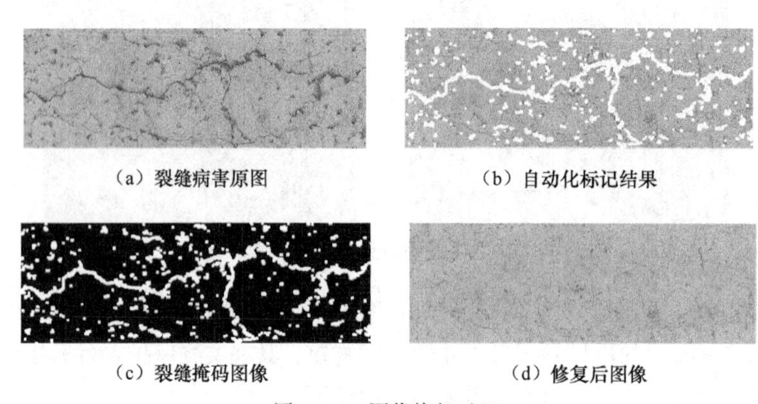

图 9.4-6　图像修复过程

修复的目标是尽可能弥补图像丢失的信息，不论采用什么样的修复算法，产生的都是一个“似是而非”的结果，并不是图像原本的信息。修复是为了得到人眼看来“合理”且“完整”的图像。算法不同，修复的结果也不尽相同，因此修复结束后应采取一定的指标对修复结果进行评价，并根据评价不断改进修复策略，以达到更好的修复效果。

9.4.2　数字图像修复算法分类

目前，国内外对数字图像修复技术的研究主要集中于两个方面：一种是基于像素操作的方法，该方法的模型建立过程以模拟物理扩散方程或能量泛函最小值为基础，以像素扩散的方式进行修补；另外一种是基于块操作的方法，该方法以纹理合成技术为基础，通过不规则碎片或规则样本块合成的方式重建缺失信息。此外，近年有学者提出基于图像分解的修复算法，即在修复前首先将图像分解为若干不同信息的图像，再根据分解后图像的不同特征选用不同的修复算法进行修复，最后进行合成。数字图像修复算法分类如图 9.4-7 所示。

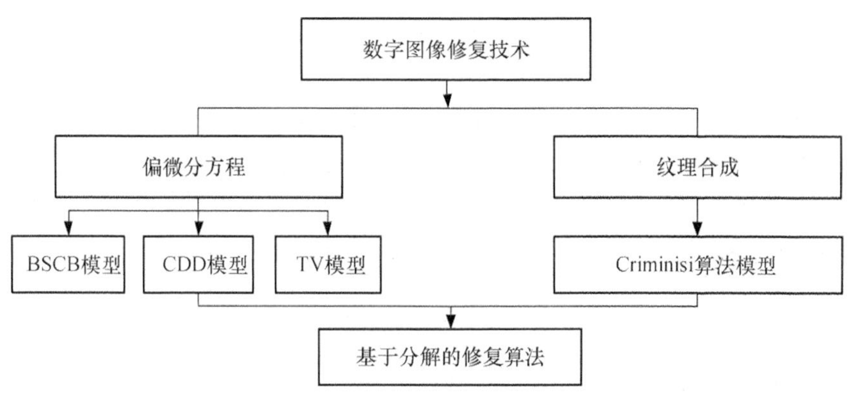

图 9.4-7　数字图像修复算法分类

基于偏微分方程的数字图像修复，包括传递过程、扩散过程以及结合过程等几个步骤，经典模型有基于 BSCB（Bertalmio-Sapiro-Caselles-Ballester）的图像修复模型、基于 TV（Total Variation，整体变分）的图像修复模型、基于 CDD（Curvature-Driven Diffusions，曲率驱动扩散）的图像修复模型。

基于纹理合成的数字图像修复，其经典模型为 Criminisi 修复算法。

基于分解的数字图像修复，采用不同的分解技术将图像分解为结构信息与纹理信息两部分，并采用基于像素操作的方法与基于块操作的方法分别进行修复，最后进行合成。常见分解技术有基于 DCT 的图像分解、基于小波变换的图像分解、基于形态学成分分析的图像分解。下面分别介绍基于 BSCB、TV、CDD、Criminisi 以及基于图像分解的图像修复模型。

1. 基于 BSCB 的图像修复模型

BSCB 修复算法由 Bertalmio、Sapiro、Caselles 和 Ballester 在 2000 年共同提出。该算法主要根据手工修复的经验，基于图像等照度线方向，将受损区域的边界信息扩散到待修复区域，以实现对图像的修复。BSCB 修复相对于其他的图像修复方法主观性较强，一般遵循以下 4 个原则。

（1）一般情况下图像的整体信息决定着修复受损区域的方法，因此，应关注图像的整体结构。

（2）图像修复时基于等照度线来判断如何修复受损区域，因此，应尽量保证待修复区域的信息与周围的已知图像部分的信息协调一致。

（3）考虑到图像修复的完整性，应保证图像的受损区域与未受损区域的交界处有良好的连续性。

（4）修复时应注意图像的细节信息，并可以通过图像纹理信息的填充来不断丰富。

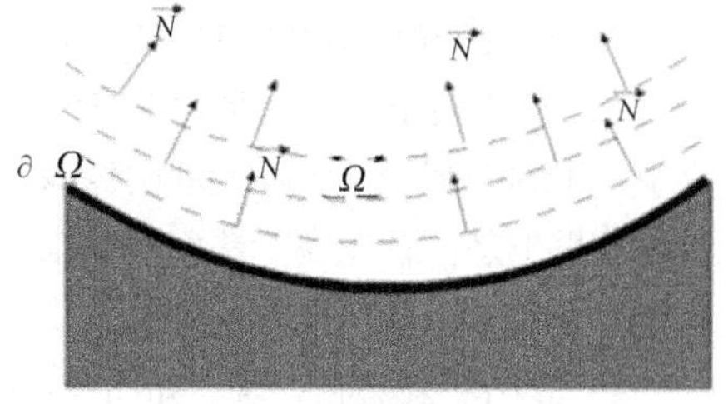

图 9.4-8　BSCB 修复示意图

由此可以看出，BSCB 模型的修复过程如同物理中的扩散运动，在受损区域边界，沿等照度线切线方向不断进行轮廓信息的扩散。BSCB 修复示意图如图 9.4-8 所示。假设 Ω 为图像的受损区域，$\partial\Omega$ 为受损区域边界，$\vec{N}$ 为信息扩散的方向，即等照度线的切线方向。

设待修复的图像为 $I_0(i,j):[0,M]\times[0,N]\to R$，是离散的二维灰度图。建立图像 $I_0(i,j,n):[0,M]\times[0,N]\times[0,\infty]\to R$，原始图像为 $I_0(i,j,0)=I_0(i,j)$，n 次迭代结果为 $I(i,j,n)$，并且 $\lim\limits_{n\to\infty}I(i,j,n)=I_R(i,j)$，则 $I_R(i,j)$ 是最终得到的修复图像。

基于 BSCB 模型的图像修复过程的表达式是

$$I^{n+1}(i,j)=I^{n}(i,j)+\Delta t I_t^n(i,j),\forall(i,j)\in\Omega \tag{9.4-1}$$

其中，I^{n+1}表示第$n+1$次迭代后得到的修复图像，Δt为迭代的步长因子，$I_t^n(i,j)$则是第$n+1$次迭代对受损区域$I^n(i,j)$的更新和修复。随着迭代次数的增加，修复部分$\Delta t I_t^n(i,j)$的变化越来越小。因此，当n趋于无穷大时，$I^{n+1}(i,j)\approx I^n(i,j)$，即$I^n(i,j)$逐渐稳定下来，则算法终止。

BSCB 模型的基本原理是图像信息从边界处沿等照度线切线方向向受损区域内部进行扩散。设$L^n(i,j)$为待扩散的图像信息，$\vec{N}^n(i,j)$为扩散的方向，则扩散方程表示为

$$I_t^n(i,j)=\overrightarrow{\delta L^n}(i,j)\cdot\vec{N}^n(i,j) \tag{9.4-2}$$

式中$\overrightarrow{\delta L^n}(i,j)$表示$L^n(i,j)$的变化率。

当$\overrightarrow{\delta L^n}(i,j)\cdot\vec{N}^n(i,j)=0$时，BSCB 模型的修复方程达到了稳态，在$\vec{N}^n(i,j)$方向上的信息已经完全扩散，即该方向的修复完成。

上述的信息扩散是一个平滑的过程，通过$L^n(i,j)$可以判断图像是否平滑修复，BSCB 模型选择拉普拉斯算子作为平滑算子。在保证准确性的前提下，离散的拉普拉斯算子相比于其他算子更容易实现数值计算。此外，考虑到噪声等因素对扩散过程的影响，为了避免扩散之后生成的等照度线交叉，造成错误修复，BSCB 模型引入各向异性扩散方程

$$\frac{\partial I}{\partial t}(x,y,t)=g_\varepsilon(x,y)k(x,y,t)\left|\nabla I\left(x,y,t\right)\right|,\forall(x,y)\in\Omega^\varepsilon \tag{9.4-3}$$

式中Ω^ε是以Ω为圆心，以ε为半径的圆，k是等照度线的曲率，$g_\varepsilon(x,y)$是扩散速率参数。

综上所述，BSCB 图像修复模型对受损区域进行修复之前，首先使用各向异性的扩散方程对全部图像按序进行预处理，排除噪声等其他因素的干扰；然后沿着图像等照度线切线方向，使用拉普拉斯算子进行受损区域的修补。修补的过程中，需要保证扩散和修复的交替进行，直到图像不再发生大的改变为止。

BSCB 模型修复算法也有很多缺点，主要总结为以下两点：一，该修复算法有一定的局限性，对一些小的受损区域有较好的修复效果，而不适合修复受损区域较大的图像或纹理较多的图像；二，BSCB 模型的数学模型复杂，运算速度慢。

2. 基于 TV 的图像修复模型

TV 算法最早用于对受到噪声污染的图像进行降噪处理。后来，该算法被应用到数字图像修复中，出现了基于 TV 模型的图像修复算法。该算法的主要思想是，首先在算法模型中求出能量泛函的最小值，然后通过此值来完成对图像受损区域的修复。

TV 算法修复过程原理，如图 9.4-9 所示。假设图像受损区域为D，E为D周边的环状区域，TV 图像修复就是对E和D进行整体变分，实现对受损区域D的修复。

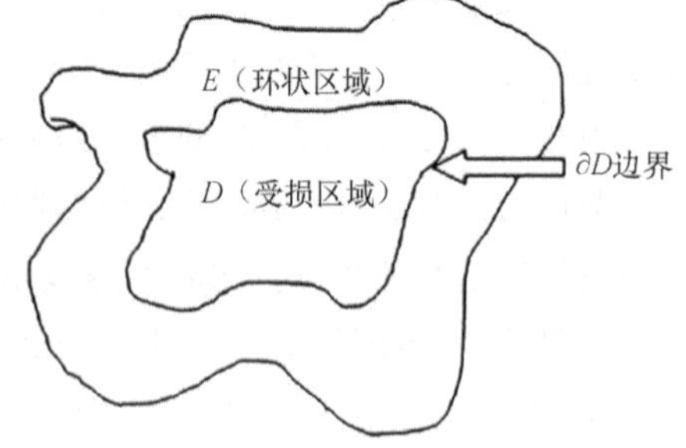

图 9.4-9　TV 算法修复过程原理

设修复后$E\bigcup D$区域的图像为u，则代价函数$R(u)$的表达式为

$$R(u)=\int_E r(|\nabla u|)\mathrm{d}x\mathrm{d}y \tag{9.4-4}$$

式中u是图像任一像素的灰度值，∇u是u的梯度，$r(|\nabla u|)$是一个非负数的实函数，$R(u)$是区域

u 中每个像素点的梯度积分。代价函数 $R(u)$ 越小，图像就越光滑，修复效果也就越好。此外，区域 E 上对应的噪声约束条件是

$$\frac{1}{Area(E)}\int_E r(|\nabla u|)\mathrm{d}x\mathrm{d}y = \sigma^2 \tag{9.4-5}$$

其中，σ 为标准白噪声的方差。

式（9.4-4）的作用是最大限度地保证受损区域和边界的平滑性，而式（9.4-5）的作用则是在算法进行中，有效地防止噪声影响修复结果，使修复后的图像与修复前的图像具有较高的相似度。

对于边界环状区域 E，图像也需要保持平滑。在边界处，∇u 是一维的冲击函数。为了在有限的时间内完成修复工作，模型必须满足如下约束条件

$$\int_{E\cup D} r(|\nabla u|)\mathrm{d}x\mathrm{d}y < +\infty \tag{9.4-6}$$

将函数 r 展开，可以表示为

$$r(s) = s^\alpha + \text{低阶的因子} \tag{9.4-7}$$

为了使得式（9.4-6）收敛，式（9.4-7）中的 α 必须是小于或者等于 1 的，当 $\alpha = 1$ 时，修复模型即为 TV 模型。

在具体使用时，也可以选取其他模型。可以加入拉格朗日算子将有条件极值转换为无条件极值进行计算，则新的代价函数为

$$R(u) = \int_{E\cup D} r(|\nabla u|)\mathrm{d}x\mathrm{d}y + \frac{\lambda}{2}\int_E |u - u_0|^2 \mathrm{d}x\mathrm{d}y \tag{9.4-8}$$

其中 λ 为拉格朗日乘子。

根据欧拉-拉格朗日方程可知，使得 $R(u)$ 最小的 u 应满足条件

$$-\nabla\cdot\left(\frac{\nabla u}{|\nabla u|}\right) + \lambda_e(u - u_0) = 0 \tag{9.4-9}$$

其中 $\lambda_e = \begin{cases}\lambda, (x,y)\in E \\ 0, (x,y)\in D\end{cases}$。

最后得到包含噪声的修复方程

$$\frac{\partial u}{\partial t} = \nabla\cdot\left(\frac{\nabla u}{|\nabla u|}\right) + \lambda_e(u - u_0) \tag{9.4-10}$$

在实际计算中，为防止分母过小，$\nabla\cdot(\nabla u/|\nabla u|)$ 通常需要转换为 $\nabla\cdot\left(\nabla u/\sqrt{|\nabla u|^2 + a^2}\right)$，则式（9.4-9）变为

$$-\nabla\cdot\left(\frac{\nabla u}{\sqrt{|\nabla u|^2 + a^2}}\right) + \lambda_e(u - u_0) = 0 \tag{9.4-11}$$

其中 λ_e 同式（9.4-9）。

与 BSCD 模型相比，TV 模型修复算法针对受损区域中的噪声具有更好的鲁棒性，图像修复的数学模型复杂程度降低，修复速度提高。但是这种算法在修复时只是利用了受损区域周围环状的结构信息，并没有充分考虑图像中的纹理信息，因此，对大面积纹理受损区域的修复会出现过平滑的现象。

3. 基于 CDD 的图像修复模型

基于 CDD 的图像修复模型，是一种三阶的 PDE（Partial Differential Equation，偏微分方程）方法，可以克服 TV 模型受到修复区域大小的限制而不满足图像的连通原理的问题。CDD 模型通过曲率来调整各向异性扩散系数，进行图像修复时，不仅考虑到整体的长度，还充分考虑到曲率的变化，从而对细长的线段也有较好的修复效果。

该模型的传导系数为 $v = g(|\kappa|)/|\nabla u|$，此处 $g(\cdot)$ 的定义为

$$g(\kappa)=\begin{cases} 0 & \kappa=0 \\ \infty & \kappa=\infty \\ \text{大于零的有限数} & 0<\kappa<\infty \end{cases} \tag{9.4-12}$$

这样使得扩散在大曲率处变强，在小曲率处逐渐消失，因此，CDD 修复模型为

$$\begin{cases} \dfrac{\partial u}{\partial t}=\nabla\left[\dfrac{g(|\kappa|)}{|\nabla u|}\nabla u\right]+\lambda(u^0-u) & x\in D \\ u=u^0 & x\in \Omega\setminus D \end{cases} \tag{9.4-13}$$

其中，曲率 $\kappa = div[\nabla u/|\nabla u|]$。

如果待修复图像中存在噪声，那么 CDD 修复模型为

$$\begin{cases} \dfrac{\partial u}{\partial t}=\nabla\left[\dfrac{g(|\kappa|)}{|\nabla u|}\nabla u\right]+\lambda(u^0-u) & x\in D \\ u=u^0 & x\in \Omega\setminus D \end{cases} \tag{9.4-14}$$

该模型的优点是对细长线段有较好的修复效果，但在修复过程中也产生了新问题。由曲率的计算公式可知，曲率对噪声非常敏感，故在修复时，直接使用该方法往往会衍生出错误线段。

综上可知，BSCB 模型、TV 模型和 CDD 模型的图像修复本质上都是对受损图像边界信息进行扩散的过程。当待修复区域较大时，由外边界向区域中心的信息扩散会变得非常复杂，计算量也会随之剧增；而且，存在丰富纹理信息的受损区域修复后会变得平滑，视觉效果很模糊。因此，基于偏微分方程的修复算法适合用来修复面积较小的受损区域，能够很好地还原图像的结构信息，但是这种算法不适合修复纹理丰富的图像。

4. Criminisi 图像修复模型

Criminisi 图像修复模型基于块的纹理合成算法，兼顾图像纹理信息和图像结构信息，并通过全图搜索设定匹配准则以寻找最佳匹配块，故合成效果好，从而得到了广泛的应用。后来的大多数学者都采用了该算法模型提出的数字图像修复基本框架。Criminisi 模型是基于样本的数字图像修复算法中的经典模型。

Criminisi 算法修复过程主要由计算优先权、搜索最佳匹配块、复制更新三步组成，如图 9.4-10 所示。

第一步，计算待修复区域边界上像素点的优先权。优先权计算采用了两个参数，一个是像素块的置信度 $C(p)$，另一个是衡量点 p 处边缘强度的数据项 $D(p)$。优先权 $P(p)$ 计算如式（9.4-15）所示。

$$P(p)=C(p)\times D(p) \tag{9.4-15}$$

（1）置信度：定义图像已知区域 Φ 内像素点置信度为 1，待修复区域 Ω 内像素点置信度为 0。待修复区域边界 $\delta\Omega$ 上像素点 p 的置信度 $C(p)$ 为已知区域像素点的置信度之和与待修复块所含像素总数的比值。$C(p)$ 值越大表示点 p 周围高置信度的像素点越多，则点 p 的置信度也越高，应

该优先进行修补。$C(p)$ 计算如式（9.4-16）所示，其中 $Size(\Psi_p)$ 是待修复块所含像素总数。

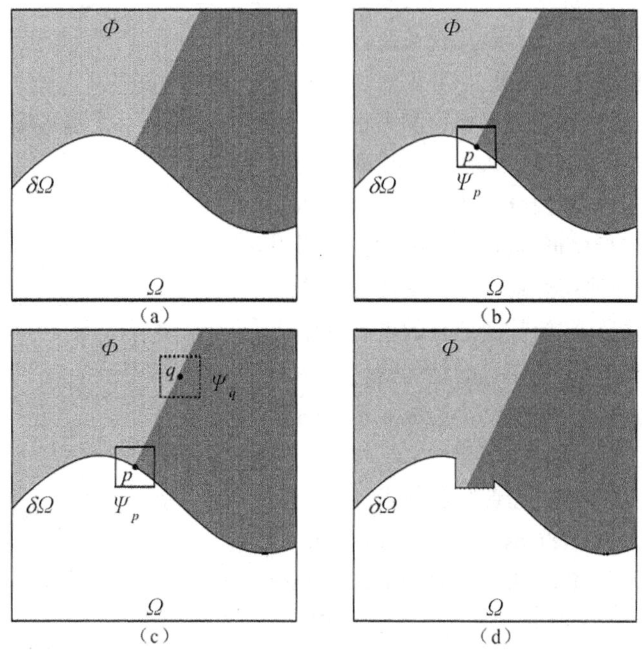

图 9.4-10　Criminisi 算法修复的基本过程

$$C(p)=\frac{\sum\limits_{q\in\psi_p^{\varphi}} C(q)}{Size(\psi_p)} \tag{9.4-16}$$

（2）数据项：衡量像素点 p 处边缘强度的数据项 $D(p)$ 是待修复区域边界上点 p 处的单位法向量 n_p 与等照度线向量 $\nabla I_p^{\perp}$ 的乘积。数据项 $D(p)$ 越大，表示点 p 越接近图像已知区域的等照度线与待修复区域边界 $\delta\Omega$ 的交汇点，为了保持图像的边缘结构，保证图像中等照度线的延伸，点 p 应该优先修复。$D(p)$ 计算如式（9.4-17）所示，其中 α 是归一化参数（一般对于灰度图像 $\alpha=255$），ε 为一个极小的常数，避免 $D(p)$ 为 0。

$$D(p)=\frac{\nabla I_p^{\perp}\cdot n_p}{\alpha}+\varepsilon \tag{9.4-17}$$

选择优先权最高的像素块作为待修复块首先进行修复。

第二步，根据待修复块的已知信息在图像已知区域内按一定的匹配准则寻找最佳匹配块。经典 Criminisi 算法采用了基于欧氏距离的匹配准则，即在已知区域中进行遍历搜索，计算灰度距离，与待修复块欧氏距离最小的块被视为与其最匹配的块，其中欧氏距离 $d(\Psi_p,\Psi_q)$ 定义为待修复块 Ψ_{p} 与匹配块 Ψ_{q} 对应像素点的灰度值平方和。匹配准则如式 9.4-18 所示。

$$\psi_q=\arg\min_{\psi_q\subset\varphi} d(\psi_p,\psi_q) \tag{9.4-18}$$

第三步，将最佳匹配块复制到待修复块对应的位置上，更新待修复块边缘置信度与数据项，更新计算如式（9.4-19）所示。

$$C(p')=C(p)\forall p'\in\psi_p^{\Omega} \tag{9.4-19}$$

重复以上三步，直到图像中所有的受损区域全部被修复为止。每次循环前都要重新计算新的边界上各点的优先权，以确定下一个需要修复的目标块。每完成一次修复，待修复区域就变小，可利用的已知区域就增大，二者是互补关系。

5. 基于图像分解的图像修复

由于实际的破损图像可能包含噪声和大小不一的受损区域，且受损区域可能跨越了纹理区和结构区，因此采用单一的修复方法往往不能取得较好的修复结果。我们可以将图像分解成低频的结构部分和高频的纹理部分，然后对低频部分应用 PDE 类算法进行修复，对高频部分使用纹理合成。图像分解算法能够明显改善修复效果。分解算法的目的就是有效地从原始图像中提取出包含背景变化的结构信息，并保持结构的边缘，而忽略纹理中的细小边缘。基于图像分解的图像修复流程如图 9.4-11 所示。

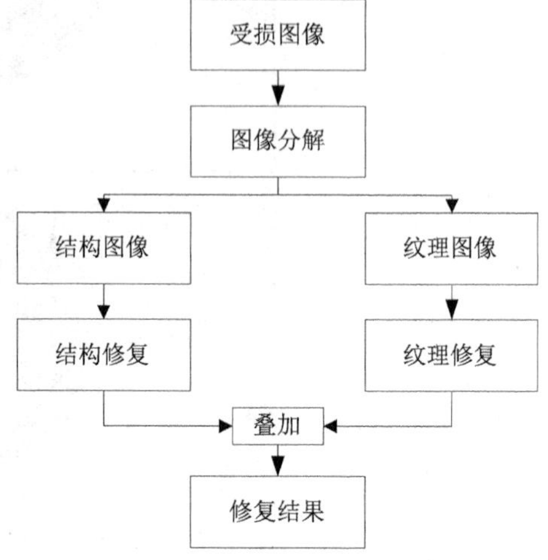

图 9.4-11　基于图像分解的图像修复流程

（1）基于离散余弦变换的图像分解技术

离散余弦变换（Discrete Cosine Transform，DCT）实际上是常见的离散傅里叶变换（Discrete Fourier Transform，DFT）的一种特殊形式，其变换核为实数余弦函数。如果在傅里叶级数展开式中，被展开的函数是实偶函数，那么傅里叶级数中只会包含余弦项，由此可得 DCT 变换。假如对于已知的非实偶函数 f（x）（x≥0），将其在 Y 轴对称扩展到 x<0，可以形成实偶函数 f（x），对该实偶函数进行 DFT 变换，傅里叶变换的正弦项将会被抵消掉，余弦项的大小则是原始 f（x）傅里叶变换余弦项的两倍。对一幅图像进行离散余弦变换后，许多有关图像的重要可视信息都集中在 DCT 变换的一小部分系数中。

在基于 DCT 的图像分解中，通过人为设置适当的频率系数来完成对图像的分层。其中低频系数重构成结构图像，高频系数重构成纹理图像，从而完成图像分解的过程。

（2）基于小波变换的图像分解技术

小波变换是一种信号的时间-频率分析方法，它具有多分辨分析的特点，在时域和频域都具有表征信号局部特征的能力，是一种窗口大小固定不变，但其形状、时间窗和频率窗都可以改变的时频局部化分析方法。利用小波变换可将图像分解为不同尺度和方向的分量，便于对不同信息做不同的处理。

小波变换分解输入图像并获得对应的四个小波系数矩阵，然后通过对小波系数矩阵进行小波反变换，分别得到四个图像，包括一幅纹理图像、一个水平的结构图像、一个垂直的结构图像和一个对角结构图像。最后，三个结构图像合成最终的结构图像。

（3）基于形态学成分分析方法的图像分解技术

形态学成分分析（Morphological Component Analysis，MCA）是一种基于稀疏表示的信号和图像分解方法。基于 MCA 的分解算法假设在合适的字典下，图像的每一个成分均有一个对应的稀疏向量，而且这个字典对别的内容不具有稀疏性，因此可以使用两个性质不同的冗余字典对图像结构部分与纹理部分分别表示。即该算法首先采用 MCA 方法对破损图像进行特征分析，然后根据结构与纹理的不同特征寻找合适的光滑字典与纹理字典，最后通过过完备字典的不停训练得到满意的分解结果。

图 9.4-12～图 9.4-16 所示为采用不同的修复算法对不同破损图像的修复结果。

（a）Lena1

（b）Lena2

（c）Lena3

图 9.4-12　破损原图

（a）TV 模型修复结果

（b）CDD 模型修复结果

（c）Criminisi 模型修复结果

图 9.4-13　采用不同的修复算法对 Lena1 图像的修复结果

（a）TV 模型修复结果

（b）CDD 模型修复结果

（c）Criminisi 模型修复结果

图 9.4-14　采用不同的修复算法对 Lena2 图像的修复结果

（a）TV 模型修复结果

（b）CDD 模型修复结果

（c）Criminisi 模型修复结果

图 9.4-15　采用不同的修复算法对 Lena3 图像的修复结果

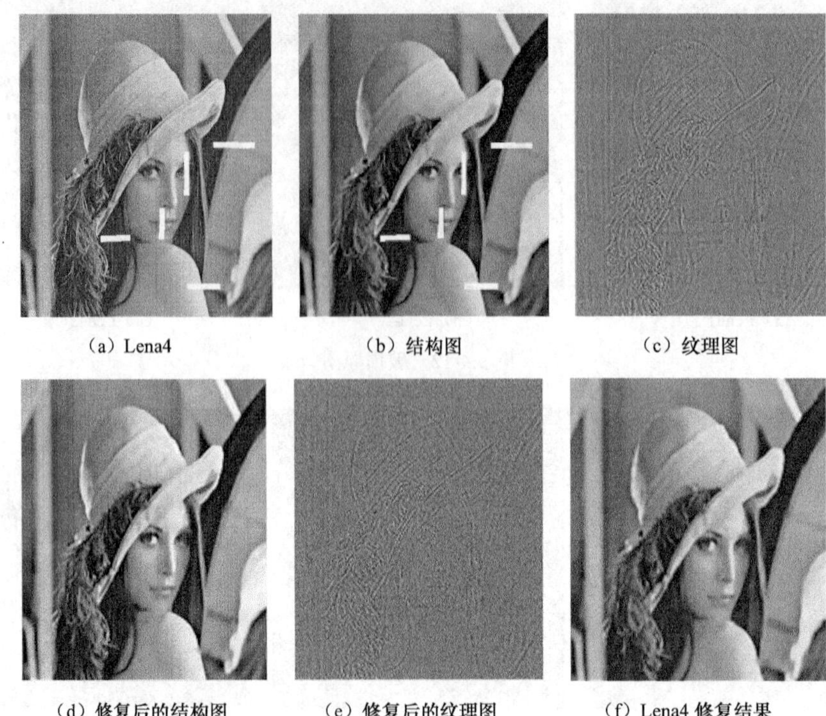

图 9.4-16　基于 MCA 分解的图像修复结果

9.4.3　数字图像修复算法的评价

图像的修复评价，是对图像修复质量好坏的评定，目前主要分为主观评价方法和客观评价方法。

（1）主观评价方法

人是图像的最终接收者，因此，主观评价方法是较为可靠的图像质量评价方法，其中最常用的是平均主观分值法（Mean Opinion Score，MOS），该方法比较直观，设计好评价标准有利于修复效果的网络在线打分。

平均主观分值法通过获取不同观察者对图像质量的主观分值，并对其进行平均，来得到归一化的分值。其评价标准一般分为五档：优，良，中，及格，差，如表 9.4-1 所示。

表 9.4-1　平均主观分值法评价标准

质量尺度		妨碍尺度	
5 分	丝毫看不出图像质量变坏	5	优
4 分	能看出图像质量变坏但不妨碍观看	4	良
3 分	清楚看出图像质量变坏，对观看稍有妨碍	3	中
2 分	对观看有妨碍	2	及格
1 分	非常严重地妨碍观看	1	差

平均分数计算公式为

$$\overline{C}=\frac{\sum_{i=1}^{K}N_iC_i}{\sum_{i=1}^{K}N_i}C \tag{9.4-20}$$

其中，C_i 为将图像划为第 i 类的分数，N_i 为判定该图像属于第 i 类的观察者人数。

图像质量主观评价方法的优点是能够真实地反映图像的直观质量，评价结果可靠，无技术障碍。但是，主观评价结果会受观察者的知识背景、观察动机、观察环境等因素的影响，且耗费大量人力与时间。

（2）客观评价方法

图像的客观评价方法又称为图像逼真度计量法，通过定义一个数学公式对图像进行运算，所得计算结果便是评定结果。

通常将峰值信噪比（Peak Signal to Noise Ratio，PSNR）、均方误差（Mean Squared Error，MSE）、结构相似性（Structural Similarity Index，SSIM）作为修复结果客观评价指标。

PSNR 是国际上使用最为广泛的一种图像客观评价指标。这是一种误差敏感的图像质量评价方法，通过计算对应像素点之间的误差对图像质量进行判断，PSNR 数值越大表示误差越小，图像质量越好。

$$PSNR=10\log_{10}\left(\frac{(2^n-1)2}{MSE}\right) \tag{9.4-21}$$

$$MSE=\frac{1}{H\times W}\sum_{i=1}^{H}\sum_{j=1}^{W}(X(i,j)-Y(i,j))^2 \tag{9.4-22}$$

其中，MSE 表示当前图像 X 和参考图像 Y 的均方误差，H、W 分别为图像的高度和宽度，n 为每像素的比特数。MSE 值越小表示修复图像与参考图像越相似。

SSIM 是一种全参考的图像质量评价指标，它分别从亮度、对比度、结构三方面度量图像相似性。

$$l(X,Y)=\frac{2\mu_X\mu_Y+C_1}{\mu_X{}^2+\mu_Y{}^2+C_1} \tag{9.4-23}$$

$$c(X,Y)=\frac{2\delta_X\delta_Y+C_2}{\delta_X{}^2+\delta_Y{}^2+C_2} \tag{9.4-24}$$

$$s(X,Y)=\frac{\sigma_{XY}+C_3}{\sigma_X\sigma_Y+C_3} \tag{9.4-25}$$

其中，μ_X、μ_Y 分别表示图像 X 和 Y 的均值，δ_X、δ_Y 分别表示图像 X 和 Y 的方差，σ_{XY} 表示图像 X 和 Y 的协方差。

$$\mu_X=\frac{1}{H\times W}\sum_{i=1}^{H}\sum_{j=1}^{W}X(i,j) \tag{9.4-26}$$

$$\sigma_X{}^2=\frac{1}{H\times W-1}\sum_{i=1}^{H}\sum_{j=1}^{W}(X(i,j)-\mu_X)^2 \tag{9.4-27}$$

$$\sigma_{XY}=\frac{1}{H\times W-1}\sum_{i=1}^{H}\sum_{j=1}^{W}(X(i,j)-\mu_x)(Y(i,j)-\mu_y)) \tag{9.4-28}$$

C_1、C_2、C_3 为常数，为了避免分母为 0 的情况，通常取 $C_1=(K_1*L)^2$，$C_2=(K_2*L)^2$，

$C_3 = C_2 / 2$，一般 $K_1 = 0.01$，$K_2 = 0.03$，$L = 255$。

$$SSIM(X,Y) = l(X,Y) \cdot c(X,Y) \cdot s(X,Y) \quad (9.4\text{-}29)$$

SSIM 取值范围[0,1]，SSIM 值越大表示修复图像质量越高。

由于人眼的视觉特性是对空间频率较低的对比差异敏感度较高，因此人眼对亮度对比差异的敏感度较色度高，人眼对一个区域的感知结果会受其邻近区域的影响，而客观评价并未考虑这些因素，因此我们应采用主观与客观评价相结合的方法，从人眼观察与客观计算两方面对图像修复结果做出对比分析。

9.5 图像通信的展望

图像通信是当今通信技术中发展非常迅速的一个分支。数字微波、数字光纤、卫星通信等新型宽带信道的出现，分组交换网的建立，微电子技术和多媒体技术的飞速发展，都有力地推动了这门学科的发展。数字信号处理和数字图像编码压缩技术产生了越来越多的新的图像通信方式。图像通信的范围在日益扩大，图像传输的有效性和可靠性也在不断得到改善。

传输活动图像的电视所占频带很宽，为了在窄带通信系统中传输一些活动量小、变化慢的场景和静止的图形、文字，在电视发收系统间加入一个速度变换设备，能使信号频带变窄。如电视每秒传输 25 帧改成每 40 秒传输 1 帧，频带即被压缩为 1/1000。速度变换设备有降低扫描速度型和存储变速型两种。半导体存储器只要几片器件便可构成图像存储器，为常用的存储变速型。它把电视摄像机摄下的任意一帧画面的信息高速存储在图像存储器中，然后低速读出，在窄带信道上传输。收信端的图像存储器以低速写入，再以高速读出送给监视器显示。这种静态图像通信的优点是可以直接利用普通电视摄像机和监视器，不需要专用设备。它能利用电话网和其他窄带电台双向传输图像信息，传输费用较低，已广泛用于交通管理、水库监视、施工现场指挥调度等管理信息系统，这种设备尤其适用于通信条件较差的野外作业场所传输直观的现场信息。

宽带综合业务数字网（B-ISDN）的发展，为图像通信展现出广阔的前景。例如，数字式高清晰度电视进一步商业化，节目源码率可压缩到 50Mbit/s，传播用码率可压缩到 20Mbit/s，这表明它逐渐成为重要的一项业务；会议电视、宽带文电处理进一步发展；计算机图形、图像信号处理业务、按需视像业务等也进一步得到发展。经济化、多媒体化、智能化、综合化的方向，展现出图像通信在电信业务中日益重要的地位和作用。

习　题

结合生活中的实例，讨论数字图像的增强分割、复原和压缩编码等方法的应用。

参考文献

[1] 何东健. 数字图像处理（第三版）. 西安：西安电子科技大学出版社，2018.

[2] 杨帆，夏克文. 数字图像处理及应用. 北京：化学工业出版社，2013.

[3] 李琛，王蕴红. 数字图像处理. 西安：西安电子科技大学出版社，2015.

[4] 杨杰. 数字图像处理及 MATLAB 实现（第 2 版）. 北京：电子工业出版社，2013.

[5] 胡学龙. 数字图像处理（第 3 版）. 北京：电子工业出版社，2014.

[6] 张国云. 数字图像处理及工程应用. 西安：西安电子科技大学出版社，2016.

[7] 李俊山，李旭辉，朱子江. 数字图像处理（第 3 版）. 北京：清华大学出版社，2017.

[8] 孙正. 数字图像处理与识别. 北京：机械工业出版社，2014.

[9] 张德丰. 数字图像处理. 北京：人民邮电出版社，2015.

[10] 章毓晋. 图像处理和分析. 北京：清华大学出版社，2003.

[11] 章毓晋. 图像工程教学参考及习题解答. 北京：清华大学出版社，2004.

[12] 阮秋琦. 数字图像处理. 北京：清华大学出版社，2009.

[13] 张兆礼，赵春晖，梅晓丹. 现代图像处理技术及 MATLAB 实现. 北京：北京邮电大学出版社，2001.

[14] 伯晓晨，李涛，刘路. MATLAB 工具箱应用指南——信息工程篇. 北京：电子工业出版社，2000.

[15] 徐飞，施晓红. MATLAB 应用图像处理. 西安：西安电子科技大学出版社，2003.

[16] 王汝言. 多媒体通信技术. 西安：西安电子科技大学出版社，2004.

[17] 何小海，腾奇志. 图像通信. 西安：西安电子科技大学出版社，2005.

[18] 章霄，董艳雪，赵文娟，张彦嘉. 数字图像处理技术. 北京：冶金工业出版社，2005.

[19] 何东健，耿楠，张义宽. 数字图像处理. 西安：西安电子科技大学出版社，2003.

[20] 夏良正. 数字图像处理. 南京：东南大学出版社，1999.

[21] 蔡安妮，孙景鳌. 多媒体通信技术基础. 北京：电子工业出版社，2000.

[22] 覃征，包复民，李爱国，杨博，弓亚歌. 数字图像融合. 西安：西安交通大学出版社，2004.

[23] 陈后金，胡健，薛健. 信号与系统. 北京：清华大学出版社，北京交通大学出版社，2006.

[24] 胡栋. 静止图像编码的基本方法与国际标准. 北京：北京邮电大学出版社，2003.

[25] 吴乐南. 数据压缩. 北京：电子工业出版社，2000.

[26] 李朝晖，张弘. 数字图像处理及应用. 北京：机械工业出版社，2004.

[27] 朱秀昌，刘峰，胡栋. 数字图像处理与图像通信. 北京：北京邮电大学出版社，2002.

[28] 贾永红. 数字图像处理. 武汉：武汉大学出版社，2003.

[29] 霍宏涛，林小竹，何薇. 数字图像处理. 北京：北京理工大学出版社，2002.

[30] 王汇源. 数字图像通信原理与技术. 北京：国防工业出版社，2000.

[31] 陈传波，金先级. 数字图像处理. 北京：机械工业出版社，2004.

[32] 陈书海，傅录祥. 实用数字图像处理. 北京：科学出版社，2005.

[33] 徐杰．数字图像处理．武汉：华中科技大学出版社，2009.

[34] 孙燮华．编著数字图像处理——原理与算法．北京：机械工业出版社，2010.

[35] 朱虹．数字图像处理基础与应用．北京：清华大学出版社，2013.

[36] 蒋先刚．数字图像模式识别工程软件设计．北京：中国水利水电出版社，2008.

[37] 倪林．小波变换域图像处理．北京：中国科学技术大学出版社，2010.

[38] 吴亚东．数学图像修复技术．北京：科学出版社，2010.

[39] 胡小平．数学图像处理概论．重庆：重庆大学出版社，2007.

[40] 孙延奎．小波变换与图像、图形处理技术．北京：清华大学出版社，2012.

[41] 陈文斌．图像处理与分析（第 2 版）．北京：科学出版社，2013.

[42] 徐立中．数字图像的智能信息处理．北京：国防工业出版社，2001.

[43] 段大高．图像处理与应用．北京：北京邮电大学出版社，2013.

[44] 游福成．数字图像处理．北京：电子工业出版社，2011.

[45] 郭文强，候勇严．数字图像处理．西安：西安电子科技大学出版社，2009.

[46] 杨帆．数字图像处理与分析．北京：北京航空航天大学出版社，2010.

[47] 孙即祥．图像处理．北京：科学出版社，2004.

[48] 张涛，齐永齐．MATLAB 图像处理编程与应用．北京：机械工业出版社，2014.

[49] 张弘．数字图像处理与分析．北京：机械工业出版社，2014.

[50] 李俊山，胡双演，史德琴．数字图像处理——教学指导与习题解答．北京：清华大学出版社，2009.

[51] 谷口庆治．数字图像处理基础篇（第 3 版）．北京：科学出版社，2003.

[52] 韩晓军．数字图像处理技术与应用．北京：电子工业出版社，2009.

[53] 许录平．数字图像处理学习指导．北京：科学出版社，2008.

[54] 郭宝龙，孙伟．数字图像处理系统工程导论．西安：西安电子科技大学出版社，2012.

[55] 娄莉．图像通信原理与技术．北京：清华大学出版社，2010.

[56] 蓝章礼，李益才，李艾星．数字图像处理与图像通信．北京：清华大学出版社，2009.